松树：松科，松属植物统称，如油松、马尾松、白皮松、华山松等。常绿乔木，罕灌木。大枝轮生。叶针状，常 2 针、3 针或 5 针为 1 束，生于苞片的腋内极不发达的短枝顶端。雌雄同株；花单性，雄球花多数聚生于新梢下部，呈橙色；雌球花单生或聚生于新梢的近顶端处。球果两年成熟，即第一年雌球花授粉后，次春始受精而于秋季成熟，球果卵形，熟时开裂；种子多有翅，发芽时顶着籽粒出土。

松树对陆生环境适应性极强，耐干旱，耐贫瘠，喜阳光。

松树是北半球最重要的森林树种，松属植物不仅种类多，而且善群，往往形成浩瀚的林海，因此松树被誉为“北半球森林之母”。

松树高直挺拔、姿态古朴、苍翠遒劲、阳刚坚毅，观赏价值极高。从皇家、私家园林，到寺庙以及现代公园，再到现代居民家中都能见到松树的倩影。

槐树：又名国槐，有龙爪槐、黄金槐变种。豆科，槐属。乔木。树皮灰褐色，具纵裂纹；当年生枝绿色，无毛。羽状复叶，小叶4～7对，对生或近互生，卵状长圆形；叶柄基部膨大，包裹着芽。圆锥花序顶生。荚果串珠状；种子卵球形，淡黄绿色，干后黑褐色。花期6～7月，果期8～10月。

国槐是庭院常用的特色树种，枝叶茂密，绿荫如盖，适作庭荫树、行道树。夏秋可观花，并为优良的蜜源植物。全国各地均有种植，尤以黄河流域种植较多。

槐树喜光，耐寒，耐旱，不耐阴湿，对土壤要求不严，较耐瘠薄，石灰及轻度盐碱地上也能正常生长。但在湿润、肥沃、深厚、排水良好的沙质土壤上生长最佳。

杨树：青杨、白杨、黑杨、胡杨、大叶杨的统称。杨柳科，杨属。高大乔木，树干端直。叶互生，多为卵圆形、卵圆状披针形或三角状卵形；叶柄长。葇荑花序下垂，常先叶开放；雄花序较雌花序稍早开放。蒴果；种子小。

杨树是喜光、喜湿的树种，不宜种在丘陵和坡地上，一般长在河滩、江滩、山谷和湖滨比较多，生长也较好，对土壤要求不严。

杨树是分布在北半球温带和寒温带的森林树种。在我国主要分布于华中、华北、西北、东北等广阔地区。世界其他地区一般分布于北纬 30 度至 72 度的范围。

杨树生长迅速，庄重、高直、挺拔，树冠有昂扬之势，象征“力争上游”的品格。

柳树：旱柳、垂柳等柳树的统称。杨柳科，柳属。落叶乔木，直立灌木。枝干圆柱形，髓心近圆形。叶互生，稀对生，通常狭而长，多为披针形，羽状脉，有锯齿或全缘；叶柄短；具托叶，多有锯齿，常早落，稀宿存。葇荑花序直立或斜展，先叶开放，或与叶同时开放，稀后叶开放；雄蕊 2– 多数，花丝离生或部分或全部合；雌蕊由 2 心皮组成，子房无柄或有柄，花柱长短不一，或缺，单 1 或分裂，柱头 1 ～ 2 个，分裂或不裂。蒴果 2 瓣裂；种子小，多暗褐色。

柳树对环境的适应性强，喜光，喜湿，耐寒，一般寿命为 20 ～ 30 年，少数种可达百年以上。主要分布于北半球温带地区。旱柳产自中国华北、东北、西北地区的平原。垂柳遍及中国各地，欧洲、亚洲、美洲许多国家有引种。

柳树萌芽展叶早，早春满树嫩绿，是春的使者。枝叶纤长、风舞婆娑，大多以柔美多姿、缠绵多情的文学意象示人。是北温带公园中主要树种之一。

梅：有果梅和花梅两种类型，园林应用主要是花梅。蔷薇科，梅亚科，杏属。落叶小乔木，稀灌木。叶片卵形或椭圆形，叶边常具小锐锯齿，灰绿色。花单生或有时 2 朵同生于 1 芽内，香味浓，先于叶开放，花期冬春季；花瓣倒卵形，白色至粉红色。果实近球形，黄色或绿白色，被柔毛，味酸；果肉与核粘贴；核椭圆形，两侧微扁；果期 5～6 月。

梅喜温暖和充足的光照，对气候变化特别敏感，喜空气湿度较大，但花期忌暴雨。适宜透气性强、有机质含量高的肥沃土壤种植。耐寒性不同品种之间差别较大。中国各地均有栽培，但以长江流域及以南各省分布最多。

在中国传统文化中，梅以它的高洁、坚强、谦虚的品格，位列中国十大名花之首，与兰花、竹子、菊花一起列为“四君子”，与松、竹并称为“岁寒三友”。

兰：通常指“中国兰”，可分为蕙兰、春兰、建兰、寒兰、墨兰五大类。兰科，兰属。草本。通常具假鳞茎；叶数枚至多枚，通常生于假鳞茎基部或下部节上；叶线形或剑形，革质，直立或下垂。花葶侧生或发自假鳞茎基部，花单生或成总状花序，花梗上着生多数苞片；花两性，具芳香。兰花是一种奇特的花，它的奇特之处就在于它的花结构与众不同，具蕊柱、蕊喙、花粉团和唇瓣等，兰花为两侧对称的花，唇瓣基部形成具有蜜腺的囊。花形状、大小和颜色多样。

兰花喜阴，怕阳光直射；喜湿润，忌干燥；喜肥沃、富含大量腐殖质的土壤；宜空气流通的环境。

我国兰花资源非常丰富，全国都有分布，但从数量分布上从南到北依次递减。兰花在中国分布种类最多的是云南、四川和台湾省。

兰花素有“观花两月，看叶一年”的说法。即使在不开花的时候，碧绿柔美的叶子，也显示出她独特的风骨，给人以温婉、素雅、安静的感觉。中国人历来把兰花看作是高洁典雅的象征。

竹：又名竹子，是所有竹类植物统称。禾本科，竹属。常绿速生植物，叶呈狭披针形，先端渐尖，基部钝形，边缘之一侧较平滑，另一侧具小锯齿而粗糙，平行脉，叶面深绿色，无毛，背面色较淡，基部具微毛，质薄而较脆。成年竹通体碧绿，节数一般在 10 ～ 15 节之间。花是像稻穗一样的花朵，不同种类的竹子的花颜色不同；风媒花，3 枝雄蕊和 1 枝隐藏在花朵内的雌蕊，当雄蕊的花粉落到雌蕊的柱头上，就能形成种子，经繁殖，就能长出新的竹子；开花后竹子的竹干和竹叶则都会枯黄。通常通过地下匍匐的根茎成片繁殖生长，也可以通过开花结籽繁衍，种子被称为竹米。

竹子喜温暖湿润的气候，要求土质深厚肥沃，富含有机质和矿物元素的偏酸性土壤最宜。既要有充足的水分，又要排水良好。

全世界竹类植物有 70 多属，1 200 多种，主要分布在热带及亚热带地区，少数竹类分布在温带和寒带。中国是世界上竹种质资源最丰富的国家之一，共有 200 多种，分布全国各地，以珠江流域和长江流域最多，秦岭以北雨量少、气温低，仅有少数矮小竹类生长。

竹子枝杆挺拔、修长，四季青翠，傲雪凌霜，倍受中国人喜爱，古今文人墨客、爱竹咏竹者众多。

菊：菊科，菊属。多年生宿根草本植物。茎直立。叶互生，有短柄，叶片卵形至披针形，羽状浅裂或半裂，基部楔形，下面被白色短柔毛。头状花序单个或数个集生于茎枝顶端；花色有红、黄、白、橙、紫、粉红、暗红等，头状花序多变化，形色各异；花期 9 ～ 11 月。雄蕊、雌蕊和果实多不发育。

菊花喜阳光，忌荫蔽，较耐旱，怕涝。喜温暖湿润气候，但亦能耐寒，严冬季节根茎能在地下越冬。菊花为短日照植物，在短日照下能提早开花。

菊花遍及全球。遍布我国的城镇与农村，是我国十大名花之一，也是世界四大切花之一，产量居首。

桃：蔷薇科，桃属。落叶小乔木。单叶互生，椭圆状披针形，先端长尖，边缘有粗锯齿。花期3～4月，花单生，有短柄，通常粉红色，单瓣，有时为白色，观赏桃花多为半重瓣及重瓣品种，统称为碧桃。果实6～9月成熟，通常核果卵球形，果肉白色，表面有绒毛，有许多变种，果形扁圆的称为蟠桃，果实表面无绒毛的称为油桃，果肉黄色的称为黄桃。

桃喜光，耐旱，不耐潮湿的环境。喜欢气候温暖的环境，耐寒性好，要求土壤肥沃、透气性强、排水良好。不喜欢积水，如栽植在积水低洼的地方，容易出现死苗。

桃原产我国，各省区广泛栽培。世界各地均有栽植。

桃花娇艳、灼华、妩媚，有最完美女性气质，古人把“桃花运”作为男性期盼的异性缘分。古人还用桃木做成桃符、桃人、桃木剑用来辟邪驱怪。

桃果鲜碧，自古以来被认为是仙家的果实，被作为福寿吉祥的象征，故桃又有仙桃、寿果的美称。

李：蔷薇科，李属。落叶小乔木。树冠广圆形，树皮灰褐色。叶片互生，长圆倒卵形。花通常3朵并生，花瓣白色或粉色，有明显带紫色脉纹。核果球形、卵球形或近圆锥形，黄色、红色、绿色或紫色，外被蜡粉；核卵圆形或长圆形，有皱纹。花期4月，果期7～8月。

李树喜光，对空气和土壤湿度要求较高，极不耐积水，对气候的适应性强，宜选择土质疏松、土壤透气和排水良好、土层深和地下水位较低的地方种植。我国各省及世界各地均有栽培，为重要温带果树之一。

李树有许多优秀品种，园林绿化常见的是紫叶李，叶片常年紫红色，是著名的彩叶树种。紫色发亮的叶子，在绿叶丛中，像一株株永不败的花朵，在青山绿水中形成一道靓丽的风景线。

海棠：苹果属多种植物和木瓜属几种植物的统称。西府海棠、垂丝海棠、贴梗海棠和木瓜海棠，习称“海棠四品”，分属苹果和木瓜属。

海棠，小乔木，树姿直立圆柱形；伞形花序，4～8朵小花，花瓣粉红色；花期4～5月，果期8～9月。

木瓜海棠：落叶灌木或小乔木。无针刺枝。花单生于短枝端，花梗粗短，花瓣倒卵形，淡红色。梨果长椭圆体形，长10～15厘米，深黄色，具光泽，果肉木质，味微酸、涩，有芳香，具短果梗。花期4月，果期9～10月。

海棠喜光，耐干旱，耐盐碱，耐贫瘠，抗风性强，适宜温暖干燥的季风气候条件。

海棠主要分布于我国华北和华东一带。东北南部，内蒙古及西北也有，云南西北部的大理、丽江等地区亦有种植。

海棠花姿潇洒，花开似锦，是雅俗共赏的名花，素有“花中神仙”“花贵妃”“花尊贵”之称，有“国艳”之誉。

石榴：石榴科，石榴属。落叶或常绿乔木，或灌木。树冠内分枝多，嫩枝有棱，多呈方形，小枝柔韧，不易折断。叶对生或簇生，呈长披针形至长圆形，或椭圆状披针形，表面有光泽，背面中脉凸起；有短叶柄。花有单瓣、重瓣之分，重瓣品种多不孕；花两性，依子房发达与否，有钟状花和筒状花之别；前者子房发达善于受精结果，后者常凋落不实，花多红色，也有白色和黄、粉红、玛瑙等色。成熟后变成大型而多室、多子的浆果，每室内有多数籽粒；外种皮肉质，呈鲜红、淡红或白色，多汁，甜而带酸，即为可食用的部分，内种皮为角质，也有退化变软的，即软籽石榴。果石榴花期 5 ～ 6 月，榴花似火，果期 9 ～ 10 月；花石榴花期 5 ～ 10 月。

石榴喜温暖向阳的环境，耐旱，耐寒，也耐瘠薄，不耐涝和荫蔽。对土壤要求不严，但以排水良好的沙壤土栽培为宜。

全球的温带和热带都有种植。我国南北都有栽培，以江苏、河南、甘肃、宁夏等地种植面积较大。

丁香：又称紫丁香。木樨科，丁香属。落叶灌木或小乔木。小枝近圆柱形或带四棱形，具皮孔。叶对生，单叶，稀复叶，全缘，稀分裂。花两性，聚伞花序排列成圆锥花序，顶生或侧生，与叶同时抽生或叶后抽生；花萼小，钟状，具 4 齿或为不规则齿裂，宿存；花冠漏斗状。果为蒴果，微扁，2 室，室间开裂；种子扁平。

丁香喜光，喜温暖、湿润；稍耐阴，阴处或半阴处生长衰弱，开花稀少。具有一定耐寒性和较强的耐旱力。对土壤的要求不严，耐瘠薄，喜肥沃、排水良好的土壤，忌在低洼地种植，积水会引起病害，直至全株死亡。

丁香主要分布于亚热带、暖温带至温带的山坡林缘、林下及寒温带的向阳灌丛中的山坡丛林、山沟溪边、山谷路旁及滩地水边。我国西南、西北、华北和东北等地为丁香主要分布区。

丁香，花香袭人、高雅柔嫩，象征着高洁、美丽、哀婉；大部分供观赏用，有些种类的花可提制芳香油；亦为蜜源植物。

荷花：睡莲科，莲属。多年生水生草本。根状茎横生，肥厚，节间膨大，内有多数纵行通气孔道，节部缢缩，上生黑色鳞叶，下生须状不定根。叶圆形，盾状，直径25～90厘米，表面深绿色，被蜡质白粉覆盖，背面灰绿色，全缘稍呈波状，上面光滑，具白粉；叶柄粗壮，圆柱形，密生倒刺，长1～2米，中空。花梗和叶柄等长或稍长，也散生小刺。花单生于花梗顶端，花期6～9月，每日晨开暮闭，有单瓣、复瓣、重瓣及重台等花型，花色有白、粉、深红、淡紫、黄或间色等变化。雄蕊多数；雌蕊离生，埋藏于倒圆锥状海绵质花托内；花托表面具多数散生蜂窝状孔洞，受精后逐渐膨大称为莲蓬，每一孔洞内生一小坚果（莲子）；坚果椭圆形或卵形，果皮革质，坚硬，熟时黑褐色，果期8～10月。

荷花是水生植物，对失水十分敏感，夏季只要3小时不灌水，水缸所栽荷叶便萎靡，若停水1日，则荷叶边焦，花蕾回枯。荷花非常喜光。

除西藏自治区和青海省外，全国大部分地区都有分布。荷花全身皆宝，藕和莲子能食用，可入药。其出淤泥而不染之品格为世人称颂。

牡丹：毛茛科，芍药属。多年生落叶小灌木。分枝短而粗。叶通常为二回三出复叶，偶尔近枝顶的叶为 3 小叶；顶生小叶宽卵形，3 裂至中部，表面绿色，无毛，背面淡绿色，有时具白粉，沿叶脉疏生短柔毛或近无毛，小叶柄长 1.2 ～ 3 厘米；侧生小叶狭卵形或长圆状卵形，不等 2 裂至 3 浅裂或不裂，近无柄。花单生枝顶，花瓣 5 或为重瓣，玫瑰色、红紫色、粉红色至白色，通常变异很大，倒卵形，顶端呈不规则的波状；花丝紫红色、粉红色，上部白色，花药长圆形；蓇葖果长圆形，密生黄褐色硬毛。花期 4 ～ 5 月；果期 6 月。

牡丹喜温暖、干燥，喜光，耐半阴，耐寒，耐干旱，耐弱碱，忌积水，怕热，怕烈日直射。适宜在疏松、深厚、肥沃、地势高燥、排水良好的中性沙壤土中生长。

牡丹种植遍布我国各省市自治区，最集中的有菏泽、洛阳等地。

牡丹花色泽艳丽，玉笑珠香，风流潇洒，富丽堂皇，牡丹花大而香，故又有“国色天香”“花中之王”的美誉。

月季：蔷薇科，蔷薇属。低矮灌木。小枝粗壮，圆柱形，近无毛，有短粗的钩状皮刺。小叶 3 ～ 5 片，稀 7 片，小叶片宽卵形至卵状长圆形，先端渐尖，顶生小叶片有柄，侧生小叶片近无柄，总叶柄较长，有散生皮刺和腺毛；托叶大部贴生于叶柄，边缘常有腺毛。花几朵集生或单生，花瓣重瓣至半重瓣，红色、粉红色至白色。果卵球形或梨形，红色，萼片脱落。花期 4 ～ 9 月，果期 6 ～ 11 月。

月季对气候、土壤要求虽不严格，但以疏松、肥沃、富含有机质、微酸性、排水良好的土壤较为适宜。喜温暖、日照充足、空气流通的环境。

我国是月季花的原产地之一。野生月季分布主要在我国湖北、四川和甘肃等省的山区，尤以上海、南京、南阳、常州、天津、郑州和北京等市种植最多。

月季被称为“花中皇后”，又称“月月红”，花荣秀美，姿色多样，四时常开，深受人们的喜爱，我国有 52 个城市将它选为市花。

河北省教育科学研究『十三五』规划课题
名称　植物文化与职业院校人文教育研究
编号　1603091
类别　一般资助课题

植物文化赏析

主编　刘凤彪

河北大学出版社
·保定·

植物文化赏析

ZHIWU WENHUA SHANGXI

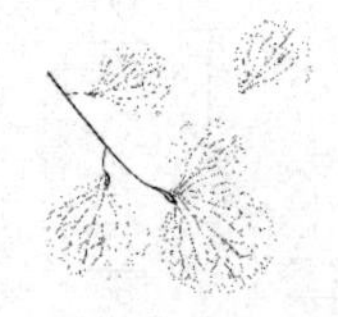

题　　字：华梅志
责任编辑：刘　婷
装帧设计：杨艳霞
责任印制：常　凯

图书在版编目（CIP）数据

植物文化赏析 / 刘凤彪主编 . -- 保定 : 河北大学出版社 , 2017.9（2021.7 重印）
ISBN 978-7-5666-1221-2

Ⅰ . ①植… Ⅱ . ①刘… Ⅲ . ①植物－普及读物 Ⅳ . ① Q94-49

中国版本图书馆 CIP 数据核字 (2017) 第 195582 号

出版发行：河北大学出版社
地址：河北省保定市七一东路 2666 号　邮编：071000
电话：0312-5073033　0312-5073029
邮箱：hbdxcbs818@163.com　网址：www.hbdxcbs.com
经　　销：全国新华书店
印　　刷：保定市北方胶印有限公司
幅面尺寸：185 mm × 260 mm
印　　张：21
字　　数：423 千字
版　　次：2017 年 9 月第 1 版
印　　次：2021 年 7 月第 3 次印刷
书　　号：ISBN 978-7-5666-1221-2
定　　价：38.00 元

序一

几年前，我曾提出要从树人教育、文化教育、职业教育、乐学教育、气质教育、艺术教育、阳光教育、问题教育、扬长教育、人文教育等十个方面来探索建立中职学生全面发展的核心素养体系。各地各校结合自己的特色，进行了一些积极探索，收到了初步效果。省职教发展研究中心承担的我省教育科学研究“十三五”规划课题——“植物文化与职业院校人文教育研究”，在这方面作了一些有益的尝试，他们和邯郸市农业学校结合学校专业特色共同开发的校本课程“植物文化赏析”，是这一课题的研究成果。

以自然界的植物为切入点来关注人文教育，不仅是普及人文知识、提高艺术修养、传承传统文化的一个大胆尝试，也是开展乐学教育、解决厌学问题的很好选择。在关注身边的一草一木、敬畏自然对生命的神奇创造之时，通过分析植物与人的相互关系，阐释植物背后所蕴含的风土人情、传统习俗、文学艺术、价值观念等，以植物的特征习性来唤起人们对生命价值和高尚人格的追求，其对学生素养教育的影响是很有意义的。

《植物文化赏析》有温度、有情怀，展现了中华优秀传统文化深厚的文化软实力，为传承传统文化寻找到了新的重心和支点。对农林类院校、专业来说，开展此类课程是很值得推广的一种做法；对其他专业类别来说，也提供了非常值得借鉴的经验；对乐于提升人文素养的个人来说，《植物文化赏析》也不失为一本很好的人文社科知识普及读物。

希望我们的学校都有类似的人文素养课程，希望《植物文化赏析》编写团队继续挖掘植物背后独有的中国传统文化，“用一棵树去摇动另一棵树，用一朵云去推动另一朵云，用一个灵魂去唤醒另一个灵魂”。

是为序。

河北省教育厅副厅长　贾海明

2017 年 7 月

序二

森林是人类文明的摇篮，具有保护生物多样性、涵养水源、保持水土、防风固沙等重要的自然生态功能，对自然生态环境和人文生态环境都有着巨大的影响。学校是教书育人、培育人才的场所，通过利用一定的教育教学设施和选定的教育教学内容，按照特定的要求实施教育教学活动，培养社会需要的合格人才。

之于人类，森林提供了生存发展的基本环境和各种资源，学校提供了促进个体全面发展的条件并进而影响整个社会文明的传承延续和发展进步。可见，森林和学校有着惊人的相似之处。

这个相似之处，就是它们都具有“培育”的功能。这一点，在北林校友刘凤彪把他主编的《植物文化赏析》书稿交给我，请我为他这本书写序的时候，我又一次想到了。

我认真翻阅了书稿，非常赞赏他们以植物为切入点，开展传承传统文化的有益探索。他们试图通过挖掘植物背后的神话故事、诗词歌赋，教育学生认识自然、敬畏自然，提高学生的人文素养。

从植物与文化之间的关系到每一种植物背后的故事传说，从园林植物的文化寓意到成语中的植物、建筑雕绘中的植物，原来只随四季生长不会说话的花草树木成了传承中华传统文化的载体，成为现代文明发展中必不可少的文化元素。在钢筋水泥构成的现代化都市之中，在生活节奏越来越快的今天，《植物文化赏析》将陪你发现身边的花红柳绿，为你吟诵古圣先贤的经典诗篇，邀你共同创造宁静、幸福的诗意生活。

更为难能可贵的是，在《植物文化赏析》的每一章开篇，都有一首凤彪自己创作的诗词，这或许是源于他对诗词的热爱。这些自创的诗词，为本章植物增添了别样的风采，对学生来说，也增加了新的知识点和教育教学内容。

自然生态系统是人类生命的支撑。翻阅《植物文化赏析》书稿，我想的更多的是这本书的相关研究内容对生态文化建设有无借鉴意义。尤其是以生态的视角来看待植物文化的整体价值，就远远地超越了植物本身和文化自身的生态平衡作用。诚如书中所言，一个学校如果连花草树木都没有长成的时间和空间，何来大师？如果连一片园林都难以培育，何谈育人？因此，站在大生态的维度上，植物与人也必然要维系一定的平衡，无论旷野里的森林草地、田园里的蔬果农作、园林中的植物景观，还是庭院里的一花一草，其实人与植物都应是浑然一体，也都在进行着生态意义、审美意义和人格意义上的对话。

生态文化以“天人合一，道法自然”的中国传统智慧为基础，揭示了人与自然的本质关系，《植物文化赏析》则把自然之美与人文之美相融合，阐述了生态关怀与人文关怀相统一后的人与自然的和谐之美；生态文化尊重自然、顺应自然、保护自然，秉持绿水青山就是金山银山的理念，倡导勤俭节约、绿色低碳、文明健康，树立生态文化上的自信与自觉，《植物文化赏析》则从植物创造世界入手，介绍了人类在认识、选择、利用植物的过程中，如何欣赏植物之美以及对自然、对植物之崇拜，目的是教育学生敬畏自然、热爱植物、尊重生命。所以，《植物文化赏析》不仅拓宽了我们的审美视野，无形中也提出了在当今生态文化建设中，必须从我国朴素的生态意识和生态文化传统等中华文明中汲取营养。

北京林业大学的校训是“知山知水，树木树人”，《植物文化赏析》的出版目的是“识草识木，读诗读文”。作为北林的杰出校友，刘凤彪虽然离开了林业系统，但这本书证明他秉承了北林对他的教诲。所以，我非常乐意为他的书写序。

听说，他们将陆续推出植物文化赏析系列著作，继续为美而吟唱，为民族而高歌。我期待着早日见到他们的新作，也祝愿他们在传承传统文化、推进生态文化建设的道路上取得好的成绩。

北京林业大学校长、教授、博士生导师　宋维明

2017 年 6 月

序三

读完刘凤彪、王振鹏先生送来的《植物文化赏析》书稿，让我心头为之一振！全书为我们展示的是有关植物的文化意蕴和人对花草树木的精神寄托。以这样的方式传播文化无疑是开启了植物世界的又一扇大门，开辟了传承文化的又一条路径。

应该说，把植物与文化联系起来不是现代人的创造，但却需要现代人的不断创新。一个教育工作者，无论是学校教师还是教育官员，其实都需要一些文化的积淀，也需要有些艺术的浸润。从凌寒独开的梅花到品格高洁的莲花，从隆冬不凋的松柏到四时常茂的竹子，从淡极更艳的海棠到无言自红的桃李，从结满愁怨的丁香到依依惜别的杨柳，从盘古精魂之槐到朴实简约之杨，从残红吐芳的石榴到国色天香的牡丹，从花势繁盛的月季到开杀百花的菊花，植物既是人们寄情托志、抒发愁绪的物质载体，也是彰显传统文化、融糅人格品性的生活方式。一片绿叶能承载人们的无限情思，一朵鲜花能打开男女老少的别样心情，一种植物能成就无数文化艺术元素，集生态、艺术、审美、人格等多种功能于一身的植物被赋予了丰富的文化内涵。因此，充分挖掘植物的生物学特征与文化现象的内在联系，以自然规律来阐释植物的文化价值，显然是教育工作者应有的情怀。

当然，人与植物的关系是一个宏大的命题。植物与人类在天地间以各自的方式展示着自身的无穷魅力。很多时候，他（它）们是相互交织的。没有植物，我们不知道会不会有人，但人显然离不开植物。植物远早于人类来到地球上，会不会就是上苍的安排！它们在等待着他们，抑或是在为他们做着准备？这种无法证实是有意还是无意的等待，是超级智慧还是自然而然，人类自己怕是难以明白。因此，在植物与人的相互选择利用过程中，植物与文化互通互融，是植物促进了文化，还是文化引领了植物，也就难以考证。不过，值得庆幸的是，在这两种生命的交互延续过程中，它们都走向了文明。事实上，人与植物一切联系的最终结果必然是文化。

在尚显浮躁的当代，能够静下心来观察植物生命的内在逻辑，体验植物的人文之旅，并且能把人放到这一切的核心，探寻人与植物的精神联系，本身就是对传统文化精髓的深度挖掘。更可喜的是，刘凤彪和他的创作团队还在编写体例、内容选择和诗意展现上有了很多难得的创新。因此，这是一本适合各类人群阅读的好书。

把人和植物放到中国文化的历史长河中审视，要开发的课题可以说无穷无尽，《植物文化赏析》无疑是个很好的选题。期待着本书作者能更进一步做出更好的作品，也期待能有更多的人关注人与植物的心灵互动。

首都师范大学教授、博士生导师　邢永富

2017 年 6 月

内 容 简 介

《植物文化赏析》分上下两篇，上篇以人们身边的文化现象来揭示植物与人的相互关系，包括植物与文化、学校文化建设与校园植物、笔墨纸砚的植物之韵、传统习俗与植物、植物成语文化解析、建筑雕绘与植物、园林植物选择的文化寓意等共七章。下篇以人们常见的植物为基础，通过植物的生物学特征来解读典型植物与人的精神互动，挖掘植物背后的神话故事和诗词歌赋，主要包括松树、槐树、杨树、柳树、梅花、兰花、竹子、菊花、桃花、李子、海棠、石榴、丁香、莲花、牡丹、月季等十六章。

《植物文化赏析》着力搭建植物与文化沟通的桥梁，让人们在自然之旅中享受植物背后独有的中华智慧。这本书可作为职业院校提高学生人文素养的教材，也可作为园林、旅游、艺术设计等专业的教学用书，还可用于相关专业的职业培训，是植物以及文化爱好者开展研究的参考用书，适合各类人群阅读。

编写说明

长期以来，职业教育强调技能培养，忽视人文素养教育，不利于学生的终身学习和全面发展。在一项关于职业学校学生人文素养的调查中，我们发现学生的传统文化知识和审美情趣缺失比较严重，而各学校在这方面采取的应对措施又很有限。因此，研究报告提出了加强职业学校人文素养课程建设的建议，希望能够通过多种形式的素养教育，补上人文教育这一课。结合相关研究成果，依托河北省现代农村职业教育研究基地（邯郸市农业学校），我们面向在校生开设了人文素养系列讲座，其中一个系列就是以大家身边常见的植物为切入点，选题包括：诗意梅花、文人世界的杨柳、从成语“人面桃花”说开去、丁香花的艺术世界、与植物有关的成语解析、园林植物选择的文化寓意、建筑雕绘与植物、传统习俗与植物等等，并逐步形成了一门校本选修课即植物文化赏析，深受师生们的欢迎。在此基础上，省职业教育发展研究中心将《植物文化赏析》列为省职业教育研究重点课题，由邯郸市农业学校牵头组织力量开展研究，至 2017 年 6 月，《植物文化赏析》书稿基本形成。

编写出版《植物文化赏析》，旨在通过挖掘植物背后的诗词歌赋、神话典故，传承中华传统文化，提高学生接受人文素养教育的兴趣和效果。当然，我们也诚恳希望这本书能对不同人群都有所帮助。

全书分上下两篇共二十三章。上篇以植物创造世界为主题，包括植物与文化、学校文化建设与校园植物、笔墨纸砚的植物之韵、传统习俗与植物、植物成语文化解析、建筑雕绘与植物、园林植物选择的文化寓意等。下篇是典型植物的文化赏析，共选择了十六种常见植物进行人文意义上的解读，包括松、槐、杨、柳、梅、兰、竹、菊、桃、李、海棠、石榴、丁香、莲、牡丹、月季等。编写力求深入浅出、通俗易懂，突出植物的美学价值和人文价值，阐释典型植物的精神、情感等内涵，在人与植物的心灵互动中体现植物的丰富人格。该书可作为职业院校提高学生人文素养的教学用书，也可供相关人员自学使用，还是植物文化爱好者开展研究的参考书，适合各类人群选择阅读。

《植物文化赏析》由河北省职业教育发展研究中心和邯郸市农业学校联合编写，刘凤彪担任主编，王振鹏、霍朝忠、刘国芹担任副主编。编写分工如下：每章的开篇诗词、第一章、第十六章、跋由刘凤彪编写，第二章由王振鹏编写，第三章由华梅志编写，第四章由侯贵宾编写，第五章由李全国编写，第六章由刘国芹编写，第七章由霍朝忠编写，第八章、第九章、第十七章、第二十三章由何树海编写，第十章、第十一章由董锋利编写，第十二章、第十三章、第十四章、第十五章、第二十二章由刘宏印编写，第十八章、第二十章由高文红编写，第十九章由袁红云编写，第二十一章由程清海编写。书中彩页照片及相关内容由霍朝忠提供，书名由华梅志题写。刘凤彪、王振鹏最后统稿，对书稿做了修改、润色。

承蒙河北省教育厅副厅长贾海明，北京林业大学校长、博士生导师宋维明教授，首都师范大学博士生导师邢永富教授为本书作序；中央电视台《中国诗词大会》季军、“万词王”、河北卫视《中华好诗词》六期擂主王子龙，全国知名教育专家曹永浩、李迪、王黎军、王永军、王迎新、齐德才、余国良大力推介本书，本书编写过程中还得到了许多专家的指导，在此深表谢意。

“余虽不敏，然余诚矣。”由于经验不足、学养有限，对植物文化的体系把握和深度研究还远远不够，疏漏错讹在所难免，恳请广大读者批评指正。

编者

目　　录

上篇　植物创造世界

下篇　典型植物的文化赏析

上篇

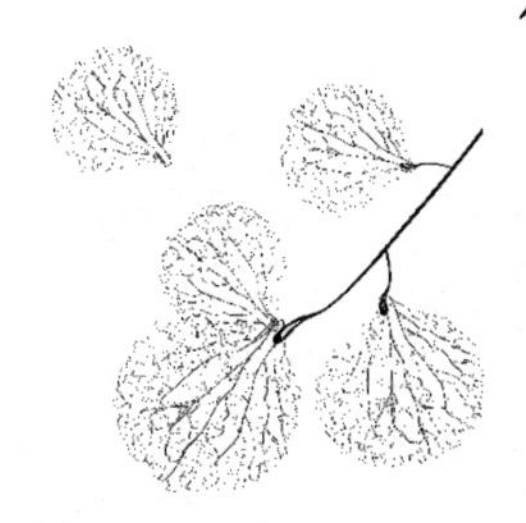

植物创造世界

第一章　植物与文化

满庭芳·植物演化史

宇宙无垠，地球有界，史前生命初形。纷纭评述，究创世真情。今日科学论证，气候变、物种提升。海洋久，陆生进化，锦绣扮全程。

骄阳添雨露，光合作用，塑造新兴。藻之后，新苗苔藓重重。蕨类随即跟进，增氧气、厚了苍穹。森林茂，种子时代，处处秀峥嵘。

第一节　植物的起源与进化

一、生命起源说

目前，生存在地球上的植物大约有40多万种，包含了我们常见的被子植物、裸子植物、蕨类植物、苔藓植物等多种植物类型。无论是高山平原、丘陵沼泽，无论是江河湖海、沙漠极地，也无论是热带、温带、寒带，到处都有植物的踪迹，只不过我们所见到的植物属于不同的植物群落或植被类型，如森林、草原、荒漠、苔原、水生植被等。它们或高大茂密，或矮小稀疏，或终年常绿，或枯荣交替，但都绚丽多彩，生生不息。

这些植物是怎么产生的呢？它们又是如何进化发展的呢？一直以来，人们都在思索这个神秘的问题。古代由于缺少对自然的了解，往往对大自然中解释不了的种种奇异现象感到莫明其妙，所以多把生命归于想象中的天创神造。例如我国最著名的盘古开天地、女娲捏土造人传说，西方《圣经》记载的上帝创造一切，等等。

其实，所有这些植物，都是经历了由低级到高级、由简单到复杂、由水生到陆生的发展过程，然后逐步进化形成了现在人们所看到的植物大家族。这些植物是地球上生命的主要形态之一，也是生物链中的第一生产者。

地球是人类现在所认知的宇宙中所有生命的共同家园，已经有40多亿年的历史了。尽管现在地球上物种丰富，生命形式多样，但早期的地球条件非常恶劣，温度很高，没有任何生物能够生存。地球形成初期的痕迹早已无从寻找，之后的发展过程也只能通过科学推测。至于地球上原始生命的产生，则有创世说（神创论）、宇宙发生说（宇宙论）、自然发生说（自生论）、化学起源说（新自生论）等多种假说。大部分学者认同化学起源说，认为在地球形成以后10亿年的时候开始，原始地球上的非生命物质经过极其漫长的岁月和复杂的化学过程，逐渐诞生了最原始的生命。

按照现在学术界普遍接受的达尔文《物种起源》理论和化学起源说，原始生命出现以后，随着营养方式的变化，进化为可以通过光合作用进行自养生活的原始藻类。这是地球上横跨几万世纪的藻类植物时代。可以说，光合作用和原始藻类，成为塑造自然、改造地球的原动力，从根本上推动了整个地球和生物界的发展与进化，创造了美丽如画的大自然。此后，在几十亿年的时间长河中，植物一步步迈着稳健的进化步伐，把地球装扮得越来越郁郁葱葱、缤彩纷呈。

二、植物的起源与进化

（一）藻类植物

藻类植物是植物界最原始的低等类群，是单细胞植物，一个细胞行使着一个生命体的基本功能。其中俗称蓝绿藻门的蓝藻门在藻类植物中是最简单、最低级的一门，也是历史上最古老的植物。早在30多亿年前，具有光合色素的蓝藻，利用水和阳光通过光合作用释放氧气，将太阳能转变成有机物，为真核单细胞异养生物提供了维持生命活动的能量。这些能进行光合作用的低等自养植物，开启了生物光合作用的先河，也为其他生物的出现创造了必需的条件。从此以后，拥有了适宜环境和能源的原始生物界开始了惊心动魄的漫长进化，逐渐诞生了复杂多样的植物、动物和其他高等生物。现存的藻类植物有3万多种，如红藻门、甲藻门、绿藻门等。藻类植物多生活在海水和淡水中，也有的生活在潮湿的土壤、墙壁、树干甚至动物体上。发菜、紫菜、海带、小球藻、水绵等都属于藻类植物。许多藻类植物都能食用，有一些还具有药用价值，但也有一些藻类对栽培植物和鱼类有危害。

这种生命的诞生及其进化发展过程经历了极其漫长的年代，不仅使条件恶劣、一片荒芜的不毛之地披上了一层薄薄的绿装，还通过光合作用释放氧气使大气中的氧气浓度增加，并逐渐形成能够阻挡紫外线直接辐射的臭氧层，从而改善了承担滋养各种植物、动物乃至人类生存重任的整个地球的生态环境。

循着由低级到高级、由简单到复杂、由水生到陆生的发展轨迹，在气候和地质条件的不断变化中，植物的形态结构也在悄悄地改变。大约在距今3.7亿年的泥盆纪时期，生活在海洋中的原始单细胞藻类，逐渐进化成为能够适应陆地生活的原始苔藓植物和蕨类植物，进入苔藓植物时代和蕨类植物时代。

（二）苔藓植物

苔藓植物是一种小型的多细胞绿色植物。从系统演化的观点来看，苔藓植物起源于绿藻，大约在3.8亿年前悄然上岸，是一个由水生到陆生的过渡类型，主要生长在林下阴湿土壤、沼泽地带等阴暗潮湿的环境中。苔藓植物体型较小，大的也不过几十厘米。由于没有真正的根、茎、叶，所以是寄生或半寄生在配子体上。苔藓是无花植物，没有种子，由孢子萌发成原丝体，再由原丝体发育而成。苔藓植物在世界上约有23 000多种，我国有2 800多种，药用的有21科、43种，例如，常见的有葫芦藓、泥炭藓、角苔、地钱等。除药用外，苔藓植物还可以用作空气污染的指示剂、肥料和燃料，也可以用于防止水土流失、园艺栽培等，有较高的经济价值。

（三）蕨类植物

蕨类植物具有了根、茎、叶等营养器官，以孢子进行繁殖，体内进化出了微管组织，属于高等植物中较低的一类。蕨类植物盛长于4亿年前至2.5亿年前，多为多年生草本，广泛分布于热带和亚热带地区，是森林植被中草本层的重要组成部分。蕨类植物领地广阔，平原、岩缝、沼泽、水域等都有其地盘。现在生存在地球上的蕨类有12 000多种，多为土生、石生或附生，少数为水生或亚水生。我国有2 600多种蕨类植物，多见于西南地区和长江以南各地，仅云南就有1 000多种。蕨类植物的叶子非常美丽，经常被用作观赏植物，如巢蕨、卷柏、桫椤、槲蕨等。蕨类也有药用价值，如能祛除风湿、舒筋活血的杉蔓石松，治疗化脓性骨髓炎的节节草，治疗痢疾、急性肠炎的乌蕨等。由于不同种属的蕨类植物对生存环境要求不一，这一特点也就成了地质工作者寻找地下矿物的明显标志。比如，石蕨、肿足蕨、粉背蕨、石韦、瓦韦等生长于石灰岩或钙性土壤地区，鳞毛蕨、复叶耳蕨、线蕨类等生长于酸性土壤地区。

（四）裸子植物

在3.95亿年前至3.4亿年前，出现了裸子植物。裸子植物为多年生木本，属于原始的种子植物，以高大乔木居多，在陆地生态系统中非常重要。裸子植物的出现表明植物的进化迈出了较大的步伐：一是出现了新的繁殖器官——种子；二是出现了花粉管，使植物的受精摆脱了对水的依赖，可以更好地适应陆地环境；三是裸子植物具有次生结构，可以次生生长，从而长成参天大树。裸子植物出现后迅速发展并占据优势地位，但在后来的地球环境大变迁中，大量的裸子植物先后灭绝，现在幸存下来的仅有800多种，其中我国有300多种，并且有140多种是我国所特有的。例如，分布在大兴安岭的落叶松、红松，分布在秦岭的华山松，分布在长江流域以南的马尾松和杉木林。

裸子植物具有很高的经济价值，世界上50%的木材都是来自裸子植物，同时它们也是纤维、树脂等原料树种。这些高大的树木主要用于木材、观赏，部分可食用、药用。例如，银杏又叫白果树，与雪松、南洋杉、金钱松一起，被称为世界四大园林树木。银杏在我国又与牡丹、兰花相提并论，被誉为园林三宝。银杏适应性强，其果味甘，有止咳润肺之功效。银杏的根、叶、皮含有多种药物成分，临床应用价值较高。

苏铁是热带及亚热带南部树种，喜光不耐寒，在恐龙称霸地球的时代到处都是这种美丽的植物，因而被地质学家誉为“植物活化石”。苏铁起源于古生代的二叠纪，繁盛于中生代的三叠纪，到侏罗纪进入最盛期。白垩纪时期，由于被子植物开始繁盛，苏铁的生长空间受到挤压遂逐渐衰落。苏铁种类较多，目前全世界有 3 科 1 属 240 多种，我国发现 25 种，特有的有五六种。苏铁四季常青，株形古雅，主干粗壮，叶片坚硬有光泽，是深受人们喜爱的珍贵观赏树种。苏铁的种子也叫西米，含有丰富的淀粉，味道鲜美。同时苏铁很多部位都具有药用价值。

侧柏也是常绿乔木，是经济价值较高的一个树种，又称柏树、扁柏、香柏，耐寒耐旱喜湿润，不怕水淹。侧柏木质软硬适中耐腐蚀，纹理细致有香气，是制作家具的上等木材。其根、叶、皮、种子可入药，种子还可榨油，供制皂、食用或药用。

红豆杉是常绿针叶树种，又名紫杉，赤柏松，别名美丽红豆杉，在秋季会长出樱桃般大小的奇特红豆果。红豆杉是第四纪冰川后遗留下来的世界珍稀濒危树种，自然分布极少，在我国被列为国家一级重点保护植物。红豆杉生长缓慢，材质坚硬，纹理均匀，是上等木材。红豆杉含有的抗癌特效药物紫杉醇成分，是和阿霉素、顺铂一样神奇的抗癌良药。红豆杉在我国主要分布在甘肃、云南、四川、湖南、湖北、广西、江西、安徽、贵州等地。

油松也是常绿乔木，是我国特有的裸子植物。油松喜好阳光充足、气候干冷的环境。油松心材呈淡红褐色，边材淡白色，纹理顺直，结构细密，材质较硬，耐腐抗朽，也是上等木材。油松富含树脂，可采松脂供工业用。油松树干挺拔苍劲，树冠在壮年时期呈塔形或卵形，在老年时期呈盘状伞形，是园林绿化的极好树种。

（五）被子植物

裸子植物之后，被子植物成为植物界最高级的类群，正是它们形成了茂密的森林，自 6 500 万年前以来一直在地球上占据着绝对优势。被子植物的器官和系统在植物界进化得也最为完善，其典型特征是种子外有果皮，在自然界属于分布最广、种类最多、结构最复杂、适应性最强、应用最广泛的植物。

目前，被人类认知的被子植物共 10 000 多属，20 多万种，占植物界的一半。我国有 2 700 多属，约 3 万种。

被子植物的分类研究比较复杂。在不同的历史时期，由于认识水平不同，植物分类的出发点和方法也不相同，从而出现了不同的分类系统，如克朗奎斯特系统、恩格勒系统、哈钦松系统、塔赫他间系统。现实生产生活中还有很多按照使用性质的分类形式。比如，按植物的观赏部位可分为观叶植物、观花植物、观果植物；按植物的生长周期可分为一年生、二年生、多年生植物；按植物种子子叶数量可分为单子叶植物、双子叶植物；按植物茎的性状可分为草本植物、木本植物、藤本植物；按植物叶子生长情况可分为常绿植物、落叶植物；按植物树干的高低可分为乔木、灌木。这些分类体现了人类认识、利用植物的方式、方法、方向，从而映射到人类的生活方式。

第二节　什么是文化

文化是人类活动的产物。它伴随着人类产生而产生，伴随着人类发展而发展，与人类生活息息相关。我们可能注意到，人类社会越是发展，文化这个词汇出现的频率越高，文化产品也就越丰富，越能满足人们日益增加的对文化多样化的需求。在现实生活中，文化就像人类赖以生存的空气一样，无处不在，无时不在。

一、关于文化的不同定义

文化是一个内涵非常广泛的概念，给它下一个严格的、规范的定义非常困难。学术界关于文化的定义很多，但每一个定义都是研究者基于自己的研究立场给出的。

美国文化人类学家洛威尔（A. Lawrence Lowel，1856～1942 年）曾发出这样的叹息：在这个世界上，没有别的东西比文化更难捉摸。我们不能分析它，因为它的成分无穷无尽；我们不能叙述它，因为它没有固定的形状。我们想用文字来定义它，这就像要把空气抓在手里：除了不在手里，它无处不在。可见，如何定义和描述文化，确实是一件很难的事情。

为了有一个比较清晰的认识，我们先从字面上看看文化的本义及其引申含义。

“文”是象形文字。从汉字演变来看，无论是金文还是甲骨文，“文”都像一个站立的人，其胸前有花纹。《说文解字》的解释是：“文，错画也，象交文。”所以“文”字的本义是指“交错画的花纹”。《辞源》收录的“文”的含义有：①彩色交错。《易·系辞下》载：“物相杂，故曰文。”《礼记·乐记》称：“五色成文而不乱。”引申为文雅，常和“质”或“野”对称。《论语》：“质胜文则野，文胜质则史。”②纹理，花纹。引申为刺画花纹。③文字，文辞。④礼乐制度。⑤法令条文。⑥美，善。⑦非军事的。与“武”相对。⑧南北朝以来钱币计量单位。⑨纺织物量词。⑩文饰。另外，“文”还是姓。

“化”是会意字。甲骨文从二人，象二人相倒背之形，一正一反，以示变化。所以其本义是变化、改变。除此之外，《辞源》的解释还有：①生，造化，自然界生成万物的功能。②死。《孟子·公孙丑（下）》："且比化者，无使土亲肤。"佛家称死为坐化，道家称羽化，亦此义。③融解，溶解。④焚烧。⑤习俗，风气。⑥乞求，募化。

"文化"一词最早见于《周易·贲卦》中的"文明以止，人文也。观乎天文，以察时变；观乎人文，以化成天下。"《辞源》说文化就是文治和教化，正如汉代刘向《说苑·指武》所讲"凡武之兴，为不服也，文化不改，然后加诛"。《辞海》对"文化"的解释是：①广义指人类在社会实践过程中所获得的物质、精神的生产能力和创造的物质、精神财富的总和。狭义指精神生产能力和精神产品，包括一切社会意识形式：自然科学、技术科学、社会意识形态。有时又专指教育、科学、文学、艺术、卫生、体育等方面的知识与设施。②考古学用语，指同一个历史时期的不依分布地点为转移的遗迹、遗物的综合体。同样的工具、用具，同样的制造技术等，是同一种文化的特征，如仰韶文化、龙山文化。③指运用文字的能力及一般知识。

一些学者也对文化给出了不同的定义。

英国人类学家泰勒在《原始文化》一书里把文化定义为："文化，或文明，就其广泛的民族学意义来说，是包括全部的知识、信仰、艺术、道德、法律、风俗以及作为社会成员的人所掌握和接受的任何其他的才能和习惯的复合体。"

梁漱溟先生在《中国文化问题略谈》中说："文化，就是吾人生活所依靠之一切。如吾人生活，必依靠于农业生产。农工如何生产，所有其器具技术及其有关之社会制度等等，便是文化之一大重要部分。又如吾人生活，必依靠于社会之治安，必依靠于社会之有条理有秩序而后可。那么，所有产生此治安此条理秩序，且维持它的如政治、如法律制度、如道德习惯、如宗教信仰、如军队警察种种，莫不为文化重要部分。又如吾人生来一无所能，一切生活多靠后天学习。于是一切教育设施，遂不可少，而文化之传递与不断进步亦即在此。那当然，若文字，若学术，若图书，若学校，及其相关相类之事，更算是文化了。我今说文化就是吾人生活所依靠之一切；意在告诉人，文化是极其实在的东西，俗常以文字、文学、学术、思想、教育、出版等为文化，乃是狭义的；文化之本义，必包括经济、政治，而且作为主要部分。"

张岱年先生在《中国文化概论》中说："凡是超越本能的、人类有意识地作用于自然界和社会的一切活动及其结果，都属于文化。"

费孝通先生在《土地里长出来的文化》一文中说："文化本来就是人群的生活方式，在什么环境里得到的生活，就会形成什么方式，决定了这人群文化的性质。中国人的生活是靠土地，传统的中国文化是土地里长出来的。"

余秋雨在《何谓文化》一书中，从理论、生命、文明、古典等多个方面，论述了文化的难以捉摸和无处不在。他认为"文化，是一种包含精神价值和生活方式的生态共同体。它通过积累和引导，创建集体人格"。余秋雨书中对文化这一根本问题做出了自己的回答，并在学理层面上条分缕析，寻根辨源，对文化作了详尽的阐释，逐一解答了文化是什么、文化的根本目标以及中国文化的特点等重要问题。

综上所述，我们可以笼统地把文化看作是一种社会历史现象，是人们长期创造形成的产物，是社会历史的积淀物，是人类发展过程中创造的劳动成果。文化凝结在人类创造的一切劳动成果之中，可以是看得见、摸得着的物质形态，也可以是游离于物质之外的意识形态。

二、文化的物质属性和精神属性

物质形态的文化是人们创造的种种物质文明，包括生产工具、生活用品等一切物质形态的生产资料和生活资料。这是一种可见的显性文化，是可以触摸的具体存在。比如交通工具对应着交通文化，服装服饰材质对应着服饰文化，食材、食具对应着饮食文化，住宅、殿堂、桥梁等建筑对应着建筑文化等。生产生活中的每一个具象，都是人类文明的具体结晶，也都对应着相应的文化，不胜枚举。

意识形态的文化是精神层面的东西，是一种抽象的隐性文化。这种看不见摸不到的文化，只能靠思想来感受和领悟。比如社会组织确定的交通制度、规则和个人形成的交通意识、交通行为属于交通文化；国家针对餐饮业和食品业制定的法律、制度，餐饮业和食品业的经营与管理，一个民族、一个地区的饮食风俗，属于饮食文化；服装服饰方面的穿着习俗习惯、审美情趣、色彩爱好等，属于服饰文化；各类建筑的实用、美观及象征意义或寓意，属于建筑文化。这方面的文化，也数不胜数。

所以，文化既体现在物质层面，也体现在制度和精神层面，涵盖了一个民族、一个国家的历史地理、风土人情、传统习俗、生活方式、文学艺术、行为规范、心理情感、价值观念等。比如人们常说的历史文化、地理文化、风俗文化、饮食文化、着装文化、语言文化、文学艺术、宗教文化、思维文化、制度文化等等。

一个家庭，一个组织群体，一个社会，一个国家，一个民族，都有不同的文化背景，创造不同的文化成果，使用不同的文化产品。具体到我们自身来说，我们来自不同的地区、不同的学校、不同的家庭，升入新的学校后又编入不同的班级，将来还会就业工作于不同的行业领域，从而会有一系列不同的校园文化、班级文化、家庭文化、城市文化、农村文化、区域文化等等；参加工作走向社会，也会对应着不同的企业文化、行业文化等等。

而现在，对我们影响最大的则是学校这个场所其自身的文化——学校文化。基于学校文化制定的教育目标，除了使受教育者掌握一定的科学理论知识以外，更应该注重人的核心素养与综合素质的培养，注重人的全面发展。因为学校教育，会对一个走出校门进入社会之后的人的成长和发展历程产生持久的影响。正是因为这个影响，如果将文化拿来去衡量一个个体，学历、阅历、经历只是其中一部分内容，我们看到的更多的其实是一个人的风度气质、修养水平。比如看问题的角度，对待生活的态度，待人接物的风度，包容他人的气度，承受压力的韧度，规划远景未来的余度，接受新生事物的热度，处理突发事件的尺度，协调多方关系的曲度，分析和解决问题的精度，迎难而上的力度，逆境不屈的强度，顺境不骄的成熟度，知难而退的量度，掌握知识的宽度，兴趣爱好的跨度，精通技能的深度，修身养性的厚度，审美情趣的雅度，等等。

如此之多的度，为我们勾画出了一个人的全部文化。它是立体的、综合的、可以反复揣摩的。正如西班牙学者费尔南多·萨瓦特尔在《哲学的邀请——人生的追问》中所说：“人身上最自然的一点是：人从来就不是自然的。”“人类就和洋葱一样，是由相互重叠的好几层东西构成的，最基本的内在的几层是自然的，而在它们之上，则还逐渐沉淀起一层教养、社会性和人为的产物”。

最近网上流行一个关于文化的段子，因为文笔优美，用词精炼，所以被广为传播。段子的内容是这样的：常常听人说，这个人没文化！文化到底是什么？有一个很靠谱的解释，文化可以用四句话表达——植根于内心的修养，无须提醒的自觉，以约束为前提的自由，为别人着想的善良！

而当我们了解了文化的含义及其物质属性和精神属性之后，就会知道这个段子是非常片面、非常不靠谱的。因为它把文化简单地等同了教养，只强调了文化之于人的社会教养这一个特性，而且这四句话不仅有某种程度上的意义重复、含义交叉，还都不能把教养在文化上的内涵完全表达出来。也就是说，即便单讲人类文化中的教养，这四句话也没有完全概括。

至此，综合人们对文化的各种解读，我们可以把文化定义为人类生活方面的各种表现，是有关人的一切关系的总和，包括人与人、人与社会、人与自然的关系。我们也可以简单地、通俗地把文化看作是一种生活方式。

第三节　为什么要把植物和文化联系起来

人类文明发展史中，人和植物之间呈现的是认识与被认识、选择与被选择、利用与被利用的关系。也就是说，植物与人类一开始就是密不可分的。植物与人类生活息息相关，在日常生活中我们随处可见植物的踪影。

植物不仅是人类生存最重要的能量来源，供给人们衣食住行的需要，也是创造人类精神生活的基础，是人类情感和思想的重要载体。人类世界的经济往来、技术交流、感情表达，都要和植物发生关系，从而衍生出与植物相关的多种文化。甚至可以说，如果没有植物，就不可能有现在如此丰富的人类文化。美国心理学之父威廉·詹姆斯曾说过这样一句话："只要从历史的角度来讲，你就可以赋予任何学科以人文价值，如果从天才们取得的一个又一个成就来讲授地质学、经济学、力学，那么这些学科就都是人文主义的。相反，若不这样讲授，那么文学就只是一些语法，艺术就是一些目录，历史就是一些年代，自然科学也就只是满纸的公式、重量和测量。人类创造物的精选！我们所说的人文学科就应该是这个意思。"

遍布自然界各个角落的植物以其独有的生命特征向人们展示着富足丰硕的物产资源、色彩斑斓的视觉盛宴和沁人心脾的人文价值。我们每吃一粒粮食、嚼一口蔬菜、品一种水果、踏一片草地、嗅一缕花香、赏一片落英、倚一棵大树时，都在自觉不自觉地享受着植物带给我们的健康美食和愉悦心情。

丰富多彩的植物世界，把我们的生活装点得异彩纷呈，为人类生存创造了丰富多样的环境条件。植物通过光合作用产生氧气，净化空气，给我们生存的基本条件；植物制造碳水化合物，生产出木材、药品、食材，使我们得以居住、营养和健康；植物涵养水源，降尘除噪，给我们绿色的生态环境；植物以其美丽的树形、多姿的枝叶和鲜艳的花朵，给我们愉悦的身心享受。正如新中国首任林垦部长梁希先生所言："无山不绿，有水皆清，四时花香，万壑鸟鸣，替河山装成锦绣，把国土绘成丹青。"这是梁希先生为祖国描绘的动人画卷，同时这也是植物的基本作用。

前面提到的植物的几种基本分类方法，是了解、掌握、运用自然规律和社会生活规律的科学理论。因为其实质是为了认识、选择、利用植物，所以无形中就已经把植物和文化进行了最基本的关联。

把植物和文化关联起来，植物之于人类，同样不外乎物质和精神两个层面的内容。

一、植物为人类提供必备的生存条件

植物为人类提供必备的生存条件，生产各种产品供人们使用，就是植物与人类在物质层面的关系。物质资料的生产是人类社会生存和发展的基础，人类为了生存和发展，必须首先解决生产资料和生活资料。早期这些问题以吃穿住用为主，主要依靠农业生产来完成。随着吃穿住用问题不断得到解决和满足，人类才有可能不断创造出新的更加辉煌的历史和文化。

我国是一个农业大国，各族人民在长期的农业实践中积累了丰富的生产生活经验，创造了灿烂的农业科学技术和农学理论，形成了独特的农业生产经验和优良传统，对世界文明的发展有着卓越的贡献和影响。延安时期，毛泽东同志就在《中国革命和中国共产党》中说过："在中华民族的开化史上，有素称发达的农业和手工业，有许多伟大的思想家、科学家、发明家、政治家、军事家、文学家和艺术家，有丰富的文化典籍。"其中，植物科学知识的萌芽、发展以及在生产生活中的运用，就是随着农业、林业、园艺等生产事业以及医药健康事业的产生发展而逐步成熟的。这里面，有着大量的人们对植物实物产品的改造和利用。

民以食为天，古人很早就和植物有了紧密交融。由于农业和医药的需要，产生了对植物形态和利用价值的充分研究与广泛运用。北魏末年的《齐民要术》作为我国现存最早、最完整的综合性农业百科全书，包括了对粮食作物、蔬菜、果树以及林木的栽培管理、产品加工等一切和农业生产、生活相关的一系列技术。《氾胜之书》《陈旉农书》《王祯农书》《农政全书》与《齐民要术》并称为中国古代五大农书，这些文字记载无声地述说着不同时期劳动人民对植物产品利用方面的巨大成就。

成书于东汉时期的《神农本草经》，对 365 种药物（其中植物药 252 种）进行了梳理分类，可以说奠定了药物学的理论框架，堪称最早的药物分类法。明代李时珍的《本草纲目》收药 1 892 种（包括少数动物、矿物），是我国植物分类学的重要参考著作。

北宋沈括的《梦溪笔谈》是涉及古代中国自然科学、工艺技术及社会历史现象的综合性笔记体著作，被英国科学史家李约瑟评价为中国科学史上的里程碑。作者沈括自言其创作出发点是“山间木荫，率意谈噱”。所以，书中与生物学、中医药学相关的条目众多，大多论述了不同植物的实用价值。

道光二十八年（1848 年），山西巡抚陆应谷刻印清代植物学家吴其濬的专著《植物名实图考》时，在序言中把植物对人类的物质贡献，或者说是人类利用植物方面，作了很好的诗意描述。陆应谷在序言中说：“《易》曰天地变化草木蕃明乎？刚交柔则生根亥，柔交刚而生枝叶，其蔓衍而林立者，皆天地至仁之气所随时而发，不择地而形也。故先王物土之宜，务封殖以宏民用，岂徒入药而已哉！衣则麻桑，食则麦菽，茹则蔬果，材则竹木，安身利用之资，咸取给焉，群天下不可一日无，而植物较他物为特重……”

二、植物引导和改变人类的精神价值和生活方式

除上面所述物质层面的关系外，精神层面的关系也很密切。精神层面，植物之于人类，主要是引导和改变人类的精神价值和生活方式，集中在艺术享受、文学创作、神话故事等各个角度。

《山海经·海外北经》讲述的夸父逐日的故事，反映了古代先民了解自然、战胜自然的愿望。但其中“弃其杖，化为邓林”，则是桃成为文化图腾符号的依据之一，成为桃文化形成发展的原始基础。

明代张潮在《幽梦影》中就多处提到了植物的人文价值享受：“天下有一人知己，可以不恨。不独人也，物亦有之。如：菊以渊明为知己，梅以和靖为知己，竹以子猷为知己，莲以濂溪为知己，桃以避秦人为知己，杏以董奉为知己，石以米颠为知己，荔枝以太真为知己，茶以卢仝、陆羽为知己，香草以灵均为知己，莼鲈以季鹰为知己，

蕉以怀素为知己，瓜以邵平为知己，鸡以处宗为知己，鹅以右军为知己，鼓以祢衡为知己，琵琶以明妃为知己。一与之订，千秋不移。若松之于秦始，鹤之于卫懿，正所谓不可与作缘者也。”“艺花可以邀蝶；垒石可以邀云；栽松可以邀风；贮水可以邀萍；筑台可以邀月；种蕉可以邀雨；植柳可以邀蝉。”“梅令人高，兰令人幽，菊令人野，莲令人淡，春海棠令人艳，牡丹令人豪，蕉与竹令人韵，秋海棠令人媚，松令人逸，桐令人清，柳令人感。”

以花草树木为象征，表达人的思想感情，是各民族语言文化中的一种共同现象。人们在欣赏花草树木外在美的同时，也赋予了它们某种特定的意义。特别是历代文人学士、诗人画家，他们通过咏诗赋词、写文作画，把内心的情感和审美情趣都寄托于大自然的花草之中，因而使其具有了丰富的文化心理，在养成生活习俗和铸就民族性格等方面发挥重要的作用。不同的植物，也因此在不同时代被赋予了不同的精神内涵。

《诗经·蒹葭》中的“蒹葭苍苍，白露为霜……蒹葭萋萋，白露未晞……蒹葭采采，白露未已”，就是通过水边的芦苇，勾勒出了深秋清晨凄清明净的景色，传递出一种迷茫伤感的情绪和追寻伊人的浪漫意象。而贺婚诗《诗经·桃夭》中的“桃之夭夭，灼灼其华……桃之夭夭，有蕡其实……桃之夭夭，其叶蓁蓁”，则通过鲜艳的桃花、累累的果实和茂密的树叶，祝福新娘建立和睦幸福的家庭。

周敦颐的《爱莲说》对莲花高洁的形象极尽铺排描绘，通过揭示莲花的象征意义，表现了作者洁身自爱的高洁人格，抒发了作者内心的深沉慨叹。

南宋王十朋的“有客看萱草，终身悔远游。向人空自绿，无复解忘忧”，似乎使我们看到了游子思念故乡亲人时郁结难解、愁肠寸断那种痛苦，以至于萱草的忘忧之效，也是徒有其名。

比如枣谐音“早”，民俗婚庆时常与花生、桂圆、栗子同桌同床摆放果盘或图案，取“早立子”“早生贵子”之意。再比如梅、兰、竹、菊因其清雅淡泊被誉为四君子，松、竹、梅经冬不衰被誉为岁寒三友，历代文人赋予了它们不同的品质和气节。

还有，以松柏傲骨峥嵘、庄重肃穆、四季常青、历冬不衰象征坚贞不屈的英雄气概；以竹挺拔秀丽、岁寒不凋象征坚毅气节；以桂联想折桂，象征荣耀，衍生“蟾宫折桂”“桂冠”“富贵满堂”“以和为贵”、家族尊荣等；以桃李代表学生徒弟，衍生“桃李满园”“桃李满天下”；以柳与“留”谐音，常折柳相赠，以示依恋之情，故有“杨柳依依”之说；以桑梓代故乡，“维桑与梓，必恭敬止”；以杏与“幸”谐音，象征幸福，表示“有幸”；以枫叶有“霜叶红于二月花”的美丽景色且与“封”同音，故有“受封”之意；在许多图画中画着一个猴子栖在树上，树上有一个蜂巢，也是“封”的意思，象征红运；以石榴象征多子多福和全家团聚；以柿树象征“柿（事）柿（事）如意”……

在与自然界长期共处的过程中，人们为植物赋予了人的精神品质和生活寓意，我们可以在众多文化作品中感受到人与植物之间的亲情。这里，我们随意推荐一些书籍，以方便大家领悟这份真情：《草木情缘——中国古典文学中的植物世界》《字里行间 草木皆兵——成语植物图鉴》《中国文学植物学》《植物哲学——植物让人如此动情》《笔记大自然——找寻一种探索世界的新途径》《植物的欲望——植物眼中的世界》《自然笔记——开启奇妙的自然探索之旅》《植物的故事》《发现之旅》《花卉圣经》《大自然的日历》《南开花事》《逃之夭夭——花影间的曼妙旅程》《时蔬小话》《美人如诗 草木如织》《红楼梦植物文化赏析》《花与树的人文之旅》《民族植物与文化》《植物中的中国文化》《玫瑰圣经》等。这些著述不仅给我们描绘了一个色彩斑斓的植物世界，而且向我们展示了一种清新、自然、和谐、美丽的生活方式。这些作者热爱自然、敬畏自然，热爱生活、尊重生活，喜欢文字、钟情文化，故而处处洋溢着温情和才情。他们的创作过程，其实就是与自然、与植物的沟通对话过程。我们应该乐于享受这个过程，融入这个过程。这个过程真实自然，如童话一般美丽；这个过程清新多彩，如诗画一般缤纷；这个过程浪漫舒缓，如天使一般温馨可爱；这个过程像皎洁的月光一般，静静地泻在美丽的花草树叶之上，照耀着人们的心房；这个过程可以使作者的心灵净化，可以使读者的精神高尚，可以使我们更好地与自然、与植物和谐共处。

第四节　植物文化研究的基本情况

一、植物文化研究概述

我们既生活在植物环境中，也生活在文化的氛围里。人类生活的环境一开始就不是单一的，而是多种成分相互融合、复杂多变的物质和精神的复合体。如果说植物给我们带来了绿色的、生态的生存环境，实际上植物也给我们带来了生活方式甚至价值体系的变革。在植物与文化的互通互融过程中，是植物促进了文化，还是文化引领了植物，怕是难以考证。但值得庆幸的是，在人与植物的相互利用过程中，它们都走向了文明。如果把植物和文化综合起来研究，或许我们会看到植物的另一面特质、文化的又一种解析。这样说来植物文化对人的影响就不只在器物层面，在观念层面也有着丰富的内涵。

所以，有关植物方面研究的一切成果本身都是人类文化的重要组成部分。在这个意义上，我们是不可能割裂植物与文化的内在联系的。只是在人们的研究过程中，对植物本身的研究已经是分门别类、浩瀚庞杂，而且当然是建立在植物的生物学基础之上的。而对植物文化的深入研究，则是近些年才启动且零散不系统的。然而，在人类发展的历史进程中，植物的社会价值与其自然价值一样不可低估，植物的文化价值对人类社会生活的影响一直是深刻而又广泛的。

一株植物就是一个文化元素，一片森林就是一个植物群落的复合体，它也就承载着非常丰富的文化内涵，植物文化的基本特征也将由此清晰显现。我们可以从中窥见植物的文化内涵，即表达植物与人的关系的一切社会历史积淀，其本质特征包括生态的、美学的、情感的、道德的、心理的、信仰的等等。这时我们可以说，在人与自然的关系中，植物无疑是重要的桥梁，而沟通植物与文化的就是人。从植物中来到文化中去，植物也承载了文化、蕴含了哲理、丰富了精神文明。每一种植物从它开始为人类所用起，就是一种文化载体。植物与人类文明同行，它联系人与自然，贯通天人合一。

传统文化中，植物无处不在。如果说植物科学是自然科学，植物背后的诗词歌赋、神话典故是人文社科，研读欣赏这些文学作品，其实就是在植物与文化之间畅游，是一种跨学科的科学穿越。

《诗经》是第一部与植物关系最为密切的文学巨著，它以优美的语言、丰富的花木铸就了中华民族伟大的传统经典。在《诗经》中，你能看到“参差荇菜”之荇菜、“薄采其茆”之莼菜、“于以采蘋”之水芙蓉、“颜如舜华”之木槿、“焉得谖草”之萱草、“桃之夭夭”之桃花、“蒹葭苍苍”之芦苇、“籊籊竹竿”之竹等138种植物。在古代先民与植物的对话里，对植物栩栩如生的文字描写，体现了植物所具有的情感色彩及人格魅力，贯通了人与植物两种生命的情思和诗意，奠定了中国文学的花草树木情结，人们尽可享受《诗经》韵味之美与植物世界之灿烂。

唐宋诗词作为中国传统文化的重要内容，其中的植物文化容量巨大。有人总结说在唐宋诗词中提到的植物以数百计，其中仅《全唐诗》中的植物就有三百多种，这恐怕出乎所有人的意料。

在唐宋诗词中，植物与人的关系更为紧密，已成为独特的人文符号。以植物来颂君扬主、借植物来抒情、托植物而言志，用植物的特征、习性及其他相关内涵来唤起人们的审美意识、生命价值以及对高尚人格的追求，更是让植物本身也具有了丰富的文化意蕴。

据中国台湾学者潘富俊统计，《全唐诗》里一共出现了389种植物；《全宋词》中可以读到321种植物；《金瓶梅》中有210种植物；而《红楼梦》中，植物达242种；《西游记》则更高，达253种之多……较少写植物的《水浒传》中也有102种植物出现，可能是故事和人物形象的关系，书中的人没有那么多儿女情长。

我们还可以在孔子的作品中找到12种植物，在孟子的著作里大概能找到23种植物。另外，《周易》总共出现了14种植物，《尚书》出现了33种植物。

《红楼梦》是一部传奇。讲传统经典与植物，无论如何绕不过《红楼梦》这座“高峰”。这部充满哲思且极具质感的叙事佳作对植物也情有独钟，有不少研究者就《红楼梦》里的植物进行过详细地研究，大家一致公认的是曹雪芹的植物学功底和园林设计功底，其中的植物世界之丰富令人难以企及。《红楼梦》中出现的242种植物，很多都是文学上的意象植物，真正在大观园的院子里布局栽培的大概70多种，垂柳、竹子、梅花、桃树、海棠、芭蕉属于出现频次比较高的几种。书中描述了许多与植物相关的场景、人物、情节，每个院落的植物也都根据主人而精心配植，植物与人物及其人格紧密相连，其中的以花喻人更是十分突出，植物的人文意象达到了极致。

当然，我们不能说这就是对植物文化的研究。但毫无疑问的是，这些作品无一例外地挖掘了植物的文化内涵，甚至在还不十分明确植物的生物学意义时，对其文化价值就有了广泛的演绎。

但是，即便是到了近现代，人们对植物文化的研究也还比较零散。系统地研究植物文化，或是把植物文化当作一个独立的领域来研究，还是近些年的事情。北京自然博物馆的专家冯广平在《植物文化研究的回顾与展望》(《科学通报》2013年第58卷增刊Ⅰ：1-8) 中，不仅为植物文化作了特征的定义，还就植物文化研究的主要内容作了界定。他所在的研究团队事实上也在植物文化领域做出了卓越的贡献。

冯广平认为，“植物文化是指人类和植物的选择关系和协同演化，以及由此而形成的以植物为载体和诱因的成果类型和行为方式”。而且这种关系主要表现为植物命名、利用选择（包括食用、药用、用材）、赏阅选择、崇拜选择和生态选择。也有的学者尝试在一些特定领域开展植物文化研究，像蔡登谷先生为森林文化作了概念界定，他认为森林文化是人与森林建立的相互依存、相互作用、相互融合关系，并由此而创造的物质文化和精神文化总和。

裴盛基认为民族植物学的内容是“以植物多样性和文化多样性的协同演化关系为主线，研究人类利用植物的文化行为与实践过程，及其对植物物种和生态系统的影响”。

梁衡先生的新作《树梢上的中国》，试图建立一个“人文森林”帝国，并以此为起点唤起对古树、对森林、对历史、对人文的关注。

另外，还有散见于植物学术界和产业界的植物文化研究，例如在植物资源、生态环境保护、药用植物、植物化学等方面的学术交流和研究成果转化，既专业又持续。

尽管它们是多层面、多角度的，但非常遗憾的是它们之间互不关联，相互隔开，且只在各自圈内传播，对社会的影响还有待提高。

——2012年首届“植物·文化·环境国际论坛”。这是我国组织的首届以“植物文化”为主题的国际会议，吸引了美国、英国、法国等多个国家的风景园林学、考古学、历史学、本草学、古植物学、地理学、环境学、生物学、文化创意学等不同学科200余位学者专家，共同研讨不同地区、不同民族的植物文化。“植物演化”主题主要研讨不同地质时期重要植物类群的起源和演化与环境变迁，以及不同历史时期人和植物之间的协同进化关系，探索人类和植物在长期认知与被认知过程中积累的农耕文化、饮食文化等。“植物文化”主题则主要研讨植物和人类在长期选择与被选择过程中形成的物质财富和精神成果。“木文化”主题则研讨人类对木材的选择思想、加工方法和成品的使用方式，以及由此而产生的文化现象，涉及木工艺术、木器、木雕塑、木建筑等多个方面。论坛期间，“中国树木文化图考系列”丛书新书发布。在这套丛书的序言中，中国植物学会理事长、中国科学院院士洪德元写下了这样一段话：“以植物为载体的文化元素和文化事件浩若烟海。挖掘植物背后的文化故事，也是未来植物科学研究的重点内容之一。”

——2014 年召开了第 2 届植物文化与环境国际会议，来自英、奥、日、印、中等 5 国的 110 位专家参加了会议。会议的主题是探索植物演化与环境变化的关系，以及植物与人类在长期选择与被选择过程中形成的共生关系和文化现象，设“植物文化综述”“农业起源和药食植物”“木文化与木构建筑”“园林植物和宗教植物”“沉香文化”“蒙山文化”等 6 个专题。

——截至 2016 年 12 月，中国植物学会古植物学分会已经召开了 20 届学术年会。除交流古植物学研究的最新成果外，每次还要专门交流对植物、文化和环境方面的研究新进展。

——随着森林的生态功能愈来愈为人们所认识，发挥森林的多种效益也愈来愈为人们所重视。以此为基础的森林科学论坛——森林多功能经营与管理国际学术研讨会已经举办四届，研讨主要围绕森林生态系统健康与服务功能等内容进行。

——中国风景园林学会城市绿化专业委员会，关注提高城市绿地和森林面积，致力于建成一批示范性绿色城市、生态园林城市和森林城市的要求。该学会的年会学术活动倡导乡土景观培育，加强城市园林绿化技术与管理经验协作交流。

——林业与畜牧业国际研讨会主要为行业内专家和学者分享技术进步和业务经验，聚焦林业和畜牧业学术领域的前沿研究，为大家提供一个交流的平台。

——中国茶业大会目的是“助推茶产业升级，打造全球化产业平台”，探索中国茶产业发展趋势，引导中国茶产业升级，推动茶产业供给侧改革，打造行业国际交流平台，实施“中国茶叶走出去”战略。

——中国园艺学会全国会员代表大会暨每年的学术年会，其业务范围主要是为果树、蔬菜、西甜瓜和观赏园艺的栽培、育种、种质资源、产品贮藏加工、生物技术应用及园艺产品流通和园林规划设计等。

——中国绿色木业大会暨中国木材保护工业大会致力于推进木材的高效利用。通过技术创新提升木材性能，扩大木材的应用领域，增加木材的附加值。通过鼓励木材高效利用技术开发和利用，提升木材的利用率，延长木材的使用寿命，增加木材的附加值等。

——园艺治疗及疗愈景观国际学术研讨会，旨在构建一个平衡的自然环境和适合不同能力人士的舒适空间，以增进健康和提升生活质量，通过种植和相关活动，舒缓压力和焦虑等情绪；恢复专注力、训练感官和肢体能力等；一起探讨如何应用园艺治疗以改善人的生活环境及调整身心。

——全国红树林学术研讨会暨中国生态学学会红树林生态专业委员年会、中国林产品质量与标准化及产业发展研讨会、中国木材保护工业大会、中国樱花产业峰会、中国林业经济论坛、全国景观生态学学术研讨会、全国玉米栽培学术研讨会、水稻解决方案高峰论坛、银杏（中国）健康产业年度峰会、中国兰花博览会、西部种业生物技术产业化问题研讨会、药用植物和中药发展论坛（继续教育）、中国植物学会植物园分会学术讨论会、全国苏铁学术会议、海藻植物营养国际论坛……

除以上这些会议、论坛活动外，媒体也在鼓励开展植物文化研究：

2012 年 9 月 20 日，《中国科学报》在《文化周刊》上刊发了《为无言的植物写多彩的历史》，让记载历史细节的植物文化体现出现实意义，让社会因其丰富的内涵而更乐于保护承载文化的植物。

2013 年 7 月 14 日，《科技日报》在第一版刊登了《植物背后的文化故事亟待挖掘》；2013 年 8 月 16 日，《人民日报》刊登了《新兴交叉学科"植物文化研究"破土而出》。文章认为，我们对植物身上长期沉淀的文化内涵一直缺乏系统研究。随着一些古树、古园的消失，附着其上的植物文化也渐渐被人淡忘。伴随着泱泱华夏数千年文明史，我国目前遗存下来的古树名木尚有 100 多万株。这些古树名木不啻历史文化的"绿色名片"，是中华民族悠久文化的一种象征，是"会呼吸的历史"。于是，有研究者把目光聚焦于古树名木。他们选择文化遗产资源富集的北京周边、关中平原、河洛谷地、汾河谷地、鲁中山地、太湖周边、成渝平原及古徽州地区等代表性区域，开始实地野外调查。调查研究的成果就是在前面首届"植物·文化·环境国际论坛"中提到的"中国树木文化图考系列"丛书。"研究之后你会发现，每一棵名木的古枝绿叶间都留存着远古的青色。很多景点都是因这种活文物而存在。只有你站在那些树面前，听它给你讲故事，你才能感受到背后文化的力量。如果没有树，那种穿越历史的厚重感恐怕要逊色许多。"

这些研究所突出的一个共同点，就是关注了植物与人的关系。

二、植物文化的基本特征

基于前已述及的文化概念，我们可以说，植物文化就是指人与植物的一切关系的总和，就是人类在认识、选择、利用植物过程中形成的各种生活方式。

植物文化既然是跨学科的畅游，是一门交叉学科，跨越植物学这一自然科学和人文社会科学，其特征肯定也不是单一的。从研究植物文化的目的来看，其人文社科性质更加明显突出。概括地讲，植物文化可以从以下几个方面来界定：

第一，植物文化源于人类对植物的选择利用，但在长期的演化进程中，不能忽视植物对人的深刻影响；

第二，植物与人的关系不是单向的，而是相互的；

第三，一切发生在人与植物之间的相互影响，最终表达为人与植物的精神互动；

第四，植物文化与物质有关，但又超越物质，更关注超功利的价值取向；

第五，植物文化的核心在于表达审美，崇尚对人格和心灵的追问。

植物文化的本质是实用的、生态的、美学的、情感的、道德的、心理的、信仰的，这会让任何一个抵达这片“桃花源”的人，都有自己不同的身心体验。具体来说，植物文化在空间、时间、植物、文化等维度上的特征包括地域性、族群性，继承性、发展性、时代性，多样性、象征性，渗透性、思想性、超自然性。

地域性和族群性是植物文化在空间维度上的特征。橘生淮南则为橘，生于淮北则为枳，这是由橘或枳的生物学特性决定的。大多数植物都有着明显的地域选择特性，这种特性自然而然地为这一地域的人们提供了独特的文化视角，同时也彰显特定区域、特定民族或人群的精神价值。

继承性、发展性、时代性是植物文化在时间维度上的特征。随着历史的演变、民族的变迁，再加上植物的进化，植物与人的关系也随着时空变化，在继承和发展中不断表达出时代的特质。

多样性、象征性是植物文化在植物维度上的特征。植物本身的丰富多样必然引发人们丰富的想象和思考，因此人们可以由植物的孕育、生长、成熟等生物学特征及植物的廓形、色彩、味道和称谓等符号特征产生各种各样的情感，在人和植物之间也就形成了生态的、审美的、人格的、信仰的、艺术的精神价值关系。

渗透性、思想性、超自然性是植物文化在文化维度上的特征。以文化的视角审视植物，是人们在长期的生产生活中积累的植物栽培、植物艺术、植物哲学等符号和文字，进而又不断地渗透于风土人情、传统习俗、生活方式、文学艺术、书法艺术、建筑艺术、行为规范、思维方式、价值观念等。在这样的视域下，植物文化的超自然性不言而喻。

第五节　植物与园林艺术

在浩瀚的植物群体中，最为人类熟知和广泛利用的当然是农作物和林木。当园林出现在人类生活中的时候，园林中选用的植物材料就不能回避了，因为选用植物的目的性折射了所代表或表现的文化。事实上，园林植物一开始就是园林造景的最重要元素之一，而且由于园林植物在生态、审美上的特殊价值，使得园林植物成为园林中最有生命力和感召力的部分。

一、园林植物的文化特性

从园林植物存在的空间上看，我们习惯于把中国园林中的皇家园林、寺观园林和私家园林作为古典园林的典型。但事实上，园林植物存在的空间可以细分为：纪念空间（陵园、祠堂）、居住空间（居室、庭院）、寺观空间（佛寺、道观）、皇苑空间（皇室、宫苑）、校园空间（学校、幼儿园）、行道空间（街道、岸边）、观赏空间（公园、遗址），生产空间（工厂、车间）、专用空间、防护空间、隐逸空间（私园），等等。大凡与人相关的空间都能找到植物的身影，而且不同空间对植物也有不同的要求，同一种植物在不同空间还会有不同的解读。

从园林植物的生命价值上讲，植物的定植与生长随时在变化着它的外在形象和内在年轮。即使在同一片园林，在不同时间节点也有着不断变化的园林景象，这也是植物区别于其他园林造景要素很重要的特征。

从园林植物的艺术审美上讲，园林植物的美学价值源于其特有的丰富多样、生态环保、地域特色和成长变化。园林的美决不仅仅表现在一时，还要经历植物的生命历程，人们在不知不觉中感受到园林植物的另一种美。

从园林植物的精神价值上讲，园林植物的超自然性决定了其与传统文化的相互渗透。在人们的比德、比兴体验中，道德的、心理的、情感的、信仰的，你尽可以展开自己的想象，一片园林早已超越了它的形式和符号意义。

园林植物的文化属性才是其本质属性。虽然人们离不开栽培、离不开对植物的直观审美，但更重要的则是其被赋予的文化色彩。或许，一片园林就是一个不同地域、不同流派、不同时代文化现象的碰撞和交流。这样，园林植物自然就承载了植物学者、艺术学者、文化学者的精神寄托。一个富有情感的观赏者驻足其中，必然有着他特有的体验。这个体验，可以是技术的、艺术的、哲学的或心理的。“窗外竹青青，窗间人独坐。究竟竹与人，元来无两个”（明・陈献章《对竹》）。因此，有人会在这里兴奋，有人会在这里沉思，有人会在这里超然脱俗地净化自己。

以人类认识植物的视角来解构园林植物，大体可以分为三个层面或境界。一是技术层面，主要是对植物的识别、配植、栽培和改良；二是审美层面，主要是通过想象和技巧用植物构建的园林景观；三是人格层面，主要是置身园林、面对植物的心理感悟和心灵升华。我们很难把三个层次严格区分，或者是绝对的等级递进。因为在很多时候，这三个层面可能是交错共生的。这就类似于佛教中参禅的境界，参禅之初“看山是山、看水是水”，参禅有悟时“看山不是山、看水不是水”，禅中彻悟时“看山仍然是山、看水仍然是水”。这种对山水的悟性，倒是一个逐步升华的过程。假如是这样的话，我们在植物文化领域的讨论可能更多的是在审美和人格层面。

二、中国传统文化与园林植物

中国传统文化根植于农业社会基础之上，是游牧文化和农耕文化相互交融和冲突的产物。而无论游牧文化还是农耕文化，都不可避免地要与植物产生千丝万缕的联系。当中华民族的先祖不断解放自身，推动传统文化日臻丰富、文明程度逐步提高的时候，大约从原始社会末期出现了人文意义上的园林。从这个时候起，园林里的植物就开启了它与传统文化的相互渗透、相互影响的演进历程。

中国古代最早的园林叫作囿，始于商周时期，作为帝王贵族开展狩猎、游乐的场所，实际上就是一个被圈起来的天然场地。其中植物自然滋生繁衍，可以认为是最原生态的田园景观，同时也是帝王家室生产生活所需粮果蔬的基地。有文字记载的是《诗经·大雅》里关于周文王的灵囿。到春秋时期的囿就有了人工栽植的各种植物，如柳、槐、松、兰、菊、荷等成为观赏景物。秦汉时期的“上林苑”堪称上古时代传统园林之大成，其中天然植被丰富，不仅种植水果蔬菜，为皇室提供鲜食果蔬，还引种了数千种奇花异木，其植物品种、植物造景虽难以考证，但以植物营造园林景观显然成了后世的典范。

唐宋前后的中国进入一个经济繁荣、文化昌盛的时期，对自然环境美的追求也成为文人士大夫的普遍风尚。特别是隋唐以后，诗人画家开始与造园家结合，不仅把此后的皇家园林打造得穷极奢华，而且达官显贵、文人墨客的私家园林以及佛教和道教的寺观园林也兴盛起来。各色园林就逐渐形成了各具特色的传统园林，植物配植趋于多元，既有依托自然山水的茂盛林木，也有含芳倚翠、超越自然的花木盛景，更有寄情花草树木、追求秀丽雅致的人文气息。这一时期中国传统的诗词歌赋和园林都达到了一个令人叹为观止的高度。唐宋时期所建包括大明宫、琼林苑在内的众多行宫御苑遍植珍奇花木，翠微宫、拾翠殿、承香殿、紫兰殿、沉香亭、凝香阁等与植物相关的亭台楼阁遍布园林。唐代兴庆宫就留有李白的著名诗篇“名花倾国两相欢，长得君王带笑看。解释春风无限恨，沉香亭北倚阑杆”（唐·李白《清平调词·其三》）。就连寺观也是“曲径通幽处，禅房花木深”（唐·常建《题破山寺后禅院》）。

明清时期的中国园林继承了传统文化的精华，园林造景登峰造极。无论是皇家御园，还是江南私园，都有令人叹服的景观。皇家园林中的圆明园、颐和园、承德避暑山庄等，私家园林中的拙政园、留园等，都堪称中国传统园林的浓重画卷。源于魏晋时期的私家园林，在明清时期趋于成熟。拙政园里的远香堂、兰雪堂、芙蓉榭、玉兰堂、荷风四面亭、松风水阁、听雨轩、梧竹幽居等，留园里的闻木樨香轩、半野草堂、东山丝竹、南北花房等花木茂盛、林木交映，无不借植物而怡情。植物在这些园林中所表达的，既有浑然天成的自然景象，也有文人墨客的诗画小品，当然也诠释了传统文化的精彩华章。

在我们仔细审视中国传统园林的时候，就会发现园林植物与传统文化的相互交融是那么自然、柔和，以至于无法割裂它们。无论是囿苑时期的自然天成，还是秦汉以来的自然再现且又超越自然，园林植物的文化性最终落到了中国传统文化的基石上，即天人合一、以人为本、中庸和谐等几个方面。

首先是天人合一。中国古代的天人合一思想强调的是人与自然的统一，或者说自然界与精神界的统一，主张人的行为与自然协调、道德理性与自然理性协调。一方面，园林植物源于自然，人与植物浑然一体，人与植物的生命不可分割，只是借用园林这片空间，人与植物进行着审美意义和人格意义上的对话。从古至今那些环山绕水的囿苑和寺观都会择自然景物为园林，以自然植被为景，应是人与自然合一的很好例证。另一方面，园林植物道法自然，园林植物之于人是可以认识、为我所用的客观对象，植物配植要遵循植物生长的自然规律，所谓“虽由人作，宛自天开”，使植物自身之灵气与人的性灵相通相融，实际上是将植物的生物特性与人的艺术审美及人格追求统一起来，实现在尊重自然的基础上运用自然、超越自然。

其次是以人为本。人本主义是我们传统文化的一大特色，主张人的中心地位，强调人格的力量，推崇伦理本位，在儒道两家都是主流思想。以人为本在园林植物上的重要表现就是以植物作为人格理想的载体，把一切对植物的寄寓最终都化为独立的人格精神，即刚健有为、自强不息。这样，把对植物的赏阅联系到做人的道德实践当中，实际上是人们对美好生活的向往，对君子品德的期盼。《诗经》首开以植物喻品德、以花木抒善美的先河。在几千年的中华民族历史中，数以万计的诗、词、歌、赋、书、画为世人呈现了大量以植物为题材的文化艺术佳作，由此更进一步促进了重人格、重气节、重善美的中华传统美德。

再次是中庸和谐。中庸是中华文明有别于其他文明的重要内容，这是一种提倡整合、反对割裂，强调互补、不走极端的和谐统一思想，说到底还是跟天人合一的思维有关。在中国文化里，儒道释三教融合，阴阳五行相生相克这种兼容并包、相互渗透、和谐统一的传统，实现了“万物并育而不相害，道并行而不悖”（《中庸》）的境界。园林植物的和谐既有与山水、建筑的匹配相适，也有植物之间、植物与人的和谐共融。园林植物无论是独植还是群植，于山水、于建筑体现的是它的脉动，于人体现的是它的相宜，无论是美感还是情感，都能直达人的内心，植物的生态与人的心态达到一种动态的平衡。

三、植物的哲学意象

自然无声息，花草有娇容；植物无言语，人类有思想。植物世界的花花草草，在人类生活中折射出的无穷精神魅力，正是植物文化的哲学意义所在。

比如“采菊东篱下，悠然见南山”，在菊花中我们可以看到陶渊明的隐士情怀。陶渊明是中国第一位田园诗人，被称为“古今隐逸诗人之宗”，著有《陶渊明集》等。陶渊明辞官隐退后，时常借酒抒发感慨。《饮酒二十首》表现了作者对现实生活的不满和对田园生活的热爱。《饮酒·其五》“结庐在人境，而无车马喧。问君何能尔？心远地自偏。采菊东篱下，悠然见南山。山气日夕佳，飞鸟相与还。此中有真意，欲辩已忘言”，表现了作者悠然自得的心境和宁静自由的生活享受以及对黑暗官场的鄙弃厌恶，写出了作者欣赏、赞叹大自然给人带来的情感享受。正如宋代学者朱熹所说：“晋宋人物，虽曰尚清高，然个个要官职，这边一面清谈，那边一面招权纳货。陶渊明真个能不要，此所以高于晋宋人物。”

当然，我们也可以从菊花联想到孟浩然的《过故人庄》：“故人具鸡黍，邀我至田家。绿树村边合，青山郭外斜。开轩面场圃，把酒话桑麻。待到重阳日，还来就菊花。”这首诗似乎使我们能够欣赏到风光旖旎的立体画面，让我们看到了青山远映、绿树环绕的美丽田园，领略动态逼真、生动传神的山村生活，甚至感受到那份淳朴、诚挚与温馨、热情。

比如“野火烧不尽，春风吹又生”，是白居易借小草展现生命的顽强。白居易《赋得古原草送别》可以看成是一曲野草的赞歌、生命的颂歌。“离离原上草，一岁一枯荣。野火烧不尽，春风吹又生。远芳侵古道，晴翠接荒城。又送王孙去，萋萋满别情。”全诗通过对野草生长的直接描绘，抒发惜别友人之情，进而借野草的枯荣交替、浴火重生，展现生命的顽强力量。

比如“出淤泥而不染，濯清涟而不妖”，在莲花里有周敦颐的高洁品格。周敦颐是北宋理学家，《爱莲说》是其创作的一篇散文，通过对莲的形象和品质的描写，歌颂了莲花坚贞的品格，从而也表现了作者洁身自爱的高洁人格和洒脱的胸襟，表达了自己不慕名利、洁身自好的生活态度，表现出对追逐名利、趋炎附势世风的鄙弃。

比如“落红不是无情物，化作春泥更护花”，在落花里有龚自珍的奉献精神。这句诗出自龚自珍《己亥杂诗》中的第五首：“浩荡离愁白日斜，吟鞭东指即天涯。落红不是无情物，化作春泥更护花。”这首诗写的是诗人离京时的感受，虽然载着“浩荡离愁”，但却表示仍然要为国为民尽自己最后一份心力。龚自珍是清代思想家、诗人、文学家和改良主义的先驱者，主张革除弊政，抵制外国侵略，曾全力支持林则徐禁除鸦片。他的诗文洋溢着爱国热情，多咏怀和讽喻之作，被柳亚子誉为“三百年来第一流”。

比如“疏影横斜水清浅，暗香浮动月黄昏”，在梅花里有林逋超凡脱俗的风雅情趣。梅花枝干苍老虬曲，常在寒冷的冬天开花，作者借此表达了一种在严酷的环境条件下坚守信念的顽强精神。“宝剑锋从磨砺出，梅花香自苦寒来”，说的就是梅花这种不畏艰难困苦、勇于迎难而上的精神品质。但是，在以梅为妻、以鹤为子的宋代诗人林逋看来，梅花又是清丽淡雅的。“众芳摇落独暄妍，占尽风情向小园。疏影横斜水清浅，暗香浮动月黄昏。霜禽欲下先偷眼，粉蝶如知合断魂。幸有微吟可相狎，不须檀板共金樽。”在这首《山园小梅》诗中，他提升了梅的品格，将梅花写得超凡脱俗、俏丽可人。“疏影横斜水清浅，暗香浮动月黄昏”这句诗也描绘出了梅花清幽的独有风姿，成为千古绝唱。

同样是梅花，清代宋匡业《梅花》：“不染纷华别有神，乱山深处吐清新。旷如魏晋之间士，高比羲皇以上人。独立风前惟素笑，能超世外自归真。孤芳合与幽兰配，补入离骚一种春。”这梅花表现的是与世无争、超然尘世之情思。宋代陈亮《梅花》：“疏枝横玉瘦，小萼点珠光。一朵忽先变，百花皆后香。欲传春信息，不怕雪埋藏。玉笛休三弄，东君正主张。”这梅花表现的是独领风骚之品位。元代王冕的《墨梅》：“我家洗砚池边树，朵朵花开淡墨痕。不要人夸好颜色，只留清气满乾坤。”它歌颂了梅的高风亮节之内在美，实际上是借梅自喻，表达了作者对人生的态度以及不向世俗献媚的高尚情操。

有种子，自会成树；有生活，必有态度。由植物本身的特性衍生出来的特殊含义，是人们各种心理欲望的一种重要归属。人类历史要延续，文化遗产要传承，这是文明发展的基本要求。在后面的各章节中，我们将努力讲好植物背后独有的中国故事，从厚植中华民族文化自信的角度，对不同植物的不同哲学意象，分门别类地做出我们的分析和判断，让中华文化的智慧之光照耀我们的前行之路。

第二章　学校文化建设与校园植物

长相思·学校与植物

文育人，化育人，才艺多方贯古今。知识技艺深。
草欣欣，木欣欣，草木滋植情趣真。育人环境春。

第一节　学校文化建设的内涵

文化是个经久不衰的课题，也是一个无所不包的概念。学校文化因之独特的社会意义，在经济社会飞速发展、科学技术日新月异的新形势下，越发显得重要和值得引起高度重视。

学校文化建设包罗万象，主要是以学生为主体，以校园为基本空间，以企业、社会实践基地为补充，围绕地方经济和社会发展需要，以精神文化、环境文化、行为文化和制度文化建设等为主要内容的一种多元文化集合，是学校本身形成和发展的物质文化与精神文化的总和。

学校作为育人场所，文化的先进性和引领作用毋庸赘述，文化概念的不断丰富和不断发展也不言自明。长期以来，我们的学校文化建设涉及办学理念、核心价值观、校风校训、校园规划建设、管理制度建设、课程文化建设、师德师风、公共关系、学生人文素养和道德养成，等等。但不同时期，关注方向和侧重点有所不同。但总体来说，学校文化建设应该兼具社会性、先进性、适应性、创造性。比如智慧校园、海绵校园，就是最近几年学校文化建设的新内涵。

学校文化既是推动学校发展、提升学校层次的重要手段，也是学校改革发展的目标方向。坚持了学校自身文化的本色，融汇了外来的先进文化，自然会创造出学校文化的美好未来。

一、学校文化是不能忽视的重要教育资源

学校文化是学校的魂。以学校全体成员为主体的学校文化，既体现在学校成员的价值观，即学校的核心价值，也体现在学校的各种物质实体上。因此，学校文化是一所学校综合实力的反映，学校文化建设是学校改革与发展的重要组成部分，学校的核心竞争力更多地表现在文化的凝聚力和创造力，优秀的学校文化能赋予师生独立的人格、精神，激励师生不断反思、不断超越，还能赢得更多优秀的师资和生源。

加强学校文化建设是学校可持续发展的重要保证。健康的学校文化，可以正确引导办学者明确学校发展目标，并客观反映社会对学校的期待，还能代表师生的共同愿望，进而引导师生适应社会的需求，最大限度地发挥学校自身的优势，凝聚学校成员的认同感和向心力，最终推动学校的可持续发展。

加强学校文化建设是促进学生全面发展的重要基础。先进的学校文化，可以陶冶学生的情操、启迪学生的心智，提高学生的核心素养。因此，加强学校文化建设，对于贯彻落实党的教育方针，促进学生全面发展具有十分重要的意义。

学校文化没有大小、好坏之分，只有适合与否、先进与否。只要在自身特定环境中，有利于师生共同进步、人才成长，有利于人的全面发展、学校办学水平提升，有利于学校与外界的共生共赢，就是昂扬向上、包容开放的先进文化。

例如，对于职业学校来说，很多学校遵循“德育为首、教学为主、质量强校、特色立校”的办学思想，大力弘扬工匠精神，结合专业特色、办学水平和区域经济发展需要，围绕骨干专业、特色专业，形成的一系列忠诚敬业、爱岗奉献、遵循规则、崇尚技艺、追求卓越的文化精神，以及精细管理的制度措施，乃至优雅、美观、融合各种现代技术的校区环境等等，都属于职业教育固有的文化。

先进的、现代的学校必然在发展过程中会形成先进的、现代的文化，先进的、现代的文化也必然推动着学校向先进与现代迈进，二者是相辅相成的。信息时代，互联网+，新城镇建设，大众创业、万众创新，工业 4.0，中国制造 2025，工匠精神，体面劳动等，所有这些，都在现代职业教育体系建设的大背景下，融入了职业学校的文化建设之中。

每个学校都有着自己的特色与专长，也有着自身的缺点与不足。在变革的时代，既要传承自己的优秀品质，弘扬先进文化，也要敢于、善于学习其他学校的先进文化，借鉴其他学校的独有优势，做到相互学习、共同发展。人们常说思想决定行动、行动形成习惯、习惯产生文化、文化影响思想。这个循环是封闭退化的还是开放进化的，主要看能不能吸收外来文化，以及吸收后能否创新再造，为我所用。

学校文化潜在的巨大教育功能日益受到人们的重视，人们越来越注重学校文化的建设，但是在文化建设当中还存在着一些疏漏与不足。一是重物质轻精神，学校新校

区高楼拔地而起，却很少注重精神文化的挖掘，一些具有悠久传统的学府也在进行着拆建工程，不注意对精神文化载体的保留与精神继承；二是重活动主体建设，轻学校精神引领，学校文化建设仅仅停留在各式各样的活动，但没有灵魂、较为分散、各自为政，难以发挥引领学校主导价值的作用；三是重内部文化关系，轻外部多元开放，面对多元的社会文化，学校文化建设呈现一定的封闭性，主要是一种未成熟的学生文化占主要地位，学校的文化建设还只是停留于校内的“自娱自乐”，对社会文化的影响力很小；四是重硬件轻软件，职业院校普遍重视硬件建设，以为校园文化建设就是盖楼、建亭、栽树、养花草，软环境方面的建设没有自身特色，学校的内在氛围、风气与外观漂亮的校园、别致的建筑不相称。

应该看到，一些负面隐性的文化现象正在影响着学校文化主体精神的形成。目前，官本位、潜规则、攀比风、腐败以及不良网络文化等现象正在侵蚀着主流的校园精神，寝室中难以见到家事国事事事关心的情况，甚至有些课桌涂画和厕所涂鸦还有些近乎黄色的污秽言谈。还有就是独生子女学生越来越追求时尚衣物和饰品，痴迷网络或智能手机游戏，自我约束力越来越差，学习成绩越来越糟。而像学雷锋、树新风等活动由于宣传不到位，学校硬性组织安排，使许多学生被动参与或接受。这些现象是在学校文化建设过程中出现的问题，如不能及时彻底加以解决，学校文化建设便不能走上健康发展之路，而学校文化的巨大教育功能也就不能得到有效发挥。

二、学校文化建设的环境力量

以学校文化建设的角度看待校园环境，体现的是环境文化。环境文化既是学校文化建设的重要内容，也是校园环境规划、施工、成型、维护、改善的思想基础。因此，加强校园自然景观和人文景观建设，使这些景观能够凸显学校的办学宗旨和办学理念，用优美的校园景观激发学生的爱校热情，陶冶其爱护环境、关爱自然，关心社会、关心他人的高尚情操。

植物是校园景观建设最为关键的要素之一，也是学校文化建设的重要内容。校园植物的选择、布局和营建，体现的是学校的人文精神，影响的是师生的共同成长。一个优秀的学校总能将学校的文化精髓凝聚到校园植物景观之中，让校园植物成为学校生命力的一部分。提到北大燕园未名湖畔，你一定不只会想到那里的花草葱郁、古木参天，更能意识到那里的一草一木传递的北大精神和中华传统；水木清华几乎成了清华大学的代名词，近春园池塘里的荷花自然会让人想起朱自清的《荷塘月色》；北京林业大学奉行“养青松正气，法竹梅风骨”，以松竹梅彰显北林特色。

但就当前各类院校植物景观的整体情况来看，也还面临着不少问题。一是把校园植物配植当作校园绿化，以绿色校园替代人文校园。从积极意义上讲可能会实现植物的绿色生态作用，在实际操作中却经常会出现植物配植简单，随意减少绿地面积，管理养护粗放，一些多年生长的乔灌木没有合理的剪修，而影响通风和美观，一些花草因合理施肥、治害不及时而死亡，这反而给师生带来不利的影响。二是校园建设缺乏长远统一的规划，校园植物的更迭随意性大。受人事调整、财务状况等各种行政化因素的干扰，学校环境建设常常因人而变、时时调整，导致古老校园不断被侵蚀，园林植被被破坏。试问，在花草树木都没有长成的时间和空间，何来大师？三是校园植物景观的营造缺乏匠心，没有以人文视角来审视校园植物的文化价值。在植物景观设计处理上，植物的种类、层次不丰富，植物的造景简单模仿、缺少校本特色，自然也不会用植物来表达精神和品格。四是校园植物与师生不融合，难以实现两类生命的共同成长。“明其一体，相待而成”其实不仅指师生，人与植物也是如此。

如何打造一个草木生态、视觉平衡、物种丰富、特征明显的校园植物空间，不仅彰显学校的整体风貌、形象魅力和文化品位，也考验办学者的核心理念。也就是说，作为一个长期稳定的生态群落，校园里的植物环境除了它的涵养生态、净化环境等生物学价值以外，还要考虑它的教育价值、思想价值、人格价值和美学价值。

从教育意义上讲，师生在与植物的亲密接触过程中，一定还能体验到一些人文、道德、生命、情感等的精神传递。从思想意义上讲，植物的春与秋、夏与冬、生与死、固与变，不同区域植物的分布，都能让师生展现特有的想象，进而上升到仰望星空的心理期待。从审美意义上讲，校园植物的色与型、大与小、高与矮、远与近、多与少，在校园植物生长的每一个节点、每一片土地都能呈现丰富的审美价值。从人格意义上讲，校园植物无疑是沟通师生与自然的重要桥梁，校园植物无声地向它身边的人们揭示着一种精神、一种情感或一种生命历程。

三、校园植物配植与校园植物生态培育

生态一词用到学校校园可以叫作校园生态，以一般的理解，不外乎是指学校这一特殊事物，其健康、和谐、积极、科学的生存状态。校园生态建设其实也应该是一个广泛的命题，至少应该包括校园里的政治生态、人文生态，制度生态、管理生态，植物生态、水土生态，等等。结合校园植物这一主题，我们来看校园的植物生态或称草木生态。

校园里的植物兼具自然和人文两种属性，既要满足自然生态的需求，实现其水土保持、环境净化、环境调节、生物多样、产品利用等生物学功能，也要满足人文生态的需求，实现其陶冶情趣、艺术审美、心灵启迪等人文教育功能。因此，校园植物生态建设就要考虑校园植物的多样性、整体性、地域性、继承性和先进性。

多样性是要求校园里的植物种类和数量尽可能适合整个校园的占地空间。当然校园的有限空间会给多样性提出很高的要求，这给设计建设者带来一定的难度。因为，在特定的校园里要考虑到对植物色彩、株型、树形、种属、品种等的不同需求，来建

设既反映自然生态，又反映生命价值的学校园林，就不仅仅是扩大数量的问题了。那就是说，多样性所要求的既有量的扩充，也有质的丰富。

整体性是说建设学校园林，要以学校的整体空间为背景，还要以学校的过去、现在和未来为轴线，站在一个更大的时空视野里审视学校的整体价值。这样就不是随手植几株树木、种一片花草，甚或是做一个花园那么简单了。你要以学校的发展来思考校园植物的成长架构，以学校的灵魂来思考校园植物的时空布局，以学校的改革来思考校园植物的生长变化。学校园林应在空间和时间两个维度上维系学校的价值体系和师生的精神家园。

地域性从宏观上，要求既在一般的情况下遵循植物的生长习性，照顾到校园植物的生态适应性，做到适地适树或者说适校适树；又在特别的节点上挑战植物的生长习性，引进一些特别的花草树木，在稳定中突出创新，彰显学校的生命力和创造力。从微观上，要求学校校园的不同区域也有不同的植物表现，避免单一和保守，如在学习区域、运动区域、生活区域、游憩区域等应有不同的植物配植。

继承性更多地是以校园植物表达学校的优秀传统，这既要体现在校园植物的选择和栽植上，也要贯穿在校园植物的成长过程中。一个富有优秀传统的学校，总会一以贯之地培育着一棵棵校本特色的稚嫩幼苗和参天大树；一个时时接受着精心管理的学校园林，无论是园林本身还是园林的主人，都在传承着“园丁精神”。

先进性也可以称作时代性，但不要以为先进就是不停地更换校园植物，时代性也不是要代表某一时刻。十年树木，百年树人，人的代际更迭总比树木要来的缓慢，即便是在各领风骚三五年的当代。讲校园植物的先进性不以植物的更迭为尺度，而是要以校园植物本身的属性、形象、成长和组合来表达学校教育的超时代特征和师生员工的弄潮儿精神。

第二节　校园植物的价值

校园植物作为学校环境的重要组成部分，一直是学校文化建设的重要内容。在校园里，植物依然是校园景观建设必不可少的要素之一，而且作为有生命的景观要素，校园里的每一株植物、每一个园林小品都承载着丰富的文化内涵，也因此会对校园的环境营造和师生的健康成长发挥积极的作用。“造物无言却有情，每于寒尽觉春生”（清·张维屏《新雷》），校园植物的本体美、动态美、意象美和人格美，既展示着植物自身的实用价值，也昭示着中华民族传统文化的独特魅力。

一、校园植物的生物学价值

校园植物的生物学价值主要是其自然属性决定的。虽然受限于校园的空间，而且校园植物的选择更多考虑的是其观赏性、教育性，校园植物的直接作用象征意义大于实际意义，但也不能因此忽视它的生物学价值。

第一是校园植物的水土保持功能，这也是植物最为基础的功能之一。植物通过对水分的吸收、蒸发、滞留以及绿地的渗透和储蓄，对区域的水分运动产生影响，从而调节区域生态系统的水量、水质变化。林冠和枯落植物层对降水的截留、分流，又能降低雨滴的动能，减少其对土壤的分散力，防止地表土壤被侵蚀，进而改良土壤理化性质。植物根系对土壤的固定作用使得土壤肥力损失降低、土壤结构改善，增强土壤的有机质、营养物质和土壤碳库的积累。植物的固土、保水、保肥、防沙功能得以实现。

第二是校园植物的环境净化功能，这在雾霾多发、人们追求清洁环境的当下尤其重要。校园植物的固碳释氧作用可能无法与森林相比，但要减缓大气中二氧化碳等温室气体浓度上升，维护局部气候环境清洁，校园植物的作用也不可小视。实际上，校园植物也能通过吸收、过滤和阻挡作用来降低大气中有害物质的浓度，从而降低细菌的活性，抑制细菌的繁殖；有些植物如玫瑰、桂花、蔷薇、紫薇等，甚至还能通过分泌一些物质来抑制和杀死细菌，从而减少空气中的细菌，此时的校园植物俨然成了“吸尘器”和“杀菌剂”。

有研究表明，植物有减弱周围噪音的作用。噪音的声波碰到树干时，使声波破碎并产生散射，再加上植物枝繁叶茂、形状迥异，如有风力推动，还会产生与噪声相反的声波，能抵消声波的传递能量。同时，植物叶片表面的气孔呈凹凸不平状，还有丛生的茸毛，这就像多孔纤维板一样，能把噪音吸收掉。因此植物又成了“消音器”。

第三是校园植物调节环境温度、湿度的功能。这是与植物的蒸腾和光合作用相关联的。植物表面的蒸腾作用会吸收周围环境的热量，从而降低环境温度，减少地面水分蒸发。植物的光合作用既要吸收阳光也要吸收空气中的二氧化碳，降温增湿效果俱佳。当然，植物叶片对阳光的反射和遮挡也使得树下成荫，夏季隔热避雨，冬季挡风御寒。

第四是校园植物的生态平衡作用，在不断加快的城市化进程中，城区内的生物物种愈发匮乏，自然因素成了稀缺元素。校园植物作为校园里最接近自然的物质基础，不仅主导校园生态的完整，无疑也会对城市生态平衡发挥积极作用。校园植物群落的共生、循环、竞争等生态学过程，也促进了在校园这样一个有限的空间，实现生物多样化，更好地为城市生态做出贡献。

第五是校园植物的产品利用价值，如果、花、木材等。在适合的校园里可以通过适度的规模种植，实现某种植物产品的量产，为师生提供一定量的产品。比如一些学校的植物景观选择了柿树、水稻等为主要内容，展现一派田园风光，且整体种植规模较大，短期就可形成量产为师生所收获；有的因树木更新，那些具有利用价值的树干也可作为木材予以利用。实际上，校园植物只要能有一定规模，都能形成产品生产，为学校带来一定的物质回报。

二、校园植物的人文价值

校园植物的配植不是各种植物的简单堆积，而是园艺师选择特定的各色植物在审美和生态习性上的艺术组合。合理的植物配植能表达校园景观的自然美和和谐美。不同的学校在校园植物景观上必然要有一定的特点，再结合学校环境的各种要素，整个校园景观实现人文、生态和自然的完美结合。校园植物在校园景观的塑造上发挥着不可替代的作用。

一是与校园建筑一起，既能为师生创造充满自然情趣的校园生活、游憩环境，也使校园景物更加生动。校园植物与人、与空间、与建筑、与植物之间以适当的方式组合在一起，共同构成校园风景。这里，建筑物构成硬质景观，植物构成软质景观，同时也是建筑物的空间形态及单元间划分的重要组成部分。可以预见，合理精巧的植物配植，使校园中的建筑、山水、道路凸显了灵韵。

二是校园植物的不同形态特征，如颜色、高低、姿态、叶形、花形、株形等的视觉感受，不仅丰富校园的色彩，而且以一定的造型布局引领视线、创造美景。这种视觉上的审美，使植物成为校园的重要组成元素，并由它带来多元化的感官冲击。更为重要的是，植物的成长变化为校园提供了阴晴有别、季相有变、四时不同等时空变化的动态美景，这显然是其他校园景观所不具备的观赏维度。

三是校园植物的不同造景给人以审美联想，为我们带来丰富的审美意境，这是中国植物造景特有的传统审美价值。丰富多彩的植物配植，万紫千红的植物色彩，争芳斗菲的季相轮回，这样的植物外部形态给人以美的直接感受，同时也让人们产生各自的审美联想，从而就有了丰富的审美意境：春有百花齐放、花团锦簇、春花烂漫、桃李争春、枯木逢春等，夏有苍翠欲滴、根深叶茂、妖娆多姿、出水芙蓉、林木蓊郁、豆蔻年华等，秋有层林尽染、春华秋实、红豆相思、硕果累累、叶落知秋等，冬有风花雪月、疏影暗香、玉树临风、岁寒三友、落叶归根等，无不既有植物的欣赏美，也有陶冶情操的诗情画意。

三、校园植物的教育价值

植物是生命，人也是生命。两种生命的生灵互动，既有人对植物的维护和欣赏，也有植物对人的精神启迪。

一是校园植物的勃勃生机催人奋进。学校是个激情四射的地方，年轻的生命正处在人生的快车道，一片生机盎然的绿色生命自然会让人充满活力。如春季的小草，“野火烧不尽，春风吹又生”（唐·白居易《赋得古草原送别》）；如夏季的荷塘，“接天莲叶无穷碧，映日荷花别样红”（宋·杨万里《晓出净慈寺送林子方》）；又如秋季的红枫，“停车坐爱枫林晚，霜叶红于二月花”（唐·杜牧《山行》）；更如校园里常见的松竹梅，或“隆冬不能凋”，或“历四时而常茂”，或“凌寒独自开”，无不激励人们勇往直前、宁折不弯、不畏严寒的意志。

二是校园植物的灵动给人以心灵的启迪。一棵小草、一株鲜花、一棵树苗展示的是生命的魅力；一片落叶、一次凋谢、一季轮回诉说的是生命的潜力。春夏秋冬四时变换，成就了每一种植物的不同姿态，彰显了生命的丰富多彩。即便是飘落到树下的落叶，不也在孕育着新的生命吗！飘落林间的树叶，也有一种说不清的壮观。“无边落木萧萧下，不尽长江滚滚来”（唐·杜甫《登高》）。这不应是结束，不是毁灭，而是生命的起点。有了这洋洋洒洒的落叶，大地将更肥沃，春天的芽苗才更茁壮，正所谓“落红不是无情物，化作春泥更护花”（清·龚自珍《己亥杂诗·其五》）。

三是校园植物与师生共同成长。校园植物与其他校园景观要素的重要区别之一，就在于植物的生长与变化。春季的萌发、夏季的繁华、秋季的收获、冬季的孕育，都蕴含着盎然生机。“随风潜入夜，润物细无声”（唐·杜甫《春夜喜雨》），来到校园就读的学生，也正是在老师们的教导下，与老师们一起长知识、强技能、修身性。正如雅斯贝尔斯所说，“教育的本质意味着，一棵树摇动另一棵树，一朵云推动另一朵云，一个灵魂唤醒另一个灵魂”。花草树木成长与人才蜕变有着相似的过程，“蕙兰有恨枝犹绿，桃李无言花自红”（唐·冯延巳《舞春风》）。正所谓十年树木，百年树人，也如《管子·权修》上说，“一年之计，莫如树谷；十年之计，莫如树木；终身之计，莫如树人”。

四是在校园植物的栽培管护中体现师生的劳动价值。珍惜树木，其实与爱惜人才是一个道理。有了师生共同参与的校园植物种养，其实不只是在春种、夏管、秋收、冬藏中实现师生的劳动成果，更会让老师体验对待学生的态度，那就是多一份呵护就会多一份精彩。“春种一粒粟，秋收万颗子”（唐·李绅《悯农》），有了“汗滴禾下土”的经历，学生自然也会意识到付出才有回报，劳动才能让生活更丰富。

沈阳建筑大学的稻田校园景观，在当代校园里演绎农耕文化传统，堪称田园造景的典范，“稻香飘校园，育米如育人”（袁隆平）就是这一设计的真实写照。河北邯郸学院的柿树景观，经过多年的培育已成为学校的靓丽风景，而且通过四季的管护收藏，学校每年还举行柿子采摘节，师生共享劳动的喜悦和收获的成果，一千多棵柿树已不只是绿色和红柿的享受，更是学校育人的平台。

五是校园植物的科普价值。一个优秀的校园园林，自然就是一个植物科普园。如果有针对性地建设一些小植物园、小果园、小菜园等兼具试验性的植物景观，作为师生的户外研究基地，吸引师生融入自然、探究自然，无疑是培养师生科学研究精神的“近水楼台”。北京四中房山校区在这方面做了大胆的尝试，在其教学楼顶创造性地布局了一个有机农场，为全校每个班级的学生提供一块试验田，每一个师生都能在这里感受到农耕试验的自然魅力。

其实校园的一草一木都是一本本鲜活的教材，师生可以在校园里荡漾交流、游戏憩息的同时，以植物为载体认识植物、了解植物、感悟植物、敬畏植物、爱护植物，还可以更深入地进行植物科学、环境生态、园林设计的研究和探索，人与自然的和谐不言而喻。

第三章　笔墨纸砚的植物之韵

五律·笔墨纸砚中的植物风采

极目望天涯，山河分外佳。
一根竹翠管，万道墨云霞。
景落溪藤纸，香飘木砚茶。
古今中外事，植物绘年华。

笔墨纸砚是中国独有的文房工具和书写材料，它们是地道的、独特的中华民族的文化符号。一支毛笔、一滴墨汁、一片宣纸、一方砚台，都会在线条和图画的世界里展现中华文明的特定记忆，承载数千年中华民族的伟大传统，当然也让无数的文人墨客找到心灵的真诚寄托。自从有了文字，就有了广泛意义上的“笔墨”流畅，无论是摩崖石刻、尺牍笔札、文献书籍等文化经典，还是翠竹、松烟、檀皮、石板等天然材料，这些人类文明的重要载体自登上历史舞台，精彩就没有停止过。

笔墨纸砚所承载的线条、书法和绘画，兼具实用和审美价值，既具体又抽象，联结着全世界人口最多的族群，演绎着汉字艺术、中华艺术的由始至繁、由繁至盛的人文景象。浩瀚的笔墨文化承载着难以计数的奇思妙想、千学百科、无限情怀。在这里，文字是记录文明的根本性符号，笔墨是演绎文字的重要工具，书画是文字的艺术表现形式。而当我们站在先人的视角来看待笔墨纸砚的时候，一切就都回到了自然，回到了人类的起点。从文房四宝的成长经历中我们总是能找到自然界里植物的身影。文字、文具与大自然之间千丝万缕的联系，为我们带来了笔墨纸砚的植物之韵。

第一节　植物与文字

文字的产生是人们脱离蒙昧、走向文明的重要标志。试想，如果没有文字恐怕人类就没有丰富多彩的文化生活；如果没有文字就没有记忆和交流的载体，更没有书画艺术之大美。

文字是人类语言交流、信息传递、思想记录的符号和图画，是人类进入文明社会的重要标志之一。文字的产生始于仓颉结绳记事及象形图案，其确切的历史难以考证，但大约可以追溯至约公元前商周时期的甲骨文。从甲骨文开始，汉字书体大体经历了甲骨文、陶文、金文、大篆、小篆、隶书、草书、行书、楷书等发展形式。总体来看，中国文字多是形态、声音、意义的结合体，古代造字过程中的所谓“六书”之称，就包括象形、指事、会意、形声、转借、假借等方法。文字一经产生就是人类认识社会、改造社会、记录社会的重要成果和工具。文字产生演变之悠久、影响之深远、意义之远大不言而喻。

一、植物象形字

在古代人们从事劳作的过程中，首先从认知较早的自然形象来作为记事标记，日月山河、花草树木等就是经常使用的素材。以植物的象形来造字十分常见，如木、林、森，禾、谷、草，黍、栗、桑，等等。

下面的图示为我们提供了几个象形字。其中第一个象形字“瓜”字中长短两撇(其实甲骨文是一撇)“丿”表示藤蔓，中间竖提表示实体瓜，一捺表示瓜蔓的叶片，所以后来就引申为葫芦科植物的统一称谓。又如“采”字，在《说文解字注》段玉解释为“捋取也。从木从爪”，就是用手拽取植物上的果实、叶片。再如“栗”字，从木从果，泛指植物上结有如此形状的果实。再如“禾”字，清代陈昌治刻本《说文解字》注解为“从木，从省。象其穗。凡禾之屬皆从禾。”就是说“禾”是木质植物上结有穗为禾，见图 3-1。

瓜　采　粟　禾

图 3-1　古人象形造字过程中“瓜、采、栗、禾”字形态

文字的产生与人们的生活方式紧密相关，最初的很多文字与人类驯化的粮食作物

就有着直接的关系。例如古人说的“五谷”包括稻（或麻）、黍、稷、麦、菽（豆），是较早被人类驯化栽培的农作物，造字过程也有着深刻的植物内涵。

“黍”是禾本作物，而且是软黏的谷物之一。因在大暑时节播种，所以以“暑”为谐音；因字形采用象形“”，其中圆点表示“黍子粒”或夏季的雨滴。

“麻”从广从“”。“广”是指古人居住依靠的山崖，“”与麻相同，合在一起就是说：古人们在山崖居住场所下，剥一种植物纤维。

“稻”用“禾”旁，“舀”声旁。甲骨文稻字下部是“缶”，即盛放物品的器具，上半部为“”，故缶具盛放的米类为稻，见图 3-2。

黍 黍 麻 稻

图 3-2 古人对“黍、麻、稻”象形造字图

在甲骨文中与植物相关的汉字中，米、麦、谷等字都是独体字，见图 3-3。

米 麦 谷

图 3-3 甲骨文“米、麦、谷”图

象形甲骨文字“米”，意思就像米粒一样零乱、散落之状。造“米”字偏旁部首的汉字，多数与米、粮有关，更多是与粮食、食物相关，多是合体字，不能直接象形示意，见图 3-4。

籽 粉 粒 粑 粳 糠 糙 糕 糖
精 糊 粘 粕 粮 粽 粗 糟 糯

图 3-4 “米”字旁汉字大篆图

另外，“草”字是名词，形声字。意思是从艸，早声。小篆中“艸”，就是象形，指两棵草形，后来泛指草本类植物，是草的本字。今天“草”字也有像草一样无序、凌乱、纤弱之意。“艹”字头的汉字直接或间接都与植物相关联，数量也很多，多为合体字，见图 3-5。

草 苗 艾 节 芒 芍 药 芋 芝
芊 芬 芳 芙 蓉 芥 菜 芦 苇 花
芽 茶 茗

图 3-5 “艹”字头汉字大篆图

还有“花”这个象形字是独体字，古人在造字（甲骨文）过程中表达为“花”的主体是禾，禾的主体上有两朵花。

“木”也是象形字，就是像树木一样的外形。上面是简单的两个枝丫，下面是简单两条根系。而且“木”偏旁的字表示树木或木器的名称，都与木相关，如桑、果、林、森、杉、栎、霖、枚、杞、棋、宋、杜、焚、栽、竹、椎等，见图 3-6、图 3-7。

木 桑 果

图 3-6 “木”字旁独体字“木、桑、果”甲骨文图

“果”在《说文解字》中解释为“木實也。从木，象果形在木之上。”就是说在“木”上结有果实即为果。

“桑”字采用“叒、木”会意，是蚕食用的一种阔叶植物。从甲骨文造字形态上看，仍可以认为在“木”上的植物叶片。

林 森 森 杉 霖 枚 棋 梌 栎
杞 析 杜 栽 竹 椎 焚 宋

图 3-7 “木”字旁汉字甲骨文图

《在线新华字典》收录了 16 142 个汉字，其中与植物有关联的汉字约 2 919 个，如“艹”字头汉字 981 个，“木”字旁汉字 1 020 个，“禾”字旁汉字 185 个，“竹”字头汉字 365 个，“米”字旁汉字 133 个，“豆、谷”字旁汉字 30 个，“麦、麥”字旁汉字 22 个，“食、饣”字旁汉字 183 个。文字与植物的密切关系由此可见一斑。

二、伏羲造字

在很久以前，古人就开始用结绳方法来记事了。远古时期，人们原本是群居狩猎式的生活，经常去森林里或更远的地方打猎，收获还是蛮丰富的，有时候是小一些的鸟类、禽类，也有时候是大些的牛、羊。有时候打猎的收获多了，一时吃不完、用不尽，就需要寄存或驯养。为了给狩猎者一个详细的记录，就有了结绳记事的办法——狩猎到鸡、鸭就打一个小结，多一只就再打一个小结；对狩猎较大的牛、羊类动物就打一个大大的结，再多一头就接着打大结。但时间长了以后，因为绳子的腐朽、鼠类的啃食等原因，致使所有结成结的绳子都变得一塌糊涂，根本分不清楚牛、羊、鸡、鸭那一堆到底是多少。这样一来，部落负责记事结绳的人就发了愁，而且部落的其他人也说不清楚，甚至为此还经常发生矛盾和争吵。所以结绳记事方法虽然比较简单，但保留时间不能久远，弊端比较明显。

这时，传说中的创世神伏羲看着部落里的人们郁郁不乐，意见很大，就静下心来去思考用什么办法来解决大家的分歧和矛盾。原来人们根据猎物的大小来分类结绳已经很久了，也非常习惯了，还能有其他办法吗？他思考了一天又一天，看着太阳落下月亮升起，月亮落下太阳升起。有一天，伏羲随意比着太阳和月亮在地上画着“Θθ”，突然觉得这样的符号很有意思，就有了用圆圈表示数字的想法。但数量大了，和结绳记事一样，不能简单地一圈一圈一横一横增加，即使加上也是乱而繁杂。看着大家日常生活接触密切的日、月、禾、木、山、水、火、石、田、桑等景象，伏羲慢慢从比着太阳和月亮在地上划着“Θθ”的方法创造了汉字，文字就这样诞生了。依照这种方法，伏羲看看天、想想地、观观河流和山川，按照世间人们接触的万物的形状，慢慢发明创造了几百个字。由于便于记忆，人们也逐渐接受了这些最早的汉字，见图 3-8。

图 3-8　相传古人象形造字图

三、仓颉造字

古代书籍记载，仓颉是“龙颜四目，生有睿德”，他任黄帝的左史官，所以称仓颉为左史。他非常善于集中劳动人民的丰富经验和智慧，由他收集、整理先祖们创造遗留下来的象形文字符号，在各地部落中推广使用，彻底改善了结绳记事的凌乱无序。

仓颉造字的过程还有个插曲。仓颉因造字的功绩而广受人们的赞誉，心里非常高兴，就产生了一点儿骄傲之意，造字的思考也简单了、造字速度大大提高了，不经过推敲就推广给大家认识学习，慢慢人们就有了一些意见。黄帝知道后就让一位德高望重的老者去询问一下怎么回事儿。这位老者来者不善，一是德高望重、受人尊仰；二是智慧超人、通晓天文地理；三是经历、经验丰富。老者见到仓颉后就问：“猪、马、牛、羊、驴、骡都是四条腿，你造出来的字却不一样，有腿多的、有腿少的，尤其‘牛’一条腿都没有，只有一条尾巴，这是怎么回事儿?”

老者接着又发问：“再有‘雨、雾、雹’都是天上下来的水，有‘四点水’，为什么‘鱼’生活在水里，也有‘四点水’呢?”

老者接着又发问：“你造的‘重’字，按照你意思是‘千里’之远，离家出远门的‘出’字，而你为什么却教大家写成重量的‘重’字呢? 再看看你造的‘出’字，上面一座山、下面一座山，叠在一起本该是特别重的‘重’字呢! 我也琢磨了许久，怎么也想不通道理，请你解释解释怎样造字的吧?”见图 3-9。

听老者一席话，仓颉心里感觉老者的话确实有道理，同时自己心里有点惊恐，还有这么睿智的老人家。自己清楚由于马虎大意，把“鱼”“牛”字造出来的字互换了，致使大家这样认识、传播下去的。仓颉甚是责怪自己，心里也很诚服，下定决心不再马虎大意了。

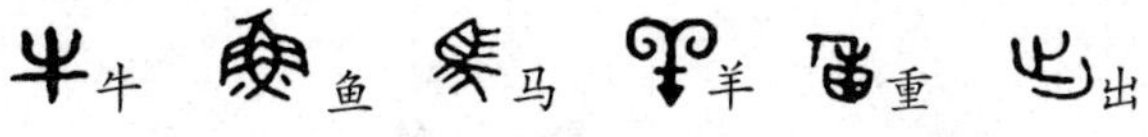

牛　鱼　马　羊　重　出

图 3-9　金文“牛、鱼、马、羊、重、出”图

第二节　植物与笔

一、说文解“笔”

笔，繁体字“筆”，从“竹”从“聿”，就是根据口述而书。甲骨文上“聿”字就

是“笔”的本字，从造型上是“手拿竹竿、木棍”的意思，到了秦代多指毛笔，古时毛笔笔管多由竹子制成，所以从竹。简化以后的“笔”字，也是“从竹从毛”的会意字，即毛笔。概括地讲，从“笔”字进化过程看，首先是甲骨文中“聿”字的字形，就是“手”与“木”的结合，像一手握笔的样子。其次是大篆时期在“聿”上加了“竹字头”，多指毛笔之意，见图 3-10、图 3-11。

最早“笔”字见于北齐隽修罗碑，是六朝时候的通俗文字。从笔的造字过程中也可以看出笔与竹子的特性密切联系，这显然也是古人充分利用大自然的智慧结晶。

竹 手 笔

图 3-10　古人造字的演绎过程“竹、手、笔”文字图

在西安半坡遗址中出土的六七千年前的彩色陶器、陶片上，绘制着颜色搭配协调的古朴图案，像鱼纹陶、人面纹陶、波折纹陶等，其用笔之法古朴典雅、线条婉转、图案清晰、寓意深刻，显然是用毛笔之物描绘出来的，这是人们考证古人造笔、用笔现存的较早物证。另外，在商代出土的龟甲、兽骨和陶片上，留下有一些未经镌刻的朱色、墨色笔迹，文字的笔画具有大、小、方、圆、肥、瘦等特征变化，画迹清晰可见。战国时期不同国度对书写工具“笔”称谓不一致，楚国称谓“弗”、吴国称谓“不律”、燕国称为“聿”。《尔雅・释器》中称：“不律谓之笔。”两晋时期的文学家郭璞也注释称“蜀人呼笔为不律也”。战国时期的赵国中山人毛颖，才慧聪颖，贯通阴阳占卜，其造毛笔过程在韩愈编著的《毛颖传》中有记载。邯郸市书法协会副主席闫世勋先生也曾作过较深刻地探究，还曾做《论笔》诗一首“弗聿不律史有传，秦人用笔录箴言；蒙童不识毛颖物，竟向蒙恬寻根源”。

图 3-11　甲骨文“聿”、汉仪篆“笔”图

二、毛笔的制作

毛笔最早产生于新石器时代，古人使用毛笔作数记事、写字图画的历史有数千年之久。甲骨文碎片和陶片上就有涂刷的印迹，古人可能是先用毛笔类东西描画后，再用坚硬石器刻画而成。

毛笔的制作、使用有较长的历史，经过历朝历代的不断改进优化，基本形成了如下制作流程：(1) 笔毛选料。对制笔用毛进行粗细、色泽、锋颖拣择分类。(2) 笔头水处理。根据毫料的扁圆、曲直、长短、粗细，将脱脂毫毛在水盆中重复进行梳洗、整理。(3) 结扎笔头。将半成品笔头结扎、黏附。(4) 精选笔管。依据大小、粗细、长短、圆扁、色泽进行笔管拣选。(5) 装管工序。将选好的笔头与竹管进行配装。(6) 镶嵌雕刻。对笔管头、笔尾进行装饰、美化。其中，笔管的制作多采用青竹、紫竹、湘妃竹等，也有红木类笔杆如檀木、鸡翅木等，还有采用玉石类材料制作的笔杆。

竹类笔管具备品质优良、不易变形、地域广泛、经济实惠等特点。以竹子制作笔管，对竹子要精挑细选，从大小、长短、圆润度、曲直度等方面反复斟酌，还要剔除虫蛀裂变、扭曲枯劣、粗细变形的材料。之后，还要在笔管上镶嵌刻字，既是书写之工具，也是悦赏之佳品。

竹子是多年生禾本科竹亚科植物，品种繁多，其茎为木质，在热带、亚热带地区分布最为集中。竹子一般通过地下的匍匐根茎成片生长，也可以通过开花结籽繁衍。竹子挺拔，四季青翠，备受国人喜爱，与梅、兰、菊并称为“四君子”，与梅、松并称为“岁寒三友”，是传统诗词、书画作品中的常见植物。

青竹广泛分布于我国南方，枝杆修长挺拔，环境适应性较强，可用于绿化。青竹亭亭玉立，婀娜多姿，竿高 6～8 米，茎粗 2～5 厘米。青竹节间长约 20 厘米，非常适于制笔选材，故至今沿用。青竹的幼竿呈深绿色，无明显白粉；成年老竹竹节处带呈紫色，竿呈绿色或黄绿色。制作笔管时，一般多采用幼年竹管。

紫竹是著名的观赏竹类，分布地域广泛，全国各地都有种植栽培，在湖南南部与广西交界处尚有野生的紫竹林，许多国家均引种栽培此类紫竹供观赏。紫竹竿高 3～5 米，茎粗 2～4 厘米，节间长 10～15 厘米，且有纵长沟槽。紫竹质地较为坚韧、品相较好，是制作家具、笔管、手杖、伞柄、乐器等其他工艺品的常用材料。

湘妃竹也叫斑竹，是禾本科竹亚科刚竹属植物桂竹的变型，产地多分布于湖南、湖北、河南、江浙等地。湘妃竹竿高达 6～12 米，茎粗 3～8 厘米，竹竿表皮布满深褐色的云纹紫斑，所以也是一种著名的观赏竹。湘妃竹除制作笔管、工艺品外，也用来制作小型桌凳家具及其他器具。

在后面的第十四章中，我们将专门说说坚贞的竹子所代表的文化意象。

三、蒙恬造笔

秦国将军蒙恬经常带兵外出打仗，由于当时路途艰辛，车马前进的速度非常缓慢，将士们经常一去就是几个月甚至一两年。在攻打齐国的战役中，秦军与齐军在山谷中对峙达半年之久。为了及时向秦王禀报战况、催要粮草补给，就需要文书刻写竹简、木牍之类的书简。这样一来就需要耗费很多时日，而且因太重也不便于传书官携带。蒙恬将军为此事经常发愁，空闲时就揣摩如何提高写字速度且便于携带。

有一天，蒙恬在帐篷外散步，发现犒劳三军宰杀抛弃的羊尾多段，拾起来在面前摆弄。当他看到有些带血水的羊尾时，忽然灵机一动，于是找来细树枝，直接把羊尾绑缚到树枝一端用来勾画，就像现在拖布的样子。但这并不好用，一则因为棍棒绑缚使笔头中空，二则因为羊尾的毛发有油脂性不吸湿，三则因为当时没有纸张，仅用竹简或绢帛等，于是将军画了一会儿就随手丢弃了。

几天后，一场大雨来袭，山坡上冲刷下来的雨水集于账前水坑内，浸泡了羊尾、羊毛等弃物，待雨水散尽后，羊尾、羊皮、羊毛裸露出来。蒙恬将军又拿起毛发之物试用，这一下比以前的好多了。因为雨水里含有石灰岩，俗称生石灰，有去油功能，毛发的吸水性大大提高，书写效果也就更加明显。后来蒙恬将军不断改造笔的用材，如笔尖的毛发梳理与选择、笔管的竹子选用等，大大提升了书写速度，便于向秦王及时汇报战况。

此后，用中空的竹子做笔管、石灰水侵蚀的毛发做笔头来制笔的方式方法被军营中将士们使用，在使用过程中大家又因地制宜不断地改进，利用兔毛、鸭毛、黄狼毛、羊毛、猪毛等兽毛做笔头，制成了早期不同笔毫的毛笔。据后唐马缟的《中华古今注》记载，蒙恬刚开始制作了秦笔，就是用枯木为笔管，裹敷动物毛发使用，把鹿毛作为笔尖支柱，羊毛作为外层覆被，谓之“苍毫”。所以，历史上蒙恬被供奉为笔的祖师爷而备受敬仰。

第三节 植物与墨

一、“墨”字解

“墨”为形声字，是一种书写用的黑色颜料。墨也有其他颜色的，如五色墨、十色墨等，但比较少见。根据许慎编著《说文解字》中的表述，“墨，书墨也”。墨也是黑色的代称，最早的百科词典《广雅》中说，“墨，黑也”。另外，古代也有墨刑之称（古代五刑之一），就是在犯人脸庞上刺以黑颜色的字，让世人可以直接辨别是犯人。中国还有墨姓，如战国时期的军事家墨翟，明朝初期兵部侍郎墨麟，清代诗人、书画家墨翁。再有墨家学派是东周时期哲学派系，为诸子百家之一，与孔子代表的儒家、老子代表的道家构成中国古代三大哲学派系。

中国制墨、用墨起源很早，且与植物密切相关。商周时期的甲骨上就有墨书文字痕迹，经后人化验其墨迹为黑色碳素。多数人认为最早用的墨是天然的黑色矿物质，目前的准确考证还不多。一般讲墨都是指木柴燃烧形成的烟灰，经过处理后制成的墨汁。我国墨的使用有 2 000 多年历史，最早的制墨工艺有说是在汉代，也有说是在三国时期，至迟到魏国就有了确切的制墨配方和工艺，当时制作的多是墨锭、墨块。制墨的主要原材料是松烟、炭黑、胶、中药香料等，利用的是碳元素的非晶质形态。

二、烟墨

古人发明的烟墨，主要是通过燃烧植物类枝干、油脂来收集烟黑并加入辅料而成的墨块。松烟墨主要工艺是以烧取、收集松树枝干的烟灰制成，色泽乌黑，光泽度不大，胶质含量少，适宜写字并多用于书法书写中。古人对制墨和用墨都有着浓重的文人情怀。晋代卫铄在《笔阵图》中提到，“其墨取庐山之松烟、代郡之鹿胶，十年以上强如石者为之。”宋代黄庭坚在《答王道济寺丞观许道宁山水图》中曰，“往逢醉许在长安，蛮溪大砚磨松烟。”明代陶宗仪在《辍耕录・墨》中说，“至唐末……廷珪父子之墨始集大成，然亦尚用松烟。”清代孙道乾在《小螺庵病榻忆语》中讲到，“儿好墨成癖，知之者多所持赠，师曹文孺大令，并赐以诗云：报与松烟三十笏，蘸毫凭学卫夫人。”近代著名词学家宛敏灏在《黄山纪游》中也说，“制墨要配合牛皮胶和冰片等香料，但最主要的成分是松烟制成的墨灰。”

松烟墨是最早利用植物制成的墨，制墨时要用大量松枝烧取烟灰，随着人们对自然的保护意识的提升，现在多采用油烟墨及其他方法制墨。

中国画一般多用油烟墨。油烟墨的制作材料和工艺，多以动物或植物油（桐油）等烧烟、收集而成，其特点是色泽黑亮、光泽滑润。最常见的是桐树果实榨取桐油烧取的烟墨，坚实、细腻、光泽度好。

其他类型的墨还有药墨、蜡墨、青墨、茶墨、再和墨、洋烟墨、彩墨等。药墨以油烟和阿胶为主料，加入鹿茸、人参等名贵中药成分制成墨锭、墨块、墨汁等，可用于书画，亦可药用，具有清热、解毒、止血、化瘀等药效。蜡墨是拓刻石碑时的专用之物，主要以蜡为黏料。青墨、茶墨只是添加了其他色泽原料，而使墨色呈现黛黑或茶褐色而已。再和墨是去胶后原墨进行二次调制而成的墨。洋烟墨是用洋油（煤油）或石油烧制而成。彩墨是添加不同色料，制成一整套彩色墨。

大凡古墨，不仅墨质精良，而且经济价值很高。近年来，旧墨收藏在东南亚和国内愈来愈热，藏家兴趣越来越高，墨价呈上涨趋势。1994 年香港秋季文物艺术品拍卖会上，一枚清乾隆印十八罗汉朱砂御墨标价高达 20 万港元。

三、“滴墨成蝇”

曹不兴，三国时期书画家，主要画花鸟虫鱼、山水风景，是文献记载最早的一位传奇画家，与东晋顾恺之、南朝刘陆探微、南朝梁张僧繇并称“六朝四大家”。有一次，吴国皇帝孙权派人约曹不兴来到住所内画几扇屏风。经过几天精描细画，几幅屏风画就做好了，大臣们去请皇帝孙权来欣赏。孙权来到后，站在屏风前左瞧瞧右看看，细致品赏着曹不兴的画作，心里暗自高兴。

其中一幅屏风上，曹不兴画的是一山水画，笔锋细腻，色彩亮丽，皇帝孙权越看越喜欢。在细看的过程中，发现画面上飞来一只苍蝇，就用长袖去挥但它没有动。旁边的大臣们见状，马上上前笑着对孙权说："大王，你看到的不是一只真苍蝇，而是曹大师画上去的呀！"这时孙权揉了揉眼睛，再移动移动距离，定神仔细看一看，才看出来那只苍蝇果真有画痕。这时孙权止不住放声大笑说："曹大师真是个画坛的神手啊！我还以为是真的呢！"

大家都清楚画师曹不兴构图时，并没有在屏风上画苍蝇之意，而是在他聚精会神地作画时，由于疏忽将一滴墨撒落在屏风上，旁边的大臣们都为这一幅即将大功告成的画而惋惜，心想曹大师要重新画一幅了。只见曹大师不动声色，细致揣摩屏风构图，沉思了一会儿就动手作画。大臣们好奇地看着，只见他将墨点作牵引、勾列、描绘，然后就成了一只正要起飞的苍蝇，与整幅构图恰如其分地融为一体，没有一点儿不和谐之意。周围观看他作画的人深深吸了一口气，并竖起大拇指称赞曹不兴大师"了不起"，都为曹画师具备化腐朽为神奇、起死回生的构图能力以及深厚的功力而叫绝。

四、陈毅"吃墨水"

陈毅同志的童年时期，有一出串亲戚"吃墨水"的故事。

有一天，陈毅跟随父母一起到亲戚家过端午节，大人们寒暄畅谈，陈毅自己玩耍。书桌上的一本《孙子兵法》吸引了他，于是他便坐下来翻阅，很快被书中的哲理所吸引，忘记了舟车劳顿之苦，专心致志地读了起来。甚至还找来笔、砚，边读书边用笔作批注。时间不知不觉就过去了很久，吃饭的时间到了，亲戚多次催他去客厅一起吃饭，他只是随口答应着，并没有移开自己的视线，仍专注地读书。

亲戚和家人看他如此专注，就派人把一盘糯粑和一碟糖端到书案上让他吃。谁知他的注意力仍集中在书本上，人们督促他抓紧吃饭，他就糊里糊涂地拿起糯粑边吃边读。仆人还告诉他说"蘸点糖吃"，他没有抬头答应着"知道了"，头也没有转，拿着糯粑去蘸碟子里的糖，却把糯粑伸到旁边的砚台里蘸上墨汁，直接放进嘴里吃，也没有感觉差异来，弄得满嘴墨黑。当大家发现他这般模样时，都捧腹哈哈大笑。后来陈毅搞清楚怎么一回事了，风趣地说："吃点墨水没有多大关系，正感觉肚子里的墨水太少了！"

第四节 植物与纸

一、纸与丝滓

“纸”，形声，字从糸，从氏，氏亦声。“氏”的意思是“跟底”“基本面”“承受面”。而“糸”多指“植物纤维”。“糸”与“氏”联合起来表示“植物纤维（浆液）均匀铺摊在一块平底板上”。本义是指在平板上摊晒、挤压、摊平而形成的纤维浆液硬结层。根据许慎编著的《说文解字》中表述，“纸，絮一苫也。从糸，氏声。而形近字紙，丝滓也”。

作为文字的物化载体，最早使用的并不是现在看到的纸，而是甲骨、竹片、缣帛等材料。上古时代，祖先们主要依靠结绳记录事件，之后逐渐发明创造了文字图形，在书写材料上开始用石器在龟甲、兽骨上刻画；春秋战国时期开始利用竹片和木片来记载文书、律法等，后来尝试改用缣帛作为书写材料。显然，用缣帛作纸使用实在太昂贵，竹简、木牍又太笨重，劳动人民结合劳作经验发明了纸。

古人发明纸张制作工艺时，充分结合了植物富含纤维的特性，由植物纤维制成薄膜类片状层结物，经后人不断改进工艺，使之更薄、更细、更润，更便于人们的使用。

二、竹简

从战国至魏晋时代，竹简是古人用来写字的竹片、木牍等书写材料。制作竹简是将竹片、木片削制成狭长的平面状，竹制的称竹牍，木制的称木牍，有时也统称木简。木牍比竹简宽厚，都要用线绳穿连而成册。书写时均用毛笔，书、册的长度，诏书律令一般长三尺（约 67.5 厘米），抄写经书的长二尺四寸（约 56 厘米），写书信的长一尺（约 23 厘米），所以人们又称往来书信为“尺牍”。在长沙、荆州、临沂和西北地区敦煌、居延、武威等地都有过竹简出土的重要发现，其中居延出土过编缀成册的东汉文书竹简。

竹简是古人在纸张发明之前书写典籍、文书、书信、律法等文字的主要材料，是我国最古老的图书之一。简牍的产生、使用、普及几乎与甲骨文、金文同时并进，这样就大大促进了文字和书法的传承与发展。竹简使用于春秋到东汉末年，纸张发明和使用以后，竹简木牍又与纸张并行几百年，真正弃用竹简的时间是在东晋末年，恒玄帝颁发诏令废止，简牍制度才退出历史舞台。

因此，在中国古代历史上，竹简是使用时间跨度最长的书写工具。这在中国传统文化的记录、保存和传承中发挥了不可估量的作用。也正是因为竹简的使用，文字才有了向更广大的基层民众推广的可能，从这层意义上说，竹简就不只是简单的书写工具，而是中国古代传统思想和文化精髓传承的重要载体，堪称中国文化史上的一次重要革命。

三、造纸术

造纸术是我国的四大发明之一，是古代劳动人民长期以来经验的积累、智慧的结晶，是当时那个年代的重大创新成果。早在1 800多年前，蔡伦发明了造纸术，他尝试使用树皮、麻屑、破布、旧渔网等做原料制成蔡氏纸。蔡伦造纸术的发明具有划时代的意义，对中国乃至全世界的文明进程做出了巨大贡献。

蔡伦造纸的主要原材料为植物的外皮，如楮树皮、桑树皮、沉香树皮、檀香树皮、藤条外皮纤维、竹等。在造纸术发明的初期，造纸原料主要是利用破布、渔网和树皮的麻纤维。后来原料采用楮树皮（构皮），因此人们对构皮纸曾有“楮先生”的称法。随着造纸工艺的进步，纸的品种、产量、质量、色彩都有增加和提高，到魏晋南北朝时期，造纸原料来源更加广泛。在使用野生树藤纤维造纸后，由于大量砍伐，又无人工栽培繁殖，致使原料严重供不应求，藤纸产量就无法保证，到明代宣告结束。

四、宣纸

根据史书考证，东晋人张茂制作的箔纸即嫩竹纸，可以印证竹子造纸是始于晋朝。南北朝书法家萧子良的一封信中曾说，“张茂作箔，取其流利，便于行书”。由于青竹产地广泛，储量也较大，再加上现代造纸工艺大大提升，竹宣纸品质逐渐提高，多为广大书法者采用。

现在广泛使用的宣纸包括竹帘纸、藤纸、鱼卵纸、草纸、绵纸和麻纸。竹帘纸有明显的纵横纹格，纸面纤薄细腻。藤纸是浙江绍兴嵊州剡溪流域以藤皮为原料制造的，造出来的纸张质地匀细光滑，洁白无瑕。鱼卵纸多产于浙江中部名城东阳地区，又称鱼笺，纸质柔软细腻。草纸的原材料多用稻草、麦秆，纸质粗糙，色泽淡黄，不便毛笔书写。绵纸多采用桑树茎皮制造，色泽洁白，质地优良，轻薄软绵，富含弹力，纸张纹理牵扯如棉丝。麻纸采用渔网、破布等麻类纤维制造，使用烂渔网造的叫“网纸”，使用破布造的叫“布纸”，二者统称麻纸。

吴冠中先生曾经说过：“我国历代书画家对于宣纸的溺爱是令人吃惊的。”他感叹道：“如果没有宣纸，中国书画将是怎样的面目呢？”因为中国画以线为主、点皴为辅，所以用墨是关键技巧。虽然用墨只有黑白，却能“墨分五色”，浓、淡、干、湿、焦。这就是利用破墨、积墨、泼墨等技法建构出的神奇的中国画。这种“纸上调墨”的技巧，非神奇的宣纸不能适应。晚清画家松年在《颐园论画》中称“宣纸纸性纯熟细腻，水墨落纸如雨入沙”，从这个意义上说，宣纸是艺术的承载者，也是艺术品的创作者。

制造宣纸的主要原料是青檀皮和沙田稻草。青檀皮是宣纸的骨干，稻草是宣纸的肌肤。青檀皮的纤维长且韧，稻草的纤维短且粗，二者互补。按照不同的配料比例，可以分为绵料、净皮、特净皮。绵料含稻草 70%、青檀树皮 30%，净皮含稻草 40%、青檀树皮 60%，特净皮含稻草 20%，青檀树皮 80%。

青檀又名翼朴、檀树、青壳榔树等，高达 20 余米，树皮淡灰色，成不规则片状脱落，俗称“降龙木”。在植物分类上是榆科青檀属的乔木，为我国特有树种。青檀材质坚硬，便于制作上等家具和建材。造纸使用的是青檀的树皮。

稻草为禾本植物稻及糯稻的茎叶。稻、糯稻种植分布区域广泛，我国南北各地都有种植，其茎叶是宣纸制作材料之一。稻草主要特性是富含纤维、容易漂白、不易腐烂，以安徽泾县沙田长杆籼稻草最佳。制宣稻草需要经过选草、草胚加工、青草加工、燎草加工、制浆等工艺环节才能制成宣纸。

前面提到的制作笔管的竹子也是制作竹宣的主要材料。竹纤维由纤维素、半纤维素和木质素组成，竹龄不同纤维素含量也不同。一般嫩竹含纤维 75%、一年生 66%、三年生 58%，纤维含量随竹龄增加而降低。

根据纤维的含量决定宣纸吸墨的强弱。青檀树、稻草的纤维柔韧，制成的宣纸质地绵柔、吸墨性较强；青竹的纤维坚硬脆弱，所以制造成纸张以后吸水、吸墨性较差。

古人在利用桑蚕制丝绸的过程中，除了用上等蚕茧抽丝织绸外，剩下的下脚料如恶茧、病茧等需要再漂絮取丝时，人们发现漂絮后篾席上的残絮物晾晒揭下来便可用于书写之材。这就是后人使用的“绢丝宣”，由于原材料成本甚高，属于高档宣纸。

第五节　植物与砚

一、水墨之槽

“砚”，形声。从石，从见。石与见结合专指研墨用的石板即砚台。在《说文解字注》中，段玉裁对“砚”的注释是，“谓石性滑利也”。《释名》解释说，“砚，研也。研墨使和濡也”。简单而言，砚台就是石制文具，主要用于研制墨块、调制墨水。

砚台作为文房必备用具，性质坚固，传世不朽，还是历代文人的珍玩藏品。中国古代制砚工艺卓绝，品种繁多，产地丰富。除石砚以外，还生产过一些用其他原料制作的墨砚，例如汉代的瓦砚、陶砚、玉砚、铁砚，唐代的泥砚，宋代的水晶砚。后来，逐步形成了端砚、洮砚、歙砚、澄泥砚、红丝砚五大名砚。虽然很少有人提到以树木制作砚台，但还是偶尔能够看到更具收藏价值的红木木质砚台。

二、木质砚台

在宋代书法家米芾编著的《砚谱》中记载："木贵其能软，石美其润坚。刘道友以浮查为砚，知古亦有木砚。"现代也有更多材质的木质砚台，多采用材质较硬的红木制作而成，如紫檀木、阴沉木、鸡翅木、黄花梨、乌木、金丝楠木等。古人很早就利用红木制砚，特别是并称中国古代四大名木的黄花梨木、紫檀木、鸡翅木和铁力木制作的木砚，可使用，可把玩，更可收藏。

平常人们说的黄花梨学名叫降香黄檀木，是国家二级保护植物，产于海南岛吊罗山尖峰岭。那里是低海拔、阳光充足的平原丘陵地区，因其成材缓慢、木质坚实、花纹漂亮，所以备受世人的喜爱。

豆科紫檀属乔木，是世界上最名贵的木材之一，我国广东、广西、台湾、云南南部等地都有生产但数量不多，主要产于马来群岛的热带地区马来西亚、菲律宾、越南等地。紫檀的材质致密坚硬，芯材红润，比重（密度）大于水，多用于制作上等家具、乐器、文玩砚台等。紫檀微有芳香，深沉古雅，棕眼极密，纹理光泽美丽，年轮纹路成搅丝状。

鸡翅木分布在亚热带地区，主要产于东南亚和南美，因为有类似"鸡翅"的纹理而得名。鸡翅木纹理清晰，颜色突兀，在红木中属于比较漂亮的木材，有微微的香气，生长年轮不太明显。

铁力木木质最为坚硬，是云南省特有的珍贵阔叶树种，可供军工、造船、建筑、特殊机器零件和制作乐器、工艺美术品之用。

红木的知识较为复杂特殊。比如从狭义上来讲，红木就是交趾黄檀，俗称大红酸枝；从广义上来讲，国家林业局、国家质量技术监督局的《红木国家标准》则规定了5属8类共33种木材都属于红木的范畴。这属于另外的知识范畴，我们以后会在其他的书稿中另作阐述。

第四章　传统习俗与植物

蝶恋花·植物与习俗

含泪送别折柳赠。红枣花生，板栗新婚庆。
长寿从来争永共，蟠桃宴会神仙众。
萱草情深乡入梦。九九重阳，把酒穿花径。
日月星辰当谨敬，花红柳绿含时令。

人们的日常生活离不开植物，植物与习俗也就自然而然地产生这样或那样的联系。人们在植物应用的选择上除了考虑植物的实用价值和在景观上呈现的视觉效果外，更多的会考虑到植物的象征意义和文化价值及人格品像。这种观念从古至今，影响了很多在植物应用上的传统习俗，涉及人们生活的方方面面，形成了具有民族特色、地域特点的植物习俗文化，体现了植物在传统习俗中的重要价值。

第一节　习俗及其相关概念

一、习俗

习俗是习惯、风俗，它是人们共同认可的一种生活形式。习，本义是小鸟屡次试飞。随着社会的发展，习字的含义有了许多演变，其中的一种是习惯、习性。俗字最早见于西周金文。大约在春秋战国时期，习与俗归并成习俗。《说文解字》说："俗，习也"，说明俗与习在意义上是相通的。俗，与先民多穴居山谷有关，故字的结构中有人有谷。按现代的语言描述特点，习俗指有一定流行区域、在一定流行范围内，有一定流行时期的生活方式。

现代社会，城市的习俗禁忌相对较少。而在农村及偏远地区，有合理的禁忌，还有很多带封建迷信色彩的不合理禁忌。

二、风俗

风俗是在较长的历史时期内逐渐形成的习惯和风气。《荀子·强国》说，“入境，观其风俗。”可见风俗是在特定的区域内，人们共同遵循的行为规范，这样的规范制约的是这一区域内成员的行为。地域不同而风不同，人群不同而俗不同，所谓“三里不同风，十里不同俗”，即是如此。因此看来，习俗是习惯，风俗是人们传承的礼节、风尚。前者可以是大事也可以是小事，后者一般是生活中的大事。

三、民俗

民俗通常是指民间特有的风俗习惯，也称民间文化，即民间风俗。民俗起源于人类社会群体生活的需要，在各个民族、时代和地域中不断形成、扩大和演变，它是人们在漫长的生活经历中逐步形成的民俗传统。民俗一般比较稳定，对人们的意识行为有一定的约束性，甚至时代的变迁也不会导致中断。我国是个多民族国家，民俗传统历史悠久且各具特色，56个民族的民俗文化是我们的优秀传统，不仅深刻影响着各民族人民的生产生活，也在叙述着各民族的发展历史。研究民俗事象和理论的学科称为民俗学，是专门针对风俗习惯、口承文学、传统技艺、生活文化及其思考模式进行研究，借以阐明种种民俗现象意义的学科。

四、传统习俗

传统习俗是一个民族在沿袭其长期历史并在生活中慢慢形成的共同喜好、习尚和禁忌，它表现在衣食住行、婚丧嫁娶、生育、节庆、娱乐、礼节和生产的方方面面。在传统习俗形成、传承及发展过程中，自然环境、生产力水平、生产方式、重大历史事件和重要人物等，都是影响一个民族和地区传统习俗习惯形成的因素。

中华大地的幅员辽阔，中华文化的博大精深，中华习俗的源远流长，造就了各地各民族的节日风俗、生活习俗异彩纷呈。这些民风习俗不仅丰富了人们的生活，更增加了民族的凝聚力。在现实生活甚至民俗学研究中，习俗、风俗、民俗等概念交替出现，但无论它是什么类型，使用哪个概念，都在一定程度上要求传统道德对它的服从和依赖。因为无论习俗、风俗、民俗，它们都是起源于人类社会集体生活的需要，是在不同民族、不同时代和不同地域中不断形成、丰富和演变的，应该为人类的生活和发展服务。但是，我们也应该清醒地认识到，习俗、风俗、民俗也有不合时代要求的，也有应该根据社会发展和进步需要改进的。

第二节　植物与习俗的联系

一、植物与习俗

植物是自然风景最主要的构成要素之一，以各种不同的组合、五彩缤纷的色彩、千姿百态的形状，为人们展现出一幅幅精美的画卷。不同的民族借助不同的植物寄托着不同的思想感情，形成了具有民族特色的植物习俗文化。在各种习俗中，不同的植物都是通过谐音、廓形、生物特性等方面来体现其在习俗中的寓意的。

（一）利用谐音来体现植物在习俗中的寓意

例如，“枣”谐音“早”，“栗子”谐音“立子”，婚俗中把枣和栗子组合在一起，寓意早立子。“折柳赠别”中，“柳”与“留”谐音，寓意亲朋好友离别时的恋恋不舍之情。“槐子”谐音“怀子”，人们在院中栽种槐树，寓意多子多福。“莲”与“连”谐音，因此莲与鱼组合，寓意连年有余；与梅花组合，寓意和和美美；与桂花组合，表示连生贵子；“青莲”与“清廉”谐音，象征一品清廉。“穗”与“岁”谐音，瓶中的麦穗寓意岁岁平安。

（二）利用植物的廓形来表达植物在习俗中的寓意

石榴因果实“千房同膜，十子如一”，寓意多子多福。葫芦因种子众多，寓意人丁兴旺。婚俗中，在婚床上放上红枣和花生，用红枣象征着爱情红红火火，用花生寓意儿女双全、儿孙满堂。葫芦与它的枝蔓一起寓意子孙万代、世代繁荣。杨柳依依就与柳枝的轻柔细长有关。

（三）利用植物的生物特性来表达植物在习俗中的寓意

松是生命力很强的常青树，寓意长命百岁。人们给予松树意志坚强的品质，在书画、装饰中有“松柏同春”“松鹤延年”的图案，这都是利用松树的生物特性来表达的长寿寓意。宋代吴芾在《咏松》中写道，“古人长抱济人心，道上栽松直到今。今日若能增种植，会看百世长青阴”。

竹奇姿超群，节节挺拔，象征虚心向上和志高万丈，是人们称颂的对象。过春节时有放爆竹除旧迎新的习俗，正所谓“竹报平安”。在绘画中，竹还象征着平安吉祥。宋杨万里在《咏竹》中写道，“凛凛冰霜节，修修玉雪身。便无文与可，自有月传神”。清代郑板桥在《竹石》中说，“咬定青山不放松，立根原在破岩中。千磨万击还坚劲，任尔东西南北风”。

二、习俗里的植物

在日常生活中，人们在植物应用的选择上除了考虑其在景观上呈现的效果外，更多的会考虑到植物在习俗中的象征意义。这种特有的植物习俗文化在信仰、礼仪等方面有着非常明显的体现。

（一）信仰里的植物

生活中有许多习俗源于自然崇拜，这体现了祖先们的原始信仰。早期，人们在依赖自然和与自然界的斗争中，充分享受着植物给予人们的极大恩赐：植物给人们提供食物、药物，为人们挡风避雨、遮日驱寒。这些功能，使得祖先们对植物由畏而敬，当神灵祭之，以求吉祥。夸父逐日弃其杖，化为“邓林”，“邓林”即“桃林”。“不死树”是传说中的长生树，使人长生不死等。

现实生活中仍有神树和花草信仰。中原地区，把槐树栽种在大门口或十字路口，用红布包裹树干，把古老的槐树视为“神树”，这是神树信仰的表现。壮族地区，因茅草长得快，茅根交织如网，难以斩草除根，故把茅草看作神灵，这是花草信仰的表现。

（二）礼仪里的植物

礼仪中的植物是指人们在交往中，通过植物以一定的方式来表现对别人的尊重，表达人与人之间一定的关系。我国在礼仪植物应用方面，可以追溯到7 000年前，那时的陶器上已经有了万年青的图案。离别时赠芍药是中国古代最流行的花卉礼仪，例如《诗经·郑风·溱洧》中“维士与女，伊其相谑，赠之以芍药”，就是说的这种习俗。不过，有的学者认为古代的芍药不是现在我们春天常见到的芍药，而是一种叫作蘼芜的香草，也就是川芎的幼苗。川芎是一种中药植物，活血行气，祛风止痛，具有浓烈的香气。

优秀的植物礼仪习俗，特别是花卉礼仪历经数千年盛行不衰，在人们的交际中发挥着非常重要的作用，寄托着人们丰富的情感。看望长辈，送一品红，寓意老当益壮。以龟背竹、长寿花相送，寓意长寿。探视病人，送玫瑰、兰花。过生日，以万年青、君子兰相送。开业庆典送花期长的月季、菊花、四季橘等。乔迁新居，送比较高贵的剑兰、玫瑰、盆景等。祭奠以花朵素雅的白色、黄色为宜，如菊花等。

第三节　中国传统节日与植物

一年中，重要的中国传统节日包括春节、元宵节、清明节、端午节、七夕节、中秋节、重阳节等。这是与我国历史一脉相承的宝贵文化遗产，每个节日都与植物有着十分广泛的联系。

一、春节与植物

春节是农历新年，一般在公历 1 月 21 日至 2 月 21 日之间。我国古时把正月初一称为元旦，直到近代实行公历纪年后，才把公历的元月一日称为元旦，把农历的正月初一称为春节。我国过春节已有 4 000 多年的历史，这个节日一直是我国最古老、最隆重和最热闹的传统佳节。

春节和年的概念都来自农业。《说文 · 禾部》：“年，谷熟也。”人们最早是把谷的生长周期称为“年”。到夏商时代产生了夏历，又以月亮圆缺的周期为月，一年划分为 12 个月，每月以不见月亮的那天为朔，正月朔日的子时称为岁首，即一年的开始。如今我们的日历上往往是两套历法系统，一套是世界通用的公历，也叫格里历，和我们的日常生活关系密切；一套则标注着农历，大多与节庆和农时有关。

过春节时为了增加喜庆气氛，人们喜欢用花卉来装饰房间。常用的花卉有春梅、蜡梅、水仙等，清香宜人的水仙是最为流行的年花。随着现代园艺的发展，人们可以控制花期，原先许多不在春节开放的花卉，现在在春节便可以上市，像菊花、月季、唐菖蒲、康乃馨等。

春节期间，各民族都要举行丰富多彩的庆祝活动，形成了许多固定的习俗，沿袭至今。比如：贴春联、燃放爆竹、拜年、包饺子等。而其中的许多习俗都与植物有关，比如春联、爆竹就源于桃和竹。

（一）桃与春联

春联是过春节时家家户户所必备的。春联也叫对联、桃符等，它是我国特有的。过春节贴春联的习俗，起源于宋代，明代开始流行，到了清代，其艺术性有了很大的提高。根据《玉烛宝典》《燕京岁时记》等记载，春联的雏形就是“桃符”。

在古代神话传说中，神荼、郁垒是站在大门两边专门来抓办了坏事的鬼魂的，所以天下的鬼魂都害怕神荼、郁垒。人们就在桃木板上刻上神荼、郁垒，放在门口用以镇邪去恶。这种桃木板即是“桃符”，正所谓：“千门万户曈曈日，总把新桃换旧符”（宋 · 王安石《元日》），“半盏屠苏犹未举，灯前小草写桃符”（宋 · 陆游《初夜雪》）。

从宋代开始，人们就在桃木板上写对联，既可以镇邪，又可以表达美好心愿，增加节日气氛。后来，人们把对联写在红纸上，贴于门的两边，用以祈求福运，这一习俗一直延续到今天。

（二）竹与爆竹

爆竹，又叫“爆仗”“炮仗”“鞭炮”，至今已有 2 000 多年历史。在新春到来之际，开门的第一件事就是燃放爆竹，即“开门爆竹”，以除旧迎新。据记录中国古代楚地节令风物的《荆楚岁时记》载："正月一日，鸡鸣而起，先于庭前爆竹，以避山臊恶鬼。"这说明爆竹在古代是一种驱瘟逐邪的工具。

据《神异经》说，古时候，人们经过深山，晚上要点火，既可煮食，又可防范动物野兽。然而山中有一种叫"山臊"的动物，它不怕火，是能让人得病的鬼怪，只有吓跑它，才能平安吉祥。人们就点燃竹子，用竹子的爆裂声来吓跑它。到唐代，有一个叫李田的人，在竹筒里装上硝石，点燃后可发出更大的声响。火药出现以后，制造出"爆仗"。到了宋代，开始用纸筒装上火药做成"编炮"，即鞭炮。

随着社会的发展，爆竹的应用范围越来越广，品种也越来越多。人们除了在过春节燃放外，重大节日和各种庆典活动也要燃放，以增添喜庆气氛。然而，燃放爆竹时会释放出硫化物、氮氧化物和钾、钡、锶、砷、铅、镁等金属元素，对环境的污染非常严重。近年来，各地不断出台了限放政策，但是燃放爆竹仍有社会需求。为了解决这一问题，电子鞭炮应运而生。它既有放炮的声响，又不会污染环境，或许是个不错的发展方向。

二、清明节与植物

清明节又叫踏青节，在阳历的 4 月 4 日至 6 日之间，4 月 4 日或 5 日比较常见，是祭拜祖先、悼念已逝亲人的重要传统节日。清明节约始于周代，距今已有 2 500 多年的历史。各地过清明节的习俗虽然不大相同，但是扫墓祭祖、踏青郊游这一主题却是相同的。唐代诗人杜牧的《清明》最为著名，"清明时节雨纷纷，路上行人欲断魂。借问酒家何处有？牧童遥指杏花村。"这首诗写出了清明节的特殊气氛。唐代的韩翃在《寒食》中说，"春城无处不飞花，寒食东风御柳斜。日暮汉宫传蜡烛，轻烟散入五侯家"。孟浩然在《清明即事》中也写到，"帝里重清明，人心自愁思。车声上路合，柳色东城翠。花落草齐生，莺飞蝶双戏。空堂坐相忆，酌茗聊代醉"。

清明节的习俗有：扫墓、插柳戴柳、踏青、荡秋千等。

踏青又叫春游。清明节祭拜祖先，悼念已逝亲人活动常常在田野进行，把祭祖扫墓和踏青结合起来，既能追思祖先，又能强健身心。我国清明的踏青习俗有着悠久的历史，据《晋书》记载，每年春天，人们都要结伴到郊外游春赏景，这说明远在先秦时期就已开始。到了宋代，踏青就非常盛行了。清明正值春暖花开，是人们外出郊游的大好时节，人们来到田野，回归到大自然中，对身心大有益处。

关于清明节为什么要插柳戴柳，有两种说法。一种说法认为中国人以清明、七月十五和十月初一为三大鬼节，古代人认为柳有驱鬼、辟邪的作用，故而插柳戴柳。佛教中的南海观音，一手托着净水瓶、一手拿着柳枝，为人间遍洒甘露，送去吉祥。北魏贾思勰《齐民要术》里说："取柳枝著户上，百鬼不入家。"

另一种说法是纪念介子推。介子推为明志守节而焚身于老柳树下，晋文公、大臣们和老百姓非常哀痛。次年，晋文公带领大臣们上山祭拜，发现被焚烧的那棵老柳树竟然起死回生，晋文公马上赐之为“清明柳”，并折下几根柳枝戴于头上，以示怀念。此后，大臣们和老百姓纷纷效仿，于是就有了清明插柳戴柳的习俗。

三、端午节与植物

“端”在古汉语中有开头、初始的意思，所以端午是初五。端午节还有“端五”“重五”“重午”“端阳”等名称，始于春秋战国时期。民谚讲“清明插柳，端午插艾”，说的就是端午节插艾和菖蒲的习俗。

艾，又叫艾蒿、艾草，为菊科多年生草本植物。艾的植株有浓郁香味，茎和叶含有挥发性芳香油，能产生特殊的芳香味，可驱蚊蝇，有杀虫灭菌的作用。菖蒲为天南星科多年生水生草本植物，叶片中含有挥发性芳香油，也有杀虫灭菌的作用。所以，春天蚊虫滋生，端午节插艾和菖蒲，其实是地地道道的“卫生节”。

端午节还要吃粽子。包裹各种馅料的粽叶主要是芦苇叶和箬叶，这些植物叶子不仅具有特殊的香味，还具有防腐作用，既能增加人们的口感食欲，也能保护粽子中的食料不轻易变质。

粽子用作祭祀，并不是源自祭祀屈原。东晋范注《祠制》说：“仲夏荐角黍。”角黍，即角形的粽子，这说明当时有夏至节气用角黍祭祀祖先的习俗，以避邪纳福、祈求安康。

据唐沈亚之《屈原外传》记载，屈原投江后，人们为了悼念他，每到农历五月初五，就用竹筒装上食物，投向江中进行祭祀。后来，粽子就成了端午节的节令食品。

宋朝诗人陆游的《乙卯重五诗》就是端午的真实写照，“重五山村好，榴花忽已繁。粽包分两髻，艾束著危冠。旧俗方储药，羸躯亦点丹。日斜吾事毕，一笑向杯盘”。

四、重阳节与植物

重阳节是农历九月九日。魏晋时期，重阳节已经有了饮酒、赏菊等习俗。唐代，重阳节正式定为民间节日。九九重阳，因与“久久”谐音，故有长久、长寿之意。秋季是一年中收获的季节，人们对重阳节有着非常特殊的感情，唐诗宋词中就有许多贺重阳、咏菊花的诗词。比如陶渊明的“采菊东篱下，悠然见南山”，李白的《九月十日即事》，“昨日登高罢，今朝再举觞。菊花何太苦，遭此两重阳”。当代的重阳节，自1989年起又是老人节，成为尊老、爱老、敬老、助老的节日。

重阳节的习俗主要有：佩茱萸、赏菊花、饮菊花酒、登高远眺等。

菊花是中国人最喜欢的花卉之一。因其在百花凋零之后怒放，崇尚以淡雅坚毅取胜，有着高贵坚强的寓意。也正是它的凌霜怒放，故为历代文人墨客所偏爱。孟浩然在《过客故人庄》中说道，“待到重阳日，还来就菊花”；元稹在《菊花》中提到，“不是花中偏爱菊，此花开尽更无花”；白居易在《咏菊》中更是“一夜新霜著瓦轻，芭蕉新折败荷倾。耐寒唯有东篱菊，金粟初开晓更清”；范成大的《重阳后菊花》也说，“世情儿女无高韵，只看重阳一日花”；陈毅的《秋菊》赞到，“秋菊能傲霜，风霜重重恶。本性能耐寒，风霜其奈何!”

菊花酒，在古代是重阳节必饮。酿制菊花酒，在汉魏时期就已经非常流行。晋代陶渊明有“酒能祛百病，菊能制颓龄”之说。

佩茱萸，重阳节要登高插茱萸或佩茱萸囊，内装茱萸叶果。王维的《九月九日忆山东兄弟》：“独在异乡为异客，每逢佳节倍思亲。遥知兄弟登高处，遍插茱萸少一人。”可见，唐代重阳节登高插茱萸习俗的流行。茱萸是重阳节特有的植物，插茱萸是重阳节的重要标志，所以，登高会也称“茱萸会”，重阳节又叫“茱萸节”。

五、中秋节与植物

中秋节是农历八月十五，在我国是仅次于春节的第二大传统节日，是又一个阖家团圆的重大庆典之节。中秋节有着悠久的历史，在古代，历代帝王都有春天祭日、秋天祭月的传统。

中秋节习俗很多，民间主要有赏月、吃月饼、赏桂花和饮桂花酒等。形式虽有不同，但都寄托着人们对美好生活的追求和向往。

中秋节赏月在《礼记》中就有记载。在周代，每逢中秋都要举行祭月活动，须设香案，摆月饼、西瓜、苹果、葡萄等水果。到了唐代，中秋赏月已成习俗。宋代，更为盛行。据《东京梦华录》记载：“中秋夜，贵家结饰台榭，民间争占酒楼玩月。”明清以后，习俗依旧，一直延续到今天。

桂花是中秋节的时令鲜花，凭借着其甜蜜醉人的花香，“独占三秋压群芳”（宋·吕声之《桂花》），是我国传统十大名花之一，有“九里香”之美誉，是吉祥如意的典型代表植物。中秋时节，丛桂怒放，月圆之时，香味扑鼻，令人心旷神怡。每逢中秋月圆之时，人们仰望明月，闻着桂香，饮着桂花酒，欢聚一堂，享受着人生的美好。

宋朝诗人李清照在《鹧鸪天》中赞桂花：“暗淡轻黄体性柔，情疏迹远只香留。何须浅碧深红色，自是花中第一流。梅定妒，菊应羞。画栏开处冠中秋。骚人可煞无情思，何事当年不见收?”

第四节　婚礼、祝寿与植物

人从出生、成长、婚育直到去世，在生活的各个方面都与植物有着密切的联系。特别是人生的终身大事——婚礼和象征吉祥的祝寿活动中植物的作用更为重要。

一、婚礼与植物

结婚庆典，是每个人一生中最为重要的大事。在不同层次的人群、不同习惯的地域有着丰富多彩、各具特色的婚庆习俗，比如闹洞房就是很多地方重要的婚俗之一。由于中国古代男女授受不亲，许多新人在结婚之前并没见过几次面，甚至有的还几乎不认识，新婚之夜突然让他们生活在一起，难免会因陌生而产生距离。而闹洞房，实际上就是通过适当的游戏让新郎、新娘尽快熟悉起来。社会发展到今天，闹洞房习俗虽然依旧，但内容和形式已经发生了很大的变化。比如撒喜床，仍然是一些地区闹洞房的主要内容。新人在入洞房之后，由新郎的嫂嫂端着托盘，盘内放有红枣、花生、桂圆、莲子。这就是巧妙地利用"早（红枣）生（花生）贵（桂圆）子（莲子）"的谐音，表达对新郎新娘的美好祝愿。

二、祝寿与植物

祝寿俗称"过生日""做寿"等。古往今来，健康长寿是每一个人的愿望，在老人生日来临之际，通过祝寿活动将祈寿的观念与中国传统文化结合起来，祝愿寿星长命百岁、寿比南山等。一般整旬（如七十、八十）寿辰，亲朋好友要送寿帐、寿联，比如"福如东海""寿比南山"。也有送画的，一般画寿桃、仙鹤、松柏等。

在我国，福寿三多（多福、多寿、多子）表达了人们对美好生活的向往和追求。《三多图》大多是由佛手、桃、石榴组成。"佛"与"福"谐音，代表幸福。桃代表长寿，来源于神话西王母瑶池所种的蟠桃，吃了可增 600 岁的传说。石榴多子，代表多子多孙。

寿宴上吃长寿面和寿桃是必不可少的。民间流传的许多传说，使桃成了长寿的代表。所以在祝寿的绘画作品中，多以桃作为象征，寿桃也成了寿宴上不可或缺的必备品。

当然，现代年轻人过生日，就不一定非得以寿桃为礼物，不过青年朋友之间在祝贺生日时赠送各类鲜花也不失时代色彩。

第五节　西方节日与植物

在西方节日文化里，植物仍然是一个重要的组成元素，一些植物在特定的节日中不可缺少，它们和节日活动融合在一起，成为节日符号。比如玫瑰是情人节的礼物；康乃馨是献给母亲的花；圣诞树是圣诞节的主要装饰物等。

一、情人节与植物

西方的情人节是阳历的 2 月 14 日，现在已成为各国青年非常青睐的节日。在情人节习俗中，鲜花是男人送给女人最经典的礼品。众所周知，玫瑰代表爱情，但不同颜色代表的意义不同：粉红色代表初恋、红色代表热恋、橙红色代表美丽、白色代表尊敬等。

二、母亲节与植物

母亲节是阳历 5 月的第二个星期日。母亲节充满人间温情，康乃馨是西方国家通用的献给母亲的花，原名香石竹，是全球销量最大的花卉。它叶片长，花瓣紧，色彩艳，香气浓，代表温馨、慈祥的母爱。不同颜色又代表不同的含义，一般认为红色代表健康长寿，粉色代表年轻美丽，白色代表儿女对母亲纯洁的爱，黄色代表子女感恩的心。

三、父亲节与植物

父亲节是阳历 6 月的第三个星期日。石斛兰是父亲节之花。此花为兰科，分布于华南、西南等地。植株由肉茎组成，粗如中指，叶如竹叶，花瓣边为紫色，心为白色，代表秉性刚强、祥和可亲的气质，寓意坚毅、勇敢和威严，表达儿女对父亲的敬意。

四、圣诞节与植物

圣诞节是阳历的 12 月 25 日。圣诞色由红色、绿色、白色组成。其中与植物有关的是代表绿色的圣诞树。它是圣诞节的主要装饰物，通常用整株塔形常绿树（如杉、柏等）装饰而成。圣诞树上的雪花由棉花制成，另外在树上还有发光的纸片和彩灯等装饰品。

第五章　植物成语文化解析

七律·成语中的植物

四字成章特色明，
浓缩概括意无穷。
源出典故先哲述，
指代生活后世承。
草木知春节令继，
芳菲落尽叶飘零。
花红柳绿凡间客，
晓古通今智慧盈。

第一节　植物成语的由来

一、植物成语

学生时代，我们都学过语文。语文的概念，学术界历来都有多种解释，但我们可以简单地把语文理解为语言。语言，大体上是指语言文字、语言文章、语言文学，进一步又可以提升为语言文化。人们在语言文化的运用中，离不开成语。成语因其蕴含着中华民族丰富的文化内涵，成为我们汉民族语言的精华部分。生活中，成语无处不在，俯拾即是。譬如，夭桃秾李形容年少貌美，多用于歌颂赞扬婚娶；山肴野蔌形容山中的野味和蔬菜，原意是指简单的菜肴，现在人们注重养生，倡导原生态饮食，山肴野蔌反而成了自然美味；蓬门荜户形容家境贫寒，住所简陋；霜行草宿指踏着霜露行走，在荒郊野草中息宿，形容行人奔波的劳苦。可见，在人们的衣食住行方面都有相应的成语，在社会生活的各个方面也都有相应的成语，那么，什么是成语呢?

《辞源》对成语的解释是："习用的古语，以及表示完整意思的定型词组或短句。"《现代汉语词典》的解释是："人们长期以来习用的、简洁精辟的定型词组或短句。汉语的成语大多由四个字组成，一般都有出处。有些成语从字面上不难理解，如'小题大做''后来居上'等。有些成语必须知道来源或典故才能懂得意思，如'朝三暮四''杯弓蛇影'等。"由此可见，成语应当是由古代沿承下来的、往往包含有故事或典故的、富有深刻思想内涵的、简洁而精辟的定型的词组或短句。需要说明一点的是，谚语和其他习惯用语不是成语。谚语往往是生产、生活的经验之谈，如"谷雨前后，种瓜点豆""春雨贵如油""今冬麦盖三层被，来年枕着馒头睡"等等。而成语有深刻的思想内涵，往往代表着一个故事或典故，如"负荆请罪"会让人联想起廉颇蔺相如的故事，"望梅止渴"会让人联想起三国时期曹操使用计谋激励士兵行军的故事。

那么，什么是植物成语呢? 简单地说，植物成语就是包含有植物语素和不包含植物语素但却是描写植物的成语，如桃红柳绿、蓬荜生辉等直接包含有植物语素，青翠欲滴、姹紫嫣红等描写植物但却不包含植物语素。这些成语均能直接或间接地以植物来反映一定的文化内涵和思想精髓。

二、植物成语的起源

植物成语，顾名思义，就是和植物有关的成语。首先，它源于我们的先人对自然界的认知。王安石在《游褒禅山记》中说过："古人之观于天地、山川、草木、虫鱼、鸟兽，往往有得，以其求思之深而无不在也。"这里的天地、山川、草木、虫鱼、鸟兽，可以理解为朴素的对大自然万事万物的概括，其中的草木就是我们说的植物。古人对草木观察的细致，"求思"的深刻，于是便有了相应的植物成语。更何况，即便按照今天大众的、通俗的划分，自然界的生物分为动物、植物、微生物的话，那么植物作为其中一个大类，自然是古人仔细观察思考的对象。观草长莺飞，人们便知道春天来了；看独木不林，人们便感悟到个人的力量是有限的。在中华民族几千年的生产和生活实践中，古人依据植物的生态特征和生活习性进行联想、想象，借以表达自己的思想观念，表达自己的爱憎喜恶，寄托自己的情思，于是便相应地产生了植物成语。

其次，植物成语源于古代文学创作过程中比、兴手法的使用。比和兴是最早源于《诗经》中的艺术表现手法。"比，以此物喻他物也；兴，欲言此物，先言他物以兴起所咏之辞也。"李白的《清平调三章》里有"云想衣裳花想容，春风扶栏露华浓"的句子，是说云儿看见她（指杨贵妃）也想穿上她身上的衣裳，花儿看见她也想拥有像她一样的容颜，今天人们还用花容月貌来形容一个女子的美丽。再如"梨花带雨"，形容女子哭泣时落下的泪珠像沾着雨点的梨花一样娇美，此语出自白居易《长恨歌》："玉容寂寞泪阑干，梨花一枝春带雨"；又如"玉树临风"，形容男子像迎风的玉树一样秀美，此语出自杜甫《饮中八仙歌》：“宗之潇洒美少年，举觞白眼望青天，皎如玉树临风前”，这些成语均是比、兴手法的运用。

再次，植物成语源于中华民族长期的含蓄蕴藉的表达习惯。中华民族一般不崇尚过分直白、甚至是剑拔弩张的表达方式，于是便借助于植物这一很好的载体来表情达意。如用“人淡如菊”形容人品的恬淡闲适，用“空谷幽兰”形容人品的高雅，用“出淤泥而不染”形容人品的高洁，这些植物成语无一不是中华民族托物以言志、借物以抒情的含蓄蕴藉表达方式的具体体现。

三、成语之都邯郸

成语作为最能反映中华民族文化底蕴和民族心理的凝练语汇，前人对它的研究已经颇多了，但专门的植物成语研究还很少见。古都邯郸是国家历史文化名城，中国成语典故之都。据不完全统计，中国成语常用的有 5 000 条左右，与邯郸有关的就达 1 580 多条，占到近三分之一，其中的植物成语也俯拾皆是，像负荆请罪、黄粱美梦、二度梅开、煮豆燃萁等。每一个脍炙人口的成语故事，都记录着邯郸的历史变迁，记录着邯郸这片热土上的风土人情，也给邯郸乃至中华民族留下了深厚的文化积淀。成语文化已经成为邯郸的一张名片，承担着对外文化交流和经济交流的重要功能。邯郸市内建有成语典故苑，位于赵苑公园内的东北角，在建和计划建造的，尚有中华成语文化园和中国成语文化主题园，这些项目都是以中国成语故事为核心内容。深入挖掘邯郸悠久的历史文化资源，生动再现中华成语的历史渊源与发展脉络，对传承传统文化，增强民族自信，提升文化素养，有着深远的历史意义和现实意义。

第二节 植物成语的分类

对植物成语进行适当分类有助于我们更好地了解植物成语。通常情况下，我们可以根据植物成语中的植物语素情况和植物成语表达的情感色彩，对植物成语进行分类。

依据植物成语中是否包含有植物语素，可以将其分为两大类，即包含植物语素类和不含植物语素类。不含植物语素类植物成语较少，如疏影暗香、郁郁葱葱等；包含植物语素类植物成语较多，如花好月圆、一叶知秋、根深蒂固、入木三分、十步芳草等。

依据植物成语中的植物是特指某一种植物，还是泛指所有植物，可以将其分为两大类，即特指类植物成语和泛指类植物成语。特指类植物成语是特指某一种植物，如负荆请罪、二度梅开、藕断丝连、人面桃花、蒲柳之姿、蕙质兰心、出水芙蓉、沧海一粟、势如破竹等；泛指类植物成语是泛指所有植物，如花前月下、花团锦簇、奇花异草、明日黄花、枯木逢春、缘木求鱼、粗枝大叶、叶落归根、风吹草动、结草衔环等。

依据植物成语是否表达情感色彩，可以将其分为两大类，即表达情感色彩类植物成语和表现自然规律类植物成语。表达情感色彩类植物成语又可以分为五类，即描写爱情类、人物情态类、生活感悟类、表现气节类、审美观念类。

本节和下一节，我们以表达情感色彩和表现自然规律为例，对植物成语作一个简要解析。

一、表达情感色彩的植物成语

（一）描写爱情类

爱情是人类永恒的主题。“在天愿做比翼鸟，在地愿为连理枝”（唐·白居易《长恨歌》），“昨夜西风凋碧树，独上高楼，望断天涯路”（宋·晏殊《蝶恋花》），“蒲苇韧如丝，磐石无转移”（汉乐府诗《孔雀东南飞》），这些诗句无不表达了人们对美好爱情的向往。同样，人们也借助于植物成语，表达对美好爱情的追求。这样的植物成语有：二度梅开、青梅竹马、姚黄魏紫、并蒂芙蓉、藕断丝连、桃之夭夭、灼灼其华、夭桃秾李、风花雪月、花前月下、花好月圆、落花有意、流水无情等。

（二）人物情态类

在漫长的历史长河当中，人们与自然界的植物共生发展，相互依存。在生产和生活中选择利用植物的不同情况，都有着特定的情形和神态。利用植物成语，可以将人们在不同境况下的所思所想和肢体活动情形充分表现出来。这一类植物成语常见的有：煮豆燃萁、闭月羞花、国色天香、亭亭玉立、如花似玉、豆蔻年华、梨花带雨、杏脸桃腮、李白桃红、桃李争妍、桃红柳绿、杨柳依依、分花拂柳、玉树临风、指桑骂槐、拈花惹草、寻花问柳、花枝招展、花天酒地、草率从事、草菅人命、草草收兵、天花乱坠、草木皆兵、移花接木、横生枝节、花里胡哨、添枝加叶等。

（三）生活感悟类

人们对生活有了感悟，有了人生哲理性的思考，于是便借助于浓缩的成语加以表现。这一类植物成语常用的有：黄粱美梦、范张鸡黍、沧海一粟、蓬生麻中、蓬荜生辉、望梅止渴、李代桃僵、昙花一现、胸有成竹、势如破竹、百步穿杨、铁树开花、落英缤纷、守株待兔、走马观花、火树银花、盘根错节、独木不林、树大根深、百载树人、寸草不生、一叶障目、柳暗花明、锦上添花、漂蓬断梗、木已成舟、蟾宫折桂、树欲静而风不止、拔茅连茹、蒲鞭之政、心如芒刺、枯木逢春、囫囵吞枣、粗枝大叶、槁木死灰、蚍蜉撼树、瓜田李下等。

（四）表现气节类

中华民族是崇尚气节的民族，人们编写童话以诅咒忘恩负义，倡导坚贞来反对意乱情迷，这在植物成语中也有所体现。如：岁寒三友、梅兰竹菊、松柏后凋、负荆请罪、披荆斩棘、二桃杀三士、投桃报李、结草衔环、世外桃源、拈花一笑、雾里看花、孤芳自赏、傲霜斗雪等。

（五）审美观念类

审美是人们感受和体会大千世界的一种特殊形式。大体上说，美是指能够使人们感到愉悦的一切事物。人们崇尚真善美，鞭笞假丑恶，于是出现了相应的植物成语。这一类植物成语有：空谷幽兰、蕙质兰心、兰桂齐芳、人淡如菊、疏影暗香、残花败柳、水性杨花、植党营私、绣花枕头、榆木疙瘩、罄竹难书、艳如桃李、心如蛇蝎、花街柳市等。

二、表现自然规律类植物成语

古人早就认识到了自然界有它自身的规律。“天不言而四时行，地不语而百物生”（唐・李白《上安州裴长史书》），“不违农时，谷不可胜食也。数罟不入洿池，鱼鳖不可胜食也”（《孟子・梁惠王上》）。这些基本认识，同样源于人与自然的相互依存之中，也就是源于认识、选择、利用植物的过程之中。

常用于表现自然规律的植物成语有：揠苗助长、瓜熟蒂落、焚林而猎、缘木求鱼、落叶归根、一叶知秋、落花流水、明日黄花、绿暗红稀、草长莺飞、万紫千红、绿肥红瘦、丹桂飘香、春花秋月、春华秋实、鸟语花香、百花齐放等。

第三节　典型植物成语解析

一、表达情感色彩类植物成语

（一）描写爱情的植物成语解析

1. 二度梅开

梅为中国十大名花之首。人们赋予梅高洁、坚强的品格，将梅与松、竹并称为“岁寒三友”，与兰、竹、菊并称为“花中四君子”。二度梅开这一成语典故，既暗合了主人公的姓氏，又暗合了主人公的高洁和坚贞不屈，是一个最终感动上天，梅花二度绽放、喜事再现的故事。

二度梅开又名梅开二度，这个故事出自清代作家惜阴堂主人宣澍甘所著长篇小说

《二度梅》。故事发生在唐朝，主人公名叫梅良玉，其父被奸臣陷害，他侥幸被人救出并送到其父好友陈日升家中居住。梅良玉暗下决心，要考取功名，将来为父亲报仇。陈日升看他聪慧过人，便视同己出，常常带他到后花园中的梅花树下祭拜他的亡父。一日，盛开的梅花被风雨吹打得凋落了，陈日升又带他到梅花树下祭拜，祈求梅花重开。梅良玉经过发奋苦读，最终考取了功名，中了状元，陈日升也将女儿陈杏元许配与他为妻。

故事到这里如果是结局，那就是圆满的，但往往天不遂人愿，好事多磨。此时恰逢番邦入侵，陷害梅良玉父亲的奸臣又心生一条毒计，唆使唐王派陈杏元到北国去和亲。君命难违，陈杏元只好和梅良玉泪别，两人相约来到了邯郸的丛台之上，现在的丛台上依然有“夫妻南北兄妹沾襟”八个大字。一对美好的姻缘就这样眼看着要被拆散了，但过程是曲折的，结局却是美好的。就在陈杏元去北国和亲的路上跳下悬崖自尽时，一缕阴魂把她救了上来，并把她送回到了府上。原来是前朝去北国和亲的王昭君的阴魂。最终梅良玉与陈杏元得以结为秦晋之好，梅良玉也除掉了奸臣，为父亲报了仇。就在二人成婚之日，陈府后花园中的梅树果然又二度花开，馨香四溢。于是，“二度梅开”便流传了下来。

可见，“二度梅开”原本表达的意思是好事再现。

2. 青梅竹马

这一成语出自唐代大诗人李白的一首五言古诗《长干行·其一》：妾发初覆额，折花门前剧。郎骑竹马来，绕床弄青梅。同居长干里，两小无嫌猜。十四为君妇，羞颜未尝开。……

男女孩童天真烂漫，男孩拿着竹竿当马来骑，两人绕着井栏追逐嬉闹摘取青梅，这种天真纯洁的感情表现得淋漓尽致。

这首诗歌也是以女子的口吻讲述了一个小故事：记得头上的刘海长得刚刚盖住额头的时候，自己常常折一枝花在门前玩耍，这时你总是骑着一匹竹马来找我玩儿，我们绕着井栏跑着跳着，你帮我摘取树上的青梅。我俩都住在长干里，两人当时天真无邪，从没有互相猜忌。14 岁时我嫁给了你，当时的自己十分害羞，扭着头看着墙角，任你喊一千遍我也羞于回头。15 岁时候我才笑开了双眉，发誓要与你生死相依，你常说要做到“尾生抱柱”，决不负约，那我就怎么也不会站上望夫台了。可在我 16 岁时，你出远门做生意，你途径的瞿塘峡太过凶险了，让我提心吊胆，5 月份涨水怕你乘船触礁，这时候我感觉岸边猿猴的叫声都有了悲哀的味道。你离家好久了，走时门前留下的足迹都长满了青苔，青苔太多了扫也扫不完，慢慢地秋风吹掉的落叶把你留下的足迹都盖住了；8 月天里看到两只蝴蝶在西园中双宿双飞，这怎么不让我伤心难过！伤心难过，于是我的红颜也变衰老了。你赶紧回家吧，回来前先寄一封信好让我知道，为了迎接你，我不怕赶再远的路，哪怕走到长风沙我也愿意！

故事虽然不长，但情真意切，感情炽热而专一。现在一般用“青梅竹马”形容小时候在一起玩耍的、天真无邪的童年男女，尤其指长大后恋爱或结婚的。也可以和“两小无猜”并用，叫作“青梅竹马，两小无猜”。

3. 姚黄魏紫

姚黄和魏紫是两种最为名贵的牡丹花。如果说牡丹是花中之王，那么姚黄魏紫便可以说是牡丹之冠了。

欧阳修曾有诗云：洛阳地脉花最宜，牡丹尤为天下奇。姚黄和魏紫是最美最好看的两种牡丹，说起来，关于这两种名贵牡丹的来历，在洛阳民间还流传着一个凄美动人的爱情故事。

据说宋朝时，邙山脚下有一个穷苦人家的孩子叫黄喜，自幼父亲过世，与母亲相依为命，靠打柴为生，这个孩子非常勤快，每次都能打到很多的柴。在他上山打柴的路上有一个石人，不远处有一眼山泉，山泉边上长着一株紫色牡丹，黄喜每次上山打柴路过的时候，都会把干粮袋往石人脖子上一挂，说：石人哥，吃馍吧！然后掬起一捧清甜的山泉水往牡丹的根部一浇，说：牡丹姐，喝水吧！

日复一日年复一年，黄喜渐渐长大了。有一天，当黄喜又砍了满满一担柴准备下山的时候，一位穿紫衣的美貌姑娘走了过来，说要帮黄喜挑柴，黄喜不肯，紫衣姑娘二话不说挑起重重的柴担就往黄喜家走去，并且步履轻快，毫不费力，黄喜又惊又喜。到家后问起姑娘的来历，说叫紫姑，家就住在邙山脚下，父母双亡，孤身一人，自己很喜欢黄喜的勤快。黄喜娘一听大喜，忙问她是否愿意做自己的儿媳妇，姑娘很害羞地同意了，但却说须等到100天以后。

原来，这紫姑就是那株紫牡丹的化身。她嘴里含有一颗宝珠，每日与黄喜轮流含一会儿，黄喜挑柴时便毫不费力。99天过去了，第二天便可以和紫姑成亲了，黄喜特别高兴，当他上山打柴路过石人时候，石人突然开口说了话，黄喜吓了一跳。石人告诉黄喜，他家的紫姑是个花妖，要吸干黄喜的血。黄喜一听非常恐惧，石人告诉黄喜把那个宝珠吞进肚子里就没事了，这样才可以得救。黄喜当天回家后就照着石人说的做了，当他吞掉宝珠的一刹那，紫姑脸色顿时变得煞白，而且顷刻间委顿在地。黄喜大惊，忙追问详情，紫姑告诉他，那石人是个石妖，要霸占自己为妻，没能得逞便出此毒计，宝珠既已被黄喜吞掉，自己也命不长久了。黄喜一听又悔又怒，抄起斧头便去找石人算账，就在他上山斧劈石人的瞬间，天空一道闪电将石人击得粉碎。大仇得报，可这时候黄喜被肚子里的宝珠烧得再也受不了了，于是纵身跳入了山泉，紫姑一看，也跳了进去……之后山泉边突然长出了两株奇异的牡丹，一株开黄花，一株开紫花，艳丽异常，人们便说是黄喜和紫姑的化身。又不知过了多久，黄牡丹被移进了洛阳姚家，叫姚黄，紫牡丹被移进了洛阳魏家，叫魏紫。

于是，这个凄美动人的爱情故事便流传了下来。

（二）人物情态植物成语解析

1. 煮豆燃萁

豆，双子叶植物，木本、草本都有，一般统称为豆类作物，如黄豆、绿豆、红小豆、黑豆、青豆、豌豆等，古称菽，五谷之一（稻、麦、稷、菽、黍，是为五谷），果实为荚果，是重要的粮食作物。大豆脱粒后的豆茎又称为豆萁，可当柴烧。

煮豆燃萁这个成语，出自三国时期曹植的一首著名的《七步诗》：煮豆燃豆萁，豆在釜中泣。本是同根生，相煎何太急？

这个故事发生在三国时期的邺城。邺城为魏国五都之一，在现在的邯郸市临漳县境内。曹丕篡夺东汉帝位后，忌惮其弟曹植的才华，总想找机会除掉曹植。一次，曹丕命曹植在七步之内赋诗一首，如作不出就杀头。曹植很有才华，没走完七步便吟出了这首著名的《七步诗》，以豆萁烧煮豆为喻，暗讽本是同根兄弟，何苦手足相残！曹丕听后感觉到很羞愧，最终没有加害曹植。南朝谢灵运曾有言："天下才有一石，曹子建（曹植）独占八斗"，曹植才思敏捷由此可见一斑。曹氏两兄弟的事情过去很久了，但"煮豆燃豆萁"的故事却在历史的天空中仍然不断上演，留给后人沉重的思考，而当时这两兄弟的情态也跃然于纸上。

现在，常用"煮豆燃萁"来比喻兄弟之间手足相残。

2. 杨柳依依

杨柳，即垂柳，是杨柳科柳属落叶乔木，分布范围广，生命力强，是常见的绿化树种之一，观赏价值较高。古诗文中常常用折柳来表达惜别之情。

杨柳依依这一成语出自《诗经·小雅·采薇》：

采薇采薇，薇亦作止。曰归曰归，岁亦莫止。靡室靡家，玁狁之故。不遑启居，玁狁之故。

……

昔我往矣，杨柳依依。今我来思，雨雪霏霏。行道迟迟，载渴载饥。我心伤悲，莫知我哀！

故事讲述的是一位常年在外戍边征战的老兵返乡的情景：采摘豌豆苗啊采摘豌豆苗，豌豆苗都长出了地面，一年到头我也回不了家，我回不了家的原因是，要戍边和外敌打仗。采摘豌豆苗啊采摘豌豆苗，豌豆苗长得很柔嫩了我还是回不了家；豌豆苗的茎叶长得很粗壮了，我仍然回不了家，我回不了家的原因，就是一直在外征战不休。寒冬里，雨雪交加，老迈的我终于可以解甲归田了，回想起早先我从军出征的时候，道路两旁的杨柳也对我依依不舍；现在我回来了，却是冷雪扑面，道路泥泞。这路也太难走了，我又饿又渴，我的内心是那么的伤悲，没有谁能体会到我内心的哀痛！

今天，人们仍然用杨柳依依这一成语来表达依依不舍的惜别之情。

3. 草木皆兵

这一成语出自《晋书・苻坚载记》，意思是把山上的草木都当作了敌兵，比喻被吓破了胆。

故事发生在东晋时期。前秦一直想吞并晋国，前秦王苻坚亲率 90 万大军攻打晋国，晋国派大将谢石、谢玄领 8 万军迎战。苻坚仗着自己兵强马壮，根本不把晋军放在眼里，没料想两军刚一交战，前秦的军队便败下阵来，苻坚也慌了手脚。晚上趁夜色，苻坚和其弟苻融到阵前察看，见对方阵容严整，连对面八公山上的树木都影影绰绰像是晋国的士兵，苻坚开始面有惧色。“坚与苻融登城而望王师，见部阵齐整，将士精锐；又北望八公山上草森皆类人形，顾谓融曰：‘此亦劲敌也，何谓少乎?’怃然有惧色。”接着，在淝水（今安徽瓦埠湖）决战，前秦军大败，苻融战死，苻坚负伤而逃，在逃跑的路上听到风吹树木的声音，也以为是敌人的追兵到了。

现在一般用草木皆兵形容人在惊慌失措时疑神疑鬼。

（三）生活感悟植物成语解析

1. 黄粱美梦

黄粱，即粟米，原产于中国北方，是古代黄河流域重要的粮食作物之一，又叫黄米、糜子、夏小米、黄小米，可用于煮粥、做糕、做米饭。

黄粱美梦的故事是这样的：有一位叫卢生的外地青年，在赴京赶考途中路过邯郸，住进了一家客店，道人吕洞宾也住进了这家客店。两人对坐闲谈，卢生连声哀叹自己的穷困，表现出了对富贵荣华的强烈向往。吕翁听后交给他一个枕头，告诉他枕着枕头睡上一觉，便可享尽荣华富贵。卢生听了内心一动，再一看店主人刚煮上黄米饭，便决定先睡一觉，不想刚一枕上枕头就睡着了，并且做起梦来。在梦里，卢生娶了一位大户人家的美丽小姐为妻，第二年赶考中了进士，接着做了节度使，又做了十年宰相，甚至还封公封侯，膝下也是儿孙满堂，可以说是享尽了荣华富贵，一直活到 80 多岁时才寿终正寝。一觉醒来，卢生发现，刚才的富贵荣华不过是一场梦，再一看，店主人煮的黄米饭还没熟呢!

所有的荣华富贵到头来不过是一场梦，这个故事发人深思。

在邯郸黄粱梦吕仙祠门前还有一副对联：“道院光招蓬莱客，玄门常会洞中仙。”卢生殿门前也有一副对联：“睡至二三更时凡功名都成幻境，想到一百年后无少长俱是古人。”个中滋味耐人寻味。

黄粱美梦，现比喻想要实现的好事落得一场空。

2. 蓬生麻中

蓬，多年生草本植物，花为白色，中心黄色，叶似柳叶，子实有毛，故也称飞蓬。

蓬生麻中出自战国时期荀况《荀子・劝学》：“蓬生麻中，不扶而直；白沙在涅，与之俱黑。”这句话的意思是说蓬草长在麻地里，不用扶也能长得直；白沙混进了黑土里，就和黑土一样黑了，形容环境可以极大地影响一个人。历朝历代这样的故事俯拾皆是，留给人们更多哲理性的思考。

现用蓬生麻中这一成语，比喻一个人生活在好的环境里，就能受环境影响变好。

3. 昙花一现

昙花，仙人掌科植物，喜温暖湿润的环境，不耐霜冻，怕强光暴晒，原产于美洲墨西哥至巴西的热带沙漠中。沙漠地带的气候又干又热，晚上却比较凉快。昙花晚上开花，可以避开强烈的阳光曝晒；同时，晚上开花又能缩短开花时间，可以大大减少水分的流失，有利于它的生存。于是，久而久之，昙花在夜间短时间开花的特性就逐渐形成了。

昙花一般在夏季的晚上8点到12点左右开花，时间只有3至4个小时。花为白色，非常美丽，败后闭合成灯笼状。花可以做汤，口感细腻柔滑。人们用昙花一现来比喻美好的事物不能持久。

现用昙花一现这一成语，指美好的事物出现的时间很短。

4. 瓜田李下

瓜指的是蔓生植物所结的球形或椭圆形果实，有西瓜、甜瓜、菜瓜等；李指的是蔷薇科李亚科灌木或乔木植物，果实可以食用。

瓜田李下出自三国时曹植的《君子行》："君子防未然，不处嫌疑间，瓜田不纳履，李下不整冠。"意思是说，经过瓜田，不要弯下身来提鞋，免得人家怀疑摘瓜；走过李树下面，不要举起手来整理帽子，免得人家怀疑摘李子。比喻容易引起嫌疑的地方，或指比较容易让人误会而又有理难辩的场合。古人强调正人君子除了要注意言谈举止、风度礼仪以外，还要主动避嫌，不去做让人误会的事情。

现在指要主动远离一些有争议的人和事或者有争议的场所，以避免引起不必要的嫌疑。

（四）表现气节的植物成语解析

1. 松柏后凋

松是松属植物的统称，常绿乔木，陆生，环境适应性极强，能耐－60℃的低温，"岁寒三友"之一；柏是柏科常绿乔木，也较耐寒。

松柏后凋出自《论语·子罕》："岁寒，然后知松柏之后雕也。"岁寒，是指每年天气最寒冷的时候，雕，通凋，凋零。意思是说到了每年天气最寒冷的时候，就知道其他植物都凋零了，只有松柏屹立挺拔、不凋落。

现比喻有志之士有坚忍的力量，耐得住困苦，受得了折磨，不会改变初心。

2. 负荆请罪

荆是落叶丛生灌木，高四尺左右，茎坚硬，可作木杖，无刺。荆条长而柔韧，可以编制筐、篮、篱笆等，还可作刑杖（古代鞭打犯人的刑具）。在这个成语中，就是指背负着刑杖上门请罪，以示其意甚诚。

这个成语出自《史记·廉颇蔺相如列传》。故事说的是战国时期赵国的蔺相如凭着自己的三寸不烂之舌和机智勇敢，立了几次大功，几次获封后官位在大将廉颇之上。廉颇愤怒不平，扬言见到蔺相如要当面羞辱他。蔺相如听闻后，故意避开廉颇，即使该上朝时也常常称病在家，在街上碰到廉颇，就赶紧让车夫驱车避让。蔺相如的门客看到这种情况，都认为蔺相如过于害怕廉颇了，蔺相如耐心解释说，强大的秦国之所以不敢攻打赵国，就是因为赵国有他蔺相如和廉颇在，如果自己和廉颇争斗起来，那么两虎相争，必有一伤，自己之所以处处避让廉颇，是把国家大事放在前面，把私人恩怨放在后面的缘故。廉颇听到这番话后，很是羞愧，就脱光了上身背负着荆条，到蔺相如门前谢罪，于是“负荆请罪”这个成语就诞生了。这个故事体现了蔺相如宽容大度，也体现了廉颇知过能改的高风亮节。

现形容主动向人认错、道歉，给自己以严厉的责罚。

3. 二桃杀三士

桃是蔷薇科桃属植物，属落叶小乔木。桃的果实是国人喜食的一种水果。

这个成语源自古代一则历史故事，最早记载于《晏子春秋》，后演变成成语，表示用计谋杀人，也对三位勇士知耻而自杀表示了慨叹。

故事发生在春秋时期。当时齐国有三员大将，分别是公孙接、田开疆、古冶子，三位大将战功赫赫，但也因此日益骄横起来，上大夫晏子看在了眼里，便建议齐景公早日除去三人，消除祸患。

一日，晏子故意设了一个局，让齐景公把三位大将请来，赏三位两颗珍贵的桃子。三人分两颗桃子，很是为难，晏子便借机提出让他们各自报出自己的功劳，按功劳大小来分。田开疆和公孙接先后报出了自己的功劳，均认为自己的功劳最大，于是各自拿了一颗桃子。这时，古冶子认为自己的功劳更大，却得不到桃子，气得拔剑怒指二人。田开疆和公孙接听到古冶子报出自己的功劳后，也都觉得古冶子功劳最大，为自己先前的行为感觉到很羞愧，无地自容，于是拔剑自刎了。古冶子一看，也感觉自己吹捧自己、羞辱对方，致使对方自尽，做得太过分，惭愧之下也拔剑自刎了。这样，晏子仅凭两个桃子便兵不血刃地杀掉了三员大将。

现在常常用二桃杀三士这一成语表示用计谋杀人，但后人也往往抒发对三位勇士知耻而自刎的感叹，对晏子的权谋也作了讽刺。

（五）表达审美观念的植物成语解析

1. 空谷幽兰

兰花花色多样，有白、纯白、白绿、黄绿、淡黄、淡黄褐、黄、红、青、紫等。

空谷幽兰语出清代刘鹗《老残游记》第五回：“空谷幽兰，真想不到这种地方，会有这样高人。”

兰花位列十大名花第四，亦为“花中四君子”之一。中国传统名花中的兰花仅指分布在中国兰属植物中的若干种地生兰，如春兰、惠兰、建兰、墨兰和寒兰等，即通常所指的“中国兰”。这一类兰花与花大色艳的热带兰花大不相同，没有醒目的艳态，没有硕大的花和叶，却具有质朴文静与高洁淡雅的气质，很符合中国人的审美标准，因此深受中国人民喜爱，在中国有一千余年的栽培历史。

中国人历来赋予兰花高洁的品格。人们用“兰章”比喻诗文之美，用“兰交”比喻友谊的纯真，也借兰花来表达纯洁的爱情：“气如兰兮长不改，心若兰兮终不移”（《孔子家语》）。

兰花不可和兰花草混为一谈。屈原《离骚》中说：“纫秋兰以为佩”，这里的秋兰指兰花草，叶带香气，可以佩戴为饰物；更不可和君子兰混为一谈，君子兰为产自非洲的一物种，两者所属科目都不同，君子兰为石蒜科孤挺花属植物，兰花属兰科兰属植物。

现用空谷幽兰形容珍贵难得，常用来比喻人品高雅。

2. 人淡如菊

菊是菊科菊属的多年生宿根草本植物，原产于我国，列中国十大名花第三，也是世界四大切花（菊花、月季、康乃馨、唐菖蒲）之一。

人淡如菊语出唐代司空图的《二十四诗品》中的《典雅》：“玉壶买春，赏雨茅屋，坐中佳士，左右修竹，白云初晴，幽鸟相逐，眠琴绿荫，上有飞瀑。落花无言，人淡如菊，书之岁华，其曰可读。”

菊花经霜不凋，独立寒秋，不与百花争艳，于是人们赋予它高洁的品格。人淡如菊，表示士人淡泊名利，淡泊荣辱，淡泊诱惑；人淡如菊是一种平实内敛、拒绝傲气与霸气的意境，也是一种淡然和朴实。

现用人淡如菊这一成语形容人品的淡雅、高洁。

3. 疏影暗香

这一成语出自宋代林逋的《山园小梅》：“众芳摇落独暄妍，占尽风情向小园。疏影横斜水清浅，暗香浮动月黄昏。霜禽欲下先偷眼，粉蝶如知合断魂。幸有微吟可相狎，不须檀板共金樽。”

从诗文可见，疏影暗香特指梅花。梅花凌寒独开，人们赋予它坚强、高洁又谦虚的品性，因此它历来为人们所喜爱，“梅须逊雪三分白，雪却输梅一段香”（宋·卢梅坡《雪梅》）。

疏影暗香原用来形容梅花的香味和姿态，现也代指梅花。

二、表现自然规律的植物成语解析

1. 焚林而猎

林，此处泛指山林。

焚林而猎出自《韩非子·难一》："焚林而田，偷取多兽，后必无兽"，以及《淮南子·主术训》："故先王之法……不涸泽而渔，不焚林而猎。"这一成语的意思是不要把山林都烧光来打猎，是说万物繁衍都有它自身的规律，人们不能为了眼前的利益采用极端的做法。山林烧光了，野兽还怎么生存？野兽都没有了，以后还怎么打猎？人们应当遵循自然界万物的生长规律。

现比喻只图眼前利益，不作长久打算。

2. 春花秋月

春花，春天的花，此处为泛指。春花秋月泛指春秋美景，语出唐后主李煜词《虞美人》："春花秋月何时了，往事知多少？小楼昨夜又东风，故国不堪回首月明中！雕栏玉砌应犹在，只是朱颜改。问君能有几多愁？恰似一江春水向东流。"

春天的花朵，秋天的月亮，这样的时光啥时候才能是个尽头？回想前尘，还能忆起多少往事？在这首词中，词人是感叹自己的遭际和命运，但是单就春花和秋月来说，是自然界的规律。春天百花竞放，秋天秋高月圆，因此春花秋月现常被人们用来泛指四时美景。

3. 绿肥红瘦

绿肥红瘦语出宋代词人李清照《如梦令》："昨夜雨疏风骤，浓睡不消残酒。试问卷帘人，却道海棠依旧。知否，知否？应是绿肥红瘦！"

词中绿肥红瘦特指海棠。海棠是蔷薇科灌木或乔木，花期在每年的四月份，花开似锦，雅俗共赏，常被人们用作观赏树种。

暮春时节，红花渐少，绿叶增多，词人感时伤怀，写下了这首脍炙人口的《如梦令》。绿肥红瘦，即指绿的多，红的少。花渐凋谢，绿叶茂盛，花开了会再谢，春去了会再来，这是自然界的规律。

现用绿肥红瘦泛指暮春时候，花朵逐渐凋落、绿叶逐渐繁茂的景象。

以上这些植物成语有着丰富并且生动的文化内涵，闪烁着中华民族智慧的光芒。领略成语中的植物文化，或者说感受植物文化中的成语典故，可以感受中华民族的文化魅力、气节与审美观念，感受中华文化的博大精深！

循着以上思路，你能否给出植物成语一个定义，做出一个分类呢？按照你的定义和分类，你能否也列举一些植物成语并进行简要解析呢？

第六章　建筑雕绘与植物

七绝·为植物在建筑雕绘中的寓意而作

农耕文化写文明，
万物滋殖养众生。
楼殿遮风亭避雨，
雕花刻卉蕴情丰。

人类在茫茫的历史长河中创造了灿烂的文明，而建筑是对人类文明最深刻的印记。当我们的目光由皇家的颐和园转向私家的拙政园，由山东的孔庙转向山西的晋祠，由南方的小桥流水转向北方的深宅大院，由保存完好的寺院建筑和各地古城中的城隍庙转向各具风格的农家屋舍，不论是亭台楼阁，还是庙宇院落，这些矗立在东方大地上各个时代的各色建筑，经历了千百年的雨雪风霜，犹如一座座丰碑，铭刻着中华文明的灿烂和辉煌。欣赏这些建筑如同翻开一部沉甸甸的史书，博大精深，浩浩荡荡。这里的一砖一瓦，一梁一柱，无处不巧夺天工、匠心独运，它们的每一方精雕细刻、每一寸绚彩浓绘，都闪耀着东方文化的独特光芒。

我们这里更多关注的，是先贤们道法自然、崇尚自然。他们运用雕绘技艺将自然界的植物、动物融入建筑，或含蓄地表达他们的思想，或静静地倾诉他们的柔肠……

第一节　建筑装饰中的雕刻和彩绘

中国的建筑正式出现可以追溯到史前社会，距今有 7 000 多年的历史。我国的古建筑多以土木为材料，因此，我们把建筑学称为土木工程。它起源于原始的巢、穴，成熟于唐，美化于宋，明清时代发展到登峰造极。无论是富丽堂皇的宫殿建筑，还是庄严肃穆的陵墓建筑；无论是轻盈活泼的园林建筑还是内敛含蓄的寺庙建筑，这些建筑所表达出来的思想内容都离不开装饰，可以说装饰是表现其艺术性的重要手段。形式各异、绚丽多彩的梁、枋、檩、椽、柱、斗拱、门楣、天花、柱础、屋脊、山墙等等，任何装饰都会注入设计者的意志和情感，使建筑的品格得到升华。据论语的《山节藻棁》中记载，春秋时期建筑的柱子表面已有水藻样纹饰。宋代的《营造法式》，是世界上发行最早的一部建筑学著作，其中记载了我国建筑彩画中的多种植物纹样。

各种建筑装饰的功能常以传统民俗工艺手法来表现，包括雕、塑、镶、贴、砌、书、画、彩等处理方式，而且又有不同层次的组合，以彰显其装饰意旨与内涵。在这些装饰手法中，雕刻和彩绘为建筑画上了最浓墨重彩的一笔，建筑装饰中的雕刻、纹饰、色彩及其组合，是我们判断和理解建筑风格类型及其文化内涵的至关重要的信息。

一、雕刻

“山河扶绣户，日月近雕梁”（唐·杜甫《冬日洛城北谒玄元皇帝庙》）。从杜甫的诗词中，可透视到我国唐代建筑的富丽堂皇。中国的雕刻艺术起源于新石器时代，古人在石器的制作过程中，掌握了雕刻，并将这种技艺不断地训练提高，建筑雕刻在明清时期达到从未有过的高度。除了浮雕和镂空雕刻的区别以外，根据使用的材料和工具也有所不同，有石雕、木雕、玉雕、根雕之分。建筑中的雕刻多采用木雕、砖雕、石雕，统称为“三雕”。当匠人们把雕刻技艺运用到建筑上时，便产生了一片片精美的瓦当，一方方别致的花墙，一扇扇玲珑的门窗，一道道俏丽的梁枋，这一切汇集到建筑中便形成了中华民族特有的气质和品格，成为东方建筑文化中一道靓丽的风景。

雕刻是古代建筑装饰的重心，它赋予了建筑造型生动的形象，丰富的内涵，使这些凝固的建筑产生了灵魂。试想一下，如果滴水和瓦当中缺少了瓦雕，影壁和门楼中缺少了砖雕，门窗和梁枋上缺少了木雕，栏杆和基座中缺少了石雕，一座座建筑变成突兀的几何图形，我们的眼前是不是只剩下了单调的横平竖直！缺少了那曾经的巧夺天工，我们的生活会多么乏味？我们又怎能不留恋那匠心独运的精湛技艺？而那一种刻骨铭心的美丽又怎能从我们的心底轻易抹去？所以，正是因为有了这浑然天成的技艺，建筑才让人驻足欣赏，细细品味，这也正是我国传统建筑的鬼斧神工魅力之所在。

二、彩绘

自有建筑以来，彩绘就与其相伴，经过秦、汉、魏、晋、隋、唐、宋、元、明、清等朝代的发展，建筑彩绘也经历了由简朴到复杂，由初级到高级的发展过程。华贵的和玺彩绘、素雅的旋子彩绘和活泼的苏式彩绘是建筑中常用的三种彩绘方式。和玺彩绘用于皇家建筑，以龙凤为主题，并施以大量金粉，奢侈豪华；旋子彩画多绘于宫殿及与皇帝有关的建筑上或寺庙祠堂；而苏式彩绘则源自民间，在题材和形式上具有灵活多样的特点，苏式彩绘在官化以后仍然保持灵活的特点，尤其是清晚期苏式彩绘有了更大的发展，融入了浓郁的民间思想，至今仍被广泛继承和发展。

建筑物彩绘是一种形象艺术，生动丰富，可观实用，蕴含着内在的艺术感染力，还可以通过油漆色彩保护建筑材料免遭雨淋日晒，延长建筑物的寿命。特别是古建筑彩绘，更能激发美的享受，给人们以文化浸润。

第二节　植物与建筑雕绘的渊源

自唐代后期开始，特别是宋代以后，我国装饰艺术中的植物纹样开始取代动物纹样占据主流地位，被广泛地运用到中国传统建筑的立面装饰和室内装饰中，各种花叶卷草鲜活饱满，形式多样，富于变化，形象栩栩如生。建筑者取其“形”，延其“意”，从而传其“神”。中国传统文化的精髓，以中国人特有的聪明才智将植物的形、音、色演绎于建筑装饰中，形成众多充满情趣、寓意深刻、言简意赅的装饰纹样，在漫长的历史长河中流传至今。探究植物元素被引入建筑装饰的原因，自然离不开中华的文明历史、审美情趣等因素。

一、缘于中华农耕文明史

在中国这片古老的大地上，文明起源于黄河、长江流域，这里土地肥沃、气候温和，非常适合植物生长和农业耕种。这种得天独厚的地理环境，给了中华民族优厚的生活条件，人们按照自然法则进行耕种，过着轻松富足的生活。因此，在中国人的哲学思想里，人与自然是和谐统一的，而不是对立的，人们的生产生活与植物有着密切地联系。在原始社会的中、晚期，随着农耕文化的兴起，人类对植物的栽培和再生越来越重视，农业作为人类生活资料的来源，也给人类生活带来了经济保障，植物便因此成了这一时期彩陶花纹的主题。马家窑文化中的麦穗图案就与我们现在的麦穗非常相似，可见远古时期人们对植物是多么崇拜。人们能把这些植物形象刻画在彩陶中，再把它们植入身边的建筑中也就不难理解了。更值得一提的是，在中国历史上常常把君王的江山和黎民的社稷紧密地联系在一起，“社”是土地之神，而“稷”就是指五谷之神，由此可见，土地和作物在人们心中的地位是多么崇高。在长期的劳作实践中，人们发现繁盛的枝叶和硕大的花朵预示着以后的丰收，把这些植物形象融入建筑装饰，也寄托了人们对风调雨顺、五谷丰登的祈求。

二、缘于中国人的审美情趣

中华民族核心的审美价值观是和谐，是人与自然之间的和谐，人与人之间的和谐，它体现的是中华民族最质朴的精神风尚。植物正是自然美的创造者。“绿竹含新粉，红莲落故衣”（唐·王维《山居即事》）。“苔痕上阶绿，草色入帘青”（唐·刘禹锡《陋室铭》）。诗词所表达的，正是植物以其千姿百态、五颜六色装点着我们的世界。同样，建筑装饰中生机勃勃而又蕴含无限情趣的植物纹样，也能带给欣赏者无限的想象空间。这种和谐美，就是动与静的统一、简与繁的统一、自然与艺术的统一。

意境美，是中国人追求的另一个层次的美。自古以来，中国人讲究意不直叙，情不表露，崇尚浪漫，这种含蓄的人文艺术是我国传统文化的一大特点。言外之意，弦外之音，画外之情，给人以无穷的回味，让人有所感触。看似不经意间雕刻在墙上的花草，赋予建筑以艺术美，其宁静、优雅的身姿能使观赏者的心为之融化，正是一草一木的纯美荡涤着人的灵魂，也让人产生无限的回味和陶醉。其实，这就是植物给予建筑的魅力。

三、缘于中国传统文化的发展

魏晋、南北朝时期，战事连绵不断，一些文人志士深感世事无常，他们逃避现实，隐逸山林，遨游于自然山水之间，大自然成了他们寄托情思的对象。一时间，山水诗、山水画盛行于世，借景抒情、托物寄兴之风在文人间蔚然成风。人们对自然的观察更加细致，领悟也更加深刻，山巅的青松、林间的翠竹、凌寒盛开的梅花，都让人们感悟到人生的哲理，这种由植物所代表的象征意义，在连绵的中华文化长河中一直得到继承和发展。例如，一粒红豆寄托相思，一枝茱萸撩起乡愁，一棵古松表祝福，一束玫瑰示情愫，一年四季更迭交替，植物有凋有荣，为了让美好的景致常伴身边，人们把各种植物、花卉装点到建筑中，使其具有了生命魅力，体现出人类的情感意识，表达了人们的内心渴望和追求。这悠然的情趣，超凡的美感，绘制出一卷淡雅的水墨风光，营造出一片回归自然的祥和宁静。

第三节　植物元素在建筑雕绘中的运用

在建筑雕绘中，常常用植物或植物与动物及其他器物的组合来表达一定的思想内涵，使观者得到相应的感悟。利用植物的形态、名称、颜色等特征巧妙地把植物元素引入建筑雕绘，通过形象比拟、谐音比拟、色彩比拟等手法，使植物纹样在雕绘中表达出建造者的人生哲理、美好夙愿、道德崇尚等思想理念。

一、形象比拟

建筑者利用植物的外形特征来比拟某种人类的品格，将具有这种品格的植物融入建筑雕绘，深化建筑主题。莲藕生长在淤泥中，而它的身体是洁白有节的，莲花则更是纯洁美丽，这种“出淤泥而不染、濯清涟而不妖”（北宋·周敦颐《爱莲说》）的气质深受文人雅士的喜爱，所以，莲荷的形象在建筑雕绘的纹样中被广泛运用。竹的挺拔和中空形象也常被比喻为人的高贵品质，深受仁人志士的喜爱和颂扬。“未出土时先有节，及凌云去也无心”（宋·徐庭筠《咏竹》），“有节骨乃坚，无心品自端。几经狂风骤雨，宁折不易弯。依旧四季翠绿，不与群芳争艳”（唐·钱樟明《水调歌头·咏竹》）。牡丹则是以其硕大富丽的花朵形象被引用到建筑雕绘中。“千片赤英霞烂烂，百枝绛焰灯煌煌”（唐·白居易《牡丹芳》），“唯有牡丹真国色，花开时节动京城”（唐·刘禹锡《赏牡丹》），在建筑雕绘中，常以牡丹的花冠特征来表达富贵美好之意。

二、谐音比拟

“荷”与“和”，“莲”与“连”，“穗”与“岁”，“菊”与“举”，读音相同或相似，在建筑雕绘中，人们常根据植物的名字与某些字相同或相似，来借用这些植物把心中意愿“说”出来。于是，就有了荷花下的游鱼来比喻“连年有余”，瓶中的麦穗寓意“岁岁平安”，其他诸如“因何（荷）得偶（藕）”“满堂富贵”、福（蝙蝠）禄、功（公鸡）名、寿喜（喜鹊）、招财进宝等等。这种利用植物或动物的谐音来寄托寓意的现象在庭院建筑中更为普遍，以此来表达建筑主人质朴而美好的心愿。

三、色彩比拟

建筑色彩具有直观性，易引人注意，所以装饰色彩的重要性不容忽视。不同色彩可以让人产生不同的联想，在传统建筑彩画中，以青、绿色为主调，檐下常用浓重绿色。这与我国的木结构建筑有关，这种结构最怕的是火，绿色给人以冷静的感觉，减少燥感。藻井天花中也常选用胡绿色的植物纹样，让人很容易联想到水，从视觉上起到趋利避害的作用。红色则鲜艳明亮，在苏式彩画中，红色的花卉显得活泼欢快，增强了建筑的美感，更增加了喜庆寓意。黄色则代表土地的颜色，在诸色中，黄色为正色，最美之色，紫禁城宫殿建筑中几乎全部使用黄色琉璃瓦。帝王通过鲜艳的色彩和豪华的装饰来表现皇权与威势，“非壮丽无以重威”（汉·萧何）。文人雅士则通过淡泊的色彩和细腻的装饰表现出超凡脱俗的思想情怀，而乡间百姓在住宅大门上用砖、瓦砌筑或者是用笔墨色彩绘制出门头门脸，这些装饰尽管水平高低不同，材料贵贱有别，但它们所表现的内容都是中国数千年的传统文化，反映的都是中华民族源远流长的民族精神。

第四节　植物元素在建筑雕绘中的文化内涵

两千多年前，道家思想成为我国后世的传统美学思想，道法自然，物我两忘，天人合一是美的真谛。历代借物言志的典籍故事、诗词歌赋举不胜举。例如“野火烧不尽，春风吹又生”（唐·白居易《赋得古原草送别》）里的小草，带给了人们幻想，也带给人们希望。慢慢地，植物有了人的思想，人与植物产生了融合。绵延长久的唐草，雍容华贵的牡丹，冰清玉洁的兰花，凌寒盛开的梅花，宁折不弯的毛竹等，常常是建筑雕绘装饰的主题，或在檐边，或在楣下，或在门旁或在梁上。这栩栩如生、姿态迥异的植物点缀了建筑，也映射出中华文化的丰富。

一、植物纹样的形成与发展

大量的植物纹样最早出现在古埃及，我国的装饰艺术中明确出现植物纹样的时期是在春秋战国。晋唐时期，随着外来文化的大量涌入，对装饰中的植物纹样的兴起产生了较大的影响。魏晋南北朝至唐代是佛教发展的重要时期，代表佛教教义的莲花纹样开始盛行。唐代以后，我国装饰艺术中的植物纹样开始占主导地位。“瑶台雪里鹤张翅，禁苑风前梅折枝”（唐·章孝标《织绫词》），正是对这一时期花卉植物纹样的生动写照。明清时代花卉植物纹样的表现形式更加丰富，同时象征意义也有所增强。在建筑雕绘中，每一花、每一草即为一个主题，以表达美好愿望，所谓“图必有意，意必吉祥”。这主要是缘于这些植物背后所包含的深厚历史文化底蕴。例如，佛教建筑中“荷”的佛教意义就是基于佛教的信念是广爱博施，对种种恶行容忍宽宥，用慈悲感化世人，使之向善，结出善果。莲花出淤泥而不染的性格与佛教的教义不谋而合，因此，在佛教建筑的墙壁、藻井、栏杆等处或雕或绘的各色莲花随处可见。为了表达更丰富的主题，在建筑雕绘内容中，常常把多种植物，植物与器物，植物与动物或人物结合起来，使表达效果一目了然，也使得表现形式鲜明活泼。例如松树与仙鹤的结合，表示“延年益寿”；牡丹与桂花的组合，表示“富贵荣华”；鹌鹑、菊花、枫叶组合表示“安居乐业”；文人士大夫眼里的“梅、兰、竹、菊”，体现了中华文化中的君子比德思想等等。这些雕绘中的不同植物组合，通过象形、意会、比拟、谐音等文化智慧托物言志，意味悠长。因此，在建筑雕绘中，一种植物凝结着一种精神，传递着一道思想，代表着一种传统美德，体现着人们的精神取向。

二、植物元素的文化内涵

建筑中的植物文化，是中华传统文化主脉中的一个分支。通过植物传达尊重自然的人文思想可追溯到2 500年前的《道德经》。岁月荏苒，朝代更迭，经过无数的风云变幻，老子所创造的经典理论，仍然是一代代仁人志士心中不变的信念——“遵循自然，道法自然”。“生长万物而不据为己有，兴发万物却不自恃其能”，这种优秀品德超越时空，超越万物，成为中华民族文化思想的精髓。在建筑雕绘中，各种植物的选择运用，无不体现着这种精神。

（一）质朴的哲学思想

由于我国古代建筑以土木结构为主，起支撑作用的全部是木质材料，有墙倒屋不塌之说。这种木质结构最怕的是火灾，为了去灾避祸，人们在建筑物的屋脊上放置了可以降水的鸱吻。在我国传统建筑中室内顶棚有一向上隆起的井状装饰，称为藻井，有方形、多边形或圆形凹面，周围饰以各种花藻井纹、雕刻和彩绘，多用在宫殿、寺庙中的宝座、佛坛上方最重要部位。水藻周围的颜色也多为蓝色，使人联想到水的颜色。这就是“以水克火”的最原始质朴的哲学思想的体现。

此外，在建筑墙体、横梁或门裙的雕绘中常常出现有一年四季不同的代表植物，如梅、兰、荷、菊等。四季的更迭交替，预示着斗转星移，这种周而复始的四季轮回，蕴含着事物不断进化的真理。

人类对自然界的认识是一个不断发展深化的过程。自然界的辩证性质逐渐被人们所认识，辩证的方法也渗透在生产生活的思维之中，当这种思维付诸建筑雕绘植物中时，这里所选择的植物就有了代表意义，它们成了一种朴素的哲学思想的映射体。

（二）传统吉祥文化

自人类脱离了蒙昧时代，就产生了“吉祥”的观念。远古时代，面对洪水猛兽及变化莫测的大自然，人们在混沌之中感到无力与茫然的同时，又似乎隐隐觉得有那么一种不可思议的神秘力量。这种力量充满了“灵异”，指引和护佑着人们的生活。“祈求吉祥，以利生存”成为影响人们行动的心理机制，人们的所思所为慢慢地形成了一种以祈福吉祥为主题的特色文化。“吉祥”本意为美好的预兆，《说文》解释“吉，善也。祥，福也”。吉祥文化随着人类社会的发展也在不断地发展进化，由于各个国家或民族的传统习俗、文化背景不同，吉祥文化所体现的形式和内容也就出现了千差万别。当人们追求幸福、美好、平安的愿望时，吉祥文化便被创造出来。在中国，吉祥符号、图案无处不在，无人不用。从部落图腾到人们衣食住行，从直观美好愿望的简单诉求升华为预示着好运、幸福、长寿、发财、加官晋爵、子孙满堂等的期盼，构成了民族文化方阵中独树一帜的吉祥文化，由此也产生了各式各样的吉祥图案，点缀着人们的生活空间。在建筑雕绘的植物中，代表吉祥寓意的图案比比皆是，归纳起来有这样几个主题：

一是以兴旺长久为主题的植物纹样：利用植物的形态特征，取其寓意，如旋子彩绘中的旋花纹样。旋花是蔓生植物，枝茎滋长延伸、蔓蔓不断，人们对它寄予了茂盛、长久的吉祥寓意。早在汉代出土的瓦当上就发现了旋花图案。据现存实物考查，宋辽时期旋花变形图案就已使用在建筑彩绘上了，是中国建筑装饰史上使用时间最长，使用范围最广的彩绘种类。盘旋绵延的旋花代表着人们对生生不息、延绵长久的追求。

二是以祈福长寿为主题的植物纹样：典型的代表植物有松、松鹤组合、桃、灵芝等。松：树龄长久，经冬不凋，因此被视为仙物，用以祝寿考、喻长生。葱郁长青，经久不衰已是松的代言了。这种象征意义主要为道家所接受，后来成为道家长生不老的象征。鲁迅先生曾说过："中国的根底全在道教"，道教源于春秋战国的道家学说，与神仙信仰和成仙方术有密切关系，修身养性，得道成仙，成为道教徒的最高目标，寻找仙草、仙药，冶炼仙丹的故事在历朝历代都层出不穷。在道教神话中，松往往是不死的，于是，有些道士服食松叶、松根，以期能飞升成仙、长生不死。

松还时常与鹤为伴，在古人心目中，鹤高洁清雅，有飘然仙气。仙物自然长生不死，所以将两仙物合而为一，寓意高洁长寿，松鹤延年。在传统绘画中，"松鹤延年"是一个不可或缺的题材。以松喻福寿的雕刻或绘画在建筑装饰中也随处可见。

桃曾建于《神仙传》中有道教始祖张道陵和弟子王长与赵升食桃成仙的记载之中。先秦时期桃与长寿就建立了联系，这对后世的民俗有很大的影响。《汉武帝内传》中西王母赠予汉武帝仙桃的故事传说，使桃与长寿的关系进一步加强，在民间流行得也更久远。在建筑彩绘中，鲜艳硕大的桃子，不仅为建筑增色，也为世人书写美好的愿望。

灵芝在建筑彩绘中常常和西番莲一起组成吉祥图案。世人称灵芝为仙草。众所周知的白娘子盗仙草的故事，还有记载药王孙思邈、女皇武则天的长寿秘籍都来自灵芝，在道家文化中灵芝的作用不可忽视。灵芝因生长于人迹所罕至之处，轻易不可得之，加上灵芝本身所特有的一些药效，就逐渐地被人为地演化为神秘的仙草了。当今灵芝的药用价值还在不断开发中，灵芝有补气安神、止咳平喘、延年益寿的功效，用于治疗眩晕不眠、心悸气短、神经衰弱、虚劳咳喘。如此看来，灵芝的神话传说中，还蕴含着很多的科学道理。当你欣赏建筑中的灵芝彩绘图时，你可曾想到灵芝身前身后的神秘与科学?

三是以荣华富贵为主题的植物雕绘：利用植物的特征及谐音，在建筑雕绘中象征荣华富贵的植物有牡丹、芙蓉、玉兰等。在这些植物中，首屈一指的要数牡丹。牡丹文化深入我国民间，在历代文人墨客、平民百姓中广为流传，在建筑装饰中或砖雕或木雕或彩绘，影墙上、漏窗中、抱鼓石、门裙内，苏式彩画中，牡丹的身影随处可见。牡丹作为常见的主要植物之一，其风姿绰约为建筑外观增色添彩，为建筑主题书写吉祥如意。芙蓉的谐音读"福禄"，在彩绘中也常见。总之，中国人乐观积极，心中装有对美好生活的渴望，在建筑雕绘中这类植物主题非常丰富。

四是以福禄多子为主题的植物雕绘：葫芦、葡萄、石榴常是这类题材中代表的植物，因为它们有一个共同的特征是多籽，葫芦谐音“护禄”“福禄”也充满吉祥寓意。葫芦是中华民族最古老的吉祥物之一，人们常把它挂在门口来避邪、招宝。上至百岁老翁，下至知事孩童，见之无不喜爱。葫芦的枝“蔓”与“万”谐音，成熟的葫芦里葫芦籽众多，看到它就联想到“子孙万代，繁茂吉祥”，这与我国古代民间以葫芦为多子象征的信仰有着深刻的联系。道教兴起时，葫芦被纳入其宗教体系，佛教的传入和流布给葫芦又增加了新的文化内涵。

现代民间故事中，葫芦被幻化为一种“灵物”。例如在传统的“宝葫芦”的故事中，谁拥有了宝葫芦，就能想要什么得到什么，可以满足贫寒人家的无限美好的愿望，这表现了人民对富足生活的渴望和向往。小小的宝葫芦能帮助人们实现心中的梦想，这足以说明人们赋予葫芦的神力是多么巨大！葫芦是中华文化中有丰富内涵的果实，它不再是自然意义上的瓜果，已经成为一种人文瓜果了。葫芦与它的茎叶一起被称为“子孙万代”，寓意家族人丁兴旺、世世荣昌。一串串葫芦，挂入苏式彩画，走在这样的廊檐下，耳边仿佛能听到人与历史的对话。

吉祥文化是中国传统文化中一条十分重要的支流，是中国传统文化的重要内容，在建筑雕绘中吉祥文化更是运用得活灵活现。它凝结着中国人对伦理情感的思考、对生命意识的探索、对审美情趣的塑建和对宗教功能的信仰。它的核心在于能让人们更好地生活，激发人们的创造力。人们认为是美好的事物，都会体现在吉祥文化里，构成吉祥文化永恒的主题。

（三）君子比德思想

比德主要源自儒家学派代表人物孔子，孔子除了“知者乐水，仁者乐山”的比德名言而外，还有“岁寒，然后知松柏之后凋也”“芷兰生于深林，非以无人而不芳。君子修道立德，不谓困穷而改节”等以自然对象之美来象征君子之美德，从人的伦理道德观点去看待自然现象，把自然现象看作是人的某种精神品质对应物的众多比喻。一些花木因为具有和人相似的清高绝俗的品格个性而被称道，如前面提到的松竹梅“岁寒三友”，松柏岁寒而不凋，还有梅、兰、竹、菊的“四君子”之说，以及梅之疏、兰之芳、竹之谦、菊之野、莲之洁，道出了不同的植物具有的不同德行性情。这些植物，后人常用它们比德于君子、丈夫、英雄，寓意正直长青，给予崇高景仰之情。

建筑雕绘中君子比德思想体现得也非常突出。魏晋时代起，很多文人渴望远离尘世，在桃源里怡然自得，于是，他们醉心于建造园林。这一座座“宛自天开”的建筑成为他们的精神家园，亭台楼阁写照着他们的心境，山石花木寄托着他们的梦影，竹之气节、梅之傲骨、莲之圣洁、兰之优雅……这些植物或种植在庭院，或雕绘在建筑，都是建造者们对人生的思索，对情感的表达。因此，在文人修建的园林中，砖雕或木雕的松、竹、梅等非常常见。而在寺庙园林中，莲为圣洁的象征，在建筑雕绘中被广泛运用。

第五节　植物元素在建筑雕绘中的意义

一、美化建筑外观

人们在建筑中使用装饰的目的首先是满足审美需求，提供视觉上的美感和愉悦。颐和园内有一长达728米的长廊，由273间廊屋连接而成，在每一间廊屋左右两侧梁枋内外都有彩画装饰。这些彩绘是从三皇五帝到清代各个历史时期的数百个经典故事和民间传说，向人们展示了一个规模宏大、内容丰富的多彩画卷。其中大部分彩绘中央的包袱心上绘制山水风景、植物花草，一幅图一种纹样，共14 000余幅，色彩鲜明，互不雷同，从而使长廊形成一个画廊，人走在廊中，廊里廊外都是风景。同样，去过苏州园林的人们都会对墙上的漏窗留有深刻印象，廊墙上开设的漏窗让墙面显得明快灵巧，上千种带有不同枝叶、花草等图案的漏窗本身也具有极高的欣赏价值。一扇扇漏窗，使园林景色更为生动灵巧，增添了无限情趣，也再现了中国特色的人文精神和审美意识。

二、突出建筑特色

建筑雕绘装饰有很强的表现性，可以使建筑的主题所代表的某种文化的含义凸显出来。例如在佛教建筑中普遍频频出现的莲花标志。在文人雅士的园林建筑中，采用较多的植物元素纹样有松、竹、梅、兰等，例如在苏州拙政园的门裙木雕图案中有很多富含文人气质的植物纹样。

不同时代，不同民族，不同地域，不同的使用目的，建筑格调不同，装饰内容也不同。宫殿建筑崇伟，陵墓建筑肃穆，而园林建筑的活泼轻盈，都离不开装饰艺术，其中的植物纹样更是发挥着画龙点睛的作用。

古往今来，多少文人写意植物，多少墨客描绘植物，多少琴弦弹奏植物，多少词曲吟诵植物，它不仅有多姿多彩的外部特征，更有人们赋予它的喜怒哀乐。建筑装饰中有了植物，平添了许多自然意境，色彩或淡或浓，姿态或举或匐，枝枝叶叶透清逸，花花蕾蕾有灵秀，当建筑变成立体的雕塑，便妙不可言，美不胜收。

三、传承建筑艺术价值

（一）技艺符号的传承

建筑装饰是一种形象艺术，植物在建筑装饰中被简化、概括成了一种程式化的形态，我们不妨称它为建筑装饰中的技艺符号。如荷花形象被工匠创作出了简练的形态，在多种建筑基座、柱础、瓦当、瓜柱等建筑构件中常常看到莲瓣样雕饰。

又如花叶萦回盘绕，线条如行云流水般的卷草纹，在各类建筑彩绘中已经成为我国的一种传统图案。在梁枋、柁墩、博风板、雀替、花牙子、撑拱等处常有卷草纹修饰。植物与其他物体的组合也成为一种程式化的搭配模式，作为一种象征意义而被传承下来，如花与瓶组合，松与鹤组合，梅与喜鹊组合等组成一系列的吉祥图案，诸如“四季平安”“喜上眉梢”“丹凤朝阳”等。这种组合已经被理解为一种信息代码，无须过多地解读，大家都能理解它的指代意义，这些雕绘技艺符号仿佛是书写建筑内涵的文字，汇集起来组成了建筑文化的华美篇章。

（二）文化思想的别样传承

植物是世界上最顽强的生命，建筑是人类文明最直接的见证，一个天生，一个人造，当它们结合起来时，就产生了神奇的反应，建筑不再是遮风挡雨的庇护，植物也不再类似油盐酱醋，是人类梦的起始，心的归宿。每一个时代的文化都会在建筑中留下深刻的印迹。建筑装饰的纹样、色彩及不同组合成为我们判断和理解建筑风格、类型和文化内涵的至关重要的信息。

徜徉于中国传统建筑中，竹梅傲骨、五福捧寿、年年有余、事事如意、喜上眉梢、和合美好等在建筑装饰雕绘中所体现的文化信息就会不断地映入眼帘，萦绕在我们的脑海。这正是在自然中创造的华夏文明，这也是一代代中华子孙对和谐的传承！

第七章　园林植物选择的文化寓意

五律·园林植物的"诗心"

本是自然生，
培植意境增。
依山修栈道，
傍水筑溪亭。
雨落芭蕉响，
风来翠叶鸣。
诗情充阆苑，
长醉卧花丛。

第一节　园林植物及其空间类型

一、园林植物的空间类型

园林景观是由各种要素实体及其构成的空间组成。构成园林景观的实体要素包括建筑、地形、水体、山石和植物五种类型。园林空间是园林艺术的一种形式，是由各种实体要素构成的，满足于功能要求的具有感官艺术性的景观区域。园林空间相对建筑空间更显灵活、随意和变化多端。依据入园者的活动节奏和视觉特点来看，园林空间可分为聚合性空间、开敞性空间和画卷式连续空间；依据园林整体构成要素不同，园林空间可分为植物空间、道路空间、园林建筑空间、水体空间以及由多种要素组合而成的立体交叉空间。

以植物为主组成的空间更为繁杂、多变。植物本身所具有的生长习性，表现在枝干的强弱，分枝的角度、延伸与扩展、弯折与虬曲，枝叶的疏散与浓密程度，以及植物形体所呈现出的色彩、质感和轮廓；植物群体的外沿或边界又构成了不同的大小、形状、高低，这些不同的形式表现了不同的功能，形成了不同的艺术空间。另外，植物单体的轮廓或群体的外沿以及由其围合、分割或覆盖成的艺术空间的创造和延续不是固定不变的，而是伴随着生命体的生长、变化，在漫长的时间和广阔的空间中进行艺术的变化和重塑。因此，园林植物空间更具有灵活性的一面。

（一）按照园林植物围合的形式分类

园林空间的围合实际上是对入园者的视线引导，当然也是艺术的表现形式。园林植物的围合形式多种多样，创造出的空间也就形形色色。虽然与一般的建筑空间艺术不同，它不是静止的，而是动态的，但不外乎水平和垂直两个方向。这种艺术形式同样可分为开敞空间、封闭空间、半开敞空间、覆盖空间和垂直空间五类。

第一，开敞空间。在一定范围内，低于人们视平线的植物围合成的空间，称为开敞空间。开敞空间在城市公园、现代开放式绿地和规模比较大的皇家园林中应用较多，选择植物的种类主要是低矮的灌木、地被植物、草本花卉、草坪等。在较大面积的开阔草坪上，除了低矮的植物以外，散植几株高大乔木也并不阻碍人们的视线，这样的空间也称得上开敞空间。开敞空间无封闭感，视线可以延伸很远，风景都是平视风景，视觉不易疲劳。在心理效果上开敞空间表现为视野辽阔、目光远大、心胸开阔、心情舒畅、壮观豪放，产生轻松自由的满足感。在景观效果上突出与空间环境的对比、交流、渗透，通过对景、借景与周围空间或大自然融合。

第二，封闭空间。人的视线被四周植物屏障的空间，称为封闭空间。处于封闭空间中的人的视距缩短，视线受到限制，闭合风景就在眼前，景物历历在目，近景的感染力加强，会产生亲切感。封闭的空间在视觉上具有很强的隔离性，这种隔离使得人们心理上有领域感、安全感、私密感和宁静感。这样的空间是读书、休憩，甚至于年轻人私语较理想的空间。

第三，半开敞空间。以植物材料为主创建的园林半开敞空间，通常有两种表现形式。一种是在一定区域范围内，四周间或形成封闭面而营造的不完全开敞，人的视线时而通透，时而遮挡受阻，使人不能一览无余，遮挡视线的部分起到“障景”的作用。人在游览中移步换景、移视换景，把即将出现的景物暂时遮挡起来，可以引发人们的好奇和幻想，一路走来边探边寻，丰富了园林景观，增加了园林的层次感，培养了人们的审美情趣，让人有“庭院深深深几许”（宋·李清照《临江仙·庭院深深深几许》）的感慨。另一种是指人的视线被植物的树干或枝叶部分遮挡，远处的景物或空间环境被稀疏的树干或枝叶分割，有“框景”和“漏景”的意蕴，增加了景深和层次。半开敞空间赋予了变化，加强了艺术感染力。

第四，覆盖空间。顶部覆盖、底部通透的空间形式，称为覆盖空间。园林植物营造的覆盖空间，一种是藤本植物通过花架的支撑构成；另一种是具有明显主干的乔木类树种，利用林冠的遮阴构成。覆盖空间为人们提供了很好的活动空间和遮荫避雨的休憩区域。

第五，垂直空间。竖直面被封闭起来而形成的向上开敞的空间，称为垂直空间。通过道路两侧列植树冠浓密、紧凑的乔灌木，两侧竖直面被相对较高的植物封闭起来，顶部开敞，便能形成向上敞开的垂直植物空间。这样视线的上部和前方开敞，在人的视野中，两侧夹峙而中间观景，可以摒弃周边杂乱景色，使人们的视域高度集中于轴线顶端的景观，这种艺术效果称为“夹景”。陵墓、寺观前的甬道两侧常栽植松柏类植物，形成具有“夹景”效果的垂直的空间，人们走在这样的园林空间会产生宁静、庄严、肃穆的崇敬感。

（二）按照植物围合空间的作用分类

植物围合的空间总是要有一定的作用和功能，从而实现植物与人的融合。在这里，人们可以运动、可以休憩、可以观景，据此可把植物空间分为运动空间、休憩空间和感知空间三类。

第一，运动空间。运动空间为满足不同年龄和层次游人的需要还会有适度的区分，比如儿童、青少年运动空间，游乐、戏耍是其主要的功能要求。常见的有植物迷宫，选择低矮、无刺的、色彩丰富的植物，使其空间具有活泼的、生机盎然的情趣；而中老年人强身健体、散步、练气功等空间的植物配植不宜规则、均衡、对称，力求接近自然，一般采用开敞或半开敞式空间形式。

第二，休憩空间。这是一个静态的空间类型，是为了安静休憩、静坐、冥想、思考或谈话而设立的空间，空间形式一般采用半开敞式、封闭式或覆盖形式。

第三，感知空间。感知是通过人的感觉器官来体会，甚至是用整个心灵去领悟。园林植物以多样的姿态和瑰丽的色彩组成不同形式的园林空间，从而构成丰富的景观，游赏者通过对景观的欣赏、感触、感知，领悟植物的“美”，从而引发出各种各样的“情”，进而升华为“意”。这种“情”与“意”与“境”的融合就是游赏者对园林植物空间的感知过程。美好的植物景观意境具有深刻的感染力。能够让人感知美好意境的空间，才是优秀的园林空间，“景有尽而意无穷”，这种意境是作品的灵魂，是造景所追求的最终目的。

园林植物是有生命的有机体，它在生长发育中不断地变化着它的大小、形态和色彩，这些变化不仅仅是随树龄从幼到老，从小苗到参天大树的变化，亦表现在一年中随季节的变化、一日中随光影的改变形成不同的空间感觉，以及不同植物组合所形成的迥异的空间氛围。这样，园林植物凭借其单体轮廓以及由若干个单体所组成的园林植物空间的一系列的形象变化构成的景观，加之随着日时和季节的变化以及年份的推移而有多样性的变化。在这种变化中，植物赋予了园林丰富的内涵。

二、园林植物的种类

我国园林植物资源非常丰富。众多的园林植物中，各自的形态特征和生物习性不同，在园林景观营造中起的作用也不尽相同。

（一）按植物茎干质地分类

植物茎内植物纤维的多少和木质化程度不同，茎干表现的软硬程度也不同。茎内含较多的植物纤维，木质化程度高的，一般比较坚硬，称为木本植物，相反则为草本植物。

木本类植物就是根和茎因增粗生长木质化的坚固的植物。它又可分为以下四类：

乔木类：树体高大（通常 6 米以上），具有明显的高大主干。北方常见有杨、柳、槐、悬铃木、银杏、雪松等。

灌木类：树体矮小（通常 6 米以下），主干低矮或者茎干自地面丛生而无明显主干，如榆叶梅、石榴、月季、牡丹、金银木、棣棠、红瑞木、丁香等。

藤本类：以卷须、吸盘等特殊的器官，吸附、缠绕或攀附其他物体上生长的木本植物，如葡萄、紫藤、凌霄等。

匍匐类：植株的干和枝均匍地生长，不能直立，通过茎节与地面接触产生不定根而滋生幼苗，如草莓、铺地柏、扶芳藤等。

草本植物是指植物的根茎在生命周期内不进行木质化的一类植物。比如芍药、菊花、鸡冠花、牵牛花等草花以及近年来城市草坪绿化中人工栽培的矮性多年生草本植物，如早熟禾、黑麦草、羔羊毛、狗牙根、结缕草等。

（二）按植物观赏部位分类

园林植物种类很多，每种园林植物总是会有某个部位或特性（姿、花、叶、果或枝干）表现突出，使得欣赏者总是不自觉地把感官媒介（视觉、嗅觉、听觉、触觉）集中在这个部位或特性上，植物的这个部位的特征或特性就成了选择利用该种植物的主要考虑因素。按照园林植物观赏部位分为观花、观叶、观茎、观果、观根和观姿六类。

观花类：以花朵为主要观赏部位的植物。依据茎干木质化与否分为木本观花植物和草本观花植物。前者如牡丹、连翘、月季、榆叶梅等，后者如芍药、菊花、鸢尾、萱草、牵牛花、串红、鸡冠花等。

观叶类：叶形、叶色、质感以及挥发出的香气都可以成为观赏的亮点。如松的针状叶，银杏叶的扇形，黄栌、红枫叶的色彩，香椿叶的香气等。

观茎类：茎干因树皮色泽或形状的美而表现出的观赏性。如红色枝条的红瑞木、野蔷薇，青翠碧绿色彩的棣棠、青竹、迎春，树干光洁美丽的梧桐，白色枝干的白杨树、桦木等，还有斑斓色彩的虎皮松、悬铃木等。彩色枝干树种，给园林增加了新的观赏点。

观果类：果实的色泽美丽或形状奇巨，具有较高的观赏效果。

观根类：最典型的是榕树。树龄较大的松、榆、梅、楸、蜡梅、银杏等也会表现一定的露根美。

观姿类：植物的姿态是指树冠整体的形态。园林植物的姿态千变万化，或圆阔，或平展，或下垂，或竖直向上，等等。树体的“姿势”往往给人最大的震撼，如杨树的挺拔向上，垂柳的轻柔婆娑，松的弯折遒劲，等等。

（三）按植物对环境因子的适应能力进行分类

园林植物与其他生物体一样，其生长发育不能离开环境而单独存在。一方面，环境因子影响园林植物的生长和发育；另一方面，不同的园林植物对环境因子的适应能力也不同。温度、水分、光照及土壤的酸碱性是和植物生长发育关系最密切的环境因子，植物对环境因子的适应性，最重要的是考虑其对这四种因子的适应能力，据此可把园林植物分别进行分类。

按温度因子分为热带植物、亚热带植物和温带植物。热带植物如棕榈、香蕉、椰子、槟榔等在20℃以上开始生长的植物；亚热带植物如桂花、山茶、香樟、榕树等在15℃左右开始生长的植物；温带植物如红枫、桃、海棠、梅等在10℃就开始生长的植物。

按水分因子分为耐旱和耐湿植物。耐旱植物常见的有槐、椿、榆、杨、柏、火炬树、柿、枣、黄刺玫、金银木、黄栌、珍珠梅、景天科植物等；耐湿植物常见的有水杉、柳、悬铃木、枫杨、三角枫、梨、白蜡、海棠、蔷薇、紫藤、连翘、棣棠、夹竹桃、桧柏、丝棉木等。

按光照因子分为耐阴和喜阳植物。常见的耐阴植物有海桐、构骨、麦冬、玉簪、龟背竹、绿萝、合果芋、南五味子、球兰、万年青、蕨类等；常见的喜阳植物有松、杉、柳、杨、槐、碧桃、石榴等。

按土壤酸碱适应性分为耐酸、耐碱和适宜中性土植物。耐酸性植物多为热带植物，如杜鹃、桂花、橘、山茶、栀子花等；耐碱性植物如柽柳、紫穗槐、枸杞等；适宜中性土植物是绝大多数适宜在中性土壤上生长的园林植物。

第二节　园林植物选择的原则

园林造景的观赏效果和艺术水平的高低，在很大程度上取决于植物的选择和配植。适宜的植物选配涉及文化和技术两个方面，前者称“意”，后者为“匠”。植物景观配植的“意”是植物自身的文化内涵和建造者的文化层次、审美标准、价值观等互相融合后反映在园林景观体系中最有感染力、最耐人寻味的一种意蕴，是园林景观的灵魂所在；而植物景观配植的“匠”是“意”的贯彻和保证，是呈现“意”图、确保成景的措施。优秀的园林景观靠完美的“意”和高超的“匠”来成就。园林植物造景中“意”的呈现和“匠”的贯彻需要遵循适应性、主题性、观赏性、多样性等多个原则。

一、生态适应性原则

西汉刘安《淮南子》中的“欲知地道，物其树”，指出了植物生长与土壤、气候等环境条件的密切关系。园林植物的选择一方面要根据园地的气候、土壤、地形、天文、植被等立地条件，确定适宜的树种；另一方面要正确认识树种的生物学和生态学特性，确定适宜的园地。要使所选树种生态学特性和园地的立地条件相适应，也就是把树栽植到最适宜其生长的地方，做到适地适树。适地适树是园林植物选择的一项基本原则，直接影响建园的质量。北魏贾思勰在《齐民要术》对此也有阐述：“地势有良薄，山、泽有异宜。顺天时，量地利，则用力少而成功多。任情返道，劳而无获。”由此可见适地适树具有重要的意义。

在植物配植中，选择乡土树种就是一种有效的适地适树途径。乡土树种是本土的原生树种，是在当地环境条件下经过多年优胜劣汰的考验和自然竞争后留存下来的，其外貌和结构均适应了当地的环境，对当地灾害性气候有较强的抵御能力，能够组成更加稳定的生态景观，晕染出当地的自然地域文化。如北方的阔叶落叶树种——杨树“是力争上游的一种树，笔直的干，笔直的枝……参天耸立，不折不挠……也不缺乏温和……它是树中的伟丈夫！……它的朴质，严肃，坚强不屈，至少也象征了北方的农民”（茅盾《白杨礼赞》），表现了北方独特的地域风情。槐树因其耐寒、耐旱、耐瘠薄、易繁殖特性，在黄河流域被广泛种植，被赋予了浓厚的传统文化色彩，并被称为“祖”、视作“根”，在中华儿女心中当作先祖的象征。椰子、棕榈在我国华南地区广泛种植，则呈现了典型的南国风光。

二、地域文化性原则

城市文化的特征之一是地域性。在园林植物选择时，利用市树、市花的象征意义与其他植物或建筑、景观、小品相得益彰地进行组配，可以体现城市的文化特色，满足市民的精神文化需求，同时可以帮助外乡客人对这个城市有所了解。一株树，一丛花，书写着城市文化，是一个城市文化的象征和文明的标志。提及紫荆，便联想到香港；走到山西，自然想到老槐树；还有上海的白玉兰、南京的雪松、重庆的黄葛榕，都能让人在自然中体会一个城市的文化韵味。

另外，民族的风俗信仰也影响着园林植物的选择与配植。景观植物在民族日常生活中占有重要地位，渗透到民族习俗中就会形成一种特殊的文化，这种文化蕴含了植物独具地域特色的民族情结。傣族宗教文化植物“五树六花”，使你走到傣族村寨，就可以直观地体验到傣族宗教园林文化气息。汉民族崇尚槐荫福地，槐树也就成为汉族聚集区园林植物的必然选择。在民间传统的庆典、农祀节日及交游集会中，大都有特定的植物参与，如农历九月九日传统重阳节赏菊、戴茱萸，白族“三月街”踏着鼓乐沿河插柳，台湾高山族阿美人的采槟榔，等等。许多民族把特定的植物作为民族的图腾，有其敬奉为神树的寨心树或寨神树甚至寨神林。神树或树神崇拜是包括汉族在内的许多民族中最普遍的植物信仰现象，这类民族崇拜的、节庆中常用的甚至敬奉的植物，在民族区域园林植物选择时，通常应作为主栽树种选择，这样才能满足民族精神文化的需求。

三、主题性原则

景观立意应根据特定环境以及人文需求形成相应的主题。不同的园林空间像皇家园林、寺庙园林、校园园林、纪念性园林、生产性园林、私家园林等，这些园林本身就承载着一定主题，也就不可能背离这样的主题去配植植物。主题的表现要求有相应的植物配植，如一种或几种特定的乔木、灌木、花卉形成不同的植物空间，进而形成一种独特的风格，并扩大延伸其内涵，韵染出具有相应的文化氛围，最终形成一种突出主题的文化与精神特征。如校园主题是育人，校园植物的配植，既要具有一般游园的观赏效果和享受大自然的魅力，又要对置身在这个环境中的观赏者的道德、品行起着潜移默化的影响，同时能够激发师生热爱祖国、热爱自然、珍惜光阴、奋发向上的激情。因此，校园植物选择时首先要考虑比德赏颂型植物如松、竹、梅、菊等；其次要考虑爱家爱国型如国槐、银杏、水杉等；还要考虑尊师重教型如桃、李组合等；也要考虑经典艺术型如玉兰春雨、银枫秋色等。纪念性园林空间要选择常绿的松柏类植物，对称列植，显示庄严、肃穆的氛围。竹子清雅幽静、空心有节，植于书斋、茶室，以体现居室之雅；植于道路两侧，可烘托出曲径通幽的意境。地势较高的园地，秋季的早霜会使叶片呈现鲜明的季相变化，形成五彩斑斓、层林尽染的“秋景”，植物应以落叶乔木中的秋色植物为主，如黄栌、银杏、五角枫、三角枫、鸡爪槭、火炬树、峦树等。而在滨河景观中应彰显月映柳枝的温婉、柔和与宁静，所以杨柳是必选的植物。

四、观赏性原则

园林植物景观是以自然美为基本特征的一种空间艺术。作为人类创造的充满自然情趣的生活、游憩空间，不仅仅要满足园林绿化净化空气、涵养水源等实用功能上的要求，还具有更深一层的艺术功能——美的价值，从而使得审美主体的游人通过景观艺术欣赏，以陶冶情操，获得高尚的情趣和精神享受。可观可赏是园林景观建设最基本的目的要求，园林植物的选择不是绿色植物的堆积，而是审美基础上的艺术配植。在选择园林植物时，应按照艺术规律的要求，遵循变化、平衡、韵律等基本美学原则，使植物的生物学特性和艺术效果统一协调，充分发挥各种植物材料的观赏特性和造景功能，给人以美的享受。

五、整体性原则

景观是一个综合的整体，具有时代特征，是在一定的经济条件下实现的，必须遵循生态原则，符合自然的规律，符合艺术要求，满足社会的需求，是集合多种元素的一种多目标优化的整体。园林植物不是孤立的景观元素，既涉及园林内部各种要素的整体性，也关系到园林植物与园林外部环境的协调统一。园林植物数量和种类的选择要相地合宜，要与其他景观要素风格一致，要与城市文化、自然、环境形成统一的整体，保障地区或城市历史文脉的延续。

从哲学角度看，整体由局部组成，构成合理的整体所产生的效能必然大于局部的效能。园林景观从整体到局部的协调统一，能让游人进入其中时感受到凝聚力，同时还有一种探索感和清新感，从某种程度上更加赏心悦目。

六、多样性原则

园林植物选择的多样性，一方面是景观配植上要求的视觉有层次、廓形有高低、远近错落有致，形态、色彩丰富多样，变化多端；另一方面是自然生态系统要求的某一植物区系或植物群落一般都不是由单一的植物所组成的，而是由多种植物及其他生物组合而成，只有多样的生物体系才能保证自然生态系统的稳定。园林植物选择的多样性正是效仿自然、创建自然生态系统的过程，如果植物种群单一，在生态上是贫乏的，在景观上也是单调的。如园林植物配植注意乔、灌、草结合，植物群落可增加稳定性；注意高、中、低错位配植，可充分利用空间，增加绿量，提高生态效益和环境质量。

七、赋意性原则

人们欣赏植物景观，不仅仅从姿态、色彩、芳香等物化的视觉和嗅觉方面进行，还会根据各自的素养，寻找植物景观的某些意蕴，赏析其文化内涵。一个园林作品，如果只有“景”可赏，而无“意”可寻，那么这幅作品就只有物表而没有灵魂。对赏景来说，只有感知到了景观意境传递的情感，才可以说是对“景”有了认识。在造园时，园林植物的选择只有在一定的文化赋意下，实现“情”与“景”的融合，才能够使“景”有“意”、有“境”，才能够使游赏者感知到由景传递的感情。

怡园建有“碧梧栖凤馆”，馆隐桐荫深处，梧桐树下植凤尾竹，梧桐干、枝、叶皆鲜碧可爱，为高雅圣洁之树；竹乃“岁寒三友”之一，为古代文人钟爱植物，此处上有蔽日高梧，下有“凤尾森森，龙吟细细”之翠竹，桐、竹交相掩映，环境清幽，暗寓“凤来仪”。造园者以景结情，情韵高远，并借对联“新月与愁烟，先入梧桐，倒挂绿毛么凤；空谷饮甘露，分傍茶灶，微煎石鼎团龙”点景。楹联抒情咏景，赞此烹茶品茗之趣，更显环境幽寂，情趣高雅脱俗，有“景”、有“情”、有“意”、有“境”。

西湖苏堤间植杨柳与桃树。当一轮红日从东方冉冉升起映红了整个天空，西湖水面上五彩斑斓的晨雾弥漫着、滚动着，十里长堤柳丝轻扬，婀娜弯曲，柔婉曼曼，半掩景桥，半拂湖水，柳丝拨动着湖水，荡起层层涟漪，柳影摇曳，柳丝的夹缝中碧桃奔放吐艳，枝头上还不时传来几声莺啼。此情此景，柳丝的柔婉、宁静和碧桃的娇艳、奔放交织在一起，绿与红映衬着，清脆的莺啼与蠕动的湖水附和着，形成温婉、柔和与宁静的意境。此时，正合“苏堤春晓”“丝绦拂堤”之境，当你漫步苏堤，怎能不神迷心醉？难怪古今人们都把“苏堤春晓”列为西湖十景之首。乾隆也把苏堤以及桃红柳绿一并仿造在颐和园，建成著名的西堤。当代文豪余秋雨也感叹“背着香袋来到西湖朝拜的善男信女，心中并无多少教义的踪影，眼角却时时关注着桃红柳绿、莼菜醋鱼”。

以上七个方面的原则，在表述上虽有不同，但内涵是一致的，那就是使园林植物的配植充分体现其生存、生态、生活和生命的价值。这些原则虽不能够涵盖、把控造园时对园林植物完美选择的所有要求，但毕竟提示着人们在园林建造选择植物时必须遵循的基本规律，否则就构不成一个真正意义上的园林。

第三节　园林植物选择的文化寓意

园林是反映社会意识形态、满足人们精神生活和审美需求的空间艺术，是文化的重要载体，同时也是文化的重要组成部分。园林从开始的草创阶段便有植物种植，虽然造园要素随着历史的推演不断地改变、丰富和发展，但都离不开花草树木。“餐翠腹可饱，饮绿身须轻”（宋·杨万里《明发陈公径过摩舍那滩石峰下·其一》）形象地指出植物对于人类心理和生理的功用，也说明了植物在园林中的地位。

意境深邃的园林布局和建设风格是我国著称于世的园林特色之一。植物作为园林的主要构成要素，除具有实用和生态功能外，在景观构成中以其绚丽的色彩、丰富的廓形、优美的姿态和芳香的气味给人以美的物境感受。植物本身的某些特性，使得人们按照心理需要，延伸与折射出各种心理欲望，传递设计者所寄寓的思想和意愿，反映着人们的精神生活，被赋予了丰富的精神内涵和深刻的文化蕴意，成了一个文化载体和一种文化符号，从而形成“文化植物”。

刘世彪在《植物文化概论》一书中将文化植物分成六种：第一是品格植物，即以人的道德品格评价体系为标准，被赋予了道德品格的植物；第二是传奇植物，即神话、民间传说或故事中所涉及的植物；第三是传播植物，即在植物驯化、引种和传播过程中产生了文化意义的外来植物或输出植物；第四是习俗植物，即日常生活中按某种习俗而使用的植物；第五是宗教植物，即具有宗教意义、充当图腾崇拜或宗教礼仪的植物；第六是观赏植物，即具有观赏价值和生态效应，可应用于花艺、园林、室内外环境布置和装饰、改善或美化环境的植物。街顺宝在《绿色象征——文化的植物志》中把文化植物分为：历史文化植物、神话与传说植物、宗教植物、信仰植物、延生植物、民俗植物和象征与表意、暗示植物七类。

文化、园林、植物之间有着密不可分的联系。植物种类的选择、树龄大小的选择、形态的配植以及位置和时期的确定，在很多场合都服从文化功能。中国文化中的价值观念、哲学思想、宇宙观念、文化心态乃至人们头脑中对自然和生活的审美情趣等，都可以通过园林植物这个“物化”了的空间形态，直接、生动地再现。

一、生态文化

生态是指一切生物的生存状态，是一切生物有机体之间及其与周围环境的联系。植物生态反映的是植物与环境之间的关系，包括环境对植物的影响、植物对环境的适应以及对环境的改造。工业革命在带给人们巨大财富的同时，也带来了环境的恶化，诸如二氧化碳排放量增加引起的温室效应、大气粉尘造成的雾霾、有害气体超标等。此时，人们回过头来又开始重视关系着人类生存和发展的生态问题，重新思考人与自然的关系。这种科学的生态思维方式，正是生态文化的本质内涵。

（一）生态文化的基本概念

生态文化是以生态学为核心的文化体系。我们可以把生态文化理解成一种价值观，理解成人类与自然和谐相处的崭新的生产、生活方式。这种方式是价值和精神的回归，是由人与自然斗争、与自然相矛盾的文化转向尊重自然、重视自身生存环境保护的文化。这种价值观的转变，实现了人类中心主义价值取向过渡到人与自然和谐发展的价值取向，实现了用生态学的观点去认识现实事物，解释现实社会，处理现实问题。在此基础上，将逐步创建、保护、实践与生态环境相关的文化科学成果，包括生态哲学、生态艺术、生态伦理、环境教育、可持续发展理论和生态农业工程等诸多内容。

生态文化作为一种符合历史发展潮流的社会文化现象，具有广泛的适应性。按照生态文化的要求，城市园林建设尤其是园林植物的选择，不仅要从景观的审美因素来考虑，也要从植物自身的生态特性以及植物之间、植物与周围环境的相互依存、共生互惠关系等方面综合考虑。

（二）人类对植物的依赖

每种生物都是自然界的一分子，人虽然有区别于其他动物的文化生活方式，但同样不能脱离自然界而生存，人类与其他大多数动物一样与植物同呼吸、共命运。植物的生长发育、开花结果为人类的生存和发展提供了基本的物质基础，人类的生产和生活依赖于植物的生命活动和生态功能。人类社会对自然、对植物的呼吸依赖、饮食依赖、健康依赖、生态依赖以及经济和文化依赖，使得人类对自然、对植物满怀崇敬、心存敬畏。伴随着城市规模的扩大和改善生态环境的需要，城市园林绿化极大限度地体现了人和自然和谐共生的价值观念。也就是说，各种园林的建设，正是基于文化的生态思维观念，基于人与植物的相互需求、相互依赖。

人类生存需要大量的植物种植。这种需求不仅仅只是量上的、能够进行光合作用的叶片的需求，而且是植物选择多样化方面的需求；不仅仅是植物生长发育在适宜的土壤和气候条件方面的需求，也是减少人类碳排放影响和满足植物生态习性方面的需求。

受统治自然和改造自然思想的影响，长期以来，人们一直认为自己是世界的主宰，对森林的破坏、对植物的砍伐致使现代社会的人类已经受到自然界的惩罚。这种惩罚，在工业文明发达的地区和城市尤为严重。因此，在这些地区广泛地栽植园林植物正是人类对大自然的补偿。过去，工业化和城市文明的发展与园林植物种植之间在土地的利用上存在着不可调和的矛盾；现在，在有限的土地空间上最大限度地发挥植物的生态效应，是现代园林植物造景基于生态文化必须解决的问题。

生态文化要求注重生态效益和生态景观，园林植物选择则要求足量、多样。通常情况下，要实行乔木、灌木、地被不同生长高度的植物相互搭配，形成立体、多层群落结构。常绿与落叶树种搭配，速生与长寿树种搭配，正是满足在有限的土地上大量而且多样选种植物的需求，这种生态文化的需求就是为了适应人类对植物依赖的需要。

二、审美文化

审美是人们对美的对象观赏时的一种心理状态。审美文化属于艺术文化系统，是一种由具体的个人审美修养和实践活动方式来体现的社会感性文化，体现了文化的积累与人类文明的进步。园林作为人类文明的具体产物，是对自然与生活美的追求而“物化”了的空间形态，是一种立体的空间艺术，具有艺术欣赏价值。人们置身园林之中，可以得到丰富的审美享受。植物作为园林中有生命的景观要素，丰富了园景的色彩和层次，增添了园林的生机和自然的野趣，其本身所固有的姿态美、色彩美、馨香美以及随日时、季相变化而表现的动态美，再加上植物空间配植所营造的意境，可创造出丰富的审美文化。

（一）姿态美

每种植物都有自己的姿态和特质，植物姿态融汇于周围环境并与周围环境相协调，展现的艺术组景效果。例如，袅袅婷婷的垂柳与水平如镜的湖面相依相伴，显得分外温柔与妩媚；寺观园林中的千年古树苍古入画，展示着传统文化的悠长；节日摆放的红黄相间、百花怒放的花坛，烘托的是节日热烈欢庆的祥和气氛。所以，赏形是园林植物观赏的重要内容之一。陈从周在《说园》中说“花木重姿态”，正像“音乐重旋律，书画重笔意”一样，这种姿态不仅给人以美的享受，能彰显园林意境，还传递着一种心理上的张力。高耸的白杨，给人以伟岸、正直、质朴、不折不挠的心理引导；挺拔的松树，给人以阳刚坚韧之感；高大的银杏葱郁庄重，不失青翠莹洁，更显古特幽雅、雄姿傲然。

（二）色彩美

观园赏景，首先映入眼帘的往往是色彩。植物的色彩美是园林植物的主要观赏特性。色彩的千变万化、层出不穷，是其他任何一种园林要素都不能比的。

第一，植物的不同色彩给人以不同的观赏效果。园林植物最主要的色彩是绿色，绿色代表清新、希望，给人以生机勃勃、春意盎然的无限感受，同时象征了和平、安定和活力，这是大自然植物的基色。绿色环境给人们带来清新和阴凉，有安全、舒适之感，在绿色环境中生产、生活，能提高情绪、活力和愉悦感。在人类进化的过程中，由于绿色的环境意味着充足的食物和水源，对绿色的依赖感觉、崇尚心理，形成了现代绿色食品、绿色行动、绿色企业等绿色文化。红色热烈奔放、喜庆热闹、充满激情，对人的心理易产生比较强烈的刺激，容易吸引人们的注意力，是一种展示生命活力的色彩。北京香山观红叶，有热情激动的感受，会形成热烈兴奋的气氛。节日期间工厂、公园大门和景观前景通常选择一些红色植物，以引导人们对主题的关注，激起观赏者的兴趣。白色象征着纯洁，表示幽雅与神圣，给人干净、简洁的视觉效果。小型的白色花朵如丁香花，会使人感到温馨宁静、悠闲淡雅。黄色亮丽夺目，雍容华贵。景观中用一株或几株表现黄色的园林植物，诸如迎春、连翘、黄刺玫、棣棠等装点春色，着实引人注目，表现出生发、膨大的气息。

第二，色叶树种充满无限神奇。园林植物的色彩是通过植物的叶片、花朵等器官而呈现出来的。丰富的叶色难以用文字描述，即使再高超的画家，亦难调配出大自然所有叶片的色调。在一个年周期中，叶色发生变化或是始终表现绿色以外颜色的，称为色叶树种。色叶树种春季新叶初发，淡绿一片；夏季进入生长旺盛期，光合作用增强，叶色变深，树冠浓荫覆盖；秋季叶色则变红或变黄，色彩斑斓，如黄栌、枫、火炬、柿、爬墙虎等树叶，秋季变成红色，银杏树叶变成黄色。有的树木叶色自春季展叶到深秋落叶始终保持一种色彩，如金叶女贞一年三季呈金黄色，红叶李、红枫一年三季呈红色。

第三，不同色彩组合会产生不同的风格和效果。不同颜色的植物组合在一起能够形成不同的景观，这样的植物组合更具有活力。如在绿色的草坪上用金黄色的金叶女贞、绿色的大叶黄杨和红色的小檗大片地密植组在一起形成色带，观之令人赏心悦目。绿与蓝相配，能产生清新、安静的感觉，比如湖边种植一些高大的绿色植物，蓝天映衬的湖水被植物的绿色点缀后让游人如进入一个清新、宁静的天堂。红色与黄色相配，如紫叶李与金叶榆间隔种植作为行道树，能表现出丰富的色彩，能产生兴奋、节奏感；鸡冠花与万寿菊的红黄相配组成的花坛，能渲染热闹的节日气氛。

第四，花、果色彩最鲜艳、丰富。色彩最丰富、最鲜艳美丽的是园林植物的花和果实。冬末春初，黄色的蜡梅、迎春、连翘为人们带来一丝春天的气息；梨花、玉兰、刺槐等花开时节，洁白如玉，烂漫一片；碧桃花开，万物复苏，百花争艳，令人阅尽人间春色。樱花、榆叶梅、紫荆花开，灿如烟火，一派生机盎然。五月榴花似火，绚烂的一抹重彩给刚刚到来的夏天绘就了一幅最美的图画。黄色的菊花装点秋色，尽显无限情怀。果实的颜色更引人注目，“一年好景君须记，正是橙黄橘绿时”（宋·苏轼《赠刘景文》），苏轼这个“君须记”的“好景”，正是果实的色彩效果。

（三）馨香美

“香”与“色”在园林植物的选择中孰轻孰重，历来争论不已。如果说我国古典园林植物的选择“重于香而轻于色”有点过度夸大“香景”的应用，至少说明“香”是必不可少的造景因素。闻香入林、闻香入境是中国古典园林营造氛围的常用手法。“小山丛桂轩”是苏州网师园中以“味”入境的经典之作。轩南小院中有一座用湖石叠砌的小山，山间丛植桂树，“轩”与“丛桂”相映，由此成景、获名、得境。“小山丛桂轩”位于彩霞池的南侧，北面是高大浑厚的“云岗”假山，东、西被围墙隔断，如同被高山包围的谷地，祝允明题扬州凝翠轩之名联“四面有山皆入画，一年无日不看花”。当桂花盛开的季节，香气萦绕其中，浓香四溢，香藏不散，轩因桂香留人，山借丛桂增色，桂依山而葱、靠轩入境。另外，拙政园“远香堂”的“香远益清”、“荷风四面亭”的“荷风来四面”、“雪香云蔚亭”的“遥知不是雪，为有暗香来”（宋·王安石《梅》）等，都是借植物的馨香造景的佳作。

品嗅园林植物的馨香，能够体会到一种自然的品质，即使香气浓郁，也不会感觉气腻，即使恬淡，也清晰可辨。一些芬芳的气息可以让人心平气和、消除疲劳、筋骨舒畅、身心健康，对人的心理和生理保健益处多多。近年来国外成立了“香花医院”，不是依赖于医疗设备和药物，而是让病人置身于四季开放的鲜花丛中，吸入一定剂量鲜活的香气，对患有神经衰弱、高血压、哮喘和流感的病人有一定的疗效。

在我国，古代的文人早就注意到香味的美学价值。比如南宋诗人郑思肖《寒菊》中“宁可枝头抱香死，何曾吹落北风中”；唐代黄檗禅师《上堂开示颂》中“不经一番寒彻骨，怎得梅花扑鼻香”早就将植物的馨香植入了人的情感之中。

（四）季相美

在园林景观中，植物区别于其他构成要素的是其具有的生命特征。它在构景中是动态的，随着生长发育过程中不断地变换着大小、形态和色彩。这种季相变化一方面是生命周期的老幼和大小的变化，另一方面是在一年中随气候、季节的变化而变化的。春花、夏荫、秋色、冬姿，“万物静观皆自得，四时佳兴与人同”（北宋·程颢《秋日偶成》）是人们对园林植物季相变化的高度赞美。迎春黄花翠蔓、桃花漫霞、梨树飞雪、丝绦拂堤、姹紫嫣红，点缀着缤纷的春季，体现无穷之态；夏季林草茂盛、树影摇曳、树叶婆娑、荷风清香沁鼻，竹露点滴清响，给人们带来阵阵凉爽；秋叶呈现万紫千红、枫林尽染的斑斓色彩，“芳菊开林耀，青松冠岩列。怀此贞秀姿，卓为霜下杰”（晋·陶渊明《和郭主簿·其二》），蝉啸秋云、朱实相辉、稻菽豆香，“民收果实充田赋，匠写空形入画图”（北宋·陶弼《芙蓉亭》），印证的正是宋代韩元吉《鹧鸪天·九日双溪楼》中“酬美景，驻清秋。绿橙香嫩酒初浮”；数九寒冬，蜡梅怒放，迎霜傲雪，暗香浮动，松柏常青，彰显的则是生命的永驻。

难怪文人墨客在四时八节都会邀约知友、吟咏植物，欣赏唱和、雅趣怡情，陶醉于园景之中。

三、风水文化

风水文化是中华民族古老的、优秀的文化瑰宝之一。风水理论是综合了物理、环境、建筑、生态以及人体生命信息等多个门类的交叉学科，是研究人与自然关系的哲学，是“通过对最佳空间和时间的选择，使人与大地和谐相处，并可获得最大效益、取得安宁与繁荣的艺术”（俞孔坚《景观：文化、生态与感知》）。风水理论的核心思想是人与自然的高度和谐，达到“天地人合一”。

风水学作为中国传统文化的一部分，早已融入了中国人的生活之中，并广泛应用于各种社会实践。大到选城立都，小到平常百姓庭院的一株树，都要讲究风水。寺庙、陵寝、园林等各种大型人工环境的选址、规划、布局等，都需要经过严格的风水审度。园林植物的选择也毫不例外地适从风水理论要求。

（一）风水理论的基本理念

风水理论由最初的相地术，经过漫长的历史沿革和不断地发展，产生了众多的流派，但天地人合一、阴阳平衡、五行相生相克，这三大基本理念是统一的，其核心是“天地人合一”。

一是“天地人合一”理念。在风水理论看来，宇宙诞生，天地初开，万物复苏，始有人类。“天威”不可违，人的行为准则要“顺天应地”，在“天威”之下谋求发展，在此基础上再向自然索取。它体现了人与自然辩证统一的关系。

二是阴阳平衡理念。世界万物分为阴阳两类，阴阳平衡是万物产生、生存的基本条件，是进化发展的基础。阴阳失衡，事物消亡。风水中阴阳平衡的实质是阴阳和谐与否，阴阳和谐，风水就好；否则，风水就有问题。

三是五行相生相克理念。“五行”不是五种具体物质，也不是特定的物体，而是将宇宙万物分为金、木、水、火、土五大类。世界万物是通过五者之间相互运动、变化而生消，在不断的相生相克运动中维持着自然的和谐与平衡。

五行相生：金生水，金销熔生水；水生木，水润泽生木；木生火，木干暖生火；火生土，火焚木生土；土生金，土矿藏生金。

五行相克：金克木，木克土，土克水，水克火，火克金。

（二）风水理论中的绿化思想

宅居追求理想的风水环境。相宅作为风水术最早的活动，绿化思想的影响就占相当大的部分。按照风水理论，理想的风水环境都是林木茂盛。青乌先生葬经讲“草木郁茂，吉气相随”。清代《宅谱尔言・向阳宅树木》认为，“乡居宅基以树木为毛衣，盖广陌局散，非林障不足以护生机；溪谷风重，非林障不足以御寒。故乡野居址，树木兴，则宅必旺；树木败，则宅必消乏”，“惟其草茂木繁，则生气旺盛”。可见草木是产生“吉气”和“生气”的源泉或标识，良好的园林绿化环境是“旺宅”的必要条件。唐代《黄帝宅经》说：“宅以形势为身体，以泉水为血脉，以土地为皮肉，以草木为毛发，以舍屋为衣服，以门户为冠带，若得如斯，是事俨雅，乃为上吉。”把宅外草木比作身体的“毛发”也进一步说明了要知风水妙不妙，只看花草好不好，可见植物是风水系统中一个不可或缺的组成部分。

（三）园林植物的风水特性

植物是有生命的机体，它虽然不像人类和其他动物一样有明显的思想情绪表达或活动特性的改变，但是植物同样是有感知、有灵性、有反应的生物，它们会通过生物学特性诸如生长速度、色彩、形状等表现出来。同样，植物也能表现出阴阳平衡、五行相生相克的风水文化特质。

首先，我们看看园林植物中的阴阳。世界万物都分阴阳，园林植物也如此，分为阳性植物和阴性植物。阳性植物喜欢阳光，正常生长发育需要充足的阳光，如碧桃、玫瑰、梅花、牡丹、芍药、菊花等以及大多数的乔木树种，将其植于阴湿的环境中，往往表现为生长不良或不开花，甚至死亡。麦冬、玉簪等大多数的地被植物相对比较耐阴，文竹、绿萝等只需一百或几十个勒克斯光照度便能正常生长，此类植物属于阴性植物，可以植于林下或盆栽放置室内。

其次，我们看看园林植物中的五行。植物的五行通常根据花色、叶色以及生长环境来确定。属金的植物多为白色或金色，如白玉兰、广玉兰、茉莉、栀子、银杏等；属木的植物多为绿色，大多数植物叶色是绿色；属水的植物多为黑色、蓝色或灰色，如荷花、睡莲、凤眼莲、竹柏、罗汉松等；属火的植物多为红色或紫色，如红枫、紫叶李、火棘、紫薇、石榴、海棠、紫藤等；属土的植物多为黄色或棕色，如黄金槐、棣棠、连翘、黄刺玫、万寿菊等。

（四）风水对园林植物选择的影响

按照风水学阴阳平衡理念，两种对立元素的选择要均衡和统一，其表现在园林植物选择上。第一是阴性树种与阳性树种的平衡。明代程登吉《幼学琼林·夫妇》记载“孤阴不生，独阳不长，故天地配以阴阳”。第二是疏与密的平衡。在园林植物造景中，为了增加绿量，需要大面积的密植，假如只有密，没有疏，就会使游人感到压抑不适。第三是竖向乔、灌和草三者要平衡。现代别墅或宅院的绿化，通常会种植大片草坪，均衡性原则要求大面积草坪与大型乔木、小型灌木相平衡。第四是落叶树种与常绿树种的比例要平衡，速生树与慢生树要平衡，树种色彩要平衡，观花植物与观叶树种之间比例要平衡。还有乡土树种适应性强、易管理、经济实用但缺乏新意，需要适当配植一些外引树种增加生态群落的多样性，丰富景观层次，这是乡土树种与外引树种的平衡。另外，还有植物与环境的平衡、植物与人的平衡等等，这些都是风水理论阴阳平衡的应用。

另一方面，植物与植物之间、植物与环境之间、植物与人之间存在着相生相克、相互制约的关系，这种生克关系就是风水学中五行理论调整生克制化的关系。园林植物属五行之木，不同属性的植物其生物场产生的“气”感不同，因此园林植物的选择要合五行，注意不要将五行“相冲”的植物种在一起，要将相生的植物搭配种植。方位也属五行，东和东南方向五行属木，南方属火，东北和西南方向五行属土，西方和西北方属金，北方五行属水。应避免植物与方位五行“相克”。属木的植物宜种于东及东南方向，属火的植物则应该种于向阳的南面，属金的白色系植物种在西向，属水的植物种在北向。在清代高见南的《相宅经纂》中就有“东种桃柳，西种栀榆，南种梅枣，北种奈杏”的记载。

庭院是宅地的“天心”，是崇阳的，不可长期阴压。树荫属阴，“荫者阴也”，庭荫树立于庭院中心，呈阴压阳地，多避忌，有“屋在大树下，灾病常到家”之说。这不是封建迷信，按照现在科学解释，居住常年处于荫压之地不利于采光，有害微生物会滋生，又易引雷火，因此庭院中心一般不栽树。还有传统的风水观念忌在门、窗前立杆植树，忌大树遮门窗影响通风采光，这足以说明园林植物选择和方位配植应遵循五行理论。

人的五脏也分属五行，因此，一些主题公园可以利用人与植物的五行对应关系调养身心。规划功能上以休闲为主的区域主要选择五行属木的绿色植物，绿色能有效地降低血压、减慢呼吸、减轻心脏负担，有助于缓和心理紧张，使人安静。运动区、广场周围、小区入口处的绿化主要选择五行属火的红色植物，如石榴、紫叶李、红枫、火棘等，让人感到兴奋，振作精神。在比较私密的空间，选择五行属水的蓝色植物，如睡莲，给人一个静谧的环境。五行属土的植物可以调节肠胃、增加食欲，选用在餐饮区绿化种植，如连翘、棣棠、黄刺玫等。

风水是影响人生的一种力量，但风水不是万能的。风水学虽博大、精深，但杂乱、虚玄、无边、无底、难以操作，有的有验证但无科学解释。所以，我们应结合现代科学，本着实事求是的精神对风水理论去粗存精、去伪存真、开拓创新、完善提升，使风水理论在现代园林植物配植中发挥新的效用，从而推动传统风水理论跟随社会的发展而发展，去除人们对风水的曲解和误解，弘扬祖国的传统文化。

四、人格文化

园林植物作为人们的观赏对象，通过触动人们的感官让人获得“赏心悦目的快感”，给人以美的物境感受。而且，园林植物还蕴含着人的情感、思想，我们可以将人的品格与植物相联系，借助植物外在特征和生长习性来寄情明志，暗喻人品，憧憬瑞祥，表达亲善。如梅寓人高、莲寓人淡、松寓人逸、桐寓人清等，赋予植物人格文化内涵，展示人的品格、精神和理想追求，达到情景交融、物我合一的境界，是植物艺术所追求的理想效果，也是植物文化的本质要旨。

（一）植物的比德

植物比德说的是把植物的某些特性作为比德的对象，将植物看作是某种品德、精神和人格的象征。借花草树木抒情言志、寄寓品格古已有之，儒家文化中的比德思想就对中国的造景建园产生了很大的影响。中国文化的先哲孔子提出了“岁寒，方知松柏之后凋也”，将松柏不畏严寒的特征与坚强不屈的人格相比拟，成为中国文学中常见的比德之象，使得作为观赏客体的植物可以与赏景主体的人相比附，使得在对植物景观的欣赏中可以体会到某种人格精神。

千百年来被人们称颂为“岁寒三友”的松、竹、梅三种植物，蕴含着诸多的文化情感，成为高贵的品质标杆，象征顽强的性格，具有傲然不屈的斗争精神。松树高直挺拔、姿态古雅、苍翠遒劲、聚力凝气，能在霜雪风寒中屹立不凋，具有坚韧不拔、不屈不挠的精神，是坚强、长寿、正直的象征。竹子干茎节间中空，寓意君子“谦逊虚心”，外观有节，暗喻有礼有节的美德。梅更是人们喜爱的园林植物，“雪香云蔚”“一树独先天下春”，其鲜丽清香之美一向被认为具有清新淡雅、傲雪抗争、不惧严寒、不怕艰险、不畏强暴、乐观向上的无畏精神。

梧桐被古人看作祥瑞树种。北宋陈翥在《桐谱》中说：“夫凤凰，仁瑞之禽也，不止强恶之木。梧桐柔弱之木，皮理细腻而脆，枝干扶疏而软，故凤凰非梧桐而不栖。”凤凰为祥鸟，具有高贵圣洁之禀性，“非梧桐不栖”“梧桐非凤凰不敢栖”，可见梧桐树高洁不俗，为高雅圣洁之树。凤凰栖居梧桐的特性又衍生出“良禽择木而栖”的意蕴，后比喻贤才择主而侍。园林中多栽梧桐，既有清雅之情，又有“有凤来仪”之愿。民间也流传着这样一句谚语：“栽下梧桐树，引来金凤凰”。拙政园的梧竹幽居亭侧栽梧、植竹，暗寓的就是“凤来仪”。

莲花“出淤泥而不染，濯清涟而不妖”（北宋·周敦颐《爱莲说》）。兰足以与君子比德。《孔子家语》称“与善人居，如入芝兰之室，久而不闻其香，则与之俱化；兰生于深谷，不以无人而不芳，君子修道立德，不为穷困而改节。”晋代以后赞誉聪颖子弟，称作“芝兰玉树”。

（二）植物的比兴

比兴是诗歌中一种传统表现手法。宋代朱熹的《诗集传》概括了比兴的基本含义：“比者，以彼物比此物也”“兴者，先言他物以引起所咏之词也”。植物的比兴，就是借助植物形态特征或名字谐音与人的情感之间的某些相似之处，含蓄地传达某种精神情趣、生活憧憬、吉祥亲善等祝愿之意，把植物的自然属性与人的社会属性交融在一起，达到物我相通、心物相融，使人的无形、无影的思绪变为具体可感的审美对象。如杨树象征正直、朴质、坚强不屈；柳树代表虚怀若谷，文采风流；银杏象征不可征服、希望、长寿、友情；榆与“余”谐音，因此榆“钱”相连，象征富裕；柏树象征有贞德者，不同流合污，坚贞有节，地位高洁；橄榄树与和平、智慧相连；紫薇花是紫微星的化身，有仕途官运、尊荣富贵之意；木槿花朝开暮落，寓意温柔的坚持，象征着红火、念旧、重情义；牡丹雍容大度，花开富贵，是吉祥富贵的象征；郁金香是真挚的情感、爱的表白、永恒的祝福；康乃馨代表母爱、无私、真爱和真情；鸢尾表示英雄气概。

五、信仰文化

原始先民从食橡栗充饥、果叶取暖这些对森林、对植物的初期依赖，到把树木看作“神木”“圣树”的原始崇拜，透露的是人类生存发展过程中的文化现象。像先秦时期的司木之神“句芒”负责树木的生长发育；古代神话中珍奇树木“三株树”叶为珍珠、形似彗星；“夸父逐日”弃杖化作的“桃林”；西晋郭璞《山海经图赞·海外北经寻木》中“渺渺寻木，生于河边。竦枝千里，上干云天。垂阴四极，下盖虞渊”的“寻木”长千里之说；“三桑扶日月”；“建木”百仞无枝做天柱；“甘木”不死；等等。这许许多多神话中的神树，正是人们对植物信仰崇拜的原始表现。现在，我国许多少数民族的村寨中还有神树或神林，也都是植物信仰原始形式的遗留，后来经转化成一种村寨守护神的神格。彝族认为他们的祖先是从竹筒里生出来的，苗族则把枫树视为他们的“神树”。在黄河流域，人们把槐树视为一种吉祥树，并把那些古老的槐树视为“神树”，在老槐树下搭建一座小庙，在树上钉“灵位”“保佑”之类的牌子，并且用红布包裹树干。逢年过节时，不少人还在树下烧香祭拜。很多地方都喜欢在大门口和十字路口栽植槐树，将槐树当作先祖的象征。除了对树神的崇拜以外，很多地方还有对谷物花草的神化。

神话图腾、宗教信仰更是把一些植物神化，例如许多与佛教有渊源的植物成为具有佛教文化意义的代表符号，具有明显的宗教含义，最典型的就是常说的菩提树和莲花。佛教传说释迦牟尼在菩提树下大彻大悟，终成佛陀，菩提树成为佛教圣树。佛经记载在极乐世界人都是从莲花中化生，这以莲花的清静微妙为喻，象征纯洁高雅。

宗教文化是一种以信仰为核心的特殊文化现象，是人类传统文化的重要组成部分。智慧深邃的宗教哲学影响着人们的思想意识、生活习俗乃至整个民族文化。比如宗祠寺观是宗教文化集中体现的场所，寺观园林作为中国古典园林三大类型之一，在发展过程中逐渐脱离了最初私家园林的模式，形成了自己的特色，尤其是其独具特色的植物景观经过岁月的洗礼，比其他类型的园林要素更有韵味，更负久远。宗教园林中的植物无论从种类的选择、配植方式还是景观意境的营造，都受着宗教文化的影响，是宗教文化的传承载体，对宗教文化起着强化和烘托的作用。

宗教场所给人以静谧、肃穆之感，这种环境氛围主要依赖于植物的营造。在寺观园林植物中，松、柏、银杏是选择的主要种类，采用对植或列植等整齐严谨的布局是最常见的表达方式。山门或大殿前对植两株或四株苍劲的千年柏树或古雅的银杏，株距相等，排列整齐；几株错落有致、枝丫平伸、姿态雍容的古松点缀于大殿侧旁，以“明月松间照”“风入寒松声自古”之景象构成中国宗教文化精神标志性的审美意象。除此之外，寺观中常配植荷花、梅花、竹林来体现清净、高洁、心无、正义等宗教文化中永恒的审美寓意。

六、诗画文化

园林植物的文学体现形式有两类。一类是有形的，以雕绘的形式形成物化的景观，它既是文学作品常见的体裁，又是风景园林不可缺少的组成部分；另一类是无形的，不见于植物实体，但寓意于风景园林植物内涵之中。从园林植物种类到树体大小的选择，再到时空的配植、意境组合，无不体现我国文学宝库中以园林植物或山石花木组合为描写对象的诗词歌赋、散文字画。这是文学与植物相互渗透、相互融合的产物。

园林艺术与诗画文化的关系是相辅相成、交相辉映的。文人面对多姿多彩的花草树木，五味杂陈的思想感情洋溢笔端，美景激发了好的诗词书画作品问世，而名诗名句名画又突出了植物景观的主体和意境，拓宽了景观的内涵和外延，使景观产生“象外之象，景外之景”，启示游人对景观的欣赏和品评，使名园名景、名诗名画流传千古。文以景成，景以文传，无文景不意，无景文不具。只有情景交融、意境融合，使植物不再是孤立单调的客观实体，而是人们托物言志、借景抒情、创意入境的景观对象，才能体现主客体之间形成相互感应交流的关系，深化植物文化的意境，强化艺术震撼力。

诗画园林是中国古典园林极高的造园追求，诗情画意表现为诗画艺术在园林中的精神渗透。诗词书画大多源于文人画家面对极致的风景、多姿多彩的花草树木、惜春伤时之情悠然萌生而起兴挥笔。园林意境的应用源于文人园林，让文人参与造园，以诗词为主题，以画成景，以景入画，使诗词绘画理论成为造园遵循的法度。园林与诗词书画的互相启导、互相发展，也成为包含老庄哲理、佛道精义、六朝风流、诗文趣味影响浸润的文人审视联想的结果，诗词、书画、园林等艺术形式融为一体，成为文人墨客津津乐道的一种生命情怀。同样，园林植物经过诗情画意的韵染而赋予某种思想情感之后不再是简单的植物个体，而是人们托物寄兴、借景抒情的审视对象。情凝结于叶尖，意显现于枝端，在深厚的传统文化影响下，植物凝聚了厚重的文化底蕴。这些满载“诗情画意”的植物应用于园林艺术之中，深化了园林的意境，升华了园林艺术的感染力，使得园林中所配植的植物都蕴含着诗情画意，释放着文化气息。

植物因季相枯荣、晨暮变化常被诗词关注，并影响着园林植物选择。春天的迎春不畏寒威，“覆阑纤弱绿条长，带雪冲寒折嫩黄。迎得春来非自足，百花千卉共芬芳。”（北宋・韩琦《迎春》），“金英翠萼带春寒，黄色花中有几般?”（唐・白居易《玩迎春花赠杨郎中》），“黄花翠蔓无人愿，浪得迎春世上名”（北宋・刘敞《迎春花》），迎春花是凌寒中第一个点燃了春光世界，名副其实的“报春花”。盛夏大部分园林植物红英落尽，枝繁叶茂，郁郁葱葱，“绿槐高柳咽新蝉，……小荷翻。榴花开欲燃”（宋・苏轼《阮郎归・初夏》，因此荷花、石榴是夏季装点景色的必选植物。悲秋风致，霜打红叶，梧叶飘黄，杏叶蜡染，桂花飘香，“红叶黄花秋意晚”（北宋・晏几道《思远人・红叶黄花秋意晚》），“芙蓉金菊斗馨香，天气欲重阳。远村秋色如画，红树间疏黄”（北宋・晏几道《诉衷情・芙蓉金菊斗馨香》），枫树、银杏、梧桐等彩叶植物可使秋景层林尽染，桂花香中别有韵。湖池边“葭苇萧萧风淅淅，沙汀宿雁破烟飞，溪桥残月和霜白”（北宋・柳永《归朝欢》）之萧萧葭苇，半轮残月，哀荷珠雨，溪桥白霜也是一种景色。傲雪凌寒，点缀着冷清的冬天的植物当属松和梅。“瘦石寒梅共结邻，亭亭不改四时春。须知傲雪凌霜质，不是繁华队里身”（清・陆惠心《咏松》），清极不知寒。凭借植物在四季、晨暮不同表现构成的多样化园景，造就了园林艺术独特的审美格调。

所以，园林建设的本意就是创造人们意象中的情景，园林植物与诗词文化的结合，更促进了以植物为主题的园林景观的形成。如苏州网师园的“看松读画轩”“小山丛桂轩”，留园的“闻木樨香轩”；拙政园甚至三分之二景观取自植物体裁，远香堂、荷风四面亭的荷，倚玉轩、玲珑馆的竹，听雨轩的芭蕉、翠竹，玉兰堂的玉兰，雪香云蔚亭的梅，梧竹幽居的梧桐和竹，海棠春坞的海棠，枇杷园、嘉实亭的枇杷，柳荫路曲的柳等均借植物与亭轩相映成趣。

下篇

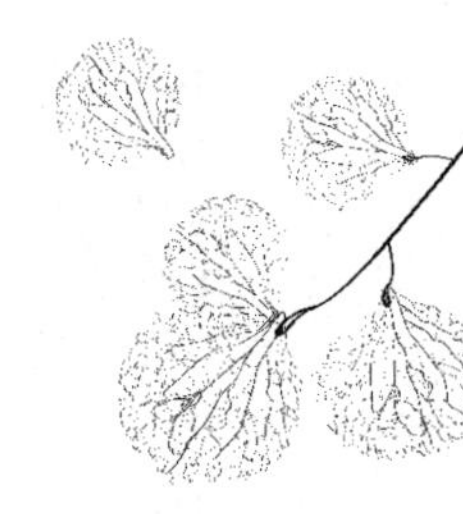

典型植物的文化赏析

第八章　万木之公的松树

七绝·松树赞

万木之公百木一，
龙鳞片片叶如须。
经冬遇雪不凋敝，
肃穆高洁寿鹤期。

松树是地球上迄今为止存活最长的木本植物之一，几乎见证了地球自从有生物以来的整个历史。宋朝王安行在《字况》中解释“松为百木之长，犹公也。故字从‘公’；柏犹伯也，故字从‘白’。松为‘公’，柏为‘伯’，于公侯伯子男五爵中，松居首，柏居三，皆有位焉”。看来，宋朝就有人考证松树的名字，并给予很高的评价——万木之公。元代冯子振按前人拆“松”字为十八公，曾撰《十八公赋》；清人陈扶摇所撰《花镜》云：“松为百木之长，……多节永年，皮粗如龙麟，叶细如马鬃，遇霜雪而不凋，历千年而不殒。”可见松树在古人心目中的地位是极高的。

第一节　王公之木　大社之主

松树很早就进入了人们的生活，自古就是文人墨客歌颂的主题之一，人们在培育松树、使用松树和欣赏松树的过程中形成了一种特有的思想内涵。所以，松带给我们的不仅是物质财富，更可贵的是精神世界里的无穷价值。

一、大社之主

《尚书·逸篇》曰：“大社唯松，东社唯柏，南社唯梓，西社唯栗，北社唯槐。”以何种树木为社之标志，“各以其野之所宜木”，各地郊野宜于生长何种树木，就可以何种树木为社。由此可知，社树的选择是由当地的树木情况及人们的情感价值来决定的。

社，据《辞源》解释，一是指土地之神，二是指祭土神之所。《水经注》载有“神农社”之说；又据《史记》载有黄帝封土立社之说。社有可能源于炎、黄上古时代。

大社是指国君祭祀天地的地方。《淮南子》中说：“有虞氏之祀，其社用土；夏后氏其社用松；殷人之礼，其社用石；周人之礼，其社用栗。”古代社会以木立社之风很盛。从上面的“大社唯松”以及《尚书》和《淮南子》中可以看出，松树在当时是非常受重视的，甚至可以称为帝王之木。

二、王公之木

《诗经·鲁颂·閟宫》中说：“徂徕之松，新甫之柏。是断是度，是寻是尺。松桷有舄，路寝孔硕，新庙奕奕。”这是描写国君在建设宗庙时的场景。诗人动情地唱着：砍来徂徕山上的长松，又有新甫山上的柏树。砍来松柏做大用，用寻量来用尺丈。松木椽子直又长，建成正殿多宽敞，新修宗庙真漂亮。宗庙是一个家族存在的标志，所以古人很重视宗庙的建筑，由于松柏质地坚硬精良，而且它长久不衰，所以成为建宗庙首选的木材。

正是由于松树木质优良，用途广泛，所以在《诗经·大雅·皇矣》中说：“帝省其山，柞棫斯拔，松柏斯兑。”这是诗人赞美他的君王视察其山之后，将柞树、棫树砍除干净，看到松柏高大挺拔、郁郁青青，心里特别高兴。

《礼记》中说：“尊者丘高而树多，卑者封下而树少。天子坟高三仞，树以松；诸侯半之，树以柏……”2 000 多年来儒家思想一直统治着社会，礼制极为严格。所以，帝王陵寝多植松树。

现在我们也常能看到王公爱松的例证：如故宫、颐和园、避暑山庄、东陵和西陵等皇家建筑使用的也都是松木，其中栽植的也多松树。

三、传统文化中松树位高且贵

松树挺拔直立的树身，郁郁葱葱、高耸入云的巨大树冠，都显示出它具有庄严崇高之美。“松柏丸丸”“松桷有梴”（《诗经·商颂·殷武》），“松柏斯兑”（《诗经·大雅·皇矣》），“松桷有舄”（《诗经·鲁颂·閟宫》）这些诗句，反复赞美松的端直高大。在传统的国画中，松树或在山野，或在庭院，或是人在松下，或是旁无人踪，都被放在显著突出的位置，都被描绘得挺拔遒劲、遮天蔽日、雄伟而超群，以显示其高耸之美。2008 年北京奥运会主新闻中心共有 5 个新闻发布厅，其中一个叫“松厅”，这也折射出中华民族对松树君子精神的认同。

四、最早的船材

在上古时期的神州大地上，水资源丰富，河流星罗棋布。人们出行尤其是去稍远点的地方，渡水是必不可免的。所以，舟是常见的生活必备品。

《诗经·卫风·竹竿》描写卫女远嫁诸侯思念父母家乡的心情时写道："淇水滺滺，桧楫松舟。驾言出游，以写我忧。"说的就是"淇水潺潺水悠悠，桧木作桨松作舟。"从诗句中可以看出，在3 000年前，松树是人们做船的主要用材，柏树是做桨的主材。这也是世界做船的最早记录之一。

第二节 品性高洁的松树

一、松代表君子高洁的品质

《论语》中记载孔子隆冬时节看见万物凋零，唯有松柏苍翠依然，于是感慨到"岁寒然后知松柏之后凋也"。孔子借松耐岁寒表达了自己坚定的人生信念和高尚的君子品行操守，后人也多以此句比喻只有在艰难困苦的环境中才能发现一个人的真正品格。显然，松自古就是诗人们特别推崇的象征人的品性的高贵树木。

同样，在1960年前后的三年困难时期，中国内外交困，陈毅元帅作为外交部部长胸怀祖国命运，肩负民族重托，既不能丧失原则和立场，向各种反华势力妥协，又要团结在党中央周围，以大无畏的革命英雄主义精神迎接国内的困难。在这种背景下，陈毅元帅写出了著名的诗篇《青松》："大雪压青松，青松挺且直。要知松高洁，待到雪化时。"作者借物咏怀，表面写松受到了大雪的暴虐和压迫，其实是写人民坚忍不拔、宁折不弯的刚直与豪迈，写那个特定时代不畏艰难、雄气勃发、愈挫弥坚的精神。

二、松树高耸而善群

"德不孤，必有邻"是孔子对君子的著名论断，同样它也适用在松树上。比如孔子说"岁寒然后知松柏之后凋也"，后人就推断，为什么不单说松树或单说柏树，而非要放在一起说呢？这正是暗涵了"德不孤，必有邻"的意思。同样，在《诗经》中松树也常与柏树一同出现。

到唐宋时，文人对松树的歌颂推向一个新高潮。由于森森柏树是宗庙和墓地的主要树种，所以，柏树离开了人们生活起居的地方，而松树以其干性通直、其冠如伞、冬夏常青而广泛融入人们的生活中。另外，古人注重"绿竹绕宅，青松掩映"式的家居风水选择，又喜欢冬日梅花火红与幽香。所以，松、竹、梅不由自主地走到了一起。北宋神宗元丰三年（1080 年），苏轼遭权臣迫害，被贬至黄州。有友人看他时戏说："人迹难至，不觉得太冷清吗?"苏轼手指院内花木，爽朗大笑："风泉两部乐，松竹三益友。"意为风声和泉声就是可解寂寞的两部乐章，枝叶常青的松柏、经冬不凋的竹子和傲霜开放的梅花，就是可伴冬寒的三位益友。苏轼的《渔樵闲话录》记载，到深秋之后，百花皆谢，唯有松竹梅花，岁寒三友。这再次印证了我国古代"德不孤，必有邻"的哲学观念和审美情趣，以及"君子和而不同"的儒家道德理念。

第三节　松是长寿的象征

松树能耐严冬，迎寒挺立，有硬朗的气节，即使风雪压顶，也能傲然独立，不会弯曲。更可贵的是松树寿命较长，千年古松在世界各地很容易看到，而且树龄较大的松树依然比较健壮。

一、松鹤延年

《诗经·小雅·天保》中有"如月之恒，如日之升。如南山之寿，不骞不崩。如松柏之茂，无不尔或承"。诗句是臣子祝颂君主之辞，诗人祝福主人公，希望他长寿：如月亮那样清明常驻，像初升的太阳那样蓬勃而永久。更愿寿如南山一样永远长久，永不亏损也永不崩析，如同松柏一样长青茂盛。幸福官禄代代能继承！这是以松比喻人们长寿最早的记录。

之后，松树便成了喻人长寿的象征，"福如东海长流水，寿比南山不老松"更是成了家喻户晓的祝寿联。不过，关于"南山不老松"的不老松还有另外一种解释，主要来源于海南省旅游开发对文化的挖掘。海南省查找的有关资料证实，"南山不老松"其实不是松，是学名叫"龙血树"的一种植物。龙血树在白垩纪的恐龙时代就已出现，被史学界称为植物中的活化石，被联合国教科文组织列为重点保护树种。"龙血树"在三亚市南山一带生长着 6 万多株，其中 3 万株主要集中于大小洞天旅游区，郁郁葱葱，蔚为壮观，树龄最长的有 6 000 年以上。据专家考证这种龙血树现在不过是中年时期，其寿命可达万年以上。南山不老树非"松"而称"松"，可见"松"是人们心目中真正的不老"松"。

同时，松时常与鹤为伍。在古人心目中，鹤是出世之物，高洁清雅，带有飘然仙气。而仙物自然是长生不老的，所以将两仙物合而为一，寓意松鹤延年，高洁长寿。其中，清代僧人虚谷《松鹤延年》最为著名。此画画面奇峭隽雅，意境宏美萧森，情调新奇冷逸。画家以偏侧方折之笔写出松针与丹鹤，线条生动，笔断气连，极具形式之美，给人一种福寿康宁的愉悦感，体现出松鹤延年之高雅旨趣。也有画家在画松鹤延年时，在画中有两只仙鹤，一动一静，寓指夫妻长寿百岁，相伴永远，吉祥安康。

二、长寿的食松文化

松树不仅有高大耐寒的精神形象，还有很好的养生保健作用，常被古人称为“神仙物”。

（一）松子

《本草经疏》记载，松子“味甘补血，血气充足，则五脏自润，发白不饥。仙人服食，多饵此物，故能延年，轻身不老”。人们也称松子为“仙人食”。南朝梁元帝《与刘智藏书》中记载：“松子为餐，蒲根是服。”唐代杜甫的《秋野·其三》也说：“风落收松子，天寒割蜜房。”看来从南北朝至隋唐时期，民间就开始有了“万千采食松子”的习惯。

（二）松针茶

制作松针茶一般采用 6 年以上的油松或马尾松的当年生针叶，清洗后阴干保存。冲泡时松针茶外形舒展挺直似矛、色泽翠绿鲜活、汤色嫩绿明亮、滋味鲜美醇和。松针茶不仅泡相好，而且芳香清纯，回味悠长。据董亦明编著的《松针革命》介绍，松针茶富含蛋白质、抗菌素、叶绿素、氨基酸和多种微量矿质元素、多种维生素等。能有效地清除人体内的自由基，增加血管弹性，达到抗氧化抗衰老的作用，增加人体免疫力，有非常好的保健功能。

市场上的松针茶以河北塞上松针（油松）品相最佳、效果最好。

（三）松花粉

松花粉是指马尾松和油松的花（孢子）粉。我国人民食用松花粉历史非常悠久，在 3 000 年前的《周礼》中就有关于用松花粉做汤、制馅、蒸饼、酿酒的记载。其中流传最广的是北宋苏东坡的《咏松花》，“一斤松花不可少，八两蒲黄切莫炒；槐花杏花各五钱，两斤白蜜一起捣；吃也好，浴也好，红白容颜直到老。”苏东坡不愧是大家，短短几句话就把食材、用量及做（用）法都写得清清楚楚，而且读起来朗朗上口，还有很强的可操作性。

无独有偶，在唐代张泌的《妆楼记》及刘恂的《岭表录异》中都记载着一个同样的故事。说在晋代白州双角山下有一口水井，被人们称作是“美人井”，凡是饮此井水的，家中出生的女孩大多非常俊美。作者分析其原因是因为井旁常年有松花开放，花粉落入井中，人们喝过有花粉的井水产生的养颜美容功效。

1985 年版《中国药典》收录松花粉为传统药物。现代科学研究发现，松花粉含 200 余种营养成分，被誉为微型天然营养库，可以有效提高人们的免疫调节能力，甚至有疫苗佐剂作用，有调节血脂、血糖及铜锌代谢以及抗衰老、抗氧化、抗疲劳、抗炎症等作用。清代王士雄曾写《长寿诗》赞美松花："长生不老有新方，可惜今人知渺茫。细将松黄径曲捣，朝朝服食保康祥。"

第四节　木公美名天下扬

松树种类繁多，历久弥长，遍布神州各地。历朝历代，文人墨客对松树的歌咏和刻画从不间断，松树"坚贞不屈、挺拔向上"的特性已经成为中华文化的象征性符号。所以，在全国各名山大川里都有关于松树的美丽故事传说。

一、摇曳身姿醉里迎

山因为树，平凡突兀中透出妩媚灵秀；树因为山，柔弱纤细中显露挺拔刚强；山滋养树，树肥沃山，山树相依，树在山的怀抱里风姿绰约，山在树的陪伴下伟岸坚韧。没有树的山平淡乏味，离开山的树羸弱孤独。山树相依风景历历，气象万千连理天成。古树更是名山不可多得的宝贵资源。

明代旅行家、地理学家徐霞客曾两游黄山。他赞叹地说："登黄山天下无山，观止矣！"还为黄山留下了"五岳归来不看山，黄山归来不看岳"的美誉。黄山被称为"天下第一奇山"。黄山之奇奇在何处？大概是缘于黄山"无石不松，无松不奇"的魅力吧。现在人们谈到黄山，首先想到的也是黄山松。一棵高不盈丈的黄山松，往往树龄上百年，甚至数千年，虽历风霜雨雪却依然永葆青春。因有黄山松，黄山才有了"奇松、怪石、云海、温泉"著称于世的四绝，也才有了雾凇映映、松涛阵阵等人间仙境的自然奇观。

在黄山上最著名的是悬崖边上的三大名松，即"迎客松""陪客松""送客松"。其中，迎客松的名声更为响亮，它一年四季都保持着古朴青葱，像一位身材伟岸、饱经沧桑的长者。在树干中部，有一根枝杈平伸出去，好像一个热情好客的老主人张开双臂，欢迎客人的到来。现在，黄山迎客松是黄山的标志性景观，屹立在黄山风景区海拔 1 670 米处的玉屏楼青狮石旁。游客每每到此，定然游兴倍增，引以为幸，纷纷摄影留念。

迎客松的知名度极高。上至庄严的人民大会堂，下至车站码头，随处都会看到它的身影。就连宾馆的屏风、庭院的影壁，也常有迎客松的姿容。登堂入室的迎客松，已经成为中国与世界人民和平友谊的象征。此松是黄山松的代表，是中华民族好客的象征，是国之瑰宝。北京人民大会堂陈列的巨幅铁画《迎客松》就是根据它的形象制作的。网络流传的一首《黄山迎客松》这样写道："万仞黄山平五岳，千秋世代颂歌名。卧龙频顾到春望，雏凤流连破故城。红日辉来霞落去，青松妆点客为倾。紫烟缭绕一湖翠，摇曳身姿醉里迎。"

黄山迎客松成名后，人们在其他地方相继发现与其相像者，同样命名为迎客松，如泰山迎客松、庐山迎客松等。甚至一些苗圃的园艺师也根据黄山迎客松的形状专门培育迎客松树苗，以供人们在园林建设中使用。

二、他年为挂月轮明

欣赏完黄山之奇，我们要谈一谈泰山之雄。在雄伟的泰山上有着更为著名的松树故事。

有历史传说秦王嬴政统一天下后，想和前王一样到泰山去举行封禅大典。于是，公元前 219 年初夏，秦王带领着文武大臣和众多儒生来到泰山脚下。

所谓"封禅"，就是在泰山顶上祭天，在泰山脚下祭地，前者叫封，后者叫禅。有儒生建议说："帝王上泰山顶祭天最好不要坐车，非坐车不可，也要用蒲草裹起车轮子，以免辗坏山上的一草一木，来表示对泰山的敬重。"秦始皇听说有这样的约束，非常生气，不许儒生们参加祭典，自己带着部分亲信大臣们上了山。沿途不好行车的地方，就砍树伐草，开山凿石。他还口出狂言："我倒要看看泰山的山神能把我怎么样?"秦始皇一行人浩浩荡荡上了泰山极顶，顺利地祭了天。就在准备下山时，天色突然大变，一阵急风暴雨之后，山洪随之暴发，好几个随从和牲畜都被冲走。秦始皇以为山神显灵，心中大惧。正在危急时刻，忽然发现路边有一棵大松树，赶忙双膝跪在树前，两手死死抱住树干，口中念念有词，哀求树神保佑。雨来得快收得也快，不久便雨停云收了。秦始皇认为树神在护驾，于是就加封那棵松树为"五大夫松"。后世以讹传讹，把五大夫松传成了五棵松。明代万历年间，古松被雷雨所毁。清雍正年间，钦差丁皂保奉敕重修泰山时，补植五株松树，现存二株。这二株松树虬枝拳曲，苍劲古拙，被誉为"秦松挺秀"，为泰安古八景之一。

清乾隆皇帝先后十一次登临泰山，其中一次写下了著名的《咏五大夫松》："何人补署大夫名，五老须眉宛笑迎。即此今兮即此昔，抑为辱也抑为荣。盘盘欲学苍龙舞，稷稷时闻清籁声。记取一枝偏称意，他年为挂月轮明。"

三、一束五针华山松

俗话说"自古华山一条道"，充分说明华山是格外的险峻。在险峻的同时，山上的松树又为华山平添了一股灵秀之气。关于华山松古籍中多有记载，并列为"贡品"。如《西山经》里记载："华山之首，曰钱来之山，其上多松。"《新五代史·郑遨传》记载："遨闻华山有五粒松，脂沦入地，千岁化为药，因徙居华阴，欲求之。"这说明华山松是个独特的品种，普通松树都是两针一束，唯独华山松是五针一束。所以，好多人到华山来求取松树。宋代周密的《癸辛杂识前集·松五粒》记载："凡松叶皆双股，故世以为松钗，独栝松每穗三须，而高丽所产，每穗乃五鬣焉，今所谓华山松是也。"可见，华山松自古有名。

华山松不仅个体风采卓越，而且与华山浑然一体，更显突兀耸立。苏州画家蒯惠中多次到华山写生，对华山在不同角度的美、不同季节的美知之甚多，对华山有着丰富的灵感和独特的理解。由他创作的《华山松云图》，在 2014 年 APEC（亚太经合组织）会议期间被当作国礼赠送给时任美国总统奥巴马。《华山松云图》用兼工带写的创作手法，突出了承载着几千年中华文明与传统文化的摇篮之山和别致之松。

四、中国北方植物之王

中国是龙的故乡，以龙命名的名胜数不胜数。在河北省丰宁满族自治县，有一棵非常奇特的千年古松树，叫作九龙松。

据有关专家考证，九龙松栽植于北宋的中晚期，距今已有 1 000 年左右的历史。九龙松高 9.1 米，围 2.8 米，枝干最长达 13 米。从树形上来看，它有九条粗大的枝干盘旋交织在一起，枝头好似龙头，树身弯弯犹如龙身，树皮呈块状裂开好似龙鳞一般，九条枝干条条像龙，像是要飞腾而起，故当地百姓称其为"九龙松"。

神奇的古松必然伴随着美丽的传说。据说早在一千年前，在丰宁县境内的白云古洞住着七只仙鹤，其中有一只被称作"白云仙子"。有一年，仙鹤口中衔着松子飞往西域。当飞过驸马山前的一座古庙时，看到此庙香火旺盛，朝拜的人至虔至诚，于是"白云仙子"便把松子洒落于此地。这颗松子萌发后，自幼便生出九条枝干，且枝枝像龙。日益繁茂的松树几经朝代变迁，到清朝初年时长得更加苍翠葱茏，威风凛凛。

有一天，康熙皇帝到御花园散心，在一个闲置的水缸中发现有棵古松的树影，而水缸周围并没有松树。康熙感到非常奇怪，便下令全国各地寻找此树。后来一个鲍姓大臣禀告圣上，在古北口外的"鲍丘水"（潮河上游）有这样一棵奇松。康熙随即率众臣日夜兼程来到此处，他绕着此松树转了又转，不由感叹道："这真是一棵神树啊。"于是，亲自题写了"九龙松"。康熙走时留下 500 御林军驻守此地，这些守军与当地通婚后，经世代繁衍发展到现在，形成相互毗邻的 5 个村营。

今天，康熙帝的牌匾早已无存，抑或这只是美丽的民间故事传说。但在 20 世纪 90 年代初，溥杰先生看到九龙松后也惊叹不已，遂即提笔赠书"九龙松"。这三个大字被刻于两米高的汉白玉石碑上，立于松前。这棵九龙奇松也成为当地百姓崇拜的图腾，上面系满了写着名字的红丝带，寄托着与松树共长青的心愿。

九龙松之所以被誉为天下第一奇松，其实并不在于它是多么高大，也不在于其年龄有多长，而在于它的长势非常奇特、绝无仅有。所以，在《河北林业志》的第一章就有“九龙松为中国北方植物之王”的称誉。有一首诗道出了此松的宏大气魄：“翠云十丈一柱擎，老干虬枝腾九龙。千载奇松惊看客，最佳还待雪初停。”

第五节　公文其形　必有异声

松树针叶蓬松不兜风，风过针叶不耗能。所以，松林比阔叶林中的风速要快，像针从空气中划过一样容易产生啸叫声，可谓是松涛阵阵摄人心魄。

一、听松

树大生风，风送其声。松风自然指的是松林之风。唐代杜甫《玉华宫》诗里说“溪回松风长，苍鼠窜古瓦。”李广田在《记问渠君》解释到：“大概是大雨之后吧，山里的泉水，万马奔腾的向下驰去，发出吓人的声响，又加以松风呼啸，就像在海涛中夜行。所以，吓得老鼠乱跑。”由此可见松风怒吼威力之大！

其实，古时候人们就开始关注松风的神韵了，秦汉时就有古琴曲《风入松》（别名《松风》）。李白在《鸣皋歌送岑徵君》中写道：“盘白石兮坐素月，琴《松风》兮寂万壑。”这就是《松风》曲在古诗中的第一次体现。后来，李白又在《听蜀僧濬弹琴》中写道：“蜀僧抱绿绮，西下峨眉峰。为我一挥手，如听万壑松。”同样表达出古代文人对松的敬仰和听松洗心的习惯。这种习惯一直延续到宋朝，苏轼在《十二琴铭·鹤归》中写道：“白鹤归来见曾玄，《陇头》《松风》入朱弦。”

遗憾的是古曲《松风》失传已久，无从听得。可喜的是，新曲《听松》早已惊世出现。

新《听松》曲是我国近代著名民间盲人音乐家、琴师华彦钧（阿炳）在抗日战争时期所创作。二胡《听松》曲短小精悍，气势浩大，层次分明，构思新颖，旋律流畅，一气呵成，速度和力度倏忽多变，极具戏剧性效果。阿炳在抗日战争时期每逢演奏此曲之前，必讲一番南宋时期入侵者金兀术败逃的故事，以金兀术的败逃喻日寇的失败，以岳飞的奋斗精神预言中华民族抗日战争的必然胜利。

当然，阿炳的创作也不是空穴来风，其创作基础就是无锡的听松石床。

二、太湖独景听松床

在江苏无锡太湖旁的惠山，有一处古老的“听松石床”景观。据说，石床最早置放在惠山寺的大雄宝殿前，明代正德年间被移置到二泉附近的一棵高大的古银杏树下，并建有一座“听松亭”。从此，石床也就置于听松亭内了。

这张石床是一块古铜色的巨石，石面平坦光滑，偃卧休息时，便听得阵阵松涛声，故称“听松石床”，俗称“偃人石”。石床一端镌有“听松”二字，字迹端庄清秀，圆润和谐，为唐代著名书法家李冰阳所书。石床的另一端镌有宋代文人的题字，由于年代久远，石碑受风雨剥蚀而字迹斑驳，如今已很难辨认。

在无锡的民间还有不少关于石床的传说。其一是说宋代赵构从金国逃回后，路过无锡的惠山时，身心疲惫和衣偃卧石床上过夜。半夜时分，忽然被山上的松涛惊醒。赵构怀疑是金兀术追赶而来，吓得他一骨碌从石床上爬起，落荒而逃。由此，后人便称此石为“听松石”。其二是说金兀术被岳飞打败后，溃退到无锡的惠山时，已筋疲力尽，忽然看见山上有一巨大石床，就一头倒在石床上呼呼地睡着了。夜半，一阵山风袭来，松涛阵阵，如马行空，又如波涛骇浪，把金兀术从梦中惊醒。金兀术以为是岳飞追兵赶到，慌忙从石床上跳了下来躲在石床东侧，由于用力过猛，右手按在石床上，留下了掌心和五个指头的痕迹。

传说的渲染不仅为石床增添了神奇，也引来了许多诗人墨客的赞咏。唐代诗人皮日休就经常和身卧在石床听松，一次诗兴勃发，写下了《惠山听松庵》诗：“千叶莲花旧有香，半山金刹照方塘。殿前日暮高风起，松子声声打石床。”

松风之声不仅影响了音乐，松风的气势也造就了书法名帖。宋徽宗崇宁元年(1102 年)，黄庭坚与友人同游鄂城樊山，途经松间一阁，夜听松涛而成七言诗一首，题名为《松风阁》。《松风阁诗帖》是其传世作品中最负盛名的书帖，风神洒荡，长波大撇，提顿起伏，一波三折，意蕴十足，不减遒逸《兰亭》，直逼颜氏《祭侄》，堪称行书精品。此帖经宋、元、明、清辗转流传，现珍藏于台北故宫博物院。

第六节　松林肃穆　其情也幽

苍松长青静穆，森森遒劲，与风和吟，自然塑造出了庄严的场景，不由得使人心情颇为敬重与沉重。很多陵园墓地首选植物就是松树，一是松树是常绿植物，象征万古长青，精神不死；二是前面提到的松树寿命极长，寓意子孙繁衍、民族繁衍、人类繁衍。

“十年生死两茫茫，不思量，自难忘。千里孤坟，无处话凄凉。纵使相逢应不识，尘满面，鬓如霜。夜来幽梦忽还乡。小轩窗，正梳妆。相顾无言，惟有泪千行。料得年年肠断处，明月夜，短松冈。”这是宋代文豪苏东坡悼念亡妻的《江城子·乙卯正月二十日夜记梦》。据《东坡杂记》中记载“（东坡）少年颇知种松，手植数万株，皆中梁柱矣”。相传当结发妻子王氏病逝后，东坡在其坟茔四周亲手植松苗上万株。经过十年寒来暑往，风吹雨打，幼苗已逐渐长成大树。他把对爱妻的思念都用种植松树来表达，但愿自己像松树一样永远陪伴在爱妻身旁。我们对恋人的思念有盼头，而东坡先生对亡妻的思念都只能是摧心扼腕、寸断肝肠！一日梦中醒来，他写下了此首《江城子·乙卯正月二十日夜记梦》，真情挚感溢于笔端：在世时相亲相爱的情形犹在眼前，转眼已阴阳相隔十年，死后十年相思啊！“不用思量，想忘也忘不掉”，“年年都在肝肠寸断”！很难想象在那个可以拥有“三妻四妾”的年代里，儒雅风趣的官家名士，平时又诙谐贪吃的东坡先生，在亡妻辞世十年之后，尚能有如此激情写下这传诵千载的爱情绝唱。尤其是“明月夜，短松冈”之句，此情此景，纵铁石人读之也不禁怆然泪下。

松树，生在华夏的松树，已不再单单是一种植物。松树是一种文化的密码，可歌、可画、可咏、可叹！在哲人眼中，松树是铮铮铁骨、国人的脊梁；在文人眼中，松树是松涛阵阵、百态千姿；在诗人眼里，松树是“半溪明月，一枕清风”；……

松树是如此的多彩！所以，在园林设计中有无园不松之说。

松树，万木之公，让世界为你咏叹！

第九章　北社唯槐

七绝·槐树赞

木中之鬼古槐风，
华夏传承把火生。
忠正赢得福禄寿，
三公祥瑞喻吉星。

槐树在过去的文献和百姓口语中专指国槐，是原产于我国的古老树种。国槐在我国种植极为广泛，自古以来就是我国重要的绿化树种，故称槐树“都城官木、大众市树”。《山海经》中有“首山其木多槐，条谷之山，其木多槐”的记载。在古代，槐树并不是一种普通的植物，它有着神一般的灵气，可以给人带来福气，是官位的象征、财富的象征，所以把它称为吉祥树、幸福树，接受很多人的崇拜。虽然它没有楠木和红木珍贵稀有，没有柳树婀娜多姿，没有榕树亭亭玉立，但上至皇宫大院，下至黎民百姓，门前总要栽上几棵槐树。槐树在我国北方分布极为广泛，人们在与它相处的过程中自然赋予了它独特的人文内涵和文化寓意，具有独特的民族文化品格。

第一节　木中之鬼　华夏神树

不知从何时起，人们开始了对槐树的崇拜。在华北地区几乎村村都有槐树，而且位置都比较显眼，树龄稍大的槐树都被红布所包缠，有的甚至还在树下垒个类似小庙的建筑，上面摆着牌位，牌位前放着贡品、蜡花和香火等，不断有人祭拜。老人们尊称槐树为“槐神爷”或“槐仙”，可见槐树在百姓心中之神圣。

一、远古的图腾

国槐的材质优良，木材颜色内黄外白，质地偏硬，纹理无节而通直且富有弹性，耐水湿和腐蚀，是农具、车辆、造船、雕刻、造屋、建筑、制作家具的重要用材。在过去的住宅中，几乎家家户户都有槐木家具。现在农村里做桌椅板凳和马扎等用品，都还是以槐木为上等材质。

《天工开物》中记载"槐花煎水染，蓝淀盖，深浅皆用明矾"。用槐米浸染的棉布，颜色相当鲜艳。在晾晒的过程中，比较平展的与空气接触面多的部分明显颜色偏浅，亮丽的像是把颜料都晒出来了似的，但在有褶皱的地方颜色明显偏深。槐米浓度比较低时布色呈黄色，浓度较大时可以将布染成军绿色。

槐树的叶和花可烹调食用，也可做中药。花、荚果、叶和根皮均可入药。

正因槐树浑身是宝，与人们的衣食住行等生活息息相关，所以，人们才产生了对槐树的敬奉。

（一）火种

毋庸置疑，在人类文明发展史上，从来没有一项发明能像火的影响那么大，从我国古代的夸父追日到古希腊神话中的普罗米修斯偷火，从祭祀中的"长明灯"到中亚的"拜火教"，从钻木、燧石取火到火柴的诞生，再到现在的核能利用，人类文明的每一步前进，都离不开火的作用和影响。

而我国先民用火、取火的最早记载就是槐木。《周礼》中描述"秋取槐、檀之火"。《淮南子》中也说"老槐生火"。看来在远古时候，人们最早钻木取火最常用的就是槐木了。

槐树用作燃料的功能开发最早。槐树由生活实用的材质上升为文化的符码，大概是由于槐树的这种可以启火的功能与原始宗教巫术相结合，形成生火巫术。槐能生火应该是人们崇拜槐树的根本原因之一。

（二）掌管北方土地的神

在商周时期，人们对天地及各种神灵的祭祀活动非常重视。我国在很早时期就进入了农耕社会，所以，掌管土地的神是最重要的神灵之一。

据《尚书》中记载"北社唯槐"，其中的北社是指大社（国君祭祀天地的地方）以北六里所建的祭祀土神的社坛。人们认为掌管北社的神是槐树，所以在北社祭祀场所中多种植槐树。因此，在商周时期，先人就开启了对槐树的敬仰之情。

（三）阻挡群鬼

历史上关于武王伐纣的真实记载很少，大都是美丽的传说，抑或是神话故事，影响最大的莫过于《封神演义》，这与当时人们的认识水平、语言文字限制有很大关系。据《太公金匮》记载，武王问太公曰："天下精神甚众，恐后复有试予者也，何以待之。”太公曰：“请树槐于王门内，有益者人，无益者拒之。”姜太公认为槐树可以分辨真假，且有挡群鬼的作用。所以，让周武王在宫门内多种槐树，以抵挡无谓的鬼神。这种习俗一直延续到现在，所以在故宫里槐树最多；而北方老百姓也一直还有用槐木做大门的习惯，这里面除材质需要外，也有槐树保家庭吉祥平安之意。

二、木中之鬼

关于槐树是木中之鬼的说法流传很广，但大都是从字形上产生的歧义，是以讹传讹。

《说文》中写道：“槐，木也，从鬼声。”这也就是说，鬼入槐字只是取其声罢了，其义是木，而与鬼义无关。《说文》中又说：“槐者，怀也。”这是说槐有保护人们的意思。同时，《说文》中还说“鬼者，归也”；《礼记·祭法》“庶人庶士无庙者，死曰鬼。”由此可以看出，鬼不是魂魄，而是泛指没有墓地安葬的亡者。

不知从何时开始，人们认为人死后是有灵魂的，而灵魂是要回到老家的。所以，槐树本身并不是鬼，而是认为鬼认识这个树。古代人们外出做事，客死他乡的人比较多，在村口种植槐树，以招其魂魄安归故里。所以，后人认为“槐为木中之鬼，是不吉祥的树木”，怕是有误。

相反，槐树在我国北方人的眼中是繁华祥瑞的树种，所谓“门中有槐，富贵三代”“门前三棵槐，福禄寿俱来”等说法就广为流传。

但无论如何，槐字有鬼旁，人们还是有敬畏之心的，认为槐树是有灵性的。如唐代文言笔记小说《因话录》中说，在一棵大古槐上，每到晚上常有仙人在树上进行游玩，甚至还传出了丝竹音乐之声。晋代是我国玄学最盛的时期，流传出许多玄幻故事。当然玄学不是无根之木，其理论基础多取材于民间的传说。东晋文学家干宝在《搜神记·天仙配》中讲述老槐树显灵后能开口说话，帮助董永与七仙女成就了一段美好姻缘。山西《汾阳县志》记载：“仙槐观在城隍庙之北，相传其地有槐，枯朽如刳舟。金皇统中，遇异人投药其中，倏长茂如初。故州人饰观以仙槐名。”

三、华夏古槐

俗话说：“千年松树万年柏，顶不住老槐歇一歇。”槐树寿命极长，在全国许多地方都能见到千年老槐树。据山西省林业厅不完全统计，山西省境内现有 400 多株千年老槐树，而且广泛分布在 90 多个市（县、区），均有较高的研究和欣赏价值。据甘肃崇信县旅游网介绍，在甘肃省崇信县铜城乡关河行政村有一株“华夏古槐王”，胸围 10.18 米，主干高 2 米，冠幅 34.72 米，占地约 1 300 平方米，树龄 2 800 多年，在全国槐树中亦属罕见。更为奇特的是，这颗槐树上寄生着杨树、花椒、五倍子树和小麦、玉米等 9 种植物，真是树中有树，树中有草，可谓“子孙”满堂，“人丁”兴旺。

国槐大树古朴苍劲，多遗存在古村落或寺庙院内。人们敬奉之为神树，并由此产生了很多民间传说。

（一）天下第一槐

河北省涉县固新村有棵千年古国槐，树高 29 米，胸径 4.4 米。据中科院古植物保护专家鉴定，该树有 2 500 多年的历史，也是目前我国已知的树龄最长的槐树之一。大槐树旁边建有颂槐亭，古今文人墨客多有题咏，被誉为“天下第一槐”。

关于老槐树的大，有“固新老槐树，九搂一屁股”之说。据说有一盲人来看老槐树，到树下后把手杖往树边一靠，就开始慢慢伸胳膊搂槐树，看看有多粗。可是，老人连搂了九下，也没摸到手杖。这时老人也累了，于是坐下歇一下，结果，坐下时伸手刚好摸到手杖。所以就有了“固新老槐树，九搂一屁股”的故事。

由于年代久远，目前树干、主枝已大部分枯朽，仅东南方向有约占全树五分之一的上部保留一个主枝及部分侧枝仍继续生长延伸，形成覆盖面积半亩之多的新树冠。

古槐曾经枝繁叶茂，在当地有“槐荫福地”的盛誉。据说在明末的一个灾荒年，曾有古槐开仓放粮之故事。传说老槐树以槐豆为米、槐叶为菜拯救灾民，白天大家随意采，到夜里又都长了出来，槐叶充饥使百姓渡过灾荒时期。

这株古槐与晋祠“周柏”同龄，可谓槐中之最。它虽然在历史上屡遭自然灾害和战火的摧残，历尽千年沧桑，但现在仍以旺盛的生命力傲然于世。

（二）先有老槐树，后有大名城

河北省大名县古称为“大名府”，是北宋时期的陪都，是当时北方政治、经济和文化的中心。现在大名还广为流传着“卧龙槐”的故事。

大名老城西街的当街有一棵老槐树，树干苍老奇特，虬枝盘曲纵横。树干直径约 1.5 米，在离地面两米高处，其三支硕壮树股向北、向南、向东分开。三大主枝不向上长，而是与地面平行着生长，每股都似平长的大树，使整个树冠像一把撑开的巨伞。老槐树的奇特处还在于树皮奇特皴裂宛若龙鳞状。向东伸出的一股已经枯死，但形状酷似舞动的苍龙，所以人们称此老槐树为“卧龙槐”。

关于卧龙槐还有个美丽的传说。在明朝初期的时候，大名府城位于现今县城的东面约七公里的地方。因为那个老城地势洼陷，几乎是十年有七年被淹，官民深受其苦，府尹也很是挠头。一晚，府尹忽做一梦，梦见在城西南不远的地方有一大片草地，草地中央有一棵参天大树，树冠上空有五彩祥云相罩，树上百鸟朝凤之盛景，鸟声清脆乐耳。府尹心情大好，随口叫到：“真乃好去处也！”随即惊醒，原来是一场梦。

次日，府尹忙找师爷咨询。师爷曰：“这大概是上天为我们指定新城址吧，方向在西南，参天大树是标志啊。”吃过早饭，府尹由师爷伴从快步如飞，一路西行。

半个时辰后看到一个小乡村，人流如织，商贩往来，颇具繁华气势。说话间二人来到一棵参天古槐前，只见这棵古槐生长得十分繁茂，枝条极力外伸，树叶密密匝匝，绿荫如盖。古槐后有一不大的院落，但又显庄严的气势，门匾上书“槐仙洞”三个大字，笔力遒劲。小院旁边有一小酒馆，酒幌上书“槐仙酒肆”。古槐、古祠、酒肆相映成趣，环境幽雅，沉静迷人。酒馆老掌柜将府尹二人迎了进去，此时一股似酒香又非酒香、似槐花香又非槐花香、酒香中有槐花香、槐花香中有酒香的味道扑鼻而来，沁人心脾。府尹问老者：“此酒怎么如此好喝，这里面有什么妙处?”老者答道：“此乃槐仙所恩赐，你们慢慢品味吧。”府尹欲求教更多时，忽已不见了老者，也不见了村落街道，眼前只有参天古槐。府尹与师爷立马四望，此地极其辽阔，极目处水草丰美。府尹心中陡然明白，这一切乃槐仙点化，遂定大名新城址。

新城建好之后，在古槐旁，又建了槐仙祠。如今老古槐已千年寿命，尽管阅尽人间沧桑，但依然顽强生长，继续着那个美丽的传说。

第二节　槐官相连　科第吉兆

一、槐树是“三公”的代名词

《周礼·秋官》记载“面三槐，三公位焉”。在周代宫廷里，有种三棵槐树的礼制，群臣朝见天子时，三位最高官员太师、太傅、太保分别站在三棵槐树之下。由于中国比较含蓄表达的审美习惯，此后三槐自然也就成了三公的代名词。

古代书生们都希望在有槐的环境中生活和学习，这样心中就自然有槐位（三公之位）念想，也就有了刻苦求学的目的和动力。另外，“槐”字与“魁”字相近，在槐树环境中学习也有暗含自己在考试中独占魁首的意思。到了唐代干脆就开始以“槐”来指代科考，有“槐花黄，举子忙”之说；同时还把考试的年头称“槐秋”，考试的月份称“槐黄”，举子赴考称“踏槐”。如北宋黄庭坚《次韵解文将》中说：“槐催举子著花黄，来食邯郸道上梁。”南宋范成大《送刘唐卿》也讲“槐黄灯火困豪英，此去书窗得此生”。

河北《文安县志》称：“古槐，在戟门西，清同治十年东南一枝怒发，生色宛然，观者皆以为科第之兆。”于是槐树就成了莘莘学子心目中的偶像，被视为科第吉兆的象征。

二、中国最早的国考图书市场——槐市

西汉末年，大司马王莽为了培养人才和安抚知识分子，下令在各郡县普遍设立学官，并将博士名额扩大5倍，同时征召通古文经学、今文经学乃至懂天文、历算、兵

法、文字、医学、药学等各方面的能人异士来京师讲学。随着太学生人数的急剧增加，王莽在长安城东南郊大兴土木，扩建太学，据说能容纳万人以上。

同时，王莽为了适应更多太学生读书的需求，就在太学馆附近的槐树林里设立了一个定期聚散书籍的市场，这个市场历史上就称为“槐市”。关于槐市后人也多有著述，南朝梁元帝《皇太子讲学碑》中提到“转金路而下辟雍，晬玉裕而经槐市”。这说明当时在南朝也还有槐市的存在，但到了唐代，槐市就只有传说了。如唐代武元衡诗《酬谈校书长安秋夜对月寄诸故旧》中说“蓬山高价传新韵，槐市芳年挹盛名”。宋代苏轼诗《次韵徐积》中说“但见中年隐槐市，岂知平日赋兰台”。

三、槐喻官已深入文学作品

据唐朝李公佐写的《南柯太守传》记载，广陵人淳于棼由于犯事而被贬成庶民，心中很不舒服。有一天喝醉了酒，躺在院子里的槐树下就睡着了。睡觉中他做了一个梦，梦到自己到了一个叫大槐安国的地方，并和公主成了亲，当了 20 年的南柯太守，官做得非常荣耀显赫。可是后来因为作战失利，公主也死了，他被遣送回家。一觉醒来，看见家人正在打扫庭院，太阳还没落山，酒壶也在身边。他四面一瞧，发现槐树下有一个蚂蚁洞，他在梦中做官的大槐安国，原来就是这个蚂蚁洞。槐树的最南一枝，就是他当太守的南柯郡。

古代还流传着有许多槐为科第吉兆的故事。北宋孔平仲《谈苑》中记载：“吕蒙正方应举，就舍建隆观，沿干入洛，锁室而去。自冬涉春方回，启户视之，床前槐枝丛生，高二三尺，蒙茸合抱。是年登科，十年作相。”这个吕蒙正就是北宋时期一举夺魁、三度拜相、封许国公、授太子太师的神人，据说他就是依靠槐的力量中了状元。

第三节　槐荫福地　祥瑞象征

古代人在家里种槐树，除了汲取荫凉之外，还在于讨个吉兆，寄托希望。民间俗语“门前一棵槐，不是招宝就是进财”，说明槐树有吉祥的寓意。现在许多地方还有冬天烧槐枝、烤槐火以避邪的习俗。元代遒贤《孔林瑞槐歌》记载：“古槐一章，见者咸加敬爱，因以纪瑞云。”所以，槐也常被称为“瑞槐”。古代人还视槐枝连理为吉祥的象征，《南齐书·祥瑞志》载：“永明元年五月，木连理。闰月，璇明殿外阁南槐树连理。”不仅如此，槐树还有“忠正”之品格，即“槐系取其黄中外怀，又其花黄其成实玄之又”。

另外，槐实连子的表相以及槐子谐音“怀子”，成为口彩词和吉祥物的表达，所以，人们在院中栽种槐树以喻多子多福。槐树就是这样成为一种有着丰富民俗和历史文化内涵的植物而广为种植，在我国北方更被赋予了福地和祥瑞的象征。

北宋苏东坡所著的《三槐堂铭》写道："呜呼休哉！魏公之业，与槐俱萌；封植之勤，必世乃成。既相真宗，四方砥平。归视其家，槐阴满庭。吾侪小人，朝不及夕，相时射利，皇恤厥德？庶几侥幸，不种而获。不有君子，其何能国？王城之东，晋公所庐；郁郁三槐，惟德之符。呜呼休哉！"讲的是北宋初年，兵部侍郎王佑文章写得极好，做官也很有政绩。他相信王家后代必出公相，所以在院子里种下三棵槐树，后来他的儿子王旦果然做了宰相，当时人称"三槐王氏"，在开封建了一座三槐堂。在"万般皆下品，唯有读书高"的封建社会，能位列三公，封妻荫子，那是多大的荣耀啊！当然，苏东坡的文章固然写得很好，但王佑父子位居高官只是假借槐树名罢了，其实与槐树无关，真正流传后世的是他们的品德和学识。

位于河北省石家庄市正定县城东门里街的千年古刹隆兴寺，有三棵千年古槐。前两棵"龙凤槐"位于寺内戒坛之前。东侧的古槐盘根错节，遒劲有力，犹如"龙"之气势；西侧的古槐树冠舒展，雍容华贵，嫣然"凤"之姿容。这两棵槐树冠首相通，根茎盘绕，犹如一对恋人一般。相传早在汉代，城内一个富家小姐与家中长工相恋，遭到父母的强烈反对。在封建时代，悬殊的身份不能让两个相爱的人在一起，于是他们相约私奔。当他们逃到此地时被家丁团团围住，于是二人在此盟誓永不分离，化作两棵槐树。若干年后，皇帝驾临此地，听闻此事深受感动，遂赐名"龙凤槐"。后人又称之为夫妻树、姻缘树。龙凤槐采日月之精华，得天地之灵气，经历千年风雨，仍然相依相伴。

在隆兴寺内还有一棵被称为"寿槐""福槐"的古槐，已有 1 300 多年树龄，是寺内树龄最高的槐树。相传宋太祖赵匡胤曾在树下驻足观看，见有瑞鹤祥云绕于树端，经久不去，坚定了他称帝后扩建隆兴寺的信心。

第四节　盘古精魂　怀祖亲情

明朝初年，从山西向中原地区的移民是我国历史上规模最大、范围最广、时间最长的一次民族大迁徙。由移民形成的民风民俗、语言行为、民歌民谣、故事传说、姓氏村名以及大量的家谱、族谱、碑记等，构成了一个丰富多彩、独具特色的文化现象。"山西洪洞大槐树"就是移民文化的一种象征，几百年来一直有歌谣传唱："问我家乡在何处，山西洪洞大槐树"。民间农村落户建庄时，通常在新住址种植槐树以作纪念。因此，古槐就被移民的后裔们视为祖先的象征，而向古槐祈求趋福避祸，就成为祖先崇拜的变通形式，村民们希望通过祭拜槐树，获得思想上的安慰和精神上的寄托。

据史料记载，从明洪武二年至永乐十五年，近50年的时间里大槐树下就发生大规模官方移民18次，主要迁往京、冀、豫、鲁、皖、苏等地，涉及500多个县市。经过600年的辗转迁徙、繁衍生息，而今全球凡有华人的地方就有大槐树移民的后裔。据不完全统计，这几次迁徙涉及1 230个姓氏，由这里迁往各地的移民后裔数以亿计。洪洞大槐树寻根祭祖园早已在中华儿女心中深深扎下了认祖归宗之根，被当作“家”，被称为“祖”，被看作“根”。

一、大槐树赋

由于洪洞大槐树独特的纪念意义和历史文化价值，牵动着广大华夏子孙的情感。每年前来参观的人络绎不绝，其中不乏文人骚客，他们引诗作赋颇多，其中天涯论坛“狂也无名”写的《槐赋》最为经典。

“槐者，怀也！自昔鸿蒙肇始，阴阳分化。盘古精魂，逐风盈野。一缕飘摇，山河萦挂。凝而为槐，葱茏如画。其干如松，凤凰舞于中；其叶如云，麒麟栖于下。枝连河岳，得日月之精神；根接苍冥，参天地之造化。三千丈耸峙凌霄，沐风栉雨；一万年俯瞰苍生，经冬历夏。

“天厚一人，乃赋异秉；天厚一方，乃呈异景。时有大槐，汾水之滨；身环七抱，荫蔽半顷。我祖居之，千年光阴!”

文中说道，大槐树就是庇护人的神。它是盘古开天辟地时，由盘古的魂魄所变。所以，槐树的外形葱茏像画一样美。它的枝干像松树一样遒劲，吸引凤凰在其中飞舞；它的叶像云一样，吸引着麒麟栖息在树下。它的枝像是连着山河大地，得到日光月华的滋润；它的根连接着宇宙之气，得到大地的濡养。大槐树高耸入云，迎风接雨，俯瞰苍生，庇佑大众，经过了多少的冬冬夏夏啊。据说，老天爷要厚爱一个人就给他特别的才质禀赋；老天爷要垂青哪个地方啊，就让那个地方风景奇俊。这就是在说大槐树啊，它坐落在汾河的岸边，粗大得7个人都抱不过来，树冠大得啊，能遮蔽半顷地。我的祖宗居住在这里已有千年的时光了！

这是多么美的一首辞赋，勾起了人们多少的遐思。

二、移民原因

元朝统一中国后统治只有89年，由于蒙古贵族及封建地主对农民残酷剥削压迫，阶级矛盾与民族矛盾日益激化，元丞相“脱脱破徐州，遂屠其城”。

据记载，元朝末年的雨旱灾，山东19次、河南17次、河北15次、两淮地区8次。

至正十七年（1357年）六月，暑雨，漳河溢，广平郡邑（说的正是邯郸东部的平原地区）皆水。

元末中原地区不但水患严重，大蝗灾也频频而至，从至正元年到二十五年，大蝗灾计有十八九次。随后河南、山东、河北等省又发生了严重的瘟疫，人口锐减。（《元史·五行志》）。

以上种种兵乱、水、旱、蝗灾、瘟疫等相继发生，致使百姓非亡即逃，使中原地区人烟稀少，元政府只好把一些路降为州，如“降徐州路为武安州”。徐州和武安是多么远的距离，竟然并为一处，可见人烟多么稀少！

三、折槐枝与供神树

在中原地区民间，不少人都把槐树视为一种吉祥树，都喜欢在大门口和十字路口栽植槐树，并把那些古老的槐树视为“神树”，常常在树干上钉有“灵应”“保佑”之类的小牌子，并且用红布包裹树干，若树上有鸟巢，更不许孩子去摸。据说这些传统习俗与明代迁民有关，源自明代迁民时的“折槐枝”的传说。

当初，移民们被捆了手，官兵刀枪相逼着上路时，不少人纷纷拽住大槐树，就像拉着亲人的手，死死不放。那些官兵用棍棒驱赶不开，便拔出刀剑，砍断人们拽着的槐枝，驱赶移民启程。无情的刀剑把移民跟大槐树分隔开了，但移民们望着槐树，手抓槐枝仍然不愿扔掉，直至移民们被押解着越走越远，故乡的大槐树渐渐望不见了，唯有手中的槐枝成了人们心目中大槐树的象征。到了移民地后，移民们对家乡的恋情，对亲人的思念，就都倾注在这小小的槐枝上了。于是移民们便把携带着浓浓乡情的槐枝，栽植在新居的院子里，精心浇灌、培育，生命力顽强的槐枝在新土上不断生根发芽，陆续长成了参天大树。院子里的槐树是故乡的象征，不少人在逢年过节时，在此树下奉吃、敬香、叩头祭拜。久而久之，沿袭成俗，槐树还成了先祖的象征。

有的地方，家里有了什么难事或有人得了严重疾病，人们也习惯对着槐树祈求先祖保佑。时至今日，这一习俗仍在不少地方传承延续。

第五节　大邦美树　植槐传统

从《吴都赋》描写的“驰道如砥，树以青槐，亘以绿化，玄阴耽耽，清流亹亹”来看，春秋时期官道上就已开始种植槐树了。到了汉朝初年，长安城的行道树多为槐树，树被称为官树，路称为“槐路”“槐街”“槐陌”；官衙门前也多植槐树。据记载，汉武帝在上林苑植有槐树 600 余株，从种植面积之大，足见汉武帝也是十分喜爱槐树的。此后，长安、洛阳、开封等地陆续有了植槐的传统。

一、都城官木

唐代罗邺写有一首名为《槐花》的诗："行宫门外陌铜驼，两畔分栽此最多。欲到清秋近时节，争开金蕊向关河。层楼寄恨飘珠箔，骏马怜香撼玉珂。愁杀江湖随计者，年年为尔剩奔波。"此诗较为详细叙述了宫门内外，都城各街道，甚至大官道上普遍栽植槐树的景象。

《全唐诗》中还有关于槐路的记载："槐林五月漾琼花，郁郁芬芳醉万家。春水碧波飘落处，浮香一路到天涯。"农历五月的槐花洁白像玉、香飘万家，落花更是随着河水清香至天涯。这是多么美的景，多么美的诗啊！

直到明清，还沿用着在都城植槐的传承，故宫和颐和园等古园里见到最多的就是槐树，特别是故宫武英殿附近著名的"紫禁十八槐"更是高贵权势的象征。

二、大众市树

国槐花香淡雅，绿叶期长，适应性强，病虫害少，枝、叶、花均具观赏价值，符合行道树、庭荫树要求。自古街市、庭院多植槐树。在华北地区的古树名木统计中，人为栽种古树以国槐最多。国槐是著名的大众市树。北京、西安、太原、济南、邯郸、大同、焦作、天水、唐山、郑州、周口、烟台、莱芜、大连、泰安等几十个城市都以国槐为市树。作为市树，国槐具有很强的地域特征，是现代文明和古老历史的典型代表。

三、大邦美树

（一）建安咏槐

三国时期，曹操带文武大臣去游览文昌殿。当时正值盛暑，人们站立在院中大槐树下纳凉小憩，顿感神清气爽，抬头看到小阁外也有槐树，树姿优美，遂使众人赋诗。其中曹丕、曹植和王粲的作品最为优秀，流传下来。

曹丕在《槐赋》开篇写的"有大邦之美树，惟令质之可嘉"，极力称赞槐树是大国中才具有的最华美的树，其神韵、气质和材质是首屈一指的。在最后又写道"天清和而温润，气恬淡以安治。违隆暑而适体，谁谓此之不怡"。槐树使得天朗气清，人也通体舒泰。

随后王粲也在其《槐赋》极力夸赞槐树，并于末尾写道"鸟愿栖而投翼，人望庇而披襟"。说槐树树冠、树叶都美，环境清幽，鸟都愿意在树上结巢，人也愿意在树下乘凉。

最后，大才子曹植出场。他在《槐赋》开篇便写道"羡良木之华丽，爰获贵于至尊"，称羡槐树姿态端庄优美，能屡次获得帝王们的推崇。

（二）景公爱槐

齐景公是与孔子同时代的历史人物，是齐国执政时间最长的一位国君。其执政期间，国内治安相对稳定，社会秩序良好。在如此贤达的一位国君身上流传着一段与槐树的情感故事。故事起于爱槐，终于爱民。在爱槐与爱民之间的取舍上，折射出齐景公爱民如子、从善如流的优秀品质。

《晏子春秋》说齐景公非常喜欢槐树，下令官吏小心守护它，并且悬挂告示："冲撞槐树者判刑，伤害槐树者判死罪。"

后来有个人醉酒后撞上了槐树，景公听到后立即派官吏拘捕了他，将对他加罪惩处。

撞树者的女儿找到相国晏子说："我的父亲醉酒后冲撞了槐树，官吏将对他加罪惩处。我曾听说过，英明的君主不会因为私愤而损害公法，不会为了禽兽而伤害百姓，不会为了草木伤害禽兽，不会为了野草伤害禾苗。我们的国君却要因为一棵槐树的原因而杀掉我的父亲。我还听说过，智慧的君主不会违背正道来实现自己的欲望。如今国君因为槐树而轻视爱他的百姓，实在是太过分了呀!"晏子说："这件事的确太过分了！我将在国君面前替你说话。"

第二天，晏子向景公说："我听说这样的道理，榨尽百姓的财力来满足自己的嗜好贪欲，就叫作贪婪残暴；推崇自己喜好玩赏的东西，把它们抬高到与君主的权威相似的地位，就叫作悖逆正道；随心所欲地处以重刑或死刑，罚不当罪，就叫作残忍暴虐。这三条，都是治国的大祸害。现在您悬挂护槐的命令，坐车经过槐树的要拼命赶车，步行经过槐树的要拼命快走，威严得就像君主，这是明显的悖逆啊。冲撞槐树的人要判刑，损伤槐树的人要处死，判刑和处死如此不合理，这是最大的残害百姓啊。您当国君以来，德行还没有在民众中显现出来，而三种邪僻在全国出了名，我担心您这样做是不能治国安民的啊。"景公说："如果没有您教诲我，我几乎铸成大罪而危害国家。如今您能指教我，真是社稷的福分。我接受你的指教了。"景公立即下令撤走守护槐树的人员，拔除悬挂命令的木柱，废除关于伤槐受刑的法令，释放了冲撞槐树的酒醉之人。

（三）当代述槐

"中华槐园信步行，花树湖山皆有情。碧水石桥对我笑，堪比西子烟雨中。"这是河南日报记者肖飞在河南省沈丘县的"中华槐园"采风时所写。

沈丘县自夏禹以来就爱槐、种槐、敬槐，与槐树结下不解之缘，世代相因，明初最盛。县城所在地就是槐店回族镇，历史上曾叫"槐树庄""槐坊店"，时间长了，就叫成了"槐店"。

近年来，沈丘县开发建设成了一个以槐树为主题，以山水相映为基调的中华槐园。这里有槐仙山、槐香湖、观槐亭、三槐桥、三槐堂等，它们犹如一颗颗珍珠镶嵌于园中，与品种多样、千姿百态的槐树构成的槐林争奇斗艳，交相辉映。

在中华槐园拥有的60多个槐树品种中，有国槐、洋槐、毛刺槐、龙槐、香槐、蕉金槐、五彩槐、爪槐等，几乎囊括了世界上所有的槐树品种。这些槐树中，有的古老沧桑、老态龙钟，有的郁郁葱葱、千娇百媚，有的姿态各异、虬枝婆娑。槐园中的槐树约有两万多株，有数十处生态景观，可以容纳上万人游园休闲，成为一个集生态旅游、园林文化、自然景观于一体的生态槐树园林。

沈丘人以槐园为平台，加大“槐文化”开发力度，创建槐树产业研究院，引进各地槐树品种，打造全国槐树种资源基地，沿沙河两岸建成万亩槐树基地，利用槐花、槐果研发槐药、槐酒、槐茶、槐食等系列产品，使之形成槐树产业链，成就了以千亩槐园、千年古槐为主的沈丘“槐文化品牌”。

槐树就是这样的低调，这样的朴实无华，它虽缺少现代绿植的多姿与妖冶，却在历史上光芒万丈。它既提供着衣食住行的便利，又承载着厚重的传统文化。它见证了人类史上最大一次迁徙，是中华民族心中的根。

壮哉，大邦之美树！

第十章　杨树印象

十六字令·杨（四首）

杨，源远流长风骨强。源华夏，茁壮叶牂牂。

杨，尚简谦谦傲雪霜。风姿美，赫赫自流芳。

杨，肃穆端庄悲怆伤。无虬曲，伫立诉衷肠。

杨，向上拼搏追艳阳。无他欲，勇士把头昂。

杨树有很多种，其中有很大一部分源自中国。由于它生长迅速，用途广泛，所以自古以来就深受勤劳质朴的中国人民的喜爱。长城内外，大江南北，处处可见杨树的踪迹。尤其是在黄河流域，在广袤的华北平原上杨树生长得更为繁茂。千百年来，中华儿女用优胜劣汰的法则筛选出了杨、柳、榆、槐四大树种作为自己亲近的伙伴，在这四大树种里，杨树又无可争议地排在了第一位。

第一节　杨树的渊源

一、源于中国

（一）东门之杨

杨树在中国的种植与栽培历史比较悠久，有文字资料佐证的最早能追溯到春秋时期，距今 2 700 多年。在孔子整理编纂的我国第一部诗歌总集《诗经》里就已经有了杨树的身影。“东门之杨，其叶牂牂。昏以为期，明星煌煌。东门之杨，其叶肺肺。昏以为期，明星晢晢。”这首《诗经·国风·陈风·东门之杨》说的是：从东门出城可以看到茂盛的杨树，阵风吹来，叶子沙沙作响。我与心上的人儿约好了黄昏时分在杨树下见面。黄昏时分，星星已经闪闪发亮。这是描写男女恋爱，把约会安排在黄昏之后的杨树林中的情景。为什么是杨树而非柳树呢？古人常常以杨为柳，但在这里此杨非柳。判断的依据是叶子“牂牂肺肺”发出的声响，风急“牂牂”，是哗啦啦作响；风缓“肺肺”，是沙沙地作响，柔柔如风的柳条和柳叶是断然发不出“牂牂”之响的。这就充分说明至少在春秋乃至更早的年代里，杨树已经开始在护城河岸、大道两旁广为种植，并且老百姓在日常劳作生活中对杨树感情至深。

（二）战国之杨

战国时期宋国的惠施学识过人，博古通今。跟庄子进行“子非鱼”辩论的是他，“学富五车”说的也是他。《战国策》里面记载着他说过的一段话，里面涉及杨树，说到了杨树的栽培技术与特性。“夫杨，横树之即生，倒树之即生，折而树之又生。然使十人树之而一人拔之，则毋生。”这是惠子劝诫魏国重臣田需的一段话，意思是杨树横着种能活，倒着栽也能活，折断了照样活。然而，即使是十个人种，只要有一个人搞破坏，那就断断不能活了。这段话的本意是劝诫田需要跟周边的人友好相处，不能树敌太多。在这段话里边，清楚地提到了杨树的特性及插枝、埋条栽培方法。从惠子借用杨树的生物学特性可以推断，战国时期乃至在此以前，人们已经开始大量种植杨树并且掌握了比较成熟的栽培技术。到公元 6 世纪，距今约 1 500 年的时候，农学家贾思勰在《齐民要术》中，对杨树的扦插、压条等育苗方法有了更加详尽的阐述。

（三）长安之杨

《晋书·苻坚载记》中有这样一首民歌：“长安大街，夹树杨槐。下走朱轮，上有鸾栖。英彦云集，诲我萌黎。”这几句话描写的是晋朝时的长安城，大街两旁夹杂相间栽种着杨树和槐树。街上车水马龙，贤者如云，一片太平盛世光景。这基本可以说明在晋朝时，杨树不仅仅是老百姓栽种用于取材，而是已经昂首进军大城市，作为绿化环境的树种来使用了。相比之下，欧洲直到 1754 年才首次出现关于杨树的栽种记录，距今才 200 多年的时间。

二、杨树今生

中国传统杨树栽培多是散生栽植，被老百姓粗放、零散地栽于村边、路旁、河边，主要用于民用建材、柴薪或饲料。由于平原地区人口稠密，土地资源相对不足，大面积的人工种植杨树就没有成熟的条件。

中华人民共和国成立后，为防风固沙、减少自然灾害，在风沙严重地区广为营造防风固沙林。由于杨树的适应性强，这些防风林多以杨树为主，在改善生态环境方面也发挥了极其重要的作用。直到今天，有些杨树防风林还在兢兢业业地履行它的职责。1980 年以后，随着改革开放的逐步深入，人民的生活水平日益提高，改善居住条件的需求不断增加，对木质建材需求也不断增加，杨树速生丰产林应运而生。再加上意杨等速生品种的引进和推广，中国一时兴起营造杨树速生丰产林的高潮。当时平原地区的农田林网以及路旁、河岸栽植的也多是这种杨树，中原地区的国道、省道路基旁，至今还有那个时期栽下的杨树。现在，这些杨树高硕挺拔，默默地护路遮阴、美化环境。自此，杨树栽培从最初的粗放散植转变为集约规模式发展。1990 年以后，国家林业局实施“国家造林计划”，其中杨树造林面积达到 20 万公顷。这些杨树完全按照国家林业局颁布的有关技术标准和规程设计、施工，不仅规模大，而且标准高、质量好。随着经济的进一步发展，杨树用材需求不断攀升，一批木材加工企业相继建立，杨树用材林的栽培也逐步与企业用材规格要求相结合，使得栽培进一步科学、品种进一步优化，进入了杨树栽培种植的黄金发展期。

据统计，1995 年中国各类杨树人工林栽植总面积大约有 600 万公顷，是世界上其他地区杨树人工林总面积的 4 倍还要多。到了 2009 年，我国杨树人工林的总面积达到了 700 万公顷，毫无争议地坐稳了全球杨树人工林栽植的头把交椅，这些成排连片的杨树人工林也在防风固沙、绿化用材等方面做出了不可磨灭的卓越贡献。2016 年，河北省对全省森林资源进行了一次清查，在筛选出的 20 个乔木林树种之中，杨树的占比达到了惊人的 31.1%，用材蓄积量高达 53 753 立方米。从上面一系列数据不难看出，国人对杨树的确是偏爱有加。

第二节　中国杨树博物馆

1972 年，意大利杨树第一次被引进中国，首先推广栽植的地方就是江苏省泗阳县。截至目前，泗阳县境内人工杨树林覆盖率达到 40%以上。杨树木材加工业是泗阳县的支柱产业，并在逐步发展壮大之中。泗阳县的意杨名声远扬，产品远销海内外，泗阳也因此被中国园林学会命名为意杨之乡。现在，国内最大的杨树王就屹立于泗阳农场内，中国林学会和泗阳县政府依树而建了全世界唯一的一座以杨树为主题的博物馆。该博物馆由上海同济大学设计规划而成，共有主展馆、“杨树王”展室、杨树品种园、组培室等几个展馆。这些展馆从不同侧面记录了世界杨树的发展以及中国杨树的栽培历程，展示了杨树从扦插到育苗、从育苗到成林的整个过程。博物馆主展馆完全仿照杨树树桩的模样建造而成，又细分为杨树起源、国际杨树、中国杨树、杨树工艺与文化、杨树栽培与利用等几个分展厅。在这里我们可以知道，地球上最早的杨树大量繁殖出现是在距今约 6 500 万年前的第三纪，这些杨树主要生长在比较干旱的区域，我国的新疆、西藏、青海等地区都有大量分布，它们就是今天依然令人起敬的胡杨；在这里我们还可以知道，目前全球 100 多种天然杨树树种中有 53 种来自于中国。

一、意杨的引进

意杨，本名“欧洲黑杨”或“欧美黑杨”。因为该树种是从意大利引进的，我们习惯把它称作“意杨”。

50多年前，中国从苏联、东欧引进过一批欧洲黑杨，由于都属于北方树种，并不适合江苏这样的地区栽种生长。受当时国际政治环境影响，一些优良树种的种苗也不能顺利引进到中国来。直到1972年，中国农林部代表团参加在阿根廷举办的国际林业大会，会后回国途经意大利，同行的意大利代表团赠送了一批珍贵的欧洲黑杨和欧美黑杨的枝条种苗。原农林部副部长梁昌武先生把这批种苗带回国后分成三份，交给南京林业大学等三家科研机构试验培育。两年后，其他两家机构都没有进展，只有南京林业大学王明庥教授项目组培育的杨树苗长势喜人，原来只有铅笔粗细的枝条种苗已经长成了鸭蛋粗细、五六米高的杨树，生长速度之快，令人瞠目。这几株杨树成了中国长得最迅速的杨树。试验结果证实，这种从意大利引进的欧洲杨树最适合在江苏北部的冲积平原上生长，泗阳县成为推广栽植的首选之地。时任泗阳县基层农业科技人员的王昌全见证了意杨在泗阳生根发展的每一步。

为纪念意杨的成功引种和栽培，在中国杨树博物馆景区大门树立的“饮水思源”雕塑就是三位对中国意杨发展做出巨大贡献的人。中间是现已仙逝的梁昌武先生，是他不远万里从意大利带来了种苗。他的右手边是被称为“中国意杨之父”的中国工程院院士王明庥教授，他左手边是现已享受国务院特殊津贴的高级林业工程师王昌全。他们三位分别代表着意杨到中国引种、培育和栽培历程的三个阶段。

二、绿色产业谱新篇

据《泗阳县志》记载，全县共有160多万人口，大小杨树却已高达12 000多万株，人均75株以上。每逢春夏之际，一走进泗阳就会看到到处绿杨成荫，意杨成排，路旁、河堤、房前屋后，郁郁葱葱，蔚为壮观。近年来，泗阳县依托自身优势持续开展和实施“绿色屏障”“绿色通道”和“绿色网格”三大绿色工程，每年植树都在1 000万株以上。如今，泗阳已经形成以河道、公路为骨架，以湖塘、荒滩为基地，以片林、林带为主体，以农业林网为补充的生态林网系统，生态效益日益显著，彻底扭转了20世纪70年代以前“三天无雨沙漫天”“冬春白茫茫，风起飞沙扬，春播一碗种，秋收半碗粮”的尴尬局面。现在，意杨产业发展成为农民增收、企业增效的第一大产业，全县从事木材加工及相关工作的人数已逾5万人，农民人均收入的七分之一跟杨树有关。意杨成为老百姓的摇钱树和绿色银行，意杨林成为泗阳老百姓的生态之林、经济之林、生命之林。

第三节 乡土杨树

一、故乡的杨树

在平坦广阔的华北平原，各种杨树十分常见，村口、路旁、河边、地头，或独立、或并排，或连片，或成林。这些高高低低的杨树也成了许多离乡之人心中极其重要的故乡符号。一位离乡多年的教师就写下了这样一篇《故乡的杨树》：

我的故乡是位于冀鲁豫交界之处的一个小农村。村东有个大水坑，儿时常年有水，可洗衣，可洗菜，可供牲畜饮用。大水坑也是小孩子们的乐园，夏可闹水，冬可滑冰。这些有趣的游戏当然都是要想法瞒过所有妈妈的。瞒不住的时候也很多，屁股、掌心或者耳朵就遭了殃，妈妈的手粗糙而有力。

每逢春夏，大水坑四周都会变得郁郁葱葱，偶有一棵柳树倒向水面，便成了我跟小伙伴儿的跳台。自树上一跃而下，水花四溅，欢笑一片，早忘记了妈妈会伸过来的手！岸边高处有一片小树林，几十棵的样子，都是杨树。树林的东面，就是出村的大路了，通贯南北。

这些杨树也被大人们称为白杨树，但跟今天所见毛白杨有很大的不同。一是叶子不如毛白杨的叶子那样雍厚，要小一圈儿、薄一点儿，叶背面也没有白色的绒毛；二是树皮远不像毛白杨那样光滑，虽不如坑边的柳树粗糙，但费些力气也是可以爬上去的。我们都很少爬这些杨树，一是因为有旁边的柳树可选，二是爸爸说过，杨树枝很脆，不禁人，别去爬它。爸爸的话比妈妈的手掌管用。所以，我们在杨树林里面的活动主要是在林下。经常做的活动有很多，能记得的有两项，其实是一个功能。一项是大风过后，妈妈拉着手去树林下捡树枝，妈妈捡大的，我捡小的。前期的风刮得越大，我们林下的收获就越多，风与收获是成正比的。捡回来晾晒几天，就是极好的烧火柴薪。另一项活动要更加有趣。在收秋之后，妈妈常常会拿给我一根铁钎子：‘去东门外扎些树叶子回来烧火！’这根铁钎子立起来差不多能到我下巴，平时是根本不让我拿着玩的。于是，我高兴地接过我的‘枪’，兴冲冲直奔杨树林。杨树下总有一层色彩斑斓的叶子，黄的、棕的、绿的、花的，偶有红的。我便如爷爷拄拐杖的样子握住我的‘枪’，冲着叶子的中心扎去，专门挑着那大一些叶片扎，一‘枪’一个，十分酣畅。也时常碰上其他也拿着‘枪’的小伙伴，那时，战斗的热情就会更加高涨。扎上一会儿时间就把战利品向上捋一捋，不长的功夫，铁钎子从头到尾都串满了杨树叶，再扎也扎不上的时候，我就会倒拖着我的‘枪’，得胜回府。到家把铁钎交给妈妈，她把杨树叶三把两把薅下来丢到柴火堆上，柴火堆马上变得丰满起来。这时，通常都有奖励，奖励多是烧烤，要么是一块金黄的窝头，要么是一块有些焦炭味的红薯，揭去烧焦的黑皮，热气腾腾，甜香扑鼻。

杨树林是村东几户人家柴薪的主要补充来源。柴火代表着温暖，灶下有了柴火，家里的烟囱就会升起袅袅炊烟。我尤其喜欢看杨树叶填入锅下那霍然亮起的火光。所以，时至今日，人到中年，每当想起故乡，首先涌入脑海的不是大水坑边上的那排柳树，而是柳树旁边那片小树林，是那片记忆着我童年欢乐的东门之杨。

二、大杨树镇

在呼伦贝尔大草原的东部，鄂伦春自治旗的东南方向，甘河北岸，有一个美丽繁华的镇子，号称北方第一大镇，名叫大杨树镇。它北依大兴安岭，南邻松嫩平原，资源丰富，令人神往。镇区四周，峰峦叠嶂，森林繁茂，沃野千里，风光无限；马鞍山壁立千仞，神泉山泉水潺潺；甘河水九曲绕镇，蜿蜒向南；达拉滨水库波光潋滟，水美鱼肥。春夏之季，绿杨飒飒，百花争艳；中秋时节，瓜果飘香，漫山红遍。大杨树镇就像一颗璀璨的明珠镶嵌在大兴安岭山麓，闪闪发光，一时倾倒了多少游人。

就是这样一个美丽的地方，竟然是因几棵杨树而逐步引人聚集，不断繁华，发展成为今天的东北重镇。当地流传着这么一个故事：在一百多年前，大杨树镇这块地方还是一片空旷的开阔地，没有茂密的树林，只有灌木丛和草甸子。但是，在甘河北岸的冲积平原上，却生长着几棵高大挺拔、出类拔萃的大杨树，每棵直径都有一米多，两个人都抱不过来。甘河上的客商从很远的地方就可以看到高高的大杨树，这些客商也就习惯把这几棵大杨树下的空地作为他们进行木材或其他物资交易的地点，临时休息落脚也是在这里。当时的客商以汉族人居多，久而久之，便给这个地方起了个汉语名字——大杨树，这个名字一直延续了下来。今天的大杨树镇，杨树依然是林木资源的主要树种。

三、杨树之湖

乌梁素海位于内蒙古巴彦淖尔市乌拉特前旗境内，属于黄河改道形成的河迹湖，是中国八大淡水湖之一，面积约有 300 平方公里，属于全球范围内在干旱草原和荒漠地带不多见的大型湖泊，素有“塞外明珠”之称。

在蒙语中，乌梁素海的意思是杨树之湖（一说是红柳之湖）。据说在 600 年前，这里是一片低洼之地，长满了杨树。后来，黄河几次泛滥淹没了这个地方，树木消失，形成了湖泊，故名“乌梁素海”。除此之外当地还流传着一个更神奇的传说：在很久以前，南方的长江流域总是旱涝无常，老百姓日子过得都很艰辛。他们逃难到了河套地区，发现这里旱涝保收，五谷丰登，老百姓安居乐业，丰衣足食。为什么一南一北有这样的天壤之别呢？经仔细探听，南方人终于知道了答案。原来是流经河套平原的黄河水里潜伏着一匹金马驹，这匹金马驹保佑着河套人民的富足与平安。于是，南方人就合计把这匹金马驹牵到长江去，试图以此改变自己悲惨的命运。寻找金马驹的南方人刚来到黄河边上，尚未下水，就被金马驹发觉。它一跃而起，直奔东北方向，中途，它卧在乌拉特前旗的戈壁滩上休息。南方人一路紧追不放，金马驹见状又一次一跃而起，潜入黄河中，再也不见了踪影。金马驹卧过的戈壁滩上，被压出了一个深深的大坑，也就形成了后来的乌梁素海。也许是受了金马驹的福荫，今天的乌梁素海湖光天色，碧波荡漾，蒲草、芦苇与湖水相辉映，成为鸟的天堂、鱼的乐园，成为旅游度假胜地。先不论传说的真假，有一个不争的事实摆在眼前：在乌梁素海的周边地区，乃至整个乌拉特前旗，杨树依然是到处可见。在这里，杨树是牧民用材、防风和绿化的主要树种，它还装扮着乌梁素海的容颜，佑护着河套人民的明天。

第四节　君子尚简

杨树实在是太普通了。在浩如烟海的中国古典文学作品中，杨树鲜有露面，风头尽被婀娜的垂柳占了去，连本属于自己的名字“杨”也都随了柳。这是多么的不公平啊。无论和其他任何树木相比，杨树都应该有自己的一席之地。

一、树中之君子

梅因其傲霜斗雪、坚忍不拔而被称为君子；兰因其端庄秀美、空谷幽香而被称为君子；竹因其修长挺拔、刚直有节而被称为君子；菊因其清新淡雅、不争不媚而被称为君子；周敦颐因莲花之“出淤泥而不染，濯清涟而不妖，中通外直，不蔓不枝”而尊其为君子。“先天下之忧而忧，后天下之乐而乐”的范仲淹就独爱松树，因松树的清正刚直，无柔无邪而尊其为君子，故居必有松。

说到树中君子，默默无闻的杨树也称得上名副其实的君子。杨树的简约和朴实无华，彰显的正是君子之风。

杨树也如梅花的傲霜斗雪。每逢寒冬，杨树早已脱去了叶子，赤膊上阵，迎风而立。从下向上看，根根枝条如同手臂一般高高举起，拍打着、扭曲着，毫无畏惧退缩之意；从上向下看，那根根枝条又好像长矛利箭一样直刺苍穹，万箭齐发、无休无止，大有刺破寒冬之势。

杨树也有兰花的端庄秀美。无论是独处，还是群居，每一棵杨树都能称得上端庄秀美，它体态挺直颀长，树冠周正秀美，即便是上万亩的大林场，每一棵也是保持着这个模样，很少能找到一棵另类。这大概就是各城市迎宾大道两旁大多栽植杨树的原因了吧！那端庄秀美的样子是不输给任何其他树的。

杨树还有竹子的刚直修长。说到修长，杨树可以长得很高，有一种杨树的名字就叫作“钻天杨”，同伴越多，长得越高，比赛似的往上蹿，并且不偏不斜，棵棵直冲云霄。说起刚直，杨树当之无愧，抗风挡沙，面无惧色，头可断、手可折，绝不弯下一分腰，决不后退半步。它是真正的勇士，敢于直视面对一切来犯之敌，敢于战斗至生命最后一刻！

杨树恰似菊花的不争不媚。杨树不争肥沃的土壤，不追逐丰腴的水源，即使是再贫瘠的土地，只要给它很少的水分，它的枝条就会生根发芽，茁壮成长。长大后，为人庇荫，供人薪柴，搭棚建房。它需要的很少，奉献却很多很多，即便皮皮毛毛、枝枝叶叶，自古以来也是造纸的好材料，传递了几千年的中华文明。杨树不媚，它不似许多花木绿肥红瘦，千娇百媚，即便是在繁茂的夏天，它依然是清清白白，一袭正气。待到秋至，大地一片金黄，硕果累累，人们收割正忙，无暇顾及着它的时候，它的枝头也扮上和谐的秋妆，看着一张张收获的笑脸，不言不语，默然欢喜。

杨树更有莲花的不蔓不枝。杨树是个直性子，只会挺拔向上长，丈许之内，绝无旁枝，任何其他力量都阻挡不住它的那颗天天向上的心。它也有着莲花一样的清高，虽与世无争，随遇而安，但却绝不糊涂度日，即便是把它植于大漠戈壁，它也一样从树根到树干、从树干到树枝、从树枝到树叶，每个毛孔都迸发着向上的气息。

与松树相比，杨树少了松树的万古长青，其他品质大致不差。时光匆匆，白驹过隙，轮回一世，在人们脑海中留下记忆的或许不是时光的短长，而是令人肃然起敬的高尚风骨。更何况，杨树更加容易成活，成材迅速，这是松树所不能比拟的。

如此说来，杨树岂不是树中赫赫君子乎！

其实，杨树岂止君子乎？称它是树中伟丈夫也毫不为过！

《孟子·滕文公下》云：“富贵不能淫，贫贱不能移，威武不能屈，此之谓大丈夫。”这段文字明确了大丈夫应具备的三个要求，杨树恰恰符合了所有的条件。

富贵不能淫。杨树是一种极普通的树，它不似牡丹、兰花、金丝楠、黄花梨等名贵花木对生存条件要求极高，随便找上一块儿地方，插下枝条，给些水即可迅速生长。倘若把它植于娇贵的温室呢？还没有听说过这种实验，根据它的性情推断，低矮的温室是绝对压制不住它的那颗永远向上的心的，非戳破顶棚不可，它绝不会被温室的娇贵环境所浸淫，它要向上！你把它栽植到肥沃的东北黑土地上，它也是一样的向上。也许会更加粗壮，也许会更加葱郁，但一定还是挺拔顺直，不蔓不枝，不媚不俗，决不会长出其他任何花样来。

贫贱不能移。杨树本就不是富贵出身，环境越是贫寒恶劣，它越是坚强。西北大漠，风沙肆虐，干旱少雨，土地贫瘠无比。你把杨树栽植于此，它也一样无怨无悔，深深扎根，默默成长，日日向上。它的叶子也许会更小巧，它的树冠也许会更紧凑，它的肤色也许会更苍白，但是它那端庄的风貌、傲人的风骨却不会稍差半分。风沙愈急，骨骼越硬，与身边的同伴手挽手、排成排、连成片，舒筋展骨，鏖战风沙。

威武不能屈。杨树是真正的勇士，无论是多么强大的对手，它都会扬眉剑出鞘，直面敌人，挥剑相向，这就是所谓的亮剑之精神。面对四季的风霜雨雪，它都如战神一般威武挺立，昂首相迎，吹断了一根枝丫，其他千百条枝丫呼啸着又迎了上来；摇断了树冠，那兀立的树干更显坚毅，待到来年春风至，又是满头新绿。它不仅可以鏖战风霜雨雪，即便是火烧也毫不畏惧，一场野火能够吞噬地面上的一切，满目疮痍。然而，一场春雨袭来，从杨树的根部就会萌发出新的嫩芽，枝枝向上，娇翠欲滴。在邯郸市柳林桥的西桥头，现有两棵古杨。据当地老人讲述，桥头原有两棵更大的杨树，却毁于一场意外火灾，现在这两棵是旧根所发新枝，如若不信，你可到桥头细细查看，烧焦的杨树根至今依稀可见。还有大漠中的勇士——胡杨，即便是战死沙场，即便是流尽最后一滴血，依然会拄剑伫立，千年不倒！

如此杨树，岂不树中伟丈夫哉！

二、白杨多悲风

搜遍整个网络，和白杨相关的诗句也是寥寥无几，偶有发现，这些诗句也都是悲怆无比，令人凄然。早期的有汉代的《古诗十九首》中的“古墓犁为田，松柏摧为薪。白杨多悲风，萧萧愁杀人”，后来有唐代诗人皎然的“萧萧烟雨九原上，白杨青松葬者谁”以及同时代诗人常建的“牧马古道傍，道傍多古墓。萧条愁杀人，蝉鸣白杨树”，大诗人白居易在诗作《寒食野望吟》中也提及了白杨，“乌啼鹊噪昏乔木，清明寒食谁家哭。风吹旷野纸钱飞，古墓垒垒春草绿。棠梨花映白杨树，尽是死生别离处。冥冥重泉哭不闻，萧萧暮雨人归去”。

从以上诗句不难看出，至少自汉代以来，中华民族就有了墓地植树的习俗，并一直延续至今，松、柏、白杨都是人们在墓旁栽植树木时的经常性选择。传统礼仪一向为国人所重，墓葬礼制更是马虎不得，墓地周围所栽树木一定是经过精挑细选的。对松柏的选择容易被大家所认可，因为松柏的万古长青蕴含着逝者永恒和生命力旺盛之意。对白杨的选择则让人稍感意外，因为它不具备松柏的典型优势，树龄不算长，也不是四季常青。那么，在墓地树木选择的过程中，白杨是凭借什么特质进入人们的视线并进而入围的呢？

（一）庄重肃穆

白杨树主干通常端直，不虬不曲；树冠呈塔型，如同园丁修剪了般的周正庄重。树体从下到上，不斜不逸，无桃李之妖娆，无棠梨之媚俗，不言不语，静然伫立，如同庄严的守墓卫士一般，放眼望去，顿生庄重肃穆之感。

（二）高而挺直

杨树对生长环境要求不高且生长速度很快，尤其是在旷野通风之处，树干长得高而挺直，好似那顶端挂着幡旗的旗杆，人离得很远就可以一眼看到。从这层意义上讲，杨树可以给所守护着的墓地起着很好的标示作用。离乡之人在依依离别的时候，千万次地回眸，最后消失在他视线里的也许就是那棵高高矗立着的白杨树；回乡游子在归心似箭的途中，千万次的踮足，首先出现在他眼眶中的应该也是那棵肃然挺拔的白杨树。

（三）纯白圣洁

白杨树树皮光滑，偶有纵裂，一般为灰白色。白色象征着圣洁和纯净，给人以宁静致远的意境。孝色多为白，引人哀悼追思之用也。除了灰白的树皮外，每当暮春时分，杨絮飞起，赛霜斗雪，于墓地四周留恋缠绵，也是勾动了阴阳两世的无数哀思。待到秋后风起，一片片圆形的叶子如同纸钱一般洒落坟茔，萧瑟的树干愈显凄白，更是愈发地突显墓地肃穆庄严的整体气氛。

（四）易栽易活

白杨树虽然没有松柏的万古长青，但是它也有着松柏不能相比拟的优势，那就是它的易栽易活，生命力强大。从中国信仰的传统哲学来看，普通老百姓还是希望早日进入新的生命轮回。富贵人家的墓地多有人值守，栽植松柏，精心照料以求万年长青，家运长久；普通百姓就没有那样精致了，易栽易活的杨树就成了他们的主要选择，在他们眼中，活着才是硬道理。

第五节　杨树精神

一、白杨礼赞

《白杨礼赞》是中国现代作家茅盾先生所作的一篇著名散文，曾被收录在中学语文教科书中。

这篇散文创作于 1941 年 3 月。时值抗日战争最艰苦的相持阶段，国民党顽固派消极抗日，积极反共，搞事变，闹分裂；日军开始了疯狂的扫荡；那时又恰逢连年自然灾害。在如此艰难的情况下，要把抗日进行到底是需要一股子精神的，是需要一股子勇气的！茅盾先生亲身体验了抗日根据地军民的艰苦生活，也感受到军民团结卓绝抗敌的精气神。他深受感动，撰写此文。

在《白杨礼赞》中，作者借物言情，深情讴歌了黄土高原上的白杨树，也讴歌了具有白杨树优秀品质的根据地的军民百姓。以树喻人，以人比树，人树相映，令人肃然起敬。

“那是力争上游的一种树，笔直的干，笔直的枝。它的干呢，通常是丈把高，像是加以人工似的，一丈以内绝无旁枝。它所有的丫枝呢，一律向上，而且紧紧靠拢，也像是加以人工似的，成为一束，绝无横斜逸出。它的宽大的叶子也是片片向上，几乎没有斜生的，更不用说倒垂了；它的皮，光滑而有银色的晕圈，微微泛出淡青色。”在这段文字中，茅盾先生突出赞颂的是白杨“力争上游”的品格，向着光明，向着太阳，并且连丫枝都紧紧靠拢在一起，叶子也片片向上。这就像根据地的军民一样，一旦认准了前进的方向，就会不遗余力地向着胜利出发，男女老幼齐上阵，紧紧团结在一起，勇往直前！它表皮微微泛出的淡青色是不是恰如北方汉子脸上面对艰难时的刚毅？如此刚毅是“泰山崩于前而色不变”的气魄，如此刚毅是身经磨难志更坚的品格。无论是怎样的压迫，都不能改变它倔强挺立的姿态；无论是如何强大的敌人，都不能使他低下高昂的头颅！这就是西北的白杨树，这就是西北的汉子！

“它没有婆娑的姿态，没有屈曲盘旋的虬枝，也许你要说它不美丽，——如果美是专指‘婆娑’或‘横斜逸出’之类而言，那么白杨树算不得树中的好女子；但是它却是伟岸，正直，朴质，严肃，也不缺乏温和，更不用提它的坚强不屈与挺拔，它是树中的伟丈夫!”白杨不是柔美的女子，不是林黛玉，面对“风霜刀剑严相逼”，它没有眼泪，没有倒下，它挺起了伟岸的胸膛，它是坚强的战士！茅盾先生把白杨的优秀品质总结得十分清楚：坚强不屈、挺拔伟岸、正直朴质、严肃而不失温和。坚强不屈就是白杨宁折不弯的特性，宁可在凛冽的西风中戛然而断，也不弯曲臣服；坚强不屈就是根据地的军民团结一致，面对各方敌人的烧杀抢掠，毫不屈服，擦干血泪，握紧拳头，继续抗争！挺拔伟岸是白杨的外貌，身材高硕挺直有力量；挺拔伟岸也恰如北方的汉子，魁梧高大，宽宽的肩膀，厚厚的胸膛，站在风口浪尖上能担当、敢担当！正直朴质是白杨的内在本性，它秋无硕果，夏无繁花，但老百姓的生活却离不开它；正直朴质也是北方农民的优秀品质，不善言辞，耿直朴实，他是那样的安稳可靠，他会用他的全部生命捍卫自己的家！严肃而不失温和是白杨的如实写照，严肃说的是秋去冬来叶落尽，北风吹来，“白杨多悲风，萧萧愁杀人”，天地间一片肃然；温和则是冬去春来，杨叶牂牂，仿佛在招呼人莫忘了春耕，一派欣欣然的风光；严肃而不失温和也正是北方汉子的性格，外表冷漠，内心火热，面对敌人时的肃然，面对亲人时的温暖，这是西北军民内心情感的真实流露！

二、西风胡杨

胡杨是世界上最古老的一种杨树，又称胡桐、眼泪树、异叶杨，属于杨柳科落叶乔木。虽然属于杨柳科，但却和一般的杨树大有不同，尤其能忍受荒漠地区干旱多变的恶劣气候，有着极强的耐干旱能力，以至于它的叶子嚼起来都有一股咸咸的味道。在地下水含盐量极高的塔克拉玛干沙漠，胡杨依然可以枝繁叶茂。因其生命力的强大，人们素来称呼它为“大漠英雄树”，与梭梭和柽柳并称“沙漠三剑客”。胡杨用它饱经风沙的身躯阻挡着流沙，保护着身后的绿洲和农田，它是大漠人民忠实的卫士。

据统计，全世界的胡杨目前绝大部分都生长在中国，而中国绝大部分胡杨又生长在塔里木，生长在塔克拉玛干。塔克拉玛干沙漠存活着世界上最大的一片胡杨林，面积大约有 3 800 平方公里。置身塔克拉玛干沙漠，看着一棵棵形态各异的胡杨，不由你不感叹生命的顽强。每棵胡杨树的成长历程都是一首铿锵的生命赞歌，它们这一路遇到了多少磨难，多少坎坷？谁也不知道答案，能给出回答的或许只有默默流淌的塔里木河。

我们赞美胡杨的勇敢坚韧。它敢于直面炎炎酷暑逼人的骄阳，阳骄它气更盛；它敢于抵挡凛冽寒冬刺骨的朔风，风急它骨更强；它雨来挡雨，沙来挡沙，从不退却半步；即便是遍体鳞伤，即便是臂折股断，它也从不言败，从受伤处迸发的也是战斗的呐喊和不屈的力量。

我们赞美胡杨的谦逊奉献。它不骄不躁，默默无闻。《易经・谦卦》有云：“谦谦君子，卑以自牧。”它屏挡着西来的无尽风沙，保护着身后的绿洲、庄稼和生灵。它是伟大的守护神，但它毫不自恃，它既不向往江南的山清水秀，也不留恋平原的沃野千里；它既不在春天与百花争艳，也不在秋日送上瓜果绵绵；它就是默默守候在那里，与沙刀风剑抗斗一生，不管浮华与虚名。它奉献了所有却毫无索取，如果说有索取的话，那就是一捧清水，一捧清水即可唤醒它新的生命！

我们赞美胡杨的和谐包容。它乐善好施，温润包容。它身边有河流、有梭梭、有红柳，还有它庇荫下的芸芸众生，它们在一起和谐共处，其乐融融。它展开长长的臂膀把一切都拢进怀里，看着它们静静生长就是它最大的幸福。据传说，一路东归的土尔扈特人就是在这里击退了哥萨克骑兵，就此定居，依托胡杨林繁衍生息，日趋强盛。

我们赞美胡杨的热爱生命。它有着惊人的抗干旱、抗寒暑、抗风沙、抗盐碱能力，它在还是小嫩芽的时候就拼命向下扎根生长，根系发达，可达地下五六米深。为适应沙漠环境，它甚至使自己的树叶发生变异，幼树嫩枝上的树叶会变成狭长的柳树叶的样子以减少水分蒸发，长大后又会长出圆圆的杨树叶子以吸收阳光。若非是对生命的无比热爱，谁会如此坚忍不拔？它有着“生而一千年不死，死而一千年不倒，倒而一千年不朽”的传说。它不会轻易倒下，它不会轻易腐朽。我们都相信这个传说是真的，或许它是在等待一场春雨，一场春雨也许就能唤回它生命的春天。

三、小白杨精神

“一棵呀小白杨，长在哨所旁，根儿深，杆儿壮，守望着北疆。微风吹，吹得绿叶沙沙响啰喂，太阳照得绿叶闪银光。小白杨，小白杨，它长我也长，同我一起守边防。当初呀离家乡，告别杨树庄。妈妈送树苗，对我轻轻讲，带着它，亲人嘱托记心上罗喂，栽下它，就当故乡在身旁。小白杨，小白杨，也穿绿军装，同我一起守边防。”1984 年春节联欢晚会上，歌唱家阎维文一曲《小白杨》唱响大江南北，感动了亿万中国人民。从歌词也可以看出，这是一首有故事的歌曲，有哨所、有妈妈、有杨树庄、有小白杨。这一切都有。这是一个真实的故事。

1980 年，新疆伊犁的锡伯族小伙子程富盛应征入伍，奉命到当时的中苏（现在是中哈）边界处新疆塔城市塔斯提哨所戍守边疆。这个哨所在 20 世纪六七十年代一直是跟苏联斗争的前沿阵地。1969 年 6 月 10 日，原苏军在哨所北面强行绑架我牧民，从江苏泰县（今姜堰市）主动随建设兵团来支边的女民兵孙龙珍不顾身怀 6 个月身孕，同其他兵团民兵奋起反击。哨所战士闻讯协同作战，击毙苏军 6 人 3 马，获得胜利，而孙龙珍却不幸英勇牺牲。从此，烈士的事迹在塔斯提哨所一代代流传下来，也形成了军民协作戍守边防的优良传统。1983 年，程富盛回家探亲，他跟亲人们坐在一起，说起了哨所的光荣历史，说起了英雄的孙龙珍，也说到了哨所单调枯燥的生活，炎炎夏日，连一个遮阳庇荫的树木都没有一棵。孙龙珍的事迹让老母亲流下了眼泪，儿子的艰苦环境也让她难过不已。她彻夜不眠，最终想到了一个办法。儿子归队启程的那一天，老母亲亲自把 20 棵白杨树苗交到儿子手中，再三叮咛：种活它，让它陪你们一起守卫边防。

战友们见到程富盛带回来的树苗，都十分高兴。可转念一想，心情又不免变得沉重起来。哨所周边都是沙砾，碱性大，方圆 5 公里以内没有水源，小树苗很难成活。坚强的战士们没有灰心，他们硬是从 10 公里外背来了黑土，背来了水，把小杨树苗栽上了。从此，战士们不辞劳苦，天天背水浇树。他们洗衣服不再用洗衣粉，洗脸不再用香皂，都是为了剩下的水可以浇树。即使是这样，在风沙的肆虐下和高温的炙烤下，有 19 棵杨树苗相继枯死，只有离哨所最近的那一棵还屹然挺立。战士们对这一棵唯一的宝贝更是疼爱有加，在战士们精心呵护下，小白杨一天天茁壮成长起来，成了塔斯提哨所一道靓丽的风景。1983 年，军旅诗人梁上泉受邀到新疆体验生活，到了塔斯提哨所，他正好看到小战士水壶里的水自己舍不得喝，却拿来浇灌小白杨，深感奇怪，上前询问，得知详情，诗人心情久久不能平静，遂奋笔疾书，就有了这首感人至深的《小白杨》。

塔斯提哨所从此改名为小白杨哨所。那棵小白杨现已长大，粗粗的树干上用红漆写着六个大字“小白杨守边防”，红白相间，格外分明。在它的周边，也有了更多的小白杨相陪伴，在风沙中一起茁壮成长。那一棵棵饱经寒暑的小白杨分明就是一个个坚韧不屈的戍边战士，杨树下挺立着的飒爽英姿的小战士分明就是挺拔着的傲立风霜的小白杨！

这就是扎根在中国大地上的杨树。你也许触摸过，你也许看到过，你也许听说过，你也许阅读过。我们或许不太清楚它们是怎样的分类，或许印象里有着各种不同的模样。但是，不管是哪一种、哪一棵，都不由让人心生敬意。

让我们一起伸出双手、竖起大拇指为杨树点赞！

第十一章　文人世界里的杨柳

鹧鸪天·咏絮

又是一年三月三，飘摇柳絮舞升天。纵然无力随心走，可喜凭风任意安。
城郊外，水塘边，万丝千缕聚不单。明年春暖新芽露，洒下浓阴绘绿篇。

柳树是华北地区五大阔叶树种之一，极为普通，极为常见。柳树的种类也比较多，有旱柳、垂柳、红皮柳、黄花柳、山柳、沙柳、蒿柳等，以旱柳和垂柳居多。柳树的适应性较强，成活率高，生长快，可通过无性繁殖获得优良无性系品种，也可用植物组织培养的方法快速获取大量优质树苗，多栽于水边、路旁，婀娜多姿，极富观赏价值。

作为我国的原生树种，柳树也是被记述的人工栽培最早、分布范围最广的植物之一，史前甲骨文中已出现“柳”字。“无心插柳柳成荫”讲的就是柳树无与伦比的适应性，柳树也因此成为我国古往今来国土绿化最普遍的树种之一。据《北京森林史辑要》记载：“一万多年前，柳树已与松树、栎树、桦树、柿树等混生于北京地区，是北京地区被记述的人工栽培最早、分布范围最广的植物之一，人工栽培的历史已有两千多年。”

古往今来，在中国的各类文学艺术作品中，杨柳寻常可见，有过无数的文人墨客描绘它、赞美它，是文人笔下不衰的颂歌。它既没有桃李的春华秋实，也没有翠竹不畏世俗、不为尘扰的清幽雅致，更没有松柏的苍劲挺拔和兰桂的沁人芳华。它很普通，房前屋后，湖畔堤岸，到处都可以见到它婀娜的身姿。那么，它是如何闯入中国文人世界的呢？又是凭借什么样的魅力赢得如此之多的青睐呢？回答上面的问题之前，有一个概念首先要厘清。这个概念就是“杨柳”。“杨柳”也是本章的关键词。要厘清的是，在中国诸多的文艺作品中，所提及的“杨柳”多指“柳”，与“杨”无关。这又是为什么呢？

第一节　杨柳名称的由来

把“柳”称为“杨柳”，由来已久，有文字材料作佐证的就不止一处，经章典籍中也寻常可见。

一、经典出处

（一）杨柳依依

《诗经·小雅·采薇》是描述从军士卒战后返乡的诗篇。全诗共分六章，每章八句，把戍边征战的艰苦以及思乡还家的情感表达得淋漓尽致。末章头四句“昔我往矣，杨柳依依。今我来思，雨雪霏霏”，流传得最为广泛，也是《诗经》中的经典名句。许多名家认为，正是这四句，写尽了离别时的缠绵和期待重逢的渴盼。也正是在这里，“杨柳”作为一个词语在古典文学作品中被首次使用，并用“杨柳依依”来表达相亲相爱之人离别时的缠绵不舍之情。这里的“依依”和要表达的“缠绵”跟高大、挺拔、脆而易折的杨树显然是不搭调的，它们只能跟纤柔而韧性十足的柳枝联系在一起。

（二）百步穿杨

百步穿杨是一个大家耳熟能详的成语，形容一个人箭术或枪法非常高明，本领大。这个成语出自《战国策·西周策》和《史记·周本纪》，讲的都是楚国射箭高手养由基。《史记·周本纪》记载：“楚有养由基者，善射者也，去柳叶百步而射之，百发而百中之。”成语中虽然是说的“穿杨”，但《史记·周本纪》中却明明白白记载着“去柳叶百步而射之”。这不是前后矛盾，更不是司马迁先生的笔误，其实是古人把“柳”也称之为“杨”，“杨”“柳”同义。再有，既然说养由基是神射手，狭细的柳树叶也要比又大又圆的杨树叶更能彰显射术高明。

（三）南海观音菩萨的杨枝水净瓶

南海观音菩萨是中国人特别钟爱的救世神灵。在《西游记》中她也是一个重要角色，第八回里吴承恩这样描绘南海观音菩萨：“玉面天生喜，朱唇一点红，净瓶甘露年年盛，斜插垂杨岁岁青。”杨枝水净瓶是菩萨手中的重要法宝和恩泽众生的利器，瓶内斜插的“垂杨”是我们今天所说的杨树枝吗？从“垂”字展开想象，即可判断出水净瓶里面插的应该是柔软的柳枝，而不是直挺的杨枝。这里也是“杨”“柳”同义。第二十六回里，孙悟空急于救活五庄观的人参果树，到南海找观音求救。菩萨为说明净瓶内甘露的神奇，对孙悟空说了这样的话：“当年太上老君曾与我赌胜。他把我的杨柳枝拔了去，放在炼丹炉里，炙得焦干，送来还我。是我拿了插在瓶中，一昼夜，复得青枝绿叶，与旧相同。”这里更是明明白白指出净瓶内所插的是“杨柳枝”。瓶内会不会也同时有杨树枝呢？应该是不会的。因为枝枝丫丫的杨树枝一是很难插入细细的净瓶口；二是即使能够插进去，蘸水出来也是很不方便，拿出来一扑棱，甘露就会洒满菩萨的水袖，岂不大煞风景。所以，瓶内斜插的是柔软细长的柳树枝。从众多的民俗年画里，也能看到菩萨的水净瓶里插着的是我们今天所谓的柳树枝。

这些“杨”“柳”同义的佐证在中国古典文化里不胜枚举，通常所及之“杨”多指杨柳。

二、隋炀帝赐姓

隋炀帝杨广赐柳树姓“杨”是一个民间传说。有一部古典传奇小说名曰《开河记》，年代、作者说法不一，描写的内容是隋炀帝修运河的事情。运河修通后，隋炀帝要乘船下江南，每条龙船需要用彩缆十条来拖船，每条彩缆需要用美少女十名、嫩羊十头，相间而行，牵船南进。当时正值天气炎热，翰林大学士虞世基看少女、嫩羊难熬，献计给隋炀帝：以垂柳栽种于汴河两岸，一则树根可以护堤，二则可以为人、羊蔽荫，三则羊可以边行边吃。隋炀帝听了十分高兴，传旨下去，植柳有赏。炀帝本人亲自种了一棵，然后是众大臣跟从，最后是沿岸老百姓人人都种。栽完之后，炀帝御笔亲题，赐垂柳姓“杨”。从此，称垂柳为杨柳了！

赐姓之说真假无从考据，但隋炀帝时期汴河两岸确实栽了不少柳树。唐代大诗人白居易的《隋堤柳——悯亡国也》中这样写道：“隋堤柳，岁久年深尽衰朽。风飘飘兮雨萧萧，三株两株汴河口。老枝病叶愁杀人，曾经大业年中春。大业年中炀天子，种柳成行夹流水。西自黄河东至淮，绿阴一千三百里。”从诗中可以看出，隋炀帝时期栽下的柳树到晚唐白居易时期依然留存着，足见其生命力之强大。

第二节　乡土风俗与杨柳

一、清明节插柳

（一）纪念神农氏

三皇五帝中，教百姓种五谷、发展原始农业的神农氏一直备受中国人所尊崇。他除了农业上的贡献之外，还遍尝了世间百草，开创中医中药之源。现存最早的中药学著作《神农本草经》，据说就是从神农氏开始代代以口相传至汉朝后被人编纂成书的。现在，每到清明节，许多地方还保留着门前插柳的风俗。有一种古老的传说，门前插柳的风俗就是为了纪念中医药的祖师爷——神农氏。现在看来，这个传说有着极大的合理性。因为柳树的药用价值极强且是中国自古既有的原有树种。神农氏尝百草的时候，一定也是把柳树从头到根尝了一个遍，从而得出结论：柳叶清热解毒、柳花祛风散瘀、柳根利水通淋、柳絮止血除湿。可以说，柳树浑身皆可入药，是寻常百姓家的健康百宝箱。过去医疗科学不发达的年代，人们认为各种病魔都是鬼邪侵入所致，驱鬼辟邪也就可以为人们除病消灾。柳树可以除病消灾，自然也可驱鬼除邪。在被人们称为“冥节”的清明节，各家门口插柳枝辟邪也就成了自然而然的风俗了。

（二）佛家的“鬼怖木”

我国北魏时期著名的农学家贾思勰所著的《齐民要术》中有这样的记载：“取杨柳枝著户上，百鬼不入家。”这也说明，在北魏乃至以前，中国老百姓就认为柳枝是有灵性的，是可以驱鬼辟邪的。

《佛学大词典》也把柳枝称作“鬼怖木”。据传有禅提比丘手持柳枝召天上神龙来化导众生，消除百病，百姓无忧，毒气不行。然而在禅提比丘终后，毒气复兴，疾病横行，荼毒生灵。老百姓在禅提比丘住处发现柳枝，插于土中，遂长成大树，树下生清泉。人们折下柳枝，取回泉水，用柳枝蘸水拂拭病人，病者百病立消。从此，柳枝就成了老百姓心中驱鬼辟邪的“鬼怖木”。前面提到的佛家代表人物南海观音也是手持柳枝遍洒甘露，为百姓驱灾避祸的。

（三）晋文公插柳思良臣

在黄河两岸多年流传的传统历史故事里，清明节插柳枝纪念介子推的故事可以称得上脍炙人口，传颂广泛，给后人留下深刻印象。故事引人入胜之处，一是介子推割自己腿上的肉给重耳吃，让人感觉介子推真的很了不起；二是晋文公怎么忘恩负义，实在是令人气愤。这个故事，在《东周列国志》中也有记载。

故事的大致内容是这样的：春秋时期，晋国公子重耳带着几个大臣逃亡在外。有一次，迷失在深山老林，断粮待毙。介子推亲自从自己腿上割下一块儿肉来，烹熟奉给重耳。重耳吃完方知介子推割股奉君大恩大义，流着泪许诺他日继位，定当厚报。流亡 19 年后，重耳在秦王的帮助下回晋国即位，是为晋文公。他遍赏跟随他的有功之臣，却唯独忘了介子推。介子推也无意为官，带着老母亲到了风景秀丽的绵山开始了隐居生活。后晋文公经其他大臣提醒才想起介子推来，十分懊悔，马上带众人上绵山寻找。百般寻找，不见踪影。晋文公想用火烧绵山的方法把介子推逼出来。烧山这一天，正逢清明节，大火依然没有逼出介子推。火后，晋文公带人继续寻找，在一棵大柳树后的岩洞里找到了介子推母子的骸骨。晋文公十分悲痛，命人把介子推母子厚葬在绵山脚下，并改绵山名为介山。第二年，晋文公又到介山祭奠介子推，发现那个岩洞外的大柳树枝繁叶茂，遂自折一枝插在头冠之上，并命令晋国百姓家家户户门口都要插柳枝，一起纪念恩义之臣介子推。

这是清明节插柳风俗缘由的第三个版本。《史记·晋世家》对介子推的事迹也略有记载。由于人物和事件更加真实，以及在这个历史故事中表现出的自古以来就备受中国人推崇的忠义、感恩等情感元素，让很多人在心理上更加愿意接受这第三个版本。

二、乡土文化

人类的生产、生活离不开水，人类的祖先在选择居住地的时候总是会临水而居。人类的几大文明发源地也都是在比较大的河流两岸，河流两岸的植物自然就成了人类的亲密伙伴，亲水的柳树就应该是重要的伙伴之一。在中国，傍水而建的村镇中因“柳”而得名的很多，比如杨柳青、柳各庄、柳镇、柳堤等等。在古赵邯郸就有两个比较著名的地方。

（一）柳林桥——因河得柳

柳林桥村位于邯郸市母亲河——滏阳河的两岸。千百年来，滏阳河水一直是自南至北从村中流过，直通天津，经子牙河下泄入海。柳林桥码头也是原来邯郸的著名水运码头之一，大大方便了南北交通与物资交流。河流两岸，绿柳成林，枝繁叶茂，因此而得名柳林。元末明初，随码头繁荣，人口增多，官府为了老百姓行走方便，在滏阳河上修建了一座可以行走马车的便桥。从此，村子更名为柳林桥村。时至今日，柳林桥依然横亘在滏阳河上，虽然经过数次修葺，但是从明清时期留下来的青石板仍然承载着熙熙攘攘的人来车往，它们默默地见证着柳林桥村的发展与变迁。随着城市的发展，滏阳河两岸也发生着巨大的变化，柳林桥村滏阳河边的柳林已不复存在，但是仍有数棵百年以上的老柳树还是经政府和老百姓共同努力被完整地保留了下来，伫立在滏阳河边，迎接着母亲河的每一个春天。

（二）柳园月色——明清时期古临漳八大景之一

柳园镇位于邯郸市临漳县城南约 20 公里的地方，镇名的由来也跟柳树有关。《临漳县志》记载，据传明朝永乐年间，涉县有一个有权势的大官郭太师，他家后花园里栽着几棵繁茂的三川柳。有一年，漳河发大水，冲坏了郭太师家里的后花园，冲走了他钟爱的三川柳。太师命人沿河寻找，一直找到临漳县境内，见到了几棵三川柳，说是他家后花园之柳。这片地方就是涉县柳园地，柳园也因此而得名。郭太师以柳为中心，强行圈地数十顷占为已有，周边慢慢形成一个村子，名叫涉县庄。涉县庄目前在柳园镇行政区划内，地处柳园镇之南不远的地方。

临漳古称为邺，乃是六朝古都、三国故地，具有十分深厚的历史文化积淀，也留下了许多令人神往的人文景观。《临漳县志》就记载着明清时期临漳有八大景观，比如“铜雀飞云”“漳水晴波”。其中有一个景观跟柳园的柳树有关，名曰“柳园月色”，说的是柳园镇自宋代以来就生有大片柳树，绿柳成林，清风徐来，柳波涌动，柳丝袅袅，柳雾蒙蒙，气象万千。每当春秋月夜，明月高悬，普照柳林，景色尤为可观。村内有一祠庙，庙前无其他杂树碍眼，视野开阔，月朗星稀之夜，立于门台之上，赏观月柳美景，更是美不胜收，故称“柳园月色”。《临漳县志》中有诗赞曰：“风吹绿柳浪匀匀，映月参差色更新。数转莺啼天欲晓，婵娟隐隐送行人。”

第三节　文人世界里的杨柳

一、古人爱柳

（一）陶渊明与堂前柳

陶渊明是我国东晋末年著名的田园派大诗人，无意为官，喜欢归隐山林的田园生活。他的名作《归园田居》第一首开篇就表明得十分清楚，“少无适俗韵，性本爱丘山。”就是说从小对世俗的一些东西不喜欢、不适应，从本性上、从骨子里就喜欢与自然亲近，喜欢“守拙归园田”的生活，喜欢大自然的一草一木。

柳树是陶渊明最为喜爱的树种。他每搬到一个新地方居住，必然要在堂前屋后亲手栽上几棵柳树。他还自号五柳先生，有一篇著名的自传散文《五柳先生传》，明确记录了自己居住的院落旁边种着五棵柳树，由此可见陶渊明对柳树是十分偏爱的。陶渊明为什么对柳树如此偏爱呢？我们认为，柳树的自然朴实、淡泊真淳的性情正是陶渊明恬淡无争人格的现实写照，人如柳、柳如人，人物相惜之意油然而生。“榆柳荫后檐，桃李罗堂前”“荣荣窗下兰，密密堂前柳”，陶渊明居必有柳，由诗可见一斑。据传，陶渊明每次出门远行前，都要与堂前之柳相告别，抚柳相约再见之期。外面的任何功名利禄都抵不住他对田园生活的向往，只有草堂前的柳树才能给他疲倦的心灵以最大的慰藉。当他这只倦鸟思归之时，脑海中首先浮现的也应该是他亲手栽下的那五棵柳树。当他回来再次抚摸到“老朋友”的时候，他才会像池鱼回到了故渊一样地放松下来，宁静下来。

（二）入藏柳树皆左旋

在拉萨古城的河岸上、寺庙里、街道旁，到处可见一些古老的柳树，当地人称之为“唐柳”，据说是文成公主入藏后亲手所种。据传，西藏原来是没有柳树的。1 370多年前，文成公主依依不舍地告别了亲人，告别了灞河边的青青杨柳，告别了繁华的大都市长安城，一路西行到了吐蕃，嫁给了吐蕃王松赞干布，成就了汉藏和亲的佳话。文成公主给雪域高原带来了粮食、蔬菜、水果种子，还带来了农业、医学、科技书籍，更带来了来自盛世大唐的美意和亲善。不仅如此，她还带来了一枝青青杨柳。那不是普通的杨柳枝，那是文成公主离开长安城与亲人作别之时，皇后娘娘从灞桥边的柳树上亲手折下，含泪相赠的，饱含着亲人绵绵的不舍和满满的祝福。文成公主长途跋涉来到拉萨，马上亲手把杨柳枝栽到了大昭寺旁边。自此，杨柳在雪域高原繁衍生息，绵绵无绝。文成公主在拉萨思乡心切，经常回头东望，想念自己的家乡长安城，久而久之，连她亲手栽下的柳树也开始慢慢向左旋转，面向着长安城的方向，寄送着无尽的相思与乡愁。当地人就把这种重情义的树敬称为“唐柳”，也叫“左旋柳”。

（三）杨柳初度玉门关

左宗棠是湖南湘阴人，在大清王朝内忧外患之际，左宗棠不顾个人安危，力排众议，亲率湖湘子弟兵前往新疆平定内乱和抵御外侵。据传，左宗棠领兵来到西北大漠之后，深感风光与关内不同，更是不能跟山清水秀的湖湘老家相比，放眼望去，满目荒凉，风大沙急。左宗棠遂命先锋开路部队在甘新大道两旁具备栽树条件的地方广栽柳树，名曰道柳。用意一在巩固路基，二在防风固沙，三在羁拴战马，四在乘凉驻扎。大军所到之处，军民齐动员栽柳成行，并制定了完善的保护措施，严格执行。据左宗棠自己记载，湖湘大军在此栽活的树就多达 26 万余棵。

自古以来，在河西走廊栽树就是一大难事，可是在左宗棠的督促和倡导下，数千里的大漠古道一时竟变得绿柳茵茵，春光旖旎，成了塞外奇观。左宗棠的老乡杨昌浚后来途径甘新大道，看到了湖湘子弟兵一路所植道柳，数千里连绵不断，绿意盎然，触景生情，赋诗一首：“大将筹边未肯还，湖湘子弟满天山。新栽杨柳三千里，引得春风度玉关。”他饱含钦敬之情地盛赞了左宗棠广栽杨柳、绿化大漠、造福百姓的壮举。

这些柳树被当地百姓敬称为“左公柳”，并持续地保护着、补栽着。除了老百姓的自觉保护行为以外，官方出台的保护公告也接连不断，现在我们还可以看到晚清官府出台的其中一道：“昆仑之阴，积雪皑皑。杯酒阳关，马嘶人泣。谁引春风，千里一碧。勿剪勿伐，左侯所植。”这份公告除了告诫百姓要保护好树木之外，对左宗棠的敬重之情也是一目了然。

斗转星移，岁月变幻，距左宗棠下令植柳已将近 150 年，今天再想看到当初的“左公柳”已非易事。甘肃全省所留“左公柳”已所剩无几，且大部分存活在平凉市的柳湖公园内，弥足珍贵。当你有机会经过时，一定要去看一看。当你手抚这些古树时，一定会发现它们与江南垂柳的不同，每棵树都像一名身披铠甲、孔武勇敢的战士，毫无娇柔之态，浑身伤痕但却充满着无穷的力量，时时刻刻都在跟大漠的风沙做着不屈的抗争。抚柳思人，定当要举杯遥敬立志绿满天山的左宗棠将军了！

二、丰子恺爱柳

丰子恺是我国现代著名画家、教育家、文学家、书法家，可谓才华横溢。在丰子恺的漫画作品里，比翼齐飞、梁下呢喃的燕子和青翠欲滴、婀娜多姿的杨柳频频出现，它们都是丰先生钟爱的对象。正因为如此，丰子恺有了一个“丰柳燕”的雅号。在燕子和杨柳之间，丰先生更是对杨柳偏爱有加，经他自己设计建造在白马湖畔的小宅子就有一个特别小清新的名字——小杨柳屋，宅旁自然也少不了青青杨柳为伴。别人都说丰先生喜爱杨柳，他也毫不掩饰，坦然承认自己与杨柳有缘。在他的散文作品《杨柳》中，他把自己喜欢杨柳的理由讲得很清楚。

（一）身姿优美

丰子恺先生眼里的杨柳姿态万方，美不胜收。有一日，他在室内作画时久，略感疲倦，便走到西湖边上的长椅子上坐了一会儿。在坐下小憩时，便“看见湖岸的杨柳树上，好像挂着几万串嫩绿的珠子，在温暖的春风中飘来飘去，飘出许多弯度微微的S线来，觉得这一种植物实在美丽可爱，非赞它一下不可”。丰子恺觉得光在文章里赞美柳树还不够，便在他的各种画作里为我们展现了月下柳、窗前柳、湖畔柳、桥头柳、春天柳、夏天柳等各种各样千姿百态的美丽柳树，或清新，或葱郁，或羞怯，或天真，画卷一展，柳风扑面，美不可言！

（二）亲而不娇

杨柳很亲民，普通老百姓很喜欢它。它的木材可以盖房子、做家具，它柔软的枝条可以编织成筐子、篓子等生活用具，它的花穗可以食用，它的根、皮、叶都有很高的药用价值。可以说，杨柳浑身上下都是宝。即使是如此，它也一丁点儿都不娇贵，反而是最贱的。随便剪来一根枝条插在湿润的地上，不需要经过几年，就可长成大树，就可成材供人使用。“它不需要高贵的肥料或工深的壅培，只要有阳光、泥土和水，便会生活，而且生得非常强健而美丽。”这样一来，在丰先生的眼里，杨柳与娇贵的牡丹和葡萄就有了不一样的风骨，牡丹花是要吃猪肚肠的，葡萄藤是要吃肉汤的。葡萄藤吃了肉汤还可以结果实给人吃，牡丹花吃了猪肚肠却只能让人饱饱眼福，其他一无用处。与娇贵的牡丹和葡萄比起来，亲而不娇的杨柳自然就会得到平实而纯真的丰子恺先生的偏爱。

（三）谦恭知恩

丰子恺先生爱柳最主要的原因是因为杨柳的谦恭知恩，是因为杨柳的“高而不忘本”。其他花木大多是向上发展的，红杏可以长到出墙，古木可以长到参天。花木向上生长原本是好的，但是丰先生往往看到这些花木枝叶果实蒸蒸日上，却似乎忘了下面的根，便觉得它们实在是可恶。它们怎么可以只顾着贪图自己的光荣，而绝不回顾处于地下泥土中的根本呢？而杨柳和它们截然不同。杨柳也会向上生长，而且可以长得很高很快，但是它越是长得高，就越是垂得低。“千万条陌头细柳，条条不忘根本，常常俯首顾着下面，时时借了春风之力而向处在泥土中的根本拜舞，或者和他亲吻，好像一群活泼的孩子环绕着他们的慈母而游戏，而时时依傍到慈母的身旁去，或者扑进慈母的怀里去，使人见了觉得非常可爱。”丰先生就是这样喜欢杨柳，不嫌它高，因为杨柳的“高而能下”，因为杨柳的“高而不忘本”，因为杨柳的谦恭知恩。

三、杨柳意象

自古至今，在浩如烟海的中国文学作品中，杨柳的出镜率极高。它以缠绵多情、柔美多姿的文学意象，表达着人们的情感世界。对美的赞赏，中国文人一向毫不吝啬，从“杨柳依依”的《诗经》到“密密堂前柳”的五柳先生陶渊明，从唐诗到宋词，再从元曲到现代诗，柔柔青青杨柳枝缠绵了多少离恨相思，羁绊了多少故园情怀，承载了多少春光繁华。

（一）折柳惜别泪满襟

中国人表达情感通常都比较含蓄，善于借物言情、托物言志。“柳”“留”谐音，折柳送别，暗含殷殷绵绵挽留难舍之意。是故，别离就成了杨柳的首要文学意象。“长安陌上无穷树，唯有垂柳管别离。”（唐·刘禹锡《杨柳枝词九首》），“杨柳青青著地垂，杨花漫漫搅天飞。柳条折尽花飞尽，借问行人归不归。”（隋·无名氏《送别》）像这样描绘折柳送别的诗句不胜枚举。

杨柳与离别最早连接在一起，就是前面曾提及的《诗经·小雅·采薇》之中的那四句经典诗句。杨柳袅袅依依，春光乍好，令人留恋向往，哪承想却正是有情人不得不挥泪相别之时！杨柳依依人依依，人柳留人人难留，此情此景，怎不叫那离别之人把泪珠儿洒干、柔肠儿哭断！

借杨柳意象把有情人惜别之苦表达到极致的应该没有超越柳永“柳三变”的。他虽常常醉卧花丛，却是每每用情至真，一时赢得多少芳心！然而，情到深处别更难。一个漂泊不定的游子，与有情人之间更是离别有时，后会无期。于是，便有了诉说离别时分凄苦的千古之词《雨霖铃》。

“寒蝉凄切，对长亭晚，骤雨初歇。都门帐饮无绪，留恋处，兰舟催发。执手相看泪眼，竟无语凝噎。念去去，千里烟波，暮霭沉沉楚天阔。”这是上半阕，写的是离别时刻凄惨场景。那是一个深秋的傍晚时分，一场秋雨之后，在送别的长亭之外，在秋蝉撕心的叫声中，柳永正要跟心爱的人告别。纵是香帐内美人把酒已斟满，他却哪有半分力气去端起？谁会有半分心情去饮下？正要说上几句离别的情话，那讨厌的船工却不合时宜地催人上船。手拉着手儿来到渡口边，河边的杨柳枝缠缠绵绵，扫着她的脸庞扫过他的肩，扫抚着冷冷的河面。柳枝啊！你能不能把这水里的船儿系上？你能不能把远行的人儿留下？满腹的心里话儿一句也说不出来，执手相看两茫茫，唯见清泪流成行。心上人啊！我这一去，烟波浩渺数千里；我这一去，长夜漫漫无归期。纵然楚地辽阔，哪里还有我的温柔乡？哪里还有我的宿眠地？残酒冷衾，能不能挡得住夜来秋风急？到这里，柳永把有情人离别时刻的凄苦、留恋、缠绵与不舍刻画得入木三分，一幅晚秋江畔别离图活生生地展现在我们面前。《雨霖铃》的上半阕并没有提到柳树，但从全篇来推断，杨柳是一定存在的。河岸之上、渡口之旁、离别之时，一定少不了杨柳枝的缠绵。自香帐走出之后，就只能把留人的希望寄托给缠绵多情的杨柳枝了！留也留不住，最终也只能折柳相赠托相思。所以，在下半阕，离别后的柳永看到杨柳岸才不由得触景生情，睹物思人！

“多情自古伤离别，更那堪、冷落清秋节。今宵酒醒何处？杨柳岸、晓风残月。此去经年，应是良辰好景虚设。便纵有千种风情，更与何人说。”这是下半阕，写的是离别后的思念之苦。自古以来，多情之人本来就比一般人容易离别伤怀，更何况又恰逢在这风萧萧兮冷煞人的深秋之时（一说清秋节就是九九重阳节），此等愁绪，如何消受得了！何以解忧，唯有杜康。举杯邀残月，残月不解饮，冷酒入愁肠，愁绪万里长。几坛残酒暂时麻醉了柳永的神经，柳永醉卧船头，昏昏成眠。宿酒醒来，正是清晨时分，凄冷晓风袭人。词人睁开醉眼观看，还是相似的杨柳岸，杨柳依依依然在，树下伊人无处寻。抬头看，唯有一钩残月冷冷孑孑相伴，人也似的孤单；低头看，月影成三人，凄凉何其无边！柳永也真是很倒霉。倘若是昨晚把那冷酒多饮上几杯，倘若是多睡些许时辰，是不是就可以躲得过冷煞人的深秋晓风？是不是就可以错得过那一勾孑孑孤单的残月？但是，他恰恰是在晓风里、残月下，睁开了惺忪的醉眼，看见了似曾相识的杨柳岸，曾在杨柳树下洒泪挥别的人儿却再也找不到踪影！如此光景，怎能不让柳永黯然神伤！这样凄冷孤单的日子不知道何时才是尽头，教人如何挨过？不能跟心上人在一起，今后纵是有再好的时光与风景，在他的眼里也是形同泥淖。他那满腹的柔情蜜意，估计再也没有说出来的机会了！无尽相思谁人知？唯有岸上柳绵绵。离人相赠的杨柳枝，最终无论插于何处，待到春来枝繁叶茂，那青青的杨柳丝定会时时撩拨起多情人的相思！

（二）回首望故园，榆柳绕炊烟

柳树多植于房前屋后、村口塘边，往往会给远行之人留下深刻印象。每当看到杨柳，由此及彼，就会想到故乡，想到故乡的人，想到杨柳枝头袅袅升起的炊烟，因此，杨柳的第二个文学意象就是象征着故乡。“谁家玉笛暗飞声，散入春风满洛城。此夜曲中闻折柳，何人不起故园情。”这是诗仙李白客居洛阳之时所作的《春夜洛城闻笛》。彼时正是诗人郁郁不得志之期，窗外杨柳依依，一支令人思乡的《折杨柳》之曲透过窗棂传到房内，悠悠入耳，思乡之情一定是瞬间爆棚。在这个时候，也许只有故乡的一切才能抚平诗人身心的创伤。

在中国历代文学作品中，睹柳思乡的诗句也寻常可见。

“杨柳阴阴细雨晴，残花落尽见流莺。春风一夜吹乡梦，又逐春风到洛城。”这是唐代诗人武元衡所做《春兴》，是一首集咏柳、思乡、梦归于一体的佳作。武元衡是武则天的外侄孙，洛阳人氏，在长安为官。因为做官的缘故，诗人多年没有回到故乡。在暮春时节，雨后初晴，绿柳阴阴，杨花残落，长安的春天马上就要过去了，故乡洛阳的春天是个什么光景呢？柳枝间漂泊不定的流莺更让诗人顿生惺惺相惜之情、悠悠思乡之念。日有所思，夜有所梦，一夜春风伴着诗人入梦，在梦中，他又乘着春风回到了朝思暮想的故乡！

苏轼是宋代豪放派词人，祖籍四川眉州，长期在外做官。大江南北，漂泊不定。苏轼的作品大多气势磅礴，偶有睹柳思乡之时，婉约之意立现。比如《望江南·超然台作》："春未老，风细柳斜斜。试上超然台上看，半壕春水一城花。烟雨暗千家。寒食后，酒醒却咨嗟。休对故人思故国，且将新火试新茶。诗酒趁年华。"山东密州是苏轼漂泊为官的驿站之一，到密州的第二年，苏轼就让人重修城北旧城台，并命名为"超然台"。此台成了他放松心情的一个好去处，时时登台游玩。暮春时分又登超然台，风细柳斜，半壕春水，满城飞花，一片烟雨朦胧。这哪里是北方景观！分明是回到了蜀地，回到了眉州故里。为官不自由，有家亦难回。万缕思乡愁，化作一壶酒。酒醒之际，也只是一声叹息。面对老朋友，还要自我安慰：不想了，不想了！烹新茶，上美酒！口中说不想，然在这异乡之柳、水、花刺激下的思乡之情早已跃然纸上！

在现代诗里，徐志摩的《再别康桥》也出现了多情的柳树。"那河畔的金柳，是夕阳中的新娘；波光里的滟影，在我的心头荡漾。"徐志摩曾在康桥边度过了一段特别美好的青春时光，这一时期也是徐志摩一生中的重要转折期。可以说，康桥就是徐志摩的第二故乡。他自己曾经说过：我的眼是康桥教我睁的，我的求知欲是康桥给我拨动的，我的自我意识是康桥给我胚胎的。可见，康桥在徐志摩心目中的地位是多么的重要。1928 年，他孤身一人去康桥拜访故友，友人不在，唯有康桥依然，唯有康河岸上的金柳依然，带着遗憾，他乘船回国。在波涛汹涌的大海上，写下了传世之作《再别康桥》。想起康桥，首先涌入诗人脑海的还是那河岸上的金柳，还是金柳那婀娜多姿的艳影，柳丝在荡漾，思念也在荡漾。

（三）风舞美人腰

从审美角度去看，柳枝轻柔细长，随风摇曳，姿态万方，风情无限，极具女性柔美。因此，自古以来的中国文人多喜欢以杨柳来比喻女子的美丽。"杨柳小蛮腰"是形容美少女身姿苗条，腰肢细软；"芙蓉如面柳如眉"是比喻女子眉似柳叶，细长秀美。由是，女子的柔美就是杨柳的第三文学意象。自古才子爱佳人，难怪赞柳树之美的古诗名句比比皆是了。

"绊惹春风别有情，世间谁敢斗轻盈。楚王江畔无端种，饿损纤腰学不成。"这是唐代诗人唐彦谦所著《垂柳》。在诗人的眼里，不是风吹杨柳动，而是调皮的杨柳主动地绊惹、挑逗着春风，邀春风到自己的身边来一起玩耍、斗舞。风来舞起，舞姿婆娑，风姿万种。斗到兴起时，手掐小蛮腰向全世界发出挑战：还有没有比赛舞步轻盈的？除了身不能禁风的赵飞燕，哪个敢来？赵飞燕也未必敢来。你没见楚王宫里的数千女子，饿断了多少腰肢，最终还不都是徒增笑料。短短四句诗，唐彦谦就把春柳的纤柔飘逸之美刻画得无与伦比，活灵活现。

李商隐对杨柳也是喜爱有加，对杨柳之赞美也毫不吝啬。“章台从掩映，郢路更参差。见说风流极，来当婀娜时。桥回行欲断，堤远意相随。忍放花如雪，青楼扑酒旗。”这首《赠柳》全篇不见一个“柳”字，却是句句都在咏柳、赞柳、惜柳。诗人爱柳多年，从长安到楚地，从南到北，从东到西，杨柳无处不在，在哪里都是生机盎然，秀色嫣然，细数风流，杨柳独占鳌头。诗人初识杨柳也正是在春天，相识在最美好的季节。它体态轻盈、婀娜多姿、舞影曼妙，谁人不爱？诗人渡桥沿堤去追随，它又撇下漫天飞雪，十里杨花。伸出双手去拥抱，它腰身一转，又扑向了青楼之下卖酒家。你且去酒家沽上一壶酒来，坐在酒旗下，慢慢斟酌，细细思量。诗人一路不舍，要追随、要拥抱的是什么？是人？是柳？亦人亦柳？这个答案估计只有李商隐知道了。但有一个事实是不可辩驳的：无论人柳，都是体如燕，貌如花。

前文提到的苏轼也有一篇赞柳美之词，名曰《洞仙歌·咏柳》：“江南腊尽，早梅花开后。分付新春与垂柳。细腰肢，自有入格风流。仍更是，骨体清英雅秀。永丰坊那畔，尽日无人，谁见金丝弄晴昼。断肠是，飞絮时。绿叶成阴，无个事，一成消瘦。又莫是东风逐君来，便吹散，眉间一点春皱。”苏东坡全篇咏柳，实乃借柳喻人。借婀娜轻盈、清英雅秀、落寞无助的垂柳诉说着对那位人格风流、薄命红颜的无限怜惜。她体态轻盈，仪态风流，品格清雅，本应集万千宠爱于一身，最后却落得独自庭院深深，思君断肠飞絮时，一时辜负了多少春光，怎能一声叹息了得！在这里，苏东坡不仅仅爱惜柳树的外在之美，还创造性地发掘出垂柳品格之奇，风骨之美。让人不觉对垂柳由爱生敬，由敬生怜。正是：人亦柳来柳亦人，许是仙女下凡尘。柳似人来人似柳，天下风流两难分。

从古到今，咏柳之美的词句俯拾皆是，咏絮的却并不常见，比较著名的有苏东坡的“枝上柳绵吹又少，天涯何处无芳草”及晏殊的“春风不解禁杨花，蒙蒙乱扑行人面”等。在我们开展《植物文化赏析》课题研究时，有感而发，写就了一首咏絮的现代新词。我们自认为该词清新活泼，意境别致，收录在本章开篇：“又是一年三月三，飘摇柳絮舞升天。纵然无力随心走，可喜凭风任意安。城郊外，水塘边，万丝千缕聚不单。明年春暖新芽露，洒下浓阴绘绿篇。”在暮春三月，气温慢慢变高，万物升腾，绵绵白白的柳絮也追随着各色的风筝在空中飞舞。虽然决定不了自己前进的方向，但可喜的是它恰好有着一种随遇而安的良好心态。坑边路旁，一团团、一簇簇，你追我赶，拥在一起，亲昵无间。到了湿润处，它会就此安家。说不定明年春天来临，人间就又多了一抹新绿。此阙《鹧鸪天》中，尤以“纵然无力随心走，可喜凭风任意安”两句为佳，把柳絮儿的淡定从容刻画得惟妙惟肖，顿生禅意。大千世界，熙熙攘攘，在这“乱花渐欲迷人眼”的纷扰中，我们是不是也应像柳絮儿一样怀着随遇而安的心态呢？

（四）一树春风千万支，嫩于金色软于丝

“一九二九不出手，三九四九冰上走，五九六九河边看柳，七九河开，八九雁来，九九归一九，耕牛遍地走。”这首汉族民谚充分显露出广大劳动人民在严酷的寒冬中对春天的企盼。可以看到，在天寒地冻的三九四九过去后，首先给人们带来春天消息的是河边的柳树。在这个时候，整个河面还处于冰封之中，它却送来了新春的第一抹如烟嫩绿，送来了寒风中的第一股融融暖流。正是这个缘故，人们常常把杨柳当作是春天的使者，报春知春就是杨柳的第四文学意象。白居易的《杨柳枝词》有两句经典诗句：“一树春风千万枝，嫩于金色软于丝。”当春风初起，柳树率先呼应，扭动它那刚刚伸展开的纤柔腰身，扮上鹅黄色的新妆。每当人们看到它，也就好像新的一年的希望。

在诸多的咏柳诗中，最脍炙人口的就要数贺知章的《咏柳》了：“碧玉妆成一树高，万条垂下绿丝绦。不知细叶谁裁出，二月春风似剪刀。”此诗借咏柳之美，实则赞颂的是催杨柳复苏生发的二月春风。杨柳醉春风，春风吹柳青，二者互为衬托，相得益彰。那二月的风像一把剪刀一样，先裁出杨柳细叶，然后一路裁下去，还会裁出芳草萋萋，还会裁出万紫千红，裁出盎然生机与活力，裁出整个春天。

这就是我们寻常可见的杨柳树，它又是那样的不寻常。既可供材取薪，又可挡风御沙；既高而不忘本，又谦恭而知恩；既牵挂着多少离别人的无限愁绪，又寄托着无数远行人的怀乡哀思；它风姿绰约，占尽人间风流，但却内敛含蓄，风格清秀；它插枝即成树，生命力强大；它报春不争春，动静气自华。

如此杨柳，叫你如何不爱它！

第十二章　诗意梅花

卜算子・梅花

乍暖还寒时，怒放迎春俏。冷暖失衡变莫测，傲立枝头闹。

无意苦争春，谦雅独繁茂。古往今来多少事，物外翩然笑。

在古代中国，人们很少有随季节而迁徙度假的机会，也没有多少今天的消遣娱乐方式，所以冬天显得格外漫长。在万物肃杀、人心沉寂的日子里，人们只好把对春天沉沉的思念放进残月、置于梅梢，然后耐心地等待。当思念的潮水随月满而溢出时，梅花萌动初开，那一缕清香把人们生的激情点燃，让憋了大半个冬天的文人念叨不停，此真是“万花敢向雪中出，一树独先天下春。”（元・杨维帧《道梅之气节》）梅花铁骨冰心的品质和坚贞不屈的精神，激励了一代又一代中国人不畏艰险、奋勇开拓，而最终成为中华民族的精神象征。

第一节　感知梅花

梅花主干粗犷遒劲，枝条生机盎然，花瓣越发显得柔弱轻盈；微风过处，送来缕缕清香，让漫长寒冬里的人们获得了几许惬意和希望。中国文人寄情于一花一木，正是源于对梅花高洁傲岸人格境界的神往，才使梅花成为人格襟抱的象征和隐喻，映射出中华民族的精神风貌与价值取向。学习这些宝贵的物质和精神财富，能让我们对时间秩序和生命意义有所感悟并从中获取智慧，对自己民族的文化充满自豪，对国家的未来充满信心。

一、魅力梅花

梅是中华先民很早就认识的植物之一。梅花具有高雅、坚贞、圣洁的形象，是文人墨客用以比德与畅神的重要物象。在人们以梅花为对象进行培育、观赏、研究过程中，实现了由食梅、植梅到艺梅、颂梅的升华；在由梅品而喻人品，由物质到精神的飞跃中，梅花实现了从普通花卉到国人心中审美对象的演变，并逐渐沉淀成被国人普遍接受的文化现象。几经继承和发展之后，最终成了中国传统文化中熠熠生辉的篇章。

梅花玉骨冰肌，着实惹人喜爱。在漫天飞雪、万花凋敝的时节，梅花抗冰雪、斗严寒，与松、竹并列挺立，被誉为“岁寒三友”，成为中国传统文化中高尚人格和忠贞友谊的象征。梅与兰、竹、菊占尽春夏秋冬，有着傲、幽、坚、淡的高贵品质，又都具备自强不息、傲然屹立、不作媚世之态的共同特点，被中国文人称为“花中四君子”，居于首位的梅花就成为中国人感物喻志的象征了。

“梅花香自苦寒来”是人们最熟悉的励志名言。梅在立志奋发方面给人的激励，正是因为经历寒冷冬季之后梅花更加幽香，喻义要想拥有高贵品质或美好才华必须经过不断地努力、修炼，要有蔑视一切困难的勇气。不经风雨，怎见彩虹？所以，只有经历了一定的磨难甚至伤痛，才会成长为一个真正坚强的人。

英国诗人雪莱在《西风颂》中说：“冬天来了，春天还会远吗?”春天虽然来得比冬天晚，却永远代表着新的希望。在冬天快要结束、冬雪还未融尽的时候，梅花就顶着风雪向人们报告春天的信息。那种凌霜傲雪、不屈不挠的斗志和向人们昭示希望与未来的自信，正是梅花魅力之所在和梅花让人欣喜之原因。

二、梅花花语

梅花铁骨铮铮，不畏冰袭雪侵而昂首怒放，独具高洁、坚贞风采。在冷酷无比的冬天，梅开百花之先，独天下而春的形象，早已被民间作为传春报喜的吉祥象征了。见到梅花，就给人以傲然屹立的印象和立志奋发的激励，所以她象征坚强、奋发的人。

在中国，梅文化影响了无数代文人的情怀。梅本普通，却凝聚着中国人的高尚情趣，并对“坚贞不屈的民族气节，正直无畏的民族风尚”的形成，起到一定作用。学习和理解梅文化后，能让你提高鉴赏能力和审美能力，既陶冶了情操，又培养出高尚的生活情趣。当你再看到梅花时不会说“哇，香得不要不要的了!”等话，而是能说出“疏影横斜，暗香浮动”的妙境，守住“零落成泥碾作尘，只有香如故”的操守，得到“梅花香自苦寒来”的启示，充满“已是悬崖百丈冰，犹有花枝俏”的斗志，收获“待到山花烂漫时，她在丛中笑”的豁达，并以此来启迪思想，展开人生精彩的画卷。

在国花的选择上，梅花尚有争议。国花作为国家的象征，是民族精神的载体，是国人情感的寄托。梅花虽居“中国十大名花”之首（1986年评），但有人认为梅花不仅反映民族的不屈精神，更多的是反映中国文人的气节。对梅花的推崇流行于宋代，源自爱国文人受排挤、压抑的氛围，是不得志的清高、孤傲心灵的体现。而如果用牡丹的雍容华贵喻义国家繁荣昌盛、民族团结兴旺，则是一种尊贵优雅的喜庆氛围。同时牡丹不霸气的品格，与中国永远不称霸的国格相符合，更能体现未来中国的多元发展。从历史渊源来看，3 000 年前的《诗经》中就有牡丹的身影，是大唐盛世的推崇让她走向繁荣，而梅花是到南宋才载誉而来。周恩来总理也曾经说过："牡丹是我国的国花，它雍容华贵，富丽堂皇，是我们中华民族兴旺发达的象征。"还有的学者认为梅花和牡丹可分别代表长江和黄河两个流域文化，它们一个是乔木，一个是灌木，梅花体现中国人艰苦奋斗、不屈不挠的品格，象征精神文明，牡丹体现国泰民安、富裕祥和，象征物质文明，所以有"一国两花"的提法。

三、南梅北移几千里

历史上，梅花曾有"自古梅花不能过黄河"的说法。为实现"南梅北植"，当代"梅痴"陈俊愉先生与北京植物园合作，于 1957 年把从湖南"沅江骨"和南京梅花山的梅树上采集的种子在北京大面积播种。几经淘汰选择，在 1962、1963 年之间开花结果。随后，陈俊愉先生又从几千株梅苗中选育出"北京玉蝶""北京小梅"两个能抗－19℃低温的梅花新品种，迈出了南梅北植的第一步。江南的梅花跨越一千多公里，在干燥、寒冷的北京"安营扎寨"，南梅北移的梦想终于变成了现实！后又通过梅与杏、山桃杂交，新品种进一步提高了抗寒能力，有些可抗－30℃～－35℃的低温，将栽培区域扩大到山西、陕西、甘肃、内蒙古、辽宁、吉林等地。

嗣后，陈俊愉组织各地的园艺家共同协作，用 6 年时间完成了全国梅花品种普查、搜集、整理并进行科学分类，于 1989 年出版了中国第一部大型梅花专著《中国梅花品种图志》。这是国内也是世界上第一部图文并茂、全面系统介绍中国梅花的专著，为向世界园艺学会展示中国独有的奇花并获得承认奠定了学术基础。1996 年，他出版的《中国梅花》在梅花品种分类上创立了世界上独一无二的"二元分类法"，进而形成了花卉品种分类的中国学派。他用枝条姿态作为梅花品种分类的第一级标准，即分为直枝梅类、垂枝梅类、龙游梅类三类；再将花型作为第二级标准，每个花型都包含多个不同的品种。这种分类方法进化兼顾实用，如今已广泛应用于植物学研究领域。

1998 年 11 月，陈俊愉及他领导的中国梅花蜡梅协会，被国际园艺学会授权为梅花及果梅的国际植物登录权威，陈俊愉也成为获此资格的第一位中国园艺专家，从而开创了中国植物品种国际登录之先河，这意味着规范梅品种的合法名称将由中国人来完成。至此，国际园艺协会不仅正式确认梅是中国独有的奇花，而且以梅花的汉语拼音"MEI"作为世界通用的品种名称，彻底纠正了梅花译名的混乱局面。

观赏植物品种的国际登录早从 1955 年就已启动，国际登录相当于"知识产权"，登录后的品种就得到了全世界的公认。我国现在很多名花出了新品种，还必须到国外去登录。例如牡丹要到美国、兰花要到英国去登录。梅花及果梅的国际植物（品种）登录权威是中国第一个植物品种登录权威称号。陈俊愉在北京林业大学内成立了“梅花品种国际登陆中心”，这为我国的梅花和果梅走向世界打开了一扇大门。

第二节　慧眼识梅花

自古以来，中国的艺梅爱花者给我们留下了丰厚的植梅、赏梅、墨梅的文化遗产。通过对梅花的生长发育、繁殖特点、植物性状和栽培技术的学习研究，能让我们更好地继承中国艺梅之道，更好地提高认识和鉴赏梅花的能力水平。

一、植物学特性

梅花又名春梅、红梅，原产中国，是蔷薇科李（杏）属的落叶乔木。梅花的花蕾开放先于叶子萌芽，花形小，花色多白色和淡红色，香味清幽，是一种著名的观赏植物。梅花属阳性树种，喜温暖而不可过热，喜潮湿而不可积水，对土壤要求不严，现在全国各地广泛栽植。现代园林中，有许多叫梅的植物，从植物分类学角度讲，他们不是梅花，如蜡梅、榆叶梅、三角梅、珍珠梅、刺梅、吊竹梅等。因此，要注意学会按照植物学特性，从树冠、叶片、花色、花期和香味上的异同，加以正确区分。

蜡梅又叫腊梅、雪梅、黄梅、干枝梅，是许多宋代诗人写咏梅诗的物象，但从现代植物分类学的角度看，与真正的梅花是有差别的：蜡梅属蜡梅科，长得明显比梅树要矮，而且开的花通常是黄色，结出的果为瘦纺锤形，都与梅花不同。明代李时珍在《本草纲目》中分辨说：“此物本非梅类，因其与梅同时，香又相近，色似蜜蜡，故得此名。”

梅花既可观赏也可药用。冬春之际，园林丛植、盆景切花都是极佳观赏方式。梅果即梅子，生食鲜用都有生津止渴功效，望梅止渴的典故正源于此。梅果入药在《神农本草经》就有记载：“梅实味酸平，主治下气，除热烦满，安心，止肢体痛，偏枯不仁，死肌，去青黑痣，蚀恶肉。”

二、梅的产地

一朵花的命名犹如太空中新发现的一颗星，其归属关系着国家的文化传统，关系着国人对待历史的态度，关系到国人的荣辱观，其背后更能体现出一个民族的文化自信和精神寄托。梅花原产中国西南部，以川、鄂山区为中心，梅花的栽培亦由四川开始。野梅首先演化成果梅，观赏梅系果梅的一个分支。作为我国特有的传统花果，早在 3 000 多年前，先民们就开始将其作为调味品使用了，尤其在祭祀、烹调和馈赠等方面，更是不可或缺。研究表明，野梅驯化成家种果梅，至少在 2 500 年前的春秋时代就开始了。

近代以来，梅花起源地有了争论，学者宫泽文吾说日本有梅之原产。梅原产地的争论很大程度上体现在文化自信上，日本如果接受中国文化底蕴，就意味着近代日本的立国基础“日本特殊论”“日本人优越论”也将随之破产，就可能出现精神上的“日本沉没”。其实今天的我们，再谈文化的归属时，文化早已走向全世界，成为人类共有的财富。花开于东瀛还是中国，所见证的都是自然的生生不息，对应的是人生的诸阶段。从这个意义上讲，只有继承和发扬梅花的智慧文化，努力推动现代文明的进化程度才是上上之策。

三、梅花种类

每逢春寒料峭、瑞雪纷飞的残冬，梅园里风送幽香，多个品种的梅花争丽斗妍、竞相开放，像五彩云霞装扮着大地，点缀着残冬，使人间生出盎然春意。

梅花品种很多，变种比比皆是。目前世界上有大品种 30 多个，下属小品种有 300 多个。按种型可分为真梅种系、杏梅系、樱李梅三个种系。真梅系简单来说，就是真正的梅花，由原种梅花繁育得来；杏梅系就是梅与杏的杂交品种，不香或微香（非梅香），花托肿大，其抗寒性大于真梅系，如单瓣杏梅，可耐－25℃～－30℃的低温；樱李梅系则是梅与紫叶李的杂交品种，紫叶红花，重瓣大朵，抗寒。种系以下，主要又按枝姿可以分为直枝梅类（枝直上或斜生）、垂枝梅类（枝自然下垂或斜垂）、龙游梅类（枝天然扭曲如龙游），其中直枝梅是梅家族中历史最悠久的一类。

用来观赏的梅花，按其花色及花型可分为红梅、宫粉、绿萼梅、照水梅、洒金梅、玉蝶梅等。其中宫粉梅最为普遍，花朵复瓣至重瓣，开花繁密，呈或深或浅的红色，有浓郁的花香；在分类上宫粉梅属于梅花品系中真梅系直枝梅类宫粉型。红梅是宫粉梅花的一种，是中国文人吟咏的经典对象，书画及诗歌作品传世很多；红梅造景可孤植、丛植、群植或给常绿乔木或深色建筑作背景等。跳枝梅是梅花洒金种群的优良品种，表现为同一棵梅树不同的枝条上或同一个枝条上，甚或同一朵花上，开出红白两色的花瓣。绿萼梅别名为春梅、干枝梅、乌梅，蔷薇科杏属梅花的一种，花单生或有时 2 朵同生于 1 芽内，香味浓，先于叶开放，尤以“金钱绿萼”为好。

第三节　造景文化

梅花的姿、色、神、韵、香俱佳，是中国园林艺术的重要载体。中国人对花的欣赏，一般都是抱着随意的心态，唯独对梅花的欣赏入心、苛求。古来人们看梅要有衬景，赏梅要求意境，不仅要雪中探梅，还要踏雪寻梅。明人张磁的《梅品》中记载梅花衬景为“清溪小桥，篱边松下，绿苔铺地，明窗对花；花下或有珍禽为伴，仙鹤为侣，远离尘嚣，别有清境”等，极其讲究环境氛围。

一、观赏梅花

园林梅花花开多彩、枝条各异、随风弄影，有“烟姿玉骨，淡淡东风色，勾引春光一半出，犹带几分羞涩”（清・尤侗《咏梅蕊》）之意境。我国人民还喜欢用梅花制作成盘根错节、苍劲多姿的盆景，置于窗前、案头观赏。随着梅香的飘拂，那万物复苏、欣欣向荣的春天转瞬就要到了。

梅花是我国园林造景中的传统名花，在园林配景时，宜突出梅花作为主题，与松、竹组成“岁寒三友”；又宜孤植于窗前或三五成丛栽植于屋角、池旁、路边、桥头、亭榭附近，还可建梅花专类园，如梅林、梅溪、梅径等。花开时节，景色宜人，香飘数里，成为游人寻梅、咏梅、画梅的最佳去处。

盆栽梅花是梅花登堂入室装点生活情趣和以梅自喻人品的重要栽培形式，一般选用红梅、绿梅、白梅、龙梅、美人梅等品种。梅花盆景有着大型古梅桩和小盆景之分，古梅盆景是将栽培用好品种嫁接到野生梅桩上，小心培育多年而成；小盆梅是由繁育的小苗栽植培养而成，较之古梅具有速度快、成本低、易运输等特点，所以市场前景广阔。另外，梅花含有苯甲醛等毒性化学物质，故不宜把梅花放在卧室或其他密闭环境里，家人也不要过多亲密接触梅花。一般家里的盆栽梅花要放在空气最易流动的地方，且要常开窗通风为宜。

二、切花栽培

从世界消费梅花的潮流来看，鲜切花消费是流行趋势，市场需求量与日俱增。我国人民喜欢在春蕾萌动的时候踏雪寻梅，或剪梅枝插在瓶里静待吐蕊含香，那迎风含笑的红梅，不仅点缀了生活环境，还陶醉着人们的心灵。

梅切花品种的选择，要综合生长特性、气候条件、消费习惯等因素，根据枝条优美、香味浓、花繁密、产花量大、插瓶时长等特点进行，多选用中长花枝的梅花品种，如粉皮宫粉、扣瓣大红、素白台阁、江南朱砂、复瓣跳枝、姬千鸟、美人梅、小绿萼、龙游、凝馨等。栽植时选通风向阳、排水好的切花生产圃内，行距 3 米左右，株距近 2 米为宜。我国北方可用大棚设施栽培错开切花时间。

梅花切花以收获花枝为主，要求第一年定植苗均匀留 3 个枝条，并在约 30 厘米剪截。第二年春将上年枝条留 20 厘米剪截，以培养二次骨架。第二年冬及第三年春开始采剪切花条，要在二次骨架处留 2～3 个枝，其长度约 15 厘米，作为三次骨架。以后剪截花条时，都要留 3～4 个芽，以便持续生产。

第四节　墨梅留香

梅精致高雅的花朵与粗犷遒劲的主干形成鲜明的对比，成了梅的自然属性和人文精神的化身，是我国历代诗歌中歌咏最多的花卉。梅花的人文意义和象征意义，并非与生俱来的，而是古人经过漫长地挖掘和积淀，逐渐确立起来的。

一、咏梅诗词

诗词歌赋中的梅花，承载着千古夙愿，凝结着百折不挠、坚贞不屈的民族精神。

《诗经・国风・召南・摽有梅》中有：“摽有梅，其实七兮；求我庶士，迨其吉兮。”衍生出“摽梅之年”的成语。南北朝的诗人陆凯写的《赠范晔》诗歌，据说是古今咏梅的第一首，“折花逢驿使，寄与陇头人。江南无所有，聊赠一枝春”使“折梅赠远”成为一个著名的典故，而“一枝春”也成了梅花的代称。入唐咏梅作品逐渐增多，“不经一番寒彻骨，那得梅花扑鼻香”是唐代黄蘗禅师的诗偈，说出了人对待一切困难所应采取的正确态度，不知激励过多少人。

宋代的咏梅诗词达到鼎盛。诗人林逋“梅妻鹤子”，一生寄情于梅花。他在《山园小梅》中写的“疏影横斜水清浅，暗香浮动月黄昏”，堪称咏梅绝唱；陆游的“城南小陌又逢春，只见梅花不见人”，“墙角数枝梅，凌寒独自开。遥知不是雪，为有暗香来”；卢梅坡的《雪梅》“梅须逊雪三分白，雪却输梅一段香”，都成为歌咏梅花的上乘佳作。

近代以来，革命志士咏梅诗歌不断。秋瑾文辞朗丽高亢，“欲凭粉笔写风神，侠骨棱棱画不真。未见师雄来月下，如何却现女郎身?”她以“侠骨棱棱”的梅赞颂崇高的人格和高雅的情操。方志敏烈士也以梅花作为座右铭，为革命事业献出一切，写有勉联：“心有三爱奇书骏马佳山水，园栽四物青松翠柏白梅兰。”作家鲁迅情怀高洁，篆刻“只有梅花是知己”的石印以示情怀，他这样比喻梅花：“中国真同梅花一样，看她衰老腐朽到不成一个样子，一忽儿挺生一两条新梢，又恢复到繁花密缀、绿叶葱茏的景象了。”陈毅元帅戎马一生，甚爱梅花，深情地写下咏梅佳句：“隆冬到来时，百花迹已绝。梅花不屈服，树树立风雪。”那不畏严寒、独步早春的精神不正是自己的写照吗?《冬云》是毛泽东写于1962年三年经济困难、中苏关系严重恶化之时，“梅花欢喜漫天雪，冻死苍蝇未足奇”描写了诗人和国人不屈不挠的斗志，也是对中国面对国际敌对势力重压，傲然独立、气定神闲的自信写照。

二、《卜算子·咏梅》赏析

南宋杰出的爱国主义诗人陆游位卑未敢忘忧国，写《卜算子·咏梅》以明志。1961年，毛泽东在中国面临帝国主义和反动派的巨大威胁以及三年自然灾害的最艰难时期，用同一词牌赞美梅花。两者题目相同，处境相似，但二者的境界和精神有所不同，值得品味。

“驿外断桥边，寂寞开无主。已是黄昏独自愁，更著风和雨。无意苦争春，一任群芳妒。零落成泥碾作尘，只有香如故。”

这是陆游自己的咏怀之作，这首《卜算子》明写梅花，暗喻自己。作者从梅花的遭遇写起，也是自身被排挤的政治境遇的体现；用梅花的品格收尾，暗喻诗人矢志不渝的爱国之情。这不禁让人想起张爱玲对爱的描写：“爱一个人会卑微到尘埃里，然后开出一朵花”，那种爱之深、爱之切的真心流露，真是“一树梅花一放翁”了。也正是这种高尚的爱国主义情操和不屈不挠的斗志，挺起了中华传统文化的脊梁，一路呵护中华文明延续到今天。

“风雨送春归，飞雪迎春到。已是悬崖百丈冰，犹有花枝俏。俏也不争春，只把春来报。待到山花烂漫时，她在丛中笑。”

毛泽东“读陆游咏梅词，反其意而用之”，把梅的精神提到一个新的时代高度。作者起笔写梅花在冰凝百丈、绝壁悬崖上俏丽地绽放，描绘出梅花不畏严寒的刚毅雄杰的风采，这也映衬了当时的中国共产党人在内忧外患的境遇下，革命何尝不是傲霜斗雪的俏丽花枝。一个“俏”字，勾勒出梅花飞雪不能掩其俏，坚冰不能损其骨，险境不能摧其志的高贵品格；也让我们看到了以毛泽东为首的共产党人“雄关漫道真如铁，而今迈步从头越”的革命意志；“宜将剩勇追穷寇，不可沽名学霸王”的胜利精神；“俱往矣，数风流人物，还看今朝”的革命自信，与陆游笔下“寂寞开无主”“黄昏独自愁”的郁闷、自怜的人格形象形成了鲜明的对比，更突出了作者冲天的革命豪情。收笔写梅花以自己的赤诚迎来了灿烂的春天，还要与山花共享春光的无私无畏的品性。一个“笑”字，写出了梅花既谦逊又豁达的品格，极大升华了词的艺术境界；梅花无疑是高洁守道的凛然君子，也再一次印证了共产党人吃苦在前、享受在后的崇高美德和奉献精神。

在陆游笔下，梅花是遭“群芳妒”的命运，以“香如故”结尾，暗喻作者的清高孤傲，表现了作者脱离众芳、孤芳自赏的苦闷情绪。而毛泽东咏梅以“丛中笑”结尾，突出了作者豁达自信的胸襟；从自喻的角度看，是作者人格志趣的外化物，无疑也是“梅文化”的最高表现形式。

三、妙手丹青画梅花

自古及今，梅花就是画家笔下经久不衰的题材。古人画梅注重梅花意趣的发挥，反映梅花不随波逐流，孤芳傲雪、坚强不屈的内在品质。据说画梅讲究人必须有“梅”的品格，正所谓“画梅须有梅气骨，人与梅花一样清”。

宋伯仁是宋代大画家，一生笃志画梅。每当花开时节，梅园便成了居舍，从早到晚与梅伴生；观察花姿、花瓣细致入微，从萌动到花开，从盛开至枯萎，都谨慎入画，夜以继日，从不间隔；最后精选出 100 余幅不同姿态的梅花画面，题五言诗于其上，装订成册，便有了著名的《梅花谱》；由于他画梅花“喜神”，后人也称《梅花喜神谱》。

北宋时期的仲仁和尚和杨补之是画梅大家，他们画的梅花纯洁高雅，野趣盎然。元代大画家王冕以“墨梅图”与“墨梅诗”名扬天下。王谦是明代画家，与人合作的《岁寒二雅图》《梅花图》世称杰作。清代画家金农的《梅竹图》，展示其“凌寒独自开”的欺霜傲雪英姿。

近代，吴昌硕一生酷爱梅花，他画梅题诗“十年不到香雪海，梅花忆我我忆梅。何时买棹冒雪去，便向花前倾一杯。”现代岭南画派的代表人物关山月，所画梅花枝干如铁，繁花似火，雄浑厚重，清丽秀逸，被誉为“当今画梅第一人”。张大千爱梅如命，魂归梅丘，生前曾有诗曰：“片石峨峨亦自尊，远从海外得归根。余生余事无余憾，死作梅花树下魂。”京剧大师梅兰芳修身于“梅花诗屋”（书斋），养性于梅花、梅画间。

四、梅花与文艺

好的文艺作品一定是能扬正气、击丑恶、指方向、凝聚正能量，传播“好声音”，启发智慧、引发共鸣，具备传播和保存价值。梅花不畏严寒风雪，以自己最美的姿态，迎接姹紫嫣红的春天，自古就是文艺创作的重要题材之一。梅花还与音乐戏剧结缘极深，许多艺术家也像梅花一样，在寒风中独自面对残酷的现实，默默地坚守自己的信念。

《我爱你中国》是电影《海外赤子》中的插曲，歌词唱到了受国人推崇的“红梅品格”，也再次印证了中国人民具有红梅般的品格。由于梅花经常是顶霜傲雪地开放，因此人们也常将她比作视死如归的革命烈士，如歌剧《江姐》中的插曲《红梅赞》，以

“疏枝立寒窗，笑在百花前”（毛泽东《卜算子·悼国际共产主义战士艾地同志》）的情怀，用生命和热血谱写爱国主义战歌，唱响“红岩上红梅开，千里冰霜脚下踩，三九严寒何所惧，一片丹心向阳开。……高歌欢庆新春来，新春来”。在这可歌可泣的时代颂歌中，展现了革命志士如红梅般的意志，也表现了革命先烈宁死不屈的英雄气概。

《梅花三弄》是中国十大古曲之一，以梅花凌霜傲寒、高洁不屈的节操与气质为表现内容，“梅为花之最清，琴为声之最清，以最清之声写最清之物，宜其有凌霜音韵也”（明·杨抡《伯牙心法》）。此曲采用泛音奏法，在结构上循环再现，重复演奏整段主题三次，故称为《三弄》。毛泽东的诗词《咏梅》，在1972年被王建中改编成钢琴曲，音调则取自《梅花三弄》。

第五节 大美梅花

梅花，这种亘古不变的物象，在今天生发出千万种的意蕴，各领风骚，相得益彰，成为中国文化绚丽的瑰宝。梅花的优秀品质，深植于中国文化这片广袤的沃土，凝成一个解不开也不愿解的尚梅情结，世代传诵，源远流长。

一、梅花审美

喜爱梅花的中国人，对梅花之美的发掘愈深，愈加体会到它与哲学、美学、文学联系的紧密程度。中国人赏梅花有“四贵、三美”的说法，即“贵稀不贵繁，贵老不贵嫩，贵瘦不贵肥，贵合不贵开。”及“以曲为美，直则无姿；以欹为美，正则无景；以疏为美，密则无态”（清·龚自珍《病梅馆记》）。欣赏梅花，真是一个“寻常一样窗前月，才有梅花便不同”（宋·杜舜《寒夜》）的美丽心灵之约。

梅花的美表现在色、香、形三方面。首先是观其色，人们偏爱白色，从“冰花个个圆如玉”（元·王冕《题梅》），“姑射仙人冰雪肤”（唐·白居易《早春》），“一枝寒玉澹春晖”（元·赵孟頫《题梅》）等诗句来看，梅花浴雪具有更高的审美价值，由此“冰花”“寒玉”等比喻也应运而生。其次是闻梅香，梅花之香有“清”“幽”的特点，“天与清香似有私”（宋·陆游《梅》），“风递幽香去”（唐·齐已《早梅》），而中国人将嗅觉的感受转向视觉、味觉和触觉后，才有了“孤香粘袖李须饶”（唐·郑谷《梅》），“暗香浮动月黄昏”（宋·林逋《山园小梅》），“一点酸香冷到梅”（清·石涛《题梅》），“孤”“暗”“酸”乃至“冷”的感觉纷至沓来。第三看梅花之形，有“疏影横斜水清浅”（宋·林逋《山园小梅》），“书贵瘦硬方通神”（唐·杜甫《小篆歌》），“气结殷周雪，寒成铁石身”（潘天寿·《墨梅》）的为好，所以“疏”“瘦”“古”三个字可概括梅花形状之美。

梅与雪相映方显本色，景与心相通才有诗意。我国喜爱梅花的文人们，早就对赏“梅之佳境”有过清楚的介绍，即欣赏梅花时的最佳环境与时间、天气、衬景、友人、心情等不无关系，他们总结了些关键词，比如：晓日、夕阳、佳月，淡阴、薄寒、细雨、轻烟、微雪，晚霞、苍崖、清溪、松下、竹道，明窗、疏篱、绿苔，林间吹笛、花间小酌、膝下横琴、石台下棋等等，总之，赏梅应该有个好的氛围，才能感受到她的美。

梅花不仅要会赏，还要去探、去寻。爱梅者多怀有高雅的情怀，追求怡然自得的乐趣，文人雅士苦心作诗的情致，可以由“踏雪寻梅梅未开，伫立雪中默等待”的情景加以证明。那些宫苑园林之梅，似曾有过欹曲疏美的姿色，但其个性棱角已被磨灭，其高洁清香也逊色不少，远不及那些深山幽水、荒村古寺的野梅的神韵。雪映梅开是天景，踏雪寻梅是人趣；身处逆境却守志如玉的儒生，正是因着这份人趣，才手执竹杖，骑一匹瘦驴，踏着昏黄的初月，一颤一拐地践行着“为伊消得人憔悴”的信条；在人困马乏、举步维艰、可望不可及时，忽然峰回路转，那份心灵的慰藉雪中昂首怒放，出现在眼前，怎能不感到格外亲切和欢欣鼓舞。梅、雪、人三者联袂，演绎出天地间何等动人的剧目，真可谓“有雪无梅不精神，有雪无诗俗了人”（宋·卢梅坡《雪梅》）。

二、赏梅好去处

长江流域是中国赏梅最为集中的地带；近年来，北方赏梅景点逐渐增多，各地以梅花为主题的文化节、咏梅诗会等活动层出不穷，为梅文化的传播起到积极的作用。

中国赏梅有着著名的“四大梅园”，分别是南京梅花山梅园、武汉东湖磨山梅园、无锡梅园和上海淀山湖梅园。南京梅花山被称为“天下第一梅山”，位于南京市中山门外的紫金山南麓，植梅面积 100 余公顷，居四大梅园之首。该园以奇特品种饮誉海内外，仅此独有的“半重瓣跳枝梅”，一朵花上竟多达三四十片花瓣，确为罕见。武汉东湖磨山梅园是我国梅花研究中心所在地，建有“中国梅花品种资源圃”、蜡梅园和“一枝春”梅文化馆，是梅花品种国际登录的重要基地，也是武汉地区梅花文化对外交流的胜地。淀山湖梅园有“东方日内瓦湖”之誉，是上海最大的赏梅胜地，梅园有品种 40 多个，在冷香亭能独赏一株罕见珍贵的“银红台阁”老梅。无锡梅园在无锡面向太湖的浒山南坡，始建于 1912 年，有梅树 5 500 多株，盆梅 2 000 余盆，园内倚山植梅、以梅饰山，形成“梅以山而秀，山因梅而幽”的特色，是江南著名的赏梅胜地之一。

梅是一种著名的长寿树种，中国境内还存有一些历史悠久的古梅树，例如众人所知的“五大古梅”，即楚梅、晋梅、隋梅、唐梅和宋梅。楚梅在湖北沙市章华寺内，据传为 2 500 年前的楚灵王所栽植，实可称为最古的梅花了。晋梅在湖北黄梅江心寺内，为东晋时期著名僧侣支遁和尚亲手所栽，距今约 1 600 余年；原木早已枯败，但近年后发的新枝犹存，冬末春初梅开两度，人称“二度梅”。隋梅在浙江天台山国清寺内，距今已有 1 300 多年的历史，相传是天台寺佛教创始人第二代弟子灌顶法师所种。唐梅有两棵，一棵在浙江超山大明堂院内，约栽植于唐朝开元年间；另一棵在云南昆明黑水祠内，相传为唐开元元年道安和尚手植。宋梅生长在浙江超山的报慈寺内，都说梅开五瓣，这株宋梅却是六瓣，甚是稀奇。

中国古代的赏梅胜地有苏州光福香雪海、杭州灵峰探梅、广州萝岗香雪。其中，位于江苏吴县光福乡邓尉山的香雪海，有朱砂红、美人梅、满天星三个观赏梅的特别品种，从宋代诗人范成大的“光福山中栽梅恒十之七，梅树则绵亘数十里”，到清康熙三次、乾隆六次到邓尉探梅，再到近代画家吴昌硕的千古绝句，可知其梅文化底蕴之丰厚。自古杭州有“灵峰探梅”赏梅胜地，清道光二十三年（1843 年）在灵峰禅寺植梅树数百株，清宣统元年周梦坡补种三百多株梅花，又在寺西建补梅庵，因灵峰禅寺地处山谷，梅花开得早、谢得迟，而成为古来赏梅胜地。广州萝岗香雪正是花开蔚为壮观的萝岗“十里梅林”所在，因其独特的自然环境，常梅开二度，故引人入胜；郭沫若题诗：“岭南无雪何称雪，雪本无香也说香。十里梅花浑似雪，萝岗香雪映朝阳”，令人叹为观止。另外还有成都草堂寺、重庆爱情谷梅园、河南鄢陵蜡梅、梅关古道、昆明黑龙潭、歙县多景园梅溪、闽西十八洞，都是闻名遐迩的赏梅胜地。

三、民俗话梅

自“插了梅花便过年”的俗话流传以来，梅花就一直被中国人视为传春报喜的吉庆象征。民间历来有数九的风俗，《九九消寒图》就是从冬至起，每日涂染梅花一瓣，直到把图中的 81 瓣素梅染毕，来表示“九九尽，寒意已去”的意思。习俗中亦有梅花，如“抛梅求婚”，就是说姑娘为示爱慕之意，将手中的梅子抛给自己钟爱的小伙子；人们常说的“百年之好”也称为“媒合之果”，这其中的“媒”与“梅”是相关联的。另外，“梅花妆”是南朝武帝时，寿阳公主在含章殿檐下，梅花飘落在公主额上，形成一种装饰；后来发展成只要形容艳妆或精致的妆容，人们就会用到“梅花妆”一词。

中华民族是一个爱美的民族，为了展示中国丰富的植物资源，借梅花在民间和艺术上极受欢迎之势，中国邮政于 1985 年发行了 T103《梅花》特种邮票，包括一套 6 枚及小型张一枚。梅花邮票的图案采用工笔画，在绢上重彩表现，使梅花傲霜斗雪的铁骨精神越发生动，再现了“梅花香自苦寒来”的写照。1992 年 6 月 1 日，中国人民银行发行的“梅花 5 角”是第四套人民币的第三套金属流通币。从我国发行第四套流通硬币开始，不再注“中华人民共和国”国名而注“中国人民银行”，所以“梅花 5 角”硬币成为“中华人民共和国”国名关门币，具有特殊收藏价值，深受人们喜爱。1944

年香港商人辜美佑先生在新加坡开表店时，与瑞士人 Bruno Schluep 共同为东南亚定制的手表品牌，在公司英文名称旁边搭配简单的梅花形状，形成梅花表商标，不仅赢取了消费者对梅花表的独特信赖，还奠定了梅花表的崇高地位。

梅花香飘百里，梅诗梅画传承千年，对后来的瓷画产生深远的影响。清末御窑大师程门，1879 年浅绛彩《梅雀阁》花鸟图瓷板，开创梅画的一代先河。潘匋宇是新彩奠基人之一，其双鹊红梅粉彩圆形瓷板画笔法透逸、清新艳丽。中华人民共和国成立后，诞生过一批专门为毛主席以及中央工作人员烧制瓷器的“毛瓷”，所制釉下双面五彩花卉薄胎碗，用红月季、红芙蓉、红秋菊、红蜡梅四种纹饰分别代表春、夏、秋、冬四季，具有玉泥嫩肌、晶莹剔透、温润可人的突出特点，是难得的佳品；“毛瓷 7501”图案，选用釉下红梅和釉上水点桃花等，是陶瓷大师们呕心沥血、高度协作、集体智慧的巅峰之作，堪称空前绝后。

梅花篆字是特有的文字形式，在我国有着悠久的历史，在商代就开始了应用。该字是将梅花镶嵌在篆字内，远看像篆字飞舞，近看似梅花盛开，浑然一体、自在天成；梅花篆有着严格的书写要诀，并非简单“画”成，它讲究“逆锋起笔、中锋行笔、回锋收笔”等书写方法；在我国历史上，“梅花篆字”经历百朝的风雨而不绝，但今天能写出梅花篆字的人少之又少；河南郑州的民间艺人袁洪伦，一生致力于研究梅花篆字。梅花篆字有较高的收藏价值，因其书写困难而抢手，在新加坡、日本、韩国、法国、美国、加拿大等多个国家受到特殊的礼遇，只要有梅花篆字的藏品，均能被人抢收。

梅花拳又被称作梅花桩、梅拳，也称为干支五势梅花桩，属昆仑派，是中国传统武术拳种之一。相传云磐始祖据梅花五瓣而定五行，取梅花迎寒绽放之意而创拳，与梅的稀疏、变化相通，给自己创建的拳命名为“梅花拳”。目前河北、山东两省为梅花拳的主要传承、练习地域，并输出到海外十几个国家。

梅花有“国魂”的美誉，她在中国人心中，早已不仅仅是一种花，而是一种精神，更是一种风度。今天的我们读着“梅花香自苦寒来”而发愤图强时，是否想到梅花的绽放早已超出了植物的范畴，成了一种重要的文化现象呢？今天的人们在努力学习和探究植物文化的同时，是不是想借一朵花开的智慧，找到人类社会和谐发展之道呢？

与梅为伴，让我们拥有一双智慧的眼睛，用新的视角看世界，不用再去寻找爱，而是成为爱，创造爱。以梅喻人，唤起我们灵魂的觉醒，让梅花高洁坚贞的品格厚植于心田，怀揣梦想起航，笃行于人世间，定会绽放美丽的梦想之花。

第十三章　空谷幽兰

七绝·咏兰

兰生幽谷品高洁，
旖旎花香引凤蝶。
静吐芬芳德至上，
时移世易有常节。

“兰生幽谷，不为莫服而不芳；舟在江海，不为莫乘而不浮；君子行义，不为莫知而止休”，出自《淮南子·说山训》。细品慢读间，总能让人想象着空旷的山涧，溪流潺潺；生机盎然的岩壁杂草丛中，有一株仙草散发着淡淡幽香；恍惚间自己化作了蝴蝶，翩然起舞，追随而去。与兰花相对，她那天生丽质的外形和高洁独秀的气质，总能让人感觉到一位透着空灵、举止优雅的谦谦君子出现在眼前。兰花，似乎天生就带着一种深深的奥秘，等着爱花的人们去探寻。

第一节　兰花之慧

中华文化源远流长，博大精深，其中蕴含着历代先贤对“一花一世界，一木一浮生”的感悟。虽然这说的是一件很小的东西里可能隐藏着很大的世界，一件平凡的事情里可能隐藏着极大的智慧，比如树叶间容纳宇宙，花瓣里别有洞天，但并不是所有的花草都能成为不朽之文化。然而，兰花有着“禀天地之淳精，抱青紫之奇色”（《兰苑（第9辑）》）的特质，被中国先民用来象征民族的优良品德和美好事物，并在其后的岁月里，逐步达到了“一株兰草千幅画，一箭兰花万首诗”的境界。

一、幽兰弥香

人类没有认识兰花之前，兰花已在地球上生息了几千万年。人类认识兰花之始亦即兰文化的起点。在讲求人与自然和谐共生的古代中国，人们通过对兰花生长习性和姿貌形态的仔细揣摩与品味，使兰花幽雅空灵的形象与人生的修养操守建立关联，实现了物言心说的表达，也让人生的价值取向有了明确的精神参照系，内心境界得到了洗涤和提升。在此过程中形成了一整套价值取向，经历代文人雅士讴歌升华，便逐渐形成了雅俗兼容的兰文化。

兰文化有着强大的遗传基因，从古到今一脉相承。从《诗经》中“芄兰之支，童子佩觿”的叙述，到春秋时期《周易系辞》中“同心之言，其臭如兰”的记载，再到《左传》中“兰有国香，人服媚之”的描写，都是以文话兰、以兰载道的体现。再以后的时光流转中，圣人孔子对兰不吝美词地赞道“夫兰当为王者香”，从此“王者之香”冠以兰花。在《孔子家语》中还有“与善人居，如入芝兰之室，久而不闻其香，即与之化矣”，来阐明交友和环境对人品性的影响。从此，“芝兰之室”成为一个颂兰美兰的成语。伟大的爱国主义诗人屈原对兰寄予无限的希望：“余既滋兰之九畹兮，又树蕙之百亩。”他以兰为友，将兰作为佩物，表示自己洁身自好的情操。从孔子到屈原再至历代爱兰者，无不赞美兰之高洁，并将兰花所具有的“芝兰生于幽谷，不以无人而不芳”（《孔子家语》）、“叶立含正气，花研不浮华”（张学良·《咏兰》）的人文精神，发掘得淋漓尽致，使得兰花“深林不语抱幽贞，赖有微风递远馨”(宋·刘克庄《兰》）的情怀与境界得以发扬光大，融入中华民族的血脉中，成为中华民族内敛、含蓄、充实而积极向上的民族性格的象征，是中国人几千年人格塑造的重要源头和精神寄托。

兰文化的发祥地在中国，隋唐时期传播到日本、韩国及东南亚邻邦，并在他乡得到继承和发展，最终形成了以中、日、韩兰文化为代表的东方兰文化。兰文化重精神、讲理想、求美德，人文底蕴非常深厚，是东方文化与理想追求的结合体。因此，兰花已成为人品道德、艺术修养、理想追求、科技进步的物化载体，渗入到东方人们生活的方方面面，紧密地与社会实践相结合，到了无处不在的程度。我们每个东方人身上或多或少总会溢透出一些兰花的幽香，这就是东方兰文化的魅力。

二、鉴赏兰花

中国人爱兰心切，只要颜色素雅、气味幽香的花草，总要在名称后加个“兰”字，如紫罗兰、铃兰等，这也给兰花的鉴赏带来了麻烦。所以，兰花艺术鉴赏能力的培养与提高，是离不开中国的历史和传统文化知识的。人们对兰花的鉴赏，除了外形之美，还要把理想追求注入其中，从伦理、道德、哲学、文化艺术和思想观念等方面加以把握。

传统的中国兰花，多指生于深山的兰属植物，形如杂草，但花朵芳香，古代称之为兰蕙，也有人称之为中国兰或国兰。在植物分类学上，国兰属单子叶多年生兰科植物，主要有春兰、蕙兰、建兰、寒兰、墨兰、春剑、莲瓣兰七大类，有上千个园艺品种。从这个意义上讲，我们日常生活中常见的"蝴蝶兰""君子兰""兰花草""吊兰"等都与真正的兰花无关。从早期的兰文化发展历程看，人们对兰没有现代的概念，认为它只是一种香草而已，比如兰花草、泽兰等，我们不能把古兰当作今兰。

兰的记载最早始于唐末，确切物证还有待我们进一步去发掘和考证，但宋朝已有兰花栽培是毫无疑问的。北宋是"格物致知"的年代，人们更多是用"格兰"来明理悟道。黄庭坚在《书幽芳亭记》中说："兰蕙丛出，莳以砂石则茂，沃以汤茗则芳，是所同也。至其发花，一干一花而香有余者兰，一干五七花而香不足者蕙。蕙虽不若兰，其视椒则远矣，世论以为国香矣。"将兰和蕙进行了区分。南宋迁都杭州后，养兰之风更加盛行。朱熹有诗曰："今花得古名，旖旎香更好"，说出了古今兰花系同名异物的创见，难能可贵。宋代以后，兰虽然得到社会共识，但兰与古兰仍藕断丝连，如李时珍说："兰有数种，兰草、泽兰生水旁，山兰即兰草（佩兰）之生山中者。兰花亦生山中，与三兰迥别。"到了清朝，香草不再称兰，兰成为兰科植物的专名。

对于兰花的品赏标准，受地域或个人偏好而不同。时下，人们崇尚返璞归真，用种植兰花来静心怡神，修身养德，栽培销售兰花遂成产业。我们在挑选或欣赏兰花时，应简单明白从哪个角度来感悟兰花的品性。自古以来，兰花鉴赏标准分为"花艺、叶艺和型艺"三大类，总的来说可以从"香、色、型、韵"等几个方面来欣赏。这些条件，现实中的兰花不可能样样具备，只要兼具其一二者，则可称为名品。随着社会发展和生活方式的变化，兰花鉴赏的标准也在变化调整，但"端庄、素雅、艳丽"是永恒的审美尺度。当然，也别忘了市场中"物以稀为贵"的金科定律。

三、兰花的花语

"气如兰兮长不改，心若兰兮终不移"（《孔子家语》）。兰既有坚贞素洁、婷婷静立的淡节操守，也有不为时移、不为世易的品格风范，她是中华民族的一种精神、一种艺术、一种情怀与境界，是中国人民理想人格的象征。

兰是"全德"之花。兰花最早被认为是吉祥之物，后来出现梅、兰、竹、菊四君子的审美之后，将兰比之于松、竹、梅岁寒三友，松叶常绿而无花香，竹生多节而少花姿，梅有花而叶貌逊，唯兰花以气清、色清、姿清、韵清饮誉群芳，故而称兰为"全德之花"。在以后的岁月里，兰花还演绎出赞美之情、坚贞的精神和高度的民族认同感，如用"兰章"盛赞美好的文章，把友情契合而结拜成兄弟称"金兰之好"等。

第二节 艺兰之道

艺兰是与兰事有关活动的统称，在兰文化润泽的岁月里，国人留恋于花草间，倾注毕生心血，以正、清、和为道，创立了“艺兰”的瓣型理论，用自己的温度为兰文化加热，并进一步臻化为中华民族的优秀品德、大同社会的和谐伦理、美好理想的热忱追索，最后凝成艺术并加以记载和传承。“艺兰”之道是民族文化的瑰宝，在世界文化领域也具有重大影响。近期民间组织和全国热心于艺兰的学者、专家，正在为把“艺兰”申报成国家和世界非物质文化遗产共同努力。

一、艺兰往事

艺兰之风发自江浙沪等地，后传遍两广、云贵、楚蜀等地，并延至韩国、日本和东南亚各国。艺兰起始于春秋战国时期，在唐、宋、元、明时期得到了长足的发展，到清至民国时期形成了相对完整的理论体系。千百年来，艺兰与当地民众生活有着密切关系，甚至影响着各类民间作品和民间技艺，以及岁时节日、庆典仪式、风俗习惯、民间信仰等民俗事项。

古代人们最先是以采集野生兰花为主，兰花的人工栽培始于宫廷。魏晋以后被广泛栽植于私家园林，正如曹植《公燕诗》中“秋兰被长坡”的描写。到了唐代，栽培扩展到一般庭园和盆栽兰花。后唐冯贽《云仙杂记》中记载了王维“以黄磁斗贮兰蕙，养以绮石，累年弥盛”的经验；杨夔在《植兰说》中则总结出了“而兰净茎洁，非类乎众莽。苗既骤悴，根亦旋腐”的兰花喜清淡之习性。

宋代是中国艺兰的鼎盛时期，北宋黄庭坚谪居涪州时养了许多素心兰蕙，并在《书幽芳亭记》中对兰与蕙作了界别。公元1233年南宋赵时庚写成《金漳兰谱》，书共分三卷，详细评述了32种兰花的栽培、施肥、灌溉、移植、分株、土质等方面的问题，是全世界最早的植兰专著。时隔15年后，王贵学在前人的基础上写成《王氏兰谱》，介绍了50多种兰花的栽培技术，成为后人艺兰的主要参考。元代孔齐《至正直记》中指出，江浙一带培兰之风迅速发展，并按“人以端严为重，兰亦以端严为贵，不独以罕见为世所珍”的理念，创立了赏兰的标准——瓣型理论。

明清及后来的时间里，艺兰专著大量出现。1591年高濂著就《遵生八笺》，书中收录了许多民间的经验，如“种兰奥诀”“雅尚斋重订逐月护兰诗诀”等，其中兰友们熟知的“培兰四戒”常为国内外名著所引用。清代重要的兰花专著有吴传沄的《艺兰要诀》以及岳梁的《养兰说》等。1923年吴恩元的《兰蕙小史》，附有江浙兰蕙失传名种素描图和当时盛行的兰蕙名种照片，且对兰蕙瓣型、栽培管理等作了系统论述，它是我国第一部比较详细、完整的艺兰专著。吴应祥先生在 20 世纪 90 年代初写的《中国兰花》是对中国兰属植物研究的一个较全面的总结，受到普遍的欢迎。

兰亭，位于浙江绍兴市西南的兰渚山下，传说是勾践种兰的地方。公元 353 年春（三月初三），王羲之邀谢安等 41 位名流文士在此吟诗饮酒，过禊节。此次聚会所得佳作编为《兰亭集》，王羲之为之作序并亲自书写了该序，故称《兰亭序》，又叫《兰亭集序》。虽然后人对勾践种兰的考证还有异议，王羲之墨宝《兰亭序》也已掩埋在历史的某个角落，但浙江绍兴之兰亭却因着王羲之独特的书法和优美的文字散发着幽幽兰香，永不变味。《兰亭序》就像散发着悠悠清香的兰花，将历代文人深深吸引，他们情系兰亭，至今仍流连忘返，陶醉其中。

二、艺兰攻略

艺兰内容丰富，不仅包括“选兰”“植兰”“育兰”“赏兰”“咏兰”“绘兰”等兰事活动内容，还涉及植物学、栽培学、植保学、伦理学、哲学、心理学等自然和人文科学，甚至还涉及经济学、市场学等。一般艺兰者都要在掌握传统艺兰文化的基础上，结合当前的兰花流行趋势，有针对性地对兰花进行培育，才能在市场营销、“斗兰”大会等方面占尽优势，也才能在总结技法的基础上培育出更好的品种，为兰文化事业做出自己的贡献。

艺兰是兰文化的内在动力。中国的历史和传统文化知识是“艺兰”的基础，瓣型理论是艺兰的基本理论，是“艺兰”之关键。“艺兰”是“君子之道”，所以要认真借鉴前人的艺兰经验，并通过自己的实践融会贯通，才能把握艺兰的真谛，认清艺兰的道路。明高濂《遵生八笺》有“培兰四戒”，即“春不出，宜避春之风雪；夏不日，避炎日之销烁；秋不干，宜常浇也；冬不湿，宜藏之地中，不当见水成冰。”后人将它浓缩成“春不出，夏不日，秋不干，冬不湿”的艺兰十二字经。在养兰技艺上，主要有以诗歌体裁编成口诀的《艺兰月令》“种兰奥诀”“雅尚斋重订逐月护兰诗诀”等做参考，帮助我们因地制宜地把兰花养护好。“人兰合一”是“艺兰”的终极目标，其境界也正为庄子与孔子所推崇，最终追求的是周敦颐之“大”目标，即成圣成贤的理想。所有这些，都离不开相应的生活经验与艺兰阅历。

关于选育兰花品种，艺兰先辈留给我们“五门八式”的方法，就是从兰蕙的根、叶、花蕾头形、苞衣色彩以及筋、麻、砂晕与花形花品的联系来总结形成的经验。养兰人把中华人民共和国成立之前选出并记录在册的春蕙兰品种称为“传统名品”，每一个名品都有传承历史、传说故事以及相应的精神象征。目前有记录的春兰传统名品 280 余个，而保留至今的仅有 100 余个。

叶艺是观叶兰花的核心。栽培或野生兰在种间甚至属间自然杂交，或在高温、干旱、强光、辐射以及化学物质等因素的刺激下引起基因突变，产生叶脉变色，花边或长出不同色斑等叶（线）艺变异，使得有些品种外观相当光鲜美丽，特征也比较稳定，有极高的观赏价值。叶（线）艺品种以墨兰最多，建兰次之，春兰、蕙兰与寒兰较少。目前市场上见到的叶（线）艺兰多是自然变异的结果。要人为创造色彩更美、叶型更奇、香型更雅、花期更长的兰花新品种或新类型，可以有目的地把亲本之一叶（线）艺兰与其他品种进行人工杂交育种，或日常栽培过程中还可采用剪叶、摘芽甚至摘蕾促变，培育叶（线）艺品种。除此之外，用各种理化因子诱变育种也是一个重要手段，可以采用如Co—r射线、离子束低能照射、秋水仙碱溶液等处理兰花假鳞茎或种子，从中可望选择出叶（线）艺变异的品种。

第三节　人文兰花

"以物喻人，托物明志"这种特殊的思维方式，渗透在中国古代人民的伦理生活领域。作为独秀的人格象征，兰花与民族文化传统的人格定位有着密切的联系。兰花的内涵是多重的，或是朝代更替时的独立不迁，或是异族入侵时的民族操守，抑或是和平年代的清正高雅。我们爱兰、说兰、画兰、咏兰、写兰，其实都是在解读自身，也就是解读在精神世界里的人类本身。我们应该从兰花身上吸取道德的力量，从而自觉塑造和升华自身的人格与胸怀。

一、墨兰遗香

兰长在深山野谷，却能彰显出本性之美，其"人不知而不愠"的风度，高度契合了中国文人谦恭自持的人格观，在审美中自然升华成一种艺术。她静静舒展的叶，幽幽暗香的花，惊艳了艺者的眸子，展开一张张幽香灵动的画卷，留下了大量超尘脱俗的墨宝，成为中国传统文化中熠熠生辉的光彩篇章。

兰花的清逸典雅，入诗、入画、入人心，成为中国文人亘古吟咏的珍品。于是，幽香暗涵、静若止水的花之君子，融入了得志抑或失心的诗人的生命。古代伟大诗人屈原的名篇《楚辞》中就有"纫秋兰以为佩""疏石兰兮为芳"等许多咏吟的诗句，甚至汉武帝也有"兰有秀兮菊有芳，怀佳人兮不能忘"的吟兰诗句。晋代诗人陶渊明《饮酒·其十七》诗云："幽兰生前庭，含薰待清风。清风脱然至，见别萧艾中。"作者用幽兰待清风以显其清香自喻品质天性，抒发了隐居以芳香自守的情感，道出了对人生意义的感悟。

唐代诗人李白在《孤兰》中用"孤兰生幽园，众草共芜没""若无清风吹，香气为谁发”抒发自己郁郁不得志的境遇，大有知音去、宝琴焚的感觉。宋代方岳的《买兰》诗称：“几人曾识离骚面，说与兰花枉自开。却是樵夫生鼻孔，担头带得入城来。”此诗清新自然，前虚后实，一正一反，借花讽世，是感叹不识才不惜才的佳作。明代画家孙克弘在《兰花》中把兰写成“空谷有佳人，倏然抱幽独。东风时拂之，香芬远弥馥”，把人们对兰花高尚节操的喜爱之情推向高潮。

古代咏兰花诗、绘兰花画最多的当推清代郑板桥，他写兰是写心中之兰，借咏兰与写兰歌唱心声，达到了人兰合一的境界。在《兰竹石图轴》画作中题诗云：“竹石幽兰合一家，乾坤正气此间赊；任渠霜雪连冰冻，苍翠何曾减一些”，充分体现了他忠贞不渝的高风亮节。他还在《高山幽兰》中写道：“千古幽贞是此花，不求闻达只烟霞。”这句诗把兰花喻为山中高洁之士，赞誉兰花伴随着清云彩霞，与世无争，怡然自乐。

古人谓书法艺术为“无声之音，无形之相”。兰花那自由、飘逸、洒脱的文人气质，唤起书法家内心深处的美好情感，并通过艺术手法将这种情感用线条造型抒发出来，从而打动观赏者的内心，唤起观赏者的情感。以兰为题材的书法是中国兰文化特有的艺术，也是中国兰文化最具审美魅力的内容之一。我们常见的兰花书法艺术有兰花书籍题名或题词、兰室题名、兰苑题名、兰展题词等。在历代书法艺术作品中，对后世影响最大的当推前面提到的王羲之的《兰亭序》。王羲之是东晋时期著名书法家，有“书圣”之称。他用心灵感悟兰花艺术之美，把行书与兰花的平和自然巧妙结合，提笔如行云流水，信手写来，笔势委婉含蓄，遒美健秀；字体潇洒流畅，气象万千。后人观之，像欣赏绘画、音乐、诗词一样韵味无穷，真正体会到作者的艺术神韵和人格之美，既得到美的享受，又陶冶了情操，不愧是“天下第一行书”。

国画重在神似，在对兰花的描写中，也同样追求天生素质、大朴大雅的神韵。从北宋开始，任谊、米芾都曾画兰，可惜画卷已流失。最早的兰花画卷是北宋宫廷画家的一幅蕙兰水彩工笔纨扇画，目前保存在北京故宫博物院。宋末元初赵孟坚和郑思肖“画兰明志”的高尚情操为后世推崇。赵孟坚绘兰之姿，起手诀为“龙须凤眼致清幽，花叶参差莫开头。鼠尾钉头皆合适，斩腰断臂亦风流”颇为人称颂，所画兰花后人称为绝艺；郑思肖传兰之质，绘以无根、无土之兰画来象征元朝南侵不能长久，从某种意义上说，兰文化的真正开始正是于这一时期。元代以后，在兰花绘画方面比较著名的是释普明，他以画蕙兰为主，在江浙一带风靡一时，有“户户雪窗兰”的说法。此后，画兰名家颇多，比较著名的有明代的文征明、徐渭，清代的石涛、郑板桥以及清末民国初年的吴昌硕等。今天保存在世界各国博物馆的兰花画卷至少有明代 11 位画家的 33 幅和清代的 32 位画家的 101 幅。这在世界上是独一无二的，也是和中国的传统文化特色分不开的。

二、礼乐名曲

礼乐教化通行天下，使人修身养性、体悟天道、谦和有礼、威仪有序，这是我国古典“礼乐文化”的内涵和意义所在，也是圣人制礼作乐的本意。透过兰花清幽素雅、艰苦朴素、洁身自好的秉性，加之中国古代特有的礼乐文化思辨，使自然界的兰花成为礼乐世界里盛开的一朵奇葩，被推崇延续多年。

在远古的农业时代，非常盛行用植物祭祀祖先、神灵，以求他们的保护、赐福。每年的农历三月三上巳节，中华先民或焚烧兰草，在兰草的缥缈如幕幔的熏香中来赞颂神灵、祖先，祈福禳灾；或蘸水淋沐，褪去漫长冬季的一身污秽和心头的阴霾，获得盎然生机和活力；抑或佩兰而行，趋利辟邪，愿自己受到上天的庇护和垂青。可以说，兰草成为一种独特的格调和追求，与古人借助兰草发扬礼乐文化不无关系。诗人屈原在《九歌・云中君》中云：“浴兰汤兮沐芳”，记载了春秋战国时人们就用中药泽兰煎汤沐浴洁身了。不过当时的中医药浴，是皇宫贵族自身驱邪、保健、养生、招待达官贵人的一种礼仪。端午时值仲夏，是皮肤病多发季节，古人以兰草汤沐浴为俗，故又称“兰浴节”。以后汉唐继承并发扬之，时至今日，在中国仍有香草煮水、洗澡祛病的习俗。

今天的兰花，可以作为礼尚往来的信物，架起友谊的桥梁，成就“金兰之好”的美誉。1962 年，日本友好人士松村谦三先生来我国访问，周恩来总理在杭州亲切地会见他，当了解到松村谦三先生酷爱江浙名兰时，便赠给他一盆当时杭州花圃中最好的品种“环球荷鼎”。这盆名兰在松村家世代相传，松村谦三先生的小儿子松村正真先生也学会了养兰，并成了今天日本兰界的元老。1987 年 1 月上旬，时年 79 岁的松村正直先生又率“日本兰花友好访华团”来华，并带来了由当年周总理所赠兰花繁育出来的新苗，分赠上海、浙江等地兰友，谱写了一曲新的兰界“友谊之歌”。

从古至今，以兰花为题材的音乐艺术更是广为传唱，唤起了一代代人对兰花的喜爱之情和推崇之意。孔子作琴曲《猗兰操》，似诉似泣、如怨如愤、幽怨悱恻，反映了孔子晚年“自伤不逢时，托辞于芗兰云”的特殊心态。南朝宋国的鲍照在“兰文化史”上有着突出贡献，创作了《幽兰》新曲五首。其一云：“倾辉引暮色，孤景留思颜。梅歇春欲罢，期渡往不还。”此曲以兰写人，寄托自己位卑人微、才高气盛而屈淹当代的忧愤之情。

现在广为传唱的兰花音乐有《兰花草》《心系兰花》《白兰花》等等。其中《兰花草》歌词是 1921 年胡适写下原题为《希望》的诗：“我从山中来，带着兰花草。种在小园中，希望花开早。一日看三回，……眼看秋天到，移兰入暖房，朝朝频顾惜，夜夜不能忘……”不仅描写了兰花的清新、质朴，还对花开寄予深情，让作者对生命的期待与珍惜跃然纸上。每当哼起这支歌，眼前浮现的是清幽兰花草，抑或是作者的匆忙而执着的身影。回眸一曲《兰花草》，那醉人的音律，扣人心弦，翩若君子，皎若皓月，成为中华洪流中涓涓的一汪清泉，透彻人心，熠熠生辉。

三、兰花邮币

中国邮政曾于1988年12月25日发行了《中国兰花》特种邮票，设计者着力以中国兰花婀娜多姿的叶片、傲霜斗雪的气骨、具有完整人格化名兰为基础，反映中华民族屹立于世界民族之林的独特民族之魂。自此，兰花走上了绿色邮路，世界多了一条了解中国兰文化的途径，中国兰香飘向了全球。1989年7月，中国的兰花邮票在国际第三次政府间邮票印制会议上获得最佳胶印邮票奖，成为中国邮票印刷首次获奖的邮票。

兰在钱币上的应用体现在一角硬币上，也许与中国的花草“四君子”有关系，符合大众的审美情趣和观念。兰的“清幽”不只是属于林泉隐士的气质，更是一种文化通性。正是这种被普遍认可的“人不知而不愠”的君子风格和不求仕途通达、不沽名钓誉，只追求胸中志向的坦荡胸襟，才可以被大众广泛地认同和喜爱。

第四节　幽兰之梦

当今世界正逐步进入文化经济时代。经济发展离不开人的文化素质，一定的经济土壤必然生长出与之相适应的文化。从国际影响力来说，文化最易引起共鸣，兰文化对兰花产业发展的推动、引导和支撑作用已越来越明显。随着经济的发展、人民生活水平和社会文明程度的不断提高，兰花文化产业成为一个朝阳产业，有着美好的发展前景。

一、商品兰

商品兰是相对玩家兰或精品兰而言的。兰花是具有广泛用途的花草之一，中华先民最早认识她，是从药用价值开始的。兰花根可治肺结核、肺脓肿及扭伤，也可接骨；兰草全株具有很高的观赏价值，加之揉之有香，普遍受到欢迎；兰花清冽、醇正的香气可用来熏茶。兰花亦可食用，花氽水入汤，花色新，滋味鲜美；兰草作菜肴，乃筵席上的著名川菜，如“兰草炖肉”“兰草肚丝”“兰草肉丝”“兰草包子”等清香扑鼻，食之令人终生难忘。另外，兰花元素在情侣戒指、时尚吊坠、耳饰、珠宝摆件等上面均可见到。人们佩戴该首饰，透着清雅的气质和君子的追求，是文化与商品很好的结合，人们在消费首饰的同时，也在尽享兰文化带来的芳香。

在商业化浪潮席卷全球的今天，人们有时忽视乃至抽掉兰文化的魂魄，只追求奇特，把她当成一种“发财致富”的筹码疯狂炒作，甚至一株兰花要价几百万，疯狂程度令人咋舌。但在繁华背后，隐藏着许多的危机，每当有新生品面世之时，原来炙手可热的品种，不仅会大掉其身价，而且会失去她生存于世的灵魂。长此以往，我们必须考虑兰文化的宝贵遗产应该如何继承和发扬？一味追逐商业利润，会不会把兰花再扔回到大自然去，与杂草为伍？这是我们必须思考的问题。

兰花是有灵气的。清代朱克柔在《第一香笔记》中将兰花比喻成妙龄少女。他说：“兰如绰约少女，静秀宜人；蕙如端庄少年，束带立朝。兰以幽胜，有雅人名士之风；蕙以其名，得蹀躞豪华之概。”明代文学家袁石公认为，人与兰的关系是平等的，其亲密程度非一般花卉相比：“群卉取人悦，取人怜，或取人憎；兰则人作平等视，无弗悦也。”清代区金策在《岭海兰言》中说的更为直接：“兰性与人性同。水与泥其饮食也，盆者其衣冠也。”还有更多的名人雅士将兰花称为知己。所以，兰花的灵气应当成为我们兰产业发展的新视角。

二、美好前景

和平与发展是当今世界的主题，在相对和平的国际环境中，花卉产业已经发展成为全球最具活力的产业之一。就植物性状而言，鲜花的保鲜期是十分有限的，而兰花与一次消费的鲜花不同，既可赏叶又可观花，还可以不断地繁殖发展，给予人无限的希望。随着社会文明程度的提高，兰文化的普及和爱兰者的增加，为兰花产业的发展提供了巨大的市场空间，也为兰花作为一种文化提供了发展的条件。

我国爱兰者及各地的兰协组织，应紧密配合野生植物保护、环境生态管理、思想文化教育部门工作，在国兰的产业发展中办几件实事：一要加强宣传，启迪人们爱兰、崇兰不仅仅是为赚钱，而是要提高自身传统文化、道德文化、知识文化的修养，进而使兰文化造福于社会，服务于人民；二要加强交流，在国内外都开展“兰博会”活动，扩大国兰的知名度，同时我们要相互借鉴和吸收，引领兰花消费的潮流，使兰文化真正成为造福于世界人民的精神财富；三要完善市场，采取挖掘保护和引进“两条腿走路”方式，真正为兰文化的外延提供一个实实在在的契机，开创一个弘扬中国兰文化的新局面。

三、兰谱新篇

人为万物之灵，兰为百花之英。兰花是大自然赐予人类的恩惠，中国人与兰的结合，形成“艺兰廉洁真君子，白玉素心品自高”的兰文化理念，最后凝练出独具中华民族特色的兰文化。今天的我们处在一个美好的时代，中国在追赶中实现了经济发展的超越，新一届领导人又把文化软实力建设提上日程，让越来越多的人投身兰文化的弘扬和建设行列。我们要以再生的兰文化为内在动力，重新锻造兰文化性格，用投资需求拉动兰文化产业稳步发展，进而在现实生活中点燃人们爱兰、养兰的心灵火花，沟通人与人之间的情感，架设起世界范围内人们相互交往的友谊桥梁。

“予人兰花，心有余香，予人文化，万古流芳”。今天的我们醉卧兰文化的馨香里，探索着兰花的奥秘，保持着高尚的情操，畅想着兰文化的未来。愿兰蕙自然进入人们心灵的世界，让我们一起共同为兰文化的未来谱写下灿烂的新篇章；也让兰文化这朵奇葩，在中华民族文化的百花园中绽放出更加绚丽多彩的光芒。

第十四章　坚贞的竹子

一七令·竹

竹。
观赏，搭屋。
多入药，笋宜蔬。
经年常绿，四季不枯。
山中林茂密，园内叶稀疏。
于地下便质朴，及凌云更脱俗。
四君三友轮番会，墨客文人次第书。

竹子，这种中国人非常熟悉的植物，与我们每个人的成长经历息息相关。北方人与竹子结缘，最早或许是食之必备的竹筷，家里每每有了好吃的，总是先想到它，在那个“吃”还是倍感亲切的年代，筷子给了我们最甜蜜的回忆。小时候做错了事，在餐桌上父亲随手用筷子打过来，让我们领略了家教的严厉，懂得了做人的道理。进入学校，文房四宝是学习必备，毛笔以竹为笔杆，在中国水墨载道的历史有几千年之久。以后的岁月里，任时空转换，从物质世界到精神世界，都有竹子的影子。这让人不免好奇，我们索性叩开竹子文化的大门，来一场酣畅淋漓的竹文化之旅，去聆听来自先贤的教诲，品味那份属于中华民族独有的灿烂文明。

竹子生长在中国，算是长对了地方。竹聚成海，岁寒不凋，展现了自然之美；与生活契合，物为我用，自身价值得以体现；与文化交融，水墨载道，延续了千年文明；与艺术相通，豪迈凌空，启迪着人生智慧；与人相伴，气节高坚，成了贤臣良将的自喻之物。

第一节　竹是自在之物

竹自然生长，在中华大地上繁衍生息了几千年。竹子在地下有十分发达的竹鞭系统，单根儿可长达百米，是“攻城略地”的高手。竹鞭分节，节上的芽形成竹笋，进而长成新的竹子。竹子有 5 年的漫长笋期，一夜春雨把它唤醒，遂以每天三四十厘米的惊人速度生长，仅用 6 周时间就可长到 15 米之多。我们赞叹它的生长速度时，是否想到它在地下是怎样地默默坚守，无时无刻不在积蓄能量；又是怎样默默无闻，时刻准备超越的心态；最后是如何抢抓机遇，心向阳光，厚积薄发，无往而不胜的呢？在我们身边，不也有些人，即使拼命努力也还没有成果；即使不被人知道，也在不懈地坚持。我们能说他们是傻子吗？或许他们也是在扎根，耐得住寂寞，忍得住贫穷，经得起诱惑，等到时机成熟，他们就会登上别人遥不可及的山峰。所以竹子的这种精神，至今仍然是人生奋斗的励志经典。

单竹清秀挺拔，成林则疏朗可亲，既是虚心进取、刚正坚贞的人格体现，也有山林隐逸、养贤纳智的出世色彩，最终成为进取者和退避者的伊甸圣土。晋代“竹林七贤”、唐代“竹溪六逸”等文人雅士，都曾托身于广袤的竹海，在修竹篁韵之中赞竹、吟竹、赋竹、为竹作谱，引领着时代的潮流；他们在竹林朝夕沐浴、格竹悟道，身世与竹子相融合并孕育出竹子文明，给人以顿悟。今天的人们，在工作之余，仍能醉心于莽莽竹海，卸落一身的浮华与躁动，随风吟竹唱，听天籁之声，让灵魂起舞。这样既愉悦了身心，又陶冶了情操，其乐融融，其意悠悠，便如神仙一般了。

竹生性喜水，与水相伴相生，上善若水的品质浸润全身，并广泛传播。柳宗元在《小石潭记》里载有：“隔篁竹，闻水声，如鸣佩环，心乐之。伐竹取道，下见小潭，水尤清冽。”虽然竹子看起来长青不老，但仍有 60 年左右的生命周期，在生命的最后阶段，可开花结米，然后死亡。竹子死了可当柴烧，所结竹米，亦可拿来食用，历史上灾荒之际不知拯救了多少人的性命。五代时期，王仁裕的《玉堂闲话》中就有“可谓百万圆颅，活之于贞筠之下”的记载。这不禁让人们想到“鞠躬尽瘁，死而后已”的词句，然竹子却是“死而不已”，这就更让人肃然起敬了。

还记得井冈山的毛竹吗？那可是革命的竹子，着实不一般。著名作家袁鹰这样写道：“血雨腥风里，毛竹青了又黄，黄了又青，不向残暴低头，不向敌人弯腰。竹叶烧了，还有竹枝；竹枝断了，还有竹鞭；竹鞭砍了，还有深埋在地下的竹根。‘野火烧不尽，春风吹又生。’一到春天，漫山遍野，向大地显露着无限生机的，依然是那一望无际的青青翠竹！”在这里描写的难道还是竹子吗？这不就是不屈不挠的井冈山人民吗？

这不正是共产党领导的中国革命吗？是的，正是像竹子一样的共产党人，在“激情燃烧的岁月”里，在中国革命的血雨腥风中，任其刀砍火烧，永不低头，保持了亿万中国人民的革命气节和革命精神！

竹笋鲜香可食，备受美食家的赞美。可在明初江南才子解缙眼里，成了“嘴尖皮厚腹中空”的形象。这副“墙上芦苇，头重脚轻根底浅；山间竹笋，嘴尖皮厚腹中空”的对联，曾被毛泽东同志引入《改造我们的学习》一文中，为徒有虚名而无真才实学的人画了像，具有强烈的讽刺性和幽默感。

“未出土时先有节，便凌云去也无心。”（宋·徐庭筠《咏竹》）竹，自然生长，却饱含中国人的情感，使中国传统文化浸透了竹的印痕。“依依君子德，无处不相宜。”这样的竹，注定是人们的最爱。

第二节　竹有文化景观

竹子的用途非常广泛，苏东坡有述：“食者竹笋，庇者竹瓦，载者竹筏，炊者竹薪，衣者竹皮，书者竹纸，履者竹鞋，真可谓不可一日无此君也。”在人们的日常生活中，竹器种类和数量繁多，不仅是竹子使用价值的体现，也是中华先民智慧的结晶，更是一份丰厚的文化遗产。竹子生长快，成材早，是环保先锋。今天我们提倡简约生活，可以从竹器的使用中得到智慧，做到人与自然和谐相处。甚至我们的审美观念，也可以从竹器的淳朴、简约中得到启示，进而崇尚自然和谐之美。

一、竹器竹园

我国人民勤劳智慧，养竹、用竹有着悠久的历史。先秦的《弹歌》高唱“断竹、续竹、飞土、逐肉”，可知道竹在很早以前就被用于书写、衣着和娱乐了。竹在中国人的日常生活中比比皆是，与衣、食、住、行有密切的关系，处处展示着竹文明的风采。我们不必说竹简、毛笔记录了中国古文化源远流长的历史，也不必说竹箫、竹笛演奏出管乐极富灵性的吟唱，单就那一片竹席，就曾经为我们编织过多少童真梦想。再看看竹椅、竹筏、竹斗笠、竹帘、竹筷、竹扫帚等，从生活到生产，在看似卑微的用途中，彰显着朴实无华的奉献精神。

竹子生长迅速，体轻质坚，是既环保又实用的建筑良材。2 000 多年来，竹被中华民族用作房屋各个部分的建筑材料，甚至到了“不瓦而盖，盖以竹；不砖而墙，墙以竹；不板而门，门以竹。其余若椽、若楞、若窗牖、若承壁，莫非竹者（清·沈曰霖《粤西琐记》）”的地步。历史上著名的竹子建筑是汉武帝的甘泉祠宫，宋代大学士王禹偁在湖北黄冈也自造竹楼，并写了《黄冈竹楼记》加以记述。如今的竹子被用来建造各种住宅、教堂、桥梁，地板、竹丝等室内装饰材料遍及世界各地。在中国南方一些地区，家家竹楼临广陌，座座竹殿居山坡，芭蕉绿树相映衬，诗情画意好生活。中国竹建筑处处体现着中华民族尚俭归朴的生活情趣、以农立国的生活观念，还有那空灵飘逸且优美和谐的审美理想。

竹制文房用具集实用和观赏于一身，别具一格，颇具创造性。竹笔的发明在文化史上具有开拓性，它不仅是中华民族最早的书写工具，而且在书法和绘画艺术中余韵生辉、历久不衰。传统名笔如宣笔、湖笔、湘笔等，笔杆均由湘妃竹或金竹制成，工艺高超，颇负盛名。唐代中叶竹纸为书写材料的上品。中国汉字是以象形表意为特征的方块字，正是有了竹制书写工具和书写材料，才使其固定下来，进而形成了中国独特的书法艺术。在今天看来，竹制毛笔、镇纸、笔筒、臂搁、纸张等既是文房用具，又是艺术收藏品。它们符合了简朴归真的传统审美思想，渗透着中华文化的审美趣味，无论是在艺术品的鉴赏方面，还是文化观念的传承上，都做到了人与自然的和谐统一，令人叹为观止。

在园林绿化中，竹子的观赏价值正受到普遍关注和挖掘。竹，高节心虚，正直的性格和婆娑的身影，惹人喜爱，受人赞颂。“松、竹、梅”岁寒三友和“梅、兰、菊、竹”四君子，构成中国园林的特色。人们喜欢在房屋周围、庭园、公园里种植竹子。“金镶碧嵌竹”的竹竿鲜艳，黄绿相间，是当代园林景观应用的一个特色品种。园艺爱好者还用竹子制作盆景，如凤尾竹风韵潇洒被列为盆景十八学士之一，观音竹有娟秀文雅的气质，佛肚竹有自然飘逸的曼妙，还有情韵幽深的湘妃竹、骨节劲奇的罗汉竹、秆紫古朴的柴竹等，由它们制成的盆景，成了竹子意象的最好表达形式。

二、竹笋竹荪

竹笋是竹子的嫩芽，在饮食文化中占有一席之地。《诗经》及《禹贡》中就有竹笋作为餐中佳肴的记载，在中国的几大菜系里都能找到竹笋的影子，甚至可以说它是餐桌上的名品。

中国传统二十四孝中《孟宗哭竹》的故事颇为著名。三国时期江夏人孟宗，年幼丧父，与母亲相依为命。后母亲年老病重，医嘱用鲜竹笋做汤治疗。时至隆冬，鲜笋无觅，孟宗悲从心来，扶竹哭泣。也许是为孝心所动，伴随着地裂声，地上陡然长出数茎嫩笋，遂采回做汤，母亲喝后果然痊愈。后人因事而诗云：“泪滴朔风寒，萧萧竹数竿。须臾冬笋出，天意报平安。”

竹荪是寄生在枯竹根部的一种珍贵的食用菌。它多产于秋季潮湿的地方，形状略似网状干白蛇皮，头戴深绿色的菌帽，身体是雪白色的圆柱状菌柄，粉红色的蛋形菌托长在基部，在菌柄顶端有一围细致洁白的网状裙从菌盖向下铺开。竹荪有“雪裙仙子”“山珍之花”“真菌之花”“菌中皇后”的雅称。竹荪生长条件苛刻，成长不易，其营养丰富、滋味鲜美、香味浓郁，自古就列为“草八珍”之一。

三、竹药竹饮

竹子全身都是宝，入药治病的历史悠久，今天仍然发挥着重要的医药作用。竹茹亦称“竹二青”，是将新鲜竹子削去外层皮后所刮取的第二层薄皮部分，其性味甘淡、微寒，有清热止呕、涤痰开郁的疗效。竹沥是将新鲜竹竿劈开，上火炙烤，收集两端滴出的竹汁，其性味甘寒，具有清热化痰、镇惊利窍的功效。竹黄通称天竺黄，是竹节孔中所分泌物，收集的液汁凝结成的各色奇形怪状的结块，其性味甘寒，有清热化痰、凉心定惊的疗效。

竹叶是夏秋之际采摘的竹子叶片，淡竹叶性寒、味辛平，对心烦、尿赤、小便不利等症有治疗效果。苦竹叶无毒、气味苦冷，对口疮、目痛、失眠、中风等疾病的疗效明显。以竹叶泡水代茶饮，还有清心除烦、利尿通淋的作用。另外，竹叶所含天然保湿因子硅，有利于皮肤润白娇嫩；所含黄酮能抑制脂质过氧化，可与维生素C相媲美，其抗衰老、抗应激和抗疲劳的作用与纯蜂花粉相当，具有很好的美容保健功效。

竹叶青酒是中国名酒，它以汾酒为底酒，加竹叶合酿而成，其口感清醇甜美，养生保健功效显著，早在唐、宋时期就被人们广泛饮用。现代的竹叶青酒用的是改良配方，该配方是明末清初著名医学家傅山先生设计并流传至今的，所酿酒色泽金黄透明而微带青碧，芳香醇厚，入口甜绵微苦，余味无穷。具有性平暖胃、舒肝益脾、活血补血、顺气除烦、消食生津之多种功效。

第三节　竹之风骨

竹子既虚怀若谷又孤傲俊俏，既忘我无私又顽强不屈，既挺拔伟岸又柔韧曼妙，集高尚品德于一身，这既是历代君子圣人形象，又符合国人的审美情趣；这种正直不屈而又节节进取的精神，被自然而然地引入社会伦理之中，成为中国人精神世界的追求，并对中国优秀的传统文化产生了深刻影响。

一、君子品格

中国是有君子之风的国度，礼乐升平，穷而乐，富而好礼。竹子跟做人不无关系：竹子以神姿仙态、素雅宁静、潇洒自然之美，教人以正直做人、淡泊名利的生活方式；又以虚而有节，不慕荣华，不争艳媚俗的品格，教人以虚心有节、善群担当的奉献精神。儒家的入世和道家的出尘两种人格理想贯穿了竹子的象征世界，无论过去，还是现在，抑或将来，君子之行都是中华民族事业有成、国家繁荣昌盛的根本所在。

竹生中国，君子之风古已有之。早在2 000多年前，《诗经》就载有“瞻彼淇奥，绿竹猗猗；有匪君子，如切如磋，如琢如磨。”在这里将美男子比作竹子，其品德磨炼如象牙切磋，如玉石被琢磨一样。秦皇、汉武的宫廷园林中也都曾有竹子的身影，及至晋代，王羲之在兰亭修禊称“此地有崇山峻岭，茂林修竹。”他的儿子王子猷说得更夸张：“何可一日无此君!”将竹子置于生命之上。“有良田美池，桑竹之属”的胜景是陶渊明在《桃花源记》里的神来之笔，想来他是多么向往那片静美的竹林呐！南北朝时期，中国人就给了大多数花木在文化意义上的“创造”和“赋予”，晋代戴凯用一部《竹谱》爱竹、研究竹，这不仅是中国，也是世界上最早的以四字韵文形式写成的植物学专著。

士人君子之所以醉心竹林，流连忘返，并非仅仅为了逃避社会现实，还有在文人遐思的想象空间里，去追求一种精神寄托的想法。唐代诗人王维遭“安史之乱”之苦，抛弃功名利禄之念，半隐于蓝田竹里馆，竹林明月的清辉带给他一种寂静的快乐，“诗佛”的心境已渐趋平静，将美好理想与人生追求寄意于竹，以升华自己的高洁之志。有“诗魔”之称的白居易，入仕兼济天下，晚年退隐洛阳，在“十亩之宅，有竹千竿”的家园中独善其身，过着“日晚爱行深竹里，月明多上小桥头”（唐·白居易《池上闲咏》）的生活。他入世醒，出世慧，在淡泊中自觉，在善行中觉他，生命之光得到升华。

“凤凰，非梧桐不止，非练实不食，非醴泉不饮”（《庄子·秋水》），凤凰这种人们幻化出的神鸟，所食之物，正是竹子结出的果实。才子佳人以凤凰自喻，且尤为爱竹，正切合了他们超凡脱俗、淡泊明志的意念。越是有才的人，越是清高自傲，越发孤赏自怜，这其中的代表，一个是苏东坡，一个是林黛玉。当然，两人所爱的竹子也各有特点：苏东坡爱竹，以清风为宾，明月为友，一句“宁可食无肉，不可居无竹”道出了多少人从骨子里对竹子的挚爱和痴迷。而林黛玉则是住在了大观园中唯一有竹子的潇湘馆，从曹雪芹刻意营造的人与竹相映衬效果看，把“斑竹一枝千滴泪”的瘦劲孤高、不为俗屈的形象承载到了林黛玉身上。

竹子中空有胸怀，兼具德才，而德才兼备是自古以来的用人标准。德与才，看似是人的两个方面，但在智慧的中国人眼里，举贤任能要以德为先，以德为主。三国的曹操试图打破这一传统，提倡“唯才是举”的用人思想，把德与才割裂，我们不说曹操统一北方的大治，单从历史的角度看，三国、两晋、南北朝的几百年间，阴谋诡计大行其道，杀伐乱政层出不穷，以致天下大乱。直到唐朝李世民做了皇帝，他“治国以道，不可术”，提倡“唯贤是举”的用人观念。社会贤达的标准，唯有德行好才可。人只有厚德，才有胸怀，只有读书，才有见识。两者结合才能图高远，这也许是“贞观之治”乃至后来盛世的根本所在。北宋政治家司马光说：“才者，德之资也；德者，才之帅也。云梦之竹，天下之劲也；然而不矫揉，不羽括，则不能以入坚。棠之金，天下之利也；然而不熔范，不砥砺，则不能以击强。是故才德全尽谓之‘圣人’，才德兼亡谓之‘愚人’；德胜才谓之‘君子’，才胜德谓之‘小人’。”（《资治通鉴·周纪一》）老百姓则说：“有德有才是正品，有德无才是次品，无德无才是废品，无德有才是毒品。”所以，自觉教育，严守规则，提升才干，防患于未然，是我们加强自身修养的重要课题。

“无竹使人俗”的尚竹情怀与“不可居无竹”的恋竹情结并不只属于个别人，也不是偶然偏好，它早已成为中国文人中普遍存在的一种文化心理现象。君子不器也，孔子、李世民、苏东坡、周恩来、胡适等有君子之风，普通人通过修身也可以成为堂堂君子，不少我们不知道名字的普通人，他们强闻博学、彬彬有礼，待人接物所体现出的谦让、仁爱态度，也是君子之风。他们不是不食人间烟火的圣人，即使有过错，也诚实可信，真心悔改，瑕不掩瑜。无论是礼乐崩坏的时代，还是大治好礼的盛世，君子之风，发自竹梢，掠过苏东坡的明月，绵绵不绝。“种树者必培其根，种德者必养其心。”今天，德才兼备的光环依然照耀着华夏大地，滋养并熏陶着我们十几亿的中华儿女。

“人无信而不立”，言而有信、一诺千金是我们的祖先代代相传的美德，是君子之道。大诗人李白在《侠客行》中说“三杯吐然诺，五岳倒为轻”，给今天的我们以怎样的启示呢？在学治学，在官为官，在商言商，都要以诚信为本，坚决恪守君子品德，才会有光辉的未来，才可以取得真正的成功！“君子之治也，始于不足见，终于不可及也。”（汉·刘向《说苑》）让我们秉承先贤“非淡泊无以明志，非宁静无以致远”的情操，寄情于竹，比德于竹，做个坦坦荡荡的君子吧。

二、民族气节

“气节”中的“节”字，本源于竹节。竹生有节是自然属性，以竹喻人，虚心有节而又挺拔正直；人生有节是人文属性，以节喻人，则有高尚的情操和坚贞的性格。二者相通，则竹子不再是普通的植物，不仅有了性格而且有了精神，它象征着坚守节操的君子品格。

“气节”是一种民族精神，是一个国家、一个民族独立世界民族之林的根本所在。中华民族有着崇高的民族气节，在民族存亡之际，总有当仁不让的君子挺身而出，用舍生取义捍卫自己的信仰。也正是由于这种义薄云天的豪迈气概和坚贞的民族气节，一路走来，呵护着中华民族绵延几千年的文明，最终积淀成刚健有为、自强不息、不畏强暴、富于牺牲的民族精神，成为爱国主义的精髓。即使在今天，它仍然是中华民族永恒的共同财富，不但不可或缺，而且更加需要弘扬。

“气节”是一种独立人格，是洋溢在自信者脸上乐观进取的奋斗精神。郑板桥一生以竹为伴，他爱竹、画竹，也更敬竹，把竹子说成“瘦劲孤高，枝枝傲雪，节节干宵，有君子之豪气凌云，不为俗屈。”以竹自喻，道出了身处清贫而愈发坚韧的精神。在《潍县署中画竹呈年伯包大中丞括》中记述竹子“衙斋卧听萧萧竹，疑是民间疾苦声。些小吾曹州县吏，一枝一叶总关情。”将窗下萧萧竹声与群众疾苦相联系，展示了他虽位卑而未敢忘忧国忧民的情怀。将《题竹石》诗：“咬定青山不放松，立根原在破岩中。千磨万击还坚劲，任尔东西南北风”题于墨竹之上，把竹子这种穷且益坚、清且益高的品格挖掘得淋漓尽致，也是他倔强不屈风骨的表现。

“气节”是一种行为品质，是志节之士治国安邦的抱负和平天下的志向。西汉大臣苏武奉命以中郎将持节出使匈奴被扣留。匈奴贵族和已投降的汉臣多次威逼利诱，欲使其投降无果；遂被迁到北海牧羊，扬言要公羊生子方可释放他回国。苏武餐冰卧雪，历尽艰辛，持节不屈，留居匈奴19年终回大汉，被列为麒麟阁功臣之一。苏武的忠义节操，产生了无与匹敌的力量，震颤着后来者乃至敌人的心灵。正如孔子说的“志士仁人，无求生以害仁，有杀身以成仁”，“使于四方，不辱君命。”这不仅是苏武光耀千古的真实写照，也是他赢得了天下众人敬仰的原因。

“气节”是一种民族气节，兼具社会性和献身性。孟子说：“天下有道，以道殉身；天下无道，以身殉道。未闻以道殉乎人者也。”南宋著名爱国诗人右丞相文天祥，受命于危难之时，自舍钱财组织抗元救国。虽历经被俘、逃跑、再抵抗、再被俘，几次三番而抗元精神不灭，民族气节犹存。再次被俘，经珠江口零丁洋时，写下了“人生自古谁无死，留取丹心照汗青”以明宁死不屈之志。南宋灭亡后，文天祥拒绝投降，在狱中写下千古传颂的《正气歌》，把作者崇高的民族气节和强烈的爱国主义精神表达得淋漓尽致。千百年来，中华民族的优秀儿女，像岳飞、于谦、戴名世、瞿秋白、方志敏、闻一多、夏明翰等仁人志士，为民族的振兴和社会的进步“杀身成仁”“舍生取义”，他们所体现的民族气节，代表了中华民族的正气，体现了中华民族的尊严，是中华民族文化传统之精华，也是可惊天地、泣鬼神的伟大精神。

“气节”作为中华民族的传统美德，已深深植根于神州大地亿万民众的心中。今天我们所处的时代，国门在改革开放中打开，中国文化与世界文化空前大交流、大融合，经济的转型和发展，使社会成员的利益关系得到重新调整。在经济建设中，我们要树立“穷且益坚，不坠青云之志”，赶超世界发展水平；在处理市场经济关系时，发扬民族气节，见义勇为，使精神文明程度得以提高；在国际交往中，要有独立自主的气节，敢于维护国格的神圣和人格的尊严；在中国特色社会主义建设中，要坚守民族气节，弘扬工匠精神，努力掌握奉献社会的技能技艺，发挥好自己的才干。

三、竹在民间

中国人感悟竹子，不仅秉承“节重于命”的信念和“身可焚不可改其直，干可摧不可毁其节”的品格，使民族英雄层出不穷，高洁之士烛照千古，也还在民俗文化中处处打上了竹的烙印，体现出竹子文化的浓浓气息。

竹在中国南方地区婚俗中，常作为吉祥之物使用，如用竹棍挑开新娘盖头、抬竹轿、送竹扇等等，都是为了有个好的兆头。我们描写爱情常用的“青梅竹马、两小无猜”，至今仍缠绵无数怨女痴男。

“竹”同“祝”谐音，常说的“祝（竹）君”“祝（竹）福”等词语，给人带来美好、幸福和吉祥的意思。“竹苞松茂”寓意兴盛长久、家族兴盛、四季平安。

“竹”从来就是中国楹联佳句最好的题材。对联“室当静坐兰为契，人有虚怀竹与同”，“虚心竹有低头叶，傲骨梅无仰面花”，“玉可碎而不可损其白，竹可断而不可毁其节”，“水能性澹为吾友，竹解心虚即我师”等等，无不渗透着深刻的思想。

竹与佛教有着不解之缘。佛祖释迦牟尼刚出道讲经时，就在竹子搭的寺院，那也是全世界的第一座寺院，叫“竹林精舍”。观世音菩萨也一样，都知她身居南海，在一片紫竹林当中。我国南方民间喜欢遵循风水习俗，房前屋后，乃至路边有竹林，预示家道兴盛、四季常青，是风水好的标志之一。

“竹报平安”从来就是中国人世世代代的期盼。中国汉代就有爆竹退鬼的做法与仪式，唐代《酉阳杂俎续集·支植下》记载：“北都（即晋阳）惟童子寺有竹一窠，才长数尺，相传其寺纲维每日报竹平安。”后来“竹报平安”就代表了报平安的家信，也简称“竹报”。再后来，发明了纸卷的爆竹，从除夕到元旦，家家户户燃放，意在辟鬼驱邪、祝颂升平，还为节庆活动增添欢喜气氛，故有“爆竹声中一岁除，春风送暖入屠苏”（宋·王安石的《元日》）等诗句。

第四节　遗墨留香

中国被西方学者视为“东方竹子文明”的故乡，中华竹文化确是博大精深，源远流长。竹子，作为一种无花无果又不富于变化的草木，千百年来被中国人久咏不疲、久画不衰，究其原因，是竹子的自信、坚强、清高和可人的魅力，使得诗词绘画作品中都饱含作者的人格魅力，凝聚着个人的情感。

一、咏竹

竹是一首无字的诗，竹是一曲奇妙的歌，不仅使王维、白居易觉悟人生，更让苏轼、郑板桥的气节源远流长。历史上还有很多人把诗与竹完美结合，咏颂至今，汇聚成了中华竹文化的灿烂篇章，真可谓“修竹千竿，牵挂历代诗人；丹管一枝，写尽人间春色”。

初唐诗人陈子昂的诗风骨峥嵘，苍劲有力，寓意深远。他用极大的热情歌颂竹子的节：“春木有荣竭，此节无凋零；始愿与金石，终古保坚贞。”就是说木本的东西有繁荣亦有凋谢，竹子不同，竹节与金石同在，始终保持自己的坚贞节操，永不变形。诗人写竹，也在写自己。唐代初期诗歌风气仍沿袭着六朝余韵，缺乏兴盛气象，陈子昂挺身而出，一改绮靡纤弱风格，用进步、充实的思想，质朴、刚健的语言，写诗填词，引领着初唐文坛风气，以至于对整个唐代诗歌产生了巨大且深远的影响。

咏竹的诗词历朝历代层出不穷，更令人耳目一新的是宋代著名改革家王安石的《咏竹》，“人怜直节生来瘦，自许高材老更刚。曾与蒿藜同雨露，终随松柏到冰霜。”诗作一波三折，转折性很强，由竹子天生的不足开头，再说后天环境的恶劣，接着笔锋一转，强调竹子不甘堕落，勇于战胜困难，终成大器的品质，成功地表现了作者作为伟大的改革家，在面对巨大的阻力时，所表现出的坚韧不拔的崇高精神。这首诗让人领略了诗词意境在瞬间转换，经历截然相反的两种风情，令人耳目为之一新，印象自然深刻了。

农民出身的明太祖朱元璋写的《雪竹》云：“雪压枝头低，虽低不沾泥。一朝红日起，依旧与天齐。”他采用了欲扬先抑的手法，全诗不用典故，纯以白话写出，却能把势与天齐的竹子先遭雪压，再因红日而自立的雄心写得淋漓尽致，表现了作者特有的气度。

“凌霜竹箭傲雪梅，直与天地争春回”是清代启蒙思想家、政治家、文学家魏源的名言，把竹子在大雪的时候还像箭一样笔直挺立、凌霜傲雪的精神展现在大家面前，就好像是竹子在与天地对抗，要把春天争回来似的。当然，更深层地流露出作者以竹梅喻己，做人要像竹和梅一样，傲骨长存，不被外界不正之气压倒的精神品格。

古人如此，现代的革命者更如此。无产阶级革命家董必武病中写的《病中见窗外竹感赋》，“竹叶青青不肯黄，枝条楚楚耐严霜。昭苏万物春风里，更有笋尖出土忙。”用“不肯黄”抒发了作者“鞠躬尽瘁，死而后已”的奉献精神；用“耐严霜”，寄托着自己“三九严寒无所惧，一片丹心向阳开”的高尚的革命情操。整诗读来，老一辈无产阶级革命家坚强的革命意志、博大的革命胸怀跃然纸上，浸染着我们的灵魂，每每想起，仍催人奋进，发人深省。

竹子也有万种风情。唐末诗人郑谷写《竹》：“宜烟宜雨又宜风，拂水藏村复间松。

移得萧骚从远寺，洗来疏净见前峰。侵阶藓拆春芽迸，绕径莎微夏荫浓。无赖杏花多意绪，数枝穿翠好相容。”这首小诗文风清新隽永，充满了诗情画意。通篇不用“竹”字，但句句均未曾离开。诗中竹子拂动流水，掩映村庄，与树相伴的形象，给人以无尽的美的享受。该诗不仅抒发了诗人对竹的喜爱之情，仔细品味，心头便多了一份士大夫的闲情逸致。

二、画竹

竹，春发千竿，青翠无限；夏竹修篁，满目清凉；秋傲霜露，青碧依旧；冬雪压竹，生机盈润。四季竹姿挺拔、竹影婆娑，枝叶柔柔、凤尾森森，令多少丹青大师为之倾心，画竹名家辈出；他们挥毫泼墨，幅幅竹画以神姿仙态光照人寰、古今流芳。

画竹艺术在我国传统绘画艺术中具有相当高的地位，唐代画竹名家箫悦擅长工笔画竹，“得之于象外，有如仙翮谢笼樊”。他用一种颜色画的竹，或青色或绿色，所画竹子便有了另一种说不出的雅趣。后来，萧悦开始对竹进行艺术抽象化，这成为他走向墨竹画创作的关键的一步。他很珍重自己的艺术，画作不轻易送人，但有一次，他却为白居易画了十五竿竹，白居易被他的艺术所感染，写下了“植物之中竹难写，古今虽画无似者”（《画竹歌》）以表谢意。

五代时李坡的《焦墨风竹》是我们现在所能看到的最早的墨竹画，该画神形兼备、气韵飘举、颇有生机。但论对后世之影响来说，非北宋文同不可。他主张胸有成竹而后动笔，“胸有成竹”这个成语就是起源于此。文同开创“浓墨为面、淡墨为背”的方法来画竹叶，后来学者多效之，逐渐形成墨竹中的“湖州竹派”。文同就有“墨竹大师”之称，被后世人尊为墨竹绘画的鼻祖。继而苏轼不断赞颂之并师从之，兴起了“士夫画”的艺术思潮。一时影响之大，驸马都尉王诜、大书法家黄庭坚、人物画家李公麟、宋徽宗赵佶、书画学博士米芾等，都积极参与其中，成就了文同一代宗师的地位。

元人墨竹，师承宋代写实遗风，笔法自然过渡，更加写出竹子丰富多彩之态。赵孟頫、管道升、柯九思、吴镇、顾安、李息斋等高手墨戏成风，进一步融入书法艺术，把中国墨竹画带入一个鼎盛时期。此时在技法已相当完善，如在布写竹叶方面，已经总结出了个、介、重人、落雁、惊鸿等为后世广为运用的各种程式；在笔墨方面，扬弃反正浓淡的画叶法，画枝条也只用两条横弧线写成，笔法更加简练。

明代的王绂、夏昶、徐渭都是墨竹大家。王绂画墨竹，讲究创作灵感，能于遒劲中见姿媚，纵横外见洒脱；夏昶墨竹，讲求法则，名扬中外。但真正开启后世大写意墨竹画之先的是徐渭，他运笔大刀阔斧，笔意纵横不拘，开创了水墨大写意画法；画面题跋多加上诗词，诗画一体，令人耳目一新。影响所及，促成了清代画竹大家的崛起。郑板桥是徐渭的铁杆粉丝，不惜一切追随，甚至刻一印，自云“青藤门下走狗”。

清代墨竹画在石涛、郑板桥、蒲华、吴昌硕等大家的手里，独树新风，促进了画竹艺术的发展。他们对画竹技法和理论的发展以及完善做出了重要的贡献。石涛画竹，笔意纵恣，脱尽窠臼，开墨竹写意画之风气；郑板桥墨竹画秀劲简远，透出一股清刚之气，开创了小写意画风；吴昌硕则强调金石入画，以篆书笔法写竹，功力极为深厚。他们画竹个个成就斐然，也影响着当代画家如卢坤峰、霍春阳、张立辰、刘佰玥等后起之秀。时至今日，中国的画竹艺术仍保持长盛不衰的势头，是墨竹技法传承和发展的结果，也是中国特有的文化现象。

竹本普通，它有着“一节复一节，千枝攒万叶。我自不开花，免撩蜂与蝶”的淡然。在遇到“格物致知”的中国文化后，青翠新竹就能摇曳着诗歌的意象，散发出水墨的淡香，承载了清幽、高洁、风骨的文化象征。

中华文化浸透了竹子的痕迹，也变得丰富多彩、神奇朴实起来。源远流长的中国竹文化，正以倔强的生命力同现代生产和生活的实践相结合，形成中华民族与时俱进的文化意识和品格，由此中国也堪称“竹子文明的国度”。

在纷扰喧嚣的尘世上，很多东西被我们忽略或遗忘，但在俯仰之间，总有一丝优雅和浪漫在心头，原来是那片片翠竹，在云淡风轻中，轻吟着一种婉约和空灵，给我们送来一份清高、一份谦逊、一份平和、一份从容。今天的我们以文载道，从善如流；我生如竹，尽显风流。

第十五章　淡泊如菊

卜算子·菊花

久经风雨霜，自信犹刚强。休管秋寒百花凋，我更添豪放。

重阳献黄金，装点人间亮。且看南山锦绣天，代代新词唱。

菊花是中国的传统花卉，现在四季可见，唯独秋天盛开的菊花最能打动国人的心。历经几番风霜，原野褪去了青鲜，连松竹也有几分减色、几分落魄。然而此时的菊花盛装绽放，把从太阳光里幻化的金黄宣泄一地，在肃杀的大地上舞动出最炫的生命音符。静下心来，你会从袅袅升腾的花香里听到《平湖秋月》的淡泊操守，也能在风中摇曳的花瓣里感知到《十面埋伏》的进取激情，更能想到“不是花中偏爱菊，此花开尽更无花”（唐·元稹《菊花》）的诗句，对菊花的敬佩之情油然而生。

第一节　菊花探源

菊花是中国十大名花之一，是经长期人工选择培育的名贵观赏花卉，有3 000多年的栽培历史。菊花是草本植物，属于多年生菊科，其花瓣呈舌状或筒状，另有黄华、秋菊、金英、寿客等别名。中国菊花品种繁多，兼具保健、礼仪等功能，与传统文化相融合，缔造了丰富的菊花文化，一直深受中华儿女的喜爱。

一、菊花往事

菊花原产地以中国为中心，东亚各国及俄罗斯远东地区亦有分布。现在栽培的菊花最早是我国安徽、湖北、河南等地的毛华菊和野菊的杂种复合体，后来还加入了甘菊、菊花脑的基因，经长期人工选择天然种间杂交中的一些特殊变异类型而来。研究证实，菊花作为观赏花卉在中国的栽培兴起于公元365年前后。唐代，随归国的遣唐使把菊花带回日本，并与日本野菊杂交，形成日本菊体系。1688年荷兰商人把菊花引进欧洲，18世纪中叶传入法国，19世纪英国植物学家福琼先后从中国和日本引入菊花杂交育种，形成英国菊花体系，10年后引进到北美，此后以中国菊花为亲本的这一名花遍及全球，至今仍居世界切花产量之首。

《礼记·月令》中载有："季秋之月，鞠（菊）有黄华。"意思是说菊花开放的时间是秋末，故也叫"秋花"。在古代文化中，"菊"字当"穷"讲，有一年之中花事到此结束的意思，菊花的名字也多以花开时期来确定。"菊"字也写作"鞠"，"鞠"通"掬"字，是两手捧一把米的形象。菊花正开时，其头状花序生得紧凑，紧抱成团儿，所以叫作"菊"。

我国最早栽培的菊花品种当属九华菊之类的较原始类型，晋代陶渊明所赏秋菊就是九华菊的佳色。由于菊花栽培历史悠久，中国历代都有按照颜色、花期、高矮、花瓣、种型等给菊花分类的菊谱出现。宋代刘蒙《刘氏菊谱》按照颜色将菊花分为36个品种，并按开花季节不同，将菊花分为春菊、夏菊、秋菊、冬菊及"五九"菊等。明代农学家王象晋著有《群芳谱》，其中记载菊花品种就有270多个。现代菊花的品类纷繁，仪态万千，仅我国就有3 000多种，常见的如秋菊、白菊、雏菊、贡菊、红菊等，而每个品种的花色、花型各异，分类较为复杂。

菊花与兰花、水仙、菖蒲并称"花草四雅"，菊花受人们的喜爱程度由此可见一斑。菊花的颜色有黄、白、紫、红、橙、褐、金、雪青、嫩绿，以及两色以上的"乔色""间色"等。在传统社会，黄色为尊，视为正色；但总有爱好五彩缤纷者，他们或从野外引入，或通过芽变选种，或引种杂交，不断地精心培育，就使得菊花颜色丰富起来，最终形成五彩纷呈、蔚为大观的现代菊族。

"菊"是日本文化的一部分，被赋予神圣纯洁、吉祥长寿的寓意，十六瓣的黄色菊花还成了日本皇室家族的徽章图样。近年来，有日本专家认为菊花起源于日本的原菊，美国学者亦有附和者说菊花杂交种起源于日本野菊。针对菊花的起源争论，已故中国工程院院士陈俊愉带领菊花研究团队，通过对菊属野生种质资源、家菊栽培类型以及菊属近缘属、种的细致考察、科学分析，明确指出菊花在唐代由中国传入日本前，日本乃至世界其他国家都无菊花生长，更无菊花品种的栽培；还进一步说明了近代日本学者在分子水平测试中，所用材料大部分为日本现代菊的品种，并非唐代传入日本的中华原菊。2012年，安徽科技出版社出版了陈俊愉主编的50多万字的《菊花起源》，为菊花起源于中国提供了科学证明。

二、菊花妙用

中华先民对时令的变化有着特殊的敏感，菊花秋天开放曰"正时"，花开黄色曰

“正色”。在推崇“天人合一”的古代中国，正时讲究顺四季而劳作，和谐共生中修养身心。秋天众芳摇落，独菊开黄色，与大地的黄土本色相映，加上中国古代黄色至尊的思想，菊花受人尊崇也就不言自明了。

古人识菊，始自它的医用和食用。秦汉时《神农本草经》中记述了菊花的药用价值，说菊花耐老延年；汉代的应劭在《风俗通义》里说菊花令人长寿。我国许多笔记小说和传奇文学中，多有服菊成仙的记述，因此菊花才有了“寿客”的别称。菊花具有疏风、清热、明目、解毒之功效，在《中国药典》（一部）中收载了亳菊、滁菊、贡菊和杭菊四个品种。现在市场上菊花是一个常用大宗品种，市场流通规格和种类较多，主要有贡菊、怀菊、亳菊、祁菊等。其中贡菊、怀菊以茶用为主，亳菊、祁菊以药用为主，茶用为辅。

农历九月初九，是一年一度的重阳节，魏晋时期发展成头戴茱萸登高、喝菊花酒的传统习俗。每到重阳节，赏菊活动便由宫廷举行隆重的赏菊仪式开始，延伸至民间举行大规模的菊花市、赛菊会。一时间，城里菊灯连片、处处菊展，人们饮菊花茶、喝菊花酒、咏菊花诗，兴奋之情，溢于言表。时至今日，菊花展览会仍是秋季旅游的最好去处，影响较大的赏菊花会在河南开封、北京圆明园和上海豫园，另外天津、成都、中山、无锡的菊花展会也颇具实力。举办菊花展览会，弘扬了我国传统菊花栽培技艺，提高了菊花栽培水平，丰富了群众物质文化生活，为促进两个文明建设做出了巨大贡献。

菊花的食用价值多体现在特制的菊酒、菊茶、菊花糕、菊花羹等方面。屈原早在《离骚》中就有“朝饮木兰之坠露兮，夕餐秋菊之落英”的诗句，可说是开启了菊花食用的先河。晋代陶渊明种菊、采菊主要是用来做菊花酒，取其保健功效。今天的人们则对菊花茶、菊花糕点情有独钟；当然，还有令人垂涎的菊花水蛇羹。值得注意的是，菊花茶中含有的微量脂肪，长期饮用可使人体发寒、免疫力下降，故菊花茶对“阳虚体质”就不太合适。此外，过敏体质的人喝菊花茶，一定要先泡一两朵试试，没问题时才适宜多饮。

不唯如此，古人认为黄菊开于秋天，而后凋谢于阴沉的冬季，就好像生命的最后闪光一样，所以有菊属土、属坤、属阴之说，这对人们的习俗有着深刻的影响。周代王后礼服中，就有一种黄色的“鞠衣”；再到后来，丧事之中多用菊花来烘托气氛，也是出自“菊为至阴”之义。今天的人们在丧礼中也有用白菊的，只能说是“西俗东渐”的结果了。历史考古还发现，在距今 3 300 多年前的古埃及法老图坦卡蒙的黄金面罩脖子上有枯萎的矢车菊花环，说明当时就有了用菊花哀悼死者的习俗。与冰冷的黄金陪葬品相比，这美丽的矢车菊花环更能代表那一份不舍与思念。

第二节　菊的韵味

菊原本是花，既能承载传统文化，又可引领审美时尚；菊茶飘香，既能提升生活品位、享受温馨甘甜，亦可在浓郁的香气中坐览尘世浮华、笑看沧桑万变；菊可入药，既有劝世教化之功，又能疗救世事人心。在中国传统审美中，菊与梅、兰、竹并称“四君子”，是淡泊君子的化身。千百年来，士大夫咏菊、画菊蔚然成风，并引领着审美趋向，形成了独具特色的品鉴文化。

一、自然审美

我国自古就有十大名菊之说，包括帅旗、墨荷、绿云、绿牡丹、十丈垂帘、绿衣红裳、凤凰振羽、西湖柳月、黄石公、玉壶春。当然，除了我们国家的菊花走出国门之外，也有菊花被引进国内。我国近现代以来，陆续引进了美国小菊、日本矮小菊、荷兰多头菊、欧洲矢车菊、雏菊、波斯菊等，丰富了我国的菊花品种资源。

“季秋之月，鞠有黄华”是对菊花以黄色为尊的开始，“满园花菊郁金黄，中有孤丛色似霜”（唐·白居易《重阳席上赋白菊》）则写出了满园金黄的菊花中有一朵雪白的菊花，让人感到无限的欣喜之情。君子赞美菊花，因“譬如春兰秋菊，俱不可废”而共理天下。以花喻人，在不第时淡泊心境，丰富自己，提高自己，时刻准备；达则坚强自信，修身养德，善行善治，建功立业。

二、诗词意象

古代读书人出仕不忘为苍生谋幸福，归隐则坚守自己高尚的情操。不同的心事成就了世人眼里不同的菊花，有人失望隐退，有人蓄势待发。当他们的信念与秋天的菊花相契合，菊花的意象就变得丰满起来，成为广泛吟咏的对象了。

（一）抱朴归真的隐士

有一种读书人，虽出仕为官，忠心报国，为民做事，但总被排挤、贬谪，甚至诬陷，抱屈离官场而归隐后，仍能志向高远，操守坚贞，成为追求无为而为的志士。还有一种读书人，从来就没有对官场的追求，虽有才学，也止于修身齐家，甚或遁迹江湖，穴居砍柴，以求做一个普通人为乐。

在世人心中，秋天的菊花岁寒不折、淡泊明志、定力如磐的情操，与隐逸名士百折不挠、遗世特立、志节孤高配合得天衣无缝。当不为五斗米折腰而归隐的陶渊明写下“采菊东篱下，悠然见南山”时，可曾想到人与菊的和谐交融是那么自然，那么地物我合一，让后人仿佛亲眼看到他的至诚至静，他的陶然神态，感受到了那种出诸自然、浑然天成的美好境界。以至于我们至今也无法弄清，是菊花倔强了陶令，还是陶令淡泊了菊花。不管怎样，是他以田园诗人和隐逸者的双重身份，赋予了菊花超凡脱俗的隐者风范，使菊花具有了隐士的灵性，菊花也就被人们称之为“花中的隐士”了。

“宁可枝头抱香死，何曾吹落北风中”是作为诗人、画家的郑思肖赞美菊花坚贞不移的气节的诗句。他上疏直谏抗元被拒，孤身隐居苏州，自励节操，忧愤坚贞，颂菊以自喻，从此“宁可枝头抱香死”成为菊花凌霜不屈精神的最佳写照。陆游在《枯菊》中有“空余残蕊抱枝干”的诗句，朱淑贞在《黄花》中有“宁可抱香枝上老，不随黄叶舞秋风”的诗句，无论是形象审美的完整程度，还是政治指向的分明，总体感觉都略逊于郑思肖的诗句。

（二）正气凛然的志士

秋菊斗霜傲雪，凌寒不凋，永远挺立、俊雅的神姿，被出仕者看成能臣良将的意象。屈原无疑是殉道者，他写“春兰兮秋菊，长无绝兮终古”，用香草美人比喻清平世界，并把“虽九死犹未悔?”的信仰寄托于时令之花的春兰秋菊，展现了诗人矢志不渝的报国决心。后来唐代大诗人李白在宣州重阳登高，不仅悼念屈原，为古昔之人悲哀，还以“手持一枝菊，调笑二千石”来表达他傲视权贵的思想。吴履垒的《菊花》诗“粲粲黄金裙，亭亭白玉肤”则代表了志士的一种精神追求，说明美德与生俱来，且能历久弥香。

苏轼《赠刘景文》中“荷尽已无擎雨盖，菊残犹有傲霜枝”诗句，表现的是作者对刘氏品格和节操的称颂，不着痕迹地糅合在“荷尽”“菊残”描绘出的秋末冬初的萧瑟景象之中；写作手法上用“已无”与“犹有”形成强烈对比，突出了菊花傲霜斗寒的形象，也暗指人到中年，虽然不像年轻人那样有碧绿的擎雨盖，但却有像残菊的傲霜枝条，历经挫折后挺立不屈的风骨节操。

陆游对菊花的认识别具慧眼，“菊花如端人，独立凌冰霜……纷纷零落中，见此数枝黄。高情守幽贞，大节凛介刚。乃知渊明意，不为泛酒觞。折嗅三叹息，岁晚弥芬芳。”晚些时候的高翥，写《菊花》诗为“爱花千古说渊明，肯把秋光不似春。我重此花全晚节，剩栽三径伴闲身。”他们歌颂了菊花不争春光、晚节嘉美的气质，也暗喻自己一生清名、重视晚节的高尚情操。

（三）漂泊者的情怀

“眼前景物年年别，只有黄花似故人。”菊花寄托着游子身上浓浓的乡愁。杜甫晚年时逢战乱不断，他壮志难酬滞留夔州，当此秋风萧瑟之时，不免触景生情，感发诗兴，在《秋兴八首》中写下“丛菊两开他日泪，孤舟一系故园心”的诗句。诗句中那丛故乡的菊花，无言地昭示着自然的岁华摇落，寄托着作者无尽思乡之情，也激发了离乡的游子不舍故土的情怀。

诗人岑参晚年遭逢安史之乱，有家难归，思乡之情难抑，借登高赋菊诗以抒怀。其名作《行军九日思长安故园》云：“强欲登高去，无人送酒来，遥怜故园菊，应傍战场开。”诗人因登高而见菊，不禁想起了开在战火之中的故园菊花，对其命运如何的忧虑，牵出作者伤时悯乱的心思，把对沦陷故土的思念之情，表达得淋漓尽致。今日读来，仍感语短情长，意境深远。

浓浓思乡情、悠悠故园心是每位沦落天涯的文人骚客的思乡情怀。明代诗人唐寅的《菊花》诗“故园三径吐幽丛，一夜玄霜坠碧空。多少天涯未归客，尽借篱落看秋风”正是这种情怀的写照。诗人描写故园中的菊花淡然绽放的情形，好像是一夜的霜降后从天空坠落一般。接下来诗人浅近直白地借菊自比，在倚篱开放的菊花身上，感受到了浓浓衰飒的秋意，也清楚地看到了自己孤寂的影子。

（四）革命者的斗志

黄巢的《不第后赋菊》：“待到秋来九月八，我花开后百花杀。冲天香阵透长安，满城尽带黄金甲”，以“待”字开头，充满期待和向往之情。作者又把黄色的花瓣设想成战士的盔甲，将战斗风貌与性格赋予菊花，这时菊花便走下高士仁人的书案，成为豪迈粗犷、充满战斗气息的革命之花了。

说起革命的乐观主义精神，就不得不提到毛泽东的《采桑子·重阳》：“人生易老天难老，岁岁重阳，今又重阳，战地黄花分外香。一年一度秋风劲，不似春光，胜似春光，寥廓江天万里霜。”此词作于 1929 年闽西征战途中，欣逢重阳佳节，主席触景生情，借诗词以壮行。他写秋天的战地风光是那么鲜明爽朗，表现出要把有限的生命献给无限壮丽的革命事业的决心；他写天空海阔，气度恢宏，以秋比春，是词人战斗性格更喜欢劲厉的表现；他用“江天”比喻光明的革命前途，表达了革命必胜的坚定信念。全词读来让人不会感到低迷、肃杀之气，反而能鼓舞起无限的革命志气来。

现代“红色经典”系列长篇小说《山菊花》是著名作家冯德英先生倾注毕生心血创作完成的，也是作家本人最成熟、最满意、最具有里程碑意义的作品。作者把山菊花人格化，描写了 20 世纪 30 年代中期，中国革命处于相对低潮阶段下的中共胶东特委发动和领导胶东昆嵛山区人民反抗阶级压迫、宣传抗日救国、进行武装斗争的可歌可泣的动人故事。此著作还相继拍成电影、电视剧、戏曲等文艺作品，更好地歌颂了革命先驱的崇高理想和坚强斗志，满足了人民的时代精神追求，具有更高的审美价值和传世的生命力。

（五）雍容雅淡的君子

唐代诗人白居易的《咏菊》诗“一夜新霜著瓦轻，芭蕉新折败荷倾。耐寒唯有东篱菊，金粟初开晓更清。”写出寒霜袭来的夜里，残破的芭蕉、荷叶更是零落不堪。只有篱笆边普通的菊花，在清晨的阳光下淡然开放，那金黄色的花朵愈加显得艳丽。作者在本诗中，借咏傲冷逸清、香亮霜景之菊，喻自况而言其志，成为美谈。其后的诗人元稹写《菊花》绝句："秋丛绕舍似陶家，遍绕篱边日渐斜。不是花中偏爱菊，此花开尽更无花。"直抒胸臆，不仅回答了为何爱菊，还将那份对菊花坚贞品格的赞美之情表达得酣畅淋漓，笔法巧妙，新颖自然。

宋代词人张孝祥在其词作《鹧鸪天·咏桃花菊》中以浓稠绵密的笔触歌咏菊花的艳丽高洁，读来新鲜隽永，似有清芬之气氤氲鼻端："桃换肌肤菊换妆，只疑春色到重阳。偷将天上千年艳，染却人间九日黄。新艳冶，旧风光。东篱分付武陵香。尊前醉眼空相顾，错认陶潜是阮郎。"词的上阕以拟人化手法、奇特的想象，写出桃花菊艳耀人间的景象，下阕着重写桃花菊妖冶妩媚、光风霁月的形态特点，内秀而外美，十分曼妙。煞尾两句，写桃花菊给自己造成的错觉。词人巧妙地用陶潜、阮肇的人名替代菊与桃的花名，既回应了上文，也更加含蓄蕴藉，表达了作者赏菊的欢欣喜悦之情。

明人贾如鲁写过一篇《爱菊论》，将伦理社会的君子人格全部赋予了菊花："红粉笑风，桃李茂于春矣，菊不与之而争艳……是其不争艳而未尝不艳，不竞芳而未尝不芳。"菊花霜冷而开，不争群芳，不媚世俗，恬淡自然，又能惠民济民，这种"出世超然"与"入世积极"的双重品格，及其所衍生出来的精神内涵，承载了古往今来文人骚客对君子情操的美好追求。

三、人文风华

菊花，清华其外，淡泊其中，不作媚世之态，极具水墨禀赋。菊花入画，丰富了美术题材；与工艺品相结合，扩大了审美领域；以文艺形式颂唱，不仅增加了形式美感，而且可以令人联想起人类的高尚品格。所以历代艺术家不拘一格，虔诚入心地加以演绎，给人们留下了许多名谱佳作。

菊花入画稍晚，根据画史来看，五代徐熙、黄筌画过菊，都没有流传下来。宋人画菊者极少，赵昌的《写生蛱蝶图》是传世最早的菊画，宋徽宗《芙蓉锦鸡图》将"成教化，助人伦"的画理隐喻在怡情悦性的画面之中。明代画家陈淳，所画菊花洒脱俊逸；恽南田画菊花，则创造性地发扬了"没骨"写生法；徐渭画菊则擅长大写意画法，所画菊花冷峻、疏朗，野逸之气达到极致。清代的石涛、八大山人等画菊，更善用笔墨，以墨勾勒，不施脂粉，墨菊大有清高神韵之气；善画竹子的郑板桥《甘谷菊泉图》，以南阳甘谷菊花益寿延年之传说入画，款题"南阳甘谷家家菊，万古延年一种花"，实属难得。清代许多画家，如赵之谦、任伯年、吴昌硕、潘天寿等，创作的墨菊图多笔力雄健、气势磅礴，更能使菊花傲霜凌秋之气，超群绝伦，凌众之先。

菊花是古老中国墨染的不舍情结。席慕蓉在其散文《常玉》中描写过一张常玉的菊花画作："茶褐的底色上画着横枝的菊花。枝干墨绿，花瓣原来应该是洁白的，却在画家笔下带着一层仿佛被时间慢慢染黄了的秋香色。画布和油彩都是西方的，但是，画面所呈现出来的却是烟尘之后的中国，那种淡泊与宁静的气氛我有时候可以从父母的旧相簿里感觉得到，是已经消逝了的 20 年代的人文风华。”由此可见，带着古老中国气息的菊文化从未远离我们，一经提起，仿佛如在昨天，那份悠远绵长的香味，会时刻萦绕在我们的鼻尖，滋润着我们的心田。

菊花被诗词吟诵巨繁，仍觉不足，则开始了唱。京昆组歌《问菊》是典型代表之一，它是由京剧余派、马派老生杜鹏和张派青衣王蓉蓉夫妻联袂演唱的："昨夜西风拂素英，满眼秋色满地金。露浓霜重寒香意，酒淡诗雅傲世情。偷来萧竹三分瘦，借得梅花一缕魂。欲问陶令南山事，寂寞东篱不过君。”至今听来，艺术水平令人叹服，人生智慧被启迪，思想境界再提升，真不愧为传统经典。

歌曲《菊花台》是由方文山作词、周杰伦作曲并演唱，为电影《满城尽带黄金甲》的片尾曲，整首歌都充满了入戏的情感，感伤而动人，传唱悠远而深入人心。今天的菊花台公园位于江苏省南京市，相传因雏菊盛开、满山浮金点玉而得名，又因这里埋葬着九位抗日外交官烈士的遗骨而成为人们纪念、追思的所在。

菊花集“色、香、姿、韵”于一身，以其色彩之全、观赏价值之大而成为塑造园林景观中的佼佼者。菊花可大量用于盆栽布展组景和花台、花镜及地被栽植。苏州著名的狮子林就曾举办过菊花的花展，菊花花海配上错落有致的狮子林，大气又不失韵味，引得众多游客竞相观看。拙政园的见山楼上也刻有陶渊明的“采菊东篱下，悠然见南山。”可见古代人非常崇尚菊的品性，更喜欢种植和栽培菊。

第三节　菊花轶事

菊花本是淡而有味、雅而有致的自然景物，在文人世界里，因感情渗入，让我们看到了花与情的完美契合。在文学作品中常常用来表现他们不浮躁、不消沉、不择环境、不慕繁华、不计得失的品格，纵然历经磨难，也要在属于自己的季节里灿然怒放，装点出一个多彩的世界。这样，菊花不仅是中国文人人格和气节的写照，而且被赋予了广泛而深远的象征意义。

一、菊诗十二首

清朝大文学家曹雪芹，不仅文才卓绝、情思飘逸，而且还擅长绘画。所画菊花、石头，都在抒写着自己孤傲的性格和俊朗脱俗的人品。所著《红楼梦》中有十二首菊花诗及四十一首咏菊赏菊诗词，作者咏物叙事，写人写己，把人物的前程和命运隐含在了诗词中。

爱菊的人，都对菊花的诗词有偏爱。《红楼梦》第三十八回写贾母带领众女眷在藕香树赏花饮酒吃螃蟹，气氛欢乐非凡。宝玉和黛玉、宝钗等小姐们在酒足蟹饱之后，诗兴大发，分题作了十二首七律咏菊诗，分别是忆菊、访菊、种菊、对菊、供菊、咏菊、画菊、问菊、簪菊、菊影、菊梦、残菊。此十二首菊花诗起首是忆菊，末尾以残菊总收，也暗喻了小说结尾的悲情色彩。

林黛玉写有三首菊花诗，是她用所咏菊花的“品质”暗合自身境遇的结果，黛玉的身世和气质来咏菊抒情，比别人更充分、更真实，思想感情流露得更加自然而然，所以被评为最佳诗作。黛玉三首诗中“咏菊”列为第一，“无赖诗魔昏晓侵，绕篱欹石自沉音。毫端蕴秀临霜写，口角噙香对月吟。满纸自怜题素怨，片言谁解诉秋心。一从陶令平章后，千古高风说到今。”人们欣赏这些诗作，往往受小说中众人讨论的影响，让人觉得这首诗好就好在“口角噙香对月吟”一句上，其实后面的“满纸自怜题素怨，片言谁解诉秋心？”写得更自然，更有感染力。从林黛玉的诗中人们还可以听到曹雪芹的心声，小说开头的那首“缘起诗”，在具体情节中所激起的回响不正在于此吗？读懂这一点，着实是比让林黛玉菊花诗夺魁这件事更有意义，也进一步映射了作者对人物的倾向性。

书中人物吟诗赏花，反映的是当时的社会习俗和文化生活情趣，贵族人士吃肥蟹、赏艳菊、饮醇酩、作佳诗，是何等的富贵风流！大观园的金钗有十二个，菊花诗作也恰好有十二首，咏菊也是咏人，在咏叹十二钗总的命运。诗作最后是《残菊》，叶缺花残，万艳同悲，红颜归于薄命，家道也要中落，暗含了群芳的最后结局，也映射了作者自己朝不保夕的命运。

二、逸兴菊花

菊花大多数品种是不落的，这在明代李时珍的《本草纲目》中有记载：菊，“饱经霜露，叶枯不落，花槁不零”，但也有特殊品种例外。有着“唐宋八大家”之称的王安石、欧阳修、苏东坡，为写菊花诗而论菊花落与否的故事，传为佳话。

据宋朝蔡绦的《西清诗话》（又名《金玉诗话》）记载，北宋大文学家王安石曾写《残菊》诗，开头写“黄昏风雨打园林，残菊飘零满地金。”欧阳修读后觉得很好笑，曰：“百花尽落，独菊枝上枯耳。”又略带调侃地在其诗稿上戏写道：“秋英不比春花落，为报诗人仔细看。”王安石见后回应道：“是岂不知《楚辞》‘餐秋菊之落英’，欧九不学之过也。”

另一个版本说的是苏东坡去拜访王安石，见王安石题的一首《咏菊》诗中有“西风昨夜过园林，吹落黄花满地金”的句子，不由暗笑当朝宰相连基本常识也不懂，认为菊花是草本植物，花瓣只会枯干不会飘落，于是题了“秋花不比春花落，说于诗人仔细吟”。

后重阳时节苏东坡赴黄州上任，与友人陈季常到后花园赏菊花，遇有大风，只见棚下满地遍洒黄灿灿的菊花，枝上全无一朵。这一情景使苏东坡目瞪口呆，终于认识到了自己的错误，从此变得谦虚起来。

三、人文“情花”

宋代词人李清照有着“千古第一才女”的称号，她才智过人，芳馨俊逸，是许多文人雅士的偶像。在她的笔下，菊花饱含情感，与心灵交汇，成为纯洁爱情的象征和感伤的化身。《醉花阴》就是她婚后不久，丈夫远行，时逢重阳，以此来抒怀、发泄心中的郁闷和愁思的经典之作。

“薄雾浓云愁永昼，瑞脑消金兽。佳节又重阳，玉枕纱厨，半夜凉初透。东篱把酒黄昏后，有暗香盈袖。莫道不销魂，帘卷西风，人比黄花瘦。”词人那种“才下眉头，却上心头”的相思之情，只能借“赏菊饮酒”到黄昏来表达。重阳赏菊一直是文人墨客的雅事，而此时的女词人一怀愁绪，早已使她眼中的菊由“羞”变“愁”变“瘦”变“憔悴”了，也由此成就了千古名句“莫道不消魂，帘卷西风，人比黄花瘦”。一个“瘦”字，让我们仿佛感觉到了瑟瑟西风，见到那柔弱的瘦菊和愁容满面的女词人相依相衬，使得这帘内的少妇比帘外清瘦的菊花更加憔悴。她以菊花喻己品格之高尚，也是表达了她望夫早归及青春易逝的悲哀。

后来她夫死而改嫁，亦不遂人愿，词中菊花就是“痛”的化身了。《声声慢》中的“满地黄花堆积。憔悴损，如今有谁堪摘”，更是抒发女词人饱经忧患、颠沛流离和家破人亡之后的沉痛。与其前期作品相比，此时的菊花不再是小女子的多愁善感，而是自己悲情苦命的写照，无边的愁绪，让文风变得沉郁凄凉。菊花已凋落，哀愁别怨交织，到了无可复加的地步，人愈发憔悴不堪；那满地黄花堆积的，不就是女词人冷落哀伤而感叹出的话语吗？

第四节　菊花的新生

菊花文化博大精深，源远流长。我们学习菊花文化，要同伟大的时代结合起来，透过物态、行为和精神三个层面，去聆听先贤的谆谆教导，让流淌在血液里的中华文明，激起自己的斗志，汇聚成巨大的正能量，并把它加注到时代的文化内核，使其变得更加强大，从而为中华民族伟大复兴，为国家的文化软实力提升做出自己应有的贡献。

一、淡泊心境

君子人生从来清心寡欲、豁达宏量，不以美颜华服的外貌神态来取悦世人，只以内心修为洋溢出的淳朴自然而生活。“淡泊明志，宁静致远”出自诸葛亮《戒子篇》，时隔千年，默诵至今，仍有清新澄澈之感，使尘嚣中的心灵得到洗涤。淡泊是一种傲岸雄姿，也蕴含着平和豁达的心境，学着淡看名利、淡看世俗，做到无愧于心，人生也就没有了诸多的羁勒。今天，我们学会用一颗朴素的心去看待得失，许多想要拥有的东西，也可能会带来另一些烦恼；当放开生命的那些细枝末节，用最简单质朴的心去奋斗的时候，所向往的、所追求的那一种生命的形式，才真正地在我们前方，才是人世间最美的风光。

花开无言，人淡如菊。菊花不与百花争春，色彩淡雅，不张扬、不浮躁，繁华中不失淡然，喧嚣中自有低调。走进淡泊，不是逃避现实，而是在工作、生活之余多一份清醒，多一份思考。现在是信息过剩、性情浮躁的时代，经济的大发展诱惑了很多现代人，一些人追名逐利，损人利己，不讲道义，思想空虚，许多人已不堪重负。而一旦理想、欲望、好梦难以实现，难以成功，就觉得失落，陷于世俗的泥潭无法自拔，乃至失志。甚或有些人开始信佛、信神、信外国，再无气节、尊严可言，有时为个人私利不惜背叛祖国，走上不归路。究其背后的原因，还是在于优良传统继承不够，文化创新引领不佳，缺乏文化自信和责任、担当。

我们正处在一个前所未有的好时期，大国崛起的标志不仅仅是经济的发展，文化的软实力更能体现时代的心声。如果我们还没发现有这个精神家园的内核存在，不能为它做些什么，那么这个美好的时代应该属于谁呢？

二、进取精神

菊生中国，历经千年的世事沧桑，依然倔强地生长。在几番秋雨风霜后，纵然松柏已减色，檀竹已落魄，万花已凋敝，菊花仍以她野性的勇敢与进取，举起了开放、拓展的金旗，向世界宣告它的执着，为季节增添瑰丽的色彩。那“欲与西风战一场，遍身穿就黄金甲”的菊花，岂不是太阳和月亮灼目滚烫的合金吗？

菊，有花就豪放，有香就远洒，从不禁锢自己；菊，不固守已有，不攀缘依附，用柔弱的枝条展现着生命的尊严。菊花就是这样有了无与伦比的野性美。当这烛照天地的野性光芒投射在她开放、拓展生命的运动里，并由此发现自我、表现自我、实现了自我；当这种野性美让人肃然起敬之余，还能深刻体味出一种“自信人生二百年，会当水击三千里”（毛泽东《七古·残句》）的人生境界，怎不让人的心灵为之久久震颤。

今天的你放下手机学习了吗？移开电脑阅读了吗？闭上眼睛淡泊了吗？是不是今

天比昨天进步了、更喜欢自己了呢？如果你还没有，那就要拿出菊花的野性，摒弃杂念和玩物，用豁达开朗的心境，去学习，去创造，在进取中悟出人生真谛，在平凡的岗位上撰写自己的传奇吧！

三、生当如菊

菊花的灿烂是由无数的花瓣凝聚阳光而成的，我们的生活也是由无数个平凡的点点滴滴构成的，只要静下心来细细品味，都会发现其中所蕴含的独特的美。珍惜点滴，把握细节，在平凡的事情里挖掘隐藏着的大智慧，生命便能如同菊花一样恬淡脱俗。在花将凋零时，我们都应该在最后一刻将一切归还给大地，这样就能达到有限与无限的转换，在短暂中获得生命的永恒。

责任和爱是我们每个人生存的理由。责任也好，爱也罢，都是一种能力。我们学习菊文化，就是要学习它的淡泊心态和豁达态度，学习它凌霜傲雪的斗志和坚韧不拔的进取精神。让菊文化的能量在我们的心田常驻，笃行世间，这样，在人生得意时，我们会有一种平常的心境，冷静地思考，把优势保持住、运用好；当我们身处逆境时，才能不懈怠、不气馁，有志气、有能力改变自己的命运；两者都做好了，就有了一种兴邦的士气，也才能在国难当头时，取义成仁，民族才有忠贞之士的呵护，才有无限光明的未来。

对着一丛丛菊花凝视，每个人心中都会涌起一种从未有过的充实感。感慨之余，最应该想到的是，我们不能辜负了这个伟大的时代。

第十六章　从成语“人面桃花”说开去

卜算子·桃花

暖日惠风吹，满目春光醉。仙卉夭夭灼其华，灿若云霞萃。

密密匝匝香，繁茂无枝坠。婉婉娉娉娉窈窕，旖旎绯红荟。

中国是桃的故乡，和桃相关的词语、诗歌、典故甚至医学著作或验方浩如烟海，不胜枚举。作为一种植物，其树并不高大壮美，但各地均有栽培，对土肥要求也不苛刻，极易嫁接繁殖；其花虽然单薄柔弱，但灿烂娇艳，是春天最美的诗篇；其果普通寻常，但营养丰富，老少咸宜，多汁味美，有“寿桃”“仙桃”“天下第一果”之美誉。

十二月花神序列中，桃花是三月的花神。本章开篇的《卜算子·桃花》，就描写了桃花的妖冶妍丽，淋漓尽致地凸显了桃花在初春的鲜亮无比。正是桃花这种灼灼其华，娇柔了春风春景，烂漫了村庄田园。试想一下，假如春天来临的时候，没有了桃花的装扮，满园的春色还会如此绚烂吗？恐怕只能是秦少游在《踏莎行·郴州旅舍》所感叹的那样：“雾失楼台，月迷津渡，桃源望断无寻处。可堪孤馆闭春寒，杜鹃声里斜阳暮。”

让我们以成语“人面桃花”为起点，作客桃花源，共赴蟠桃会，一起领会桃文化的深层寓意，欣赏和桃有关的诗词、典故，感悟和桃有关的情思、柔肠，歌颂纯真美丽的爱情，赞美幸福安宁的生活。

第一节　成语“人面桃花”的典故

一、崔护的《题都城南庄》

成语“人面桃花”出自崔护的《题都城南庄》，这首诗被收录在《全唐诗》中。诗云："去年今日此门中，人面桃花相映红。人面不知何处去，桃花依旧笑春风。"

这首诗是作者到长安参加考试落第后，清明节在郊外独自游踏青时所作。当时崔护在城郊南庄一处桃花盛开的农家门前想讨碗水喝，一位清秀文雅的年轻姑娘热情接待了他，彼此留下了难忘的印象。第二年清明节崔护故地重游，虽然桃花依然娇艳雅丽，但院门紧闭，姑娘却不知去往何处。此情此景，增人惆怅。崔护感慨万千，题写此诗，将深情思恋幻化成一瓣鲜艳的桃花，在春风中飘来缕缕清香。这首诗隐藏的动人爱情故事被人们称之为"桃花缘"，饱含着才子佳人的纯真之情。这样一段曲折神奇的人生经历，道出了千万人都似曾有过的生活体验，为诗人赢得了不朽的诗名。

崔护是古博陵人。博陵的大致位置，应在河北省的定州、饶阳、安平及周边地区。现在，在蠡县、博野、安平、深州、定州等地的一些街区、企业或文化活动中有冠以"博陵"之名的，也有的县的志书或旅游资料中说历史上属于博陵的。本书作者没有找到更多的佐证材料来说明博陵的详细区划，所以暂时也认为历史上博陵就是指这一带，好在这个具体位置不影响我们对桃文化的分析，权且不再在这个行政区划上做过多的纠缠。

关于这首诗还有一个版本，就是"人面不知何处去"，也有人写成"人面只今何处去"。

二、文学古籍对人面桃花故事的记载

(一)《本事诗》对人面桃花故事的记载

人面桃花的故事，被唐朝孟启编录在《本事诗》中。

《本事诗》属于笔记小说集，基本上都是诗人作诗的缘由背景和奇闻逸事，也收录了一些相关的诗歌。这本书分情感、事感、高逸、怨愤、征异、征咎、嘲戏等七类内容。崔护和人面桃花的故事，就收录在这本书的第一部分《情感》之中。

故事原文如下：

博陵崔护，姿质甚美，而孤洁寡合。举进士下第。清明日，独游都城南，得居人庄，一亩之宫，而花木丛萃，寂若无人。扣门久之，有女子自门隙窥之，问曰："谁耶?"以姓字对，曰："寻春独行，酒渴求饮。"女入，以杯水至，开门设床命坐，独倚小桃斜柯伫立，而意属殊厚，妖姿媚态，绰有余妍，崔以言挑之，不对，目注者久之。崔辞去，送至门，如不胜情而入。崔亦眷盼而归，嗣后绝不复至。

及来岁清明日，忽思之，情不可抑，径往寻之。门墙如故，而已锁扃之。因题诗于左扉曰："去年今日此门中，人面桃花相映红。人面只今何处去，桃花依旧笑春风。"后数日，偶至都城南，复往寻之，闻其中有哭声，扣门问之，有老父出曰："君非崔护耶?"曰："是也。"又哭曰："君杀吾女。"护惊起，莫知所答。老父曰："吾女笄年知书，未适人，自去年以来，常恍惚若有所失。比日与之出，及归，见左扉有字，读之，入门而病，遂绝食数日而死。吾老矣，此女所以不嫁者，将求君子以托吾身，今不幸而殒，得非君杀之耶?”又持崔大哭。

崔亦感恸，请入哭之。尚俨然在床。崔举其首，枕其股，哭而祝曰：“某在斯，某在斯。”须臾开目，半日复活矣。父大喜，遂以女归之。

（二）《唐诗纪事》对人面桃花故事的记载

南宋计有功编辑的《唐诗纪事》是唐代中国诗歌资料的大汇集，共有 81 卷，收录了自唐初至唐末 300 年间 1 150 余位唐代诗人的部分作品，内容庞杂，详略得当，是一部保存唐代诗歌的珍贵文献。

《唐诗纪事》既收录大家名篇，也搜集名不见经传的佳作，为唐诗研究提供了宝贵的资料，被《四库全书》收于集部诗文评类。

《唐诗纪事》对人面桃花的记录是：“护举进士不第，清明独游都城南，得村居，花木丛萃。扣门久，有女子自门隙问之。对曰：‘寻春独行，酒渴求饮。’女子启关，以盂水至。独倚小桃斜柯伫立，而意属殊厚。崔辞起，送至门，如不胜情而入。后绝不复至。及来岁清明，径往寻之，门庭如故，而已扃锁矣。因题‘去年今日此门中’之诗于其左扉。”

其实，经过唐孟启《本事诗》的加工演绎，“人面桃花”的故事就基本定型了。之后，不仅《唐诗纪事》，还有《太平广记》卷二百七十四，《类说》卷五十一，《警世通言》第十三卷，《女聊斋志异》中的《崔护妻》，宋官本杂剧《崔护六幺》《崔护逍遥乐》，宋元戏文《崔护觅水记》，元杂剧《十六曲崔护谒浆》，以及小说《娇红记》《初刻拍案惊奇》《青楼梦》《红楼复梦》等，所记录或借用的“人面桃花”故事，都没有脱离《本事诗》的原述。

所以，后世文学创作常用到这个典故。比如宋代晏几道的《御街行》：“落花犹在，香屏空掩，人面知何处?”这首词写旧地重游对往事的追忆，抒发物是人非之感。

再如袁去华的《瑞鹤仙》：“纵收香藏镜，他年重到，人面桃花在否?”这是在旅途中思念心中人的美词，情思深婉，文笔雅丽。

1955 年，戏剧家欧阳予倩以这个典故为基础，创作了著名的京剧《人面桃花》。后来，这个故事又逐渐被改编为评剧、越剧，拍摄了影视剧，编印了绘画图书等，甚至收录在小学语文课本，可以说是家喻户晓、妇孺皆知。

《本事诗》和《唐诗纪事》所记载的人面桃花这个“本事”，其真实性难以考证。到底是先有此诗，然后据此演绎的上述“本事”，还是确有此事，真相似乎难以断定。但了解其中“本事”的情节，对理解这首诗倒是确有帮助。

三、《题都城南庄》诗解

崔护的这首诗，全篇都在写今昔感受之差异，寥寥四句包含了两个相互依托、交互映衬的场面。

第一句“去年今日此门中”，简单七个字，指出了诗人追忆的时间和地点。没有多余的废话，非常准确，非常具体。如此精确，足见这个时间、地点在诗人心中之重要，也可以想象诗人想要表达内心所思所想的急迫心情。

第二句“人面桃花相映红”，描写的是心中的佳人。如果说这句比第一句啰唆了，有了修饰性的词汇了，只能说明佳人之面的俏丽、柔美，因为诗人用了众所周知的形象——桃花。我们都知道，春风中最艳丽的就是桃花了，而“人面”竟能与桃花相互映衬，足以烘托“人面”之美。当然，再深一层，我们也可以想象本来就已经很美的“人面”，在艳丽的桃花映衬之下，一定会是更加美艳动人，风韵不凡。

第二句的最后一个字，说的是经历了寒冬萧条之后，在万物复苏之时，那醒目耀眼的“红”色，给大自然带来了多么激动人心的生命景象。而当这样的“红”色出现在青春少女的脸庞之上和灿烂的桃花两相辉映时，我们不仅面对的是一幅色彩浓丽、青春焕发的人面桃花图，更会关注图画中央美若天仙的少女。对于读者来说，每当阅读此诗，在“红”字从你口中吐出之时，你也一定会和作者一样感同身受，就如身临其境一般，似乎看到了美丽少女的青春风采。

由此，我们可以感受到作者通过这一句为艳若桃花的“人面”设置了美好的背景，衬托出少女光彩照人的容颜，同时也可以了解到作者当时看得是多么专注、多么认真，甚至可以读出双方通过眼神交流的脉脉爱恋之情。这些场景，也会激发读者对前后情事产生许多美丽的想象。

前两句说去年，是第一个场景，是寻春遇艳。后两句说今年，是第二个场景，人去楼空，物是人非，难免心生惆怅。

第三、四句“人面不知何处去，桃花依旧笑春风”，说的是失望。场景依旧，桃花仍艳，只是人面不见。此时彼时，情感形成落差，场景相互交织，定然加剧眼前的惆怅与寂寞，只能把美好的回忆留在孤独无助的心间。

第二节　可食可药可赏的桃

一、桃的植物学特性

桃是蔷薇科李属的落叶乔木，一般高 4～8 米。桃的嫩枝无毛，有光泽，叶呈椭圆披针形或长圆披针形，先端渐尖，基部楔形，边缘有较密的锯齿。

桃花一般单生，花期 4～5 月，先叶开放，花梗极短，花瓣粉红色。桃的核果近球形或卵圆形，果期 6～9 月，表皮被绒毛，腹缝明显，果汁多肉，离核或粘核，不开裂，核表面有沟和皱纹。

桃是著名的水果，各地普遍栽培。其果供生食或加工用，核仁可食用或药用。

常见的栽培食用桃的变种有油桃、蟠桃。油桃果实光滑无毛，叶片锯齿尖锐；蟠桃果实扁圆形，核较小。

常见的栽培观赏桃的变种有白碧桃、红碧桃。碧桃的花都是重瓣的，只不过白碧桃的花是白色的，红碧桃的花是红色的。

还有一种原产北美的山桃，高可达 10 米，是良好的庇荫树和行道树，木材可用于细木工器具的制作，幼苗可以做砧木用以嫁接桃。

山桃树皮呈暗紫色，光滑有光泽，花白色或浅粉红色，核果球形，果肉干燥。

二、桃的食用药用价值

中国传统文化习惯将自然界中的物质用“五”来概括，如五行、五脏、五谷、五音、五色、五味、五官等等，我们还可以列举很多。其中和桃相关的是“五果”，即桃、李、杏、梨、枣，而且桃位列五果之首，可见桃在日常生活中的重要。

桃性热而味甘酸，有补益气血、养阴生津、润肺、消积、润肠、解劳热之功效。桃的果肉中富含蛋白质、脂肪、糖、钙、磷、铁和维生素 B、维生素 C 及大量的水分，可用于大病之后、气血亏虚、面黄肌瘦、心悸气短者。桃的含铁量较高，是缺铁性贫血病人的理想辅助食物。桃含钾多，含钠少，适合水肿病人食用，还可用于高血压病人的辅助治疗。桃仁提取物有抗凝血作用，并能抑制咳嗽中枢而止咳。

更有意思的是桃花，我国古人很早就认识到桃花的美容价值。现存最早的中药学专著《神农本草经》说桃花具有“令人好颜色”之功效。按照这个说法，一般在清明节前后，当桃花还是花苞时，采桃花 250 克、白芷 3 克，用 1 000 毫升白酒浸泡密封 30 天。然后，每日早晚各饮 15～30 毫升，同时在手掌中倒少许酒，两掌搓至手心发热，来回揉擦面部，对黄褐斑、黑斑、面色晦暗等面部色素性疾病也有较好效果。《图经本草》也有类似的记载：采新鲜桃花，浸酒，每日喝一些，可使容颜红润，艳美如桃花。

《千金要方》则记录了桃花的美容瘦身之效：“桃花三株，空腹饮用，细腰身”，这是指用桃花来泡水当茶喝。桃花茶冲泡方法简单，可以美容养颜、顺气消食，是一款浪漫的春天花茶。《名医别录》载：“桃花味苦、平，主除水气，利大小便，下三虫。”

利用桃花美容的最简单方法就是将新鲜的桃花捣烂，取捣烂的桃花汁涂于脸部，轻轻按摩片刻。有条件的也可以把桃花采下后阴干，再研成粉末，用蜂蜜调匀，每晚睡前涂敷面部。鲜花中的营养物质可滋润皮肤，提高面部细胞活力，从而达到面色红润、皮肤润泽、质感光洁、富有弹性的美容效果。

三、汪灏《广群芳谱》对桃的描述

清代汪灏编的《广群芳谱》全书共100卷，分为天时、谷、桑麻、蔬、菜、花卉、果、木、竹、卉、药11个谱。其中对桃的记述是：

桃，西方之木也，乃五木之精，枝干扶疏，处处有之。叶狭而长，二月开花，有红、白、粉红、深粉红之殊，他如单瓣大红、千瓣桃红之变也，单瓣白桃、千瓣白桃之变也。烂漫芳菲，其色甚媚，花早，易植，木少则花盛，种类颇多。本草云，绛桃，千瓣。绯桃，俗名苏州桃，花如剪绒，比诸桃开迟，而色可爱。千叶桃，一名碧桃，花色淡红。美人桃，一名人面桃，粉红千瓣，不实。二色桃，花开稍迟，粉红千瓣，极佳。日月桃，一枝二花，或红或白。鸳鸯桃，千叶深红，开最后。瑞仙桃，色深红，花最密。又有寿星桃，树矮而花亦可玩。巨核桃，出常山，汉明帝时所献，霜下始花。十月桃，十月实熟，故名，花红色。油桃，月令中桃始华，即此。其叶最繁，文选所谓山桃发红萼，是也。李桃，花深红色。王敬美有言，桃花种最多，其可供玩者莫如碧桃、人面桃二种，绯桃乏韵，即不种亦可也。

四、李渔《闲情偶寄》对桃的描述

李渔字谪凡，号笠翁，明末清初文学家、戏剧家、戏剧理论家、美学家，一生著作丰厚，有《笠翁十种曲》《无声戏》《十二楼》等著作，约500多万字。李渔曾自己投资戏班到各地演出，在实践中积累了丰富的戏曲创作和演出经验，提出了较为完善的戏剧理论体系，有“中国戏剧理论始祖”“世界喜剧大师”“东方莎士比亚”之称。《闲情偶寄》一书，就是李渔在各地组织巡回演出时写成的。

《闲情偶寄》包括词曲部、演习部、声容部、居室部、器玩部、饮馔部、种植部、颐养部，内容庞杂丰富。

《闲情偶寄·种植部·桃》是这样记述桃的：

凡言草木之花，矢口即称桃李，是桃李二物，领袖群芳者也。其所以领袖群芳者，以色之大都不出红白二种，桃色为红之极纯，李色为白之至洁，“桃花能红李能白”一语，足尽二物之能事。

然今人所重之桃，非古人所爱之桃；今人所重者为口腹计，未尝究及观览。大率桃之为物，可目者未尝可口，不能执两端事人。凡欲桃实之佳者，必以他树接之，不知桃实之佳，佳于接，桃色之坏，亦坏于接。桃之未经接者，其色极娇，酷似美人之面，所谓“桃腮”“桃靥”者，皆指天然未接之桃，非今时所谓碧桃、绛桃、金桃、银桃之类也。即今诗人所咏，画图所绘者，亦是此种。此种不得于名园，不得于胜地，惟乡村篱落之间，牧童樵叟所居之地，能富有之。欲看桃花者，必策蹇郊行，听其所至，如武陵人之偶入桃源，始能复有其乐。如仅载酒园亭，携姬院落，为当春行乐计者，谓赏他卉则可，谓看桃花而能得其真趣，吾不信也。

噫，色之极媚者莫过于桃，而寿之极短者亦莫过于桃，“红颜薄命”之说，单为此种。凡见妇人面与相似而色泽不分者，即当以花魂视之，谓别形体不久也。然勿明言，至生涕泣。

第三节　描写桃的有关文学作品

历代诗词歌赋、章回小说、成语典故、神话故事中，都有桃的身影。而在诗词创作中，桃花可以说是被描写最多的一种花卉。比如：

竹外桃花三两枝，春江水暖鸭先知。（苏轼《惠崇春江晚景·其一》）

颠狂柳絮随风去，轻薄桃花逐水流。（杜甫《漫兴·其五》）

桃花流水窅然去，别有天地非人间。（李白《山中问答》）

客路那知岁序移，忽惊春到小桃枝。（赵鼎《鹧鸪天·建康上元作》）

一番桃李花开尽，惟有青青草色齐。（曾巩《城南》）

鹅鸭不知春去尽，争随流水趁桃花。（晁冲之《春日·其二》）

桃花一簇开无主，可爱深红爱浅红？（杜甫《江畔独步寻花·其五》）

桃花尽日随流水，洞在清溪何处边。（张旭《桃花溪》）

雨中草色绿堪染，水上桃花红欲然。（王维《辋川别业》）

桃红复含宿雨，柳绿更带朝烟。（王维《田园乐·其六》）

我们不可能把描写桃的文学作品一一罗列，只能择其要者进行讲述，为后面分析桃文化的深层寓意做个基本铺垫。

一、《诗经·周南·桃夭》

《诗经》是中国文学史上第一部诗歌总集，是诗歌文学的源头，对后代诗歌发展有着深远的影响。《诗经》里的爱情诗很多，大约占四分之一的篇幅。桃在中国古代典籍中的第一次华丽登场，就是《桃夭》这篇千古绝唱。

桃之夭夭，灼灼其华。之子于归，宜其室家。

桃之夭夭，有蕡其实。之子于归，宜其家室。

桃之夭夭，其叶蓁蓁。之子于归，宜其家人。

“夭夭”如桃花绽放，用来形容桃花鲜艳欲滴，隐喻少女粉红娇羞的样子。桃花盛开了，女子出嫁了。我们可以想象，门外响起了鞭炮声和孩子们的欢呼声，新娘正在涂着桃花胭脂，红头巾盖上了，轿子准备好了，新人马上要出嫁了；可以想象，鲜艳的桃花凝露绽蕊，在缕缕春风中摇曳着曼妙芳华，新娘既兴奋又羞涩，两颊绯红，恰有人面桃花相映红的韵味；可以想象，在这样的欢快场面，长辈和亲人又是如何反复地祝福她、嘱咐她，把美好的品德带到夫家，把夫家的和睦发扬光大，让自己未来像桃花一般年轻美丽，生活像桃子一般丰硕富足，家族像桃叶一般繁茂浓郁，幸福美满到永远。3 000 年前的婚嫁场面是一道亮丽的风景，如图画一般美好。女人生命中最美丽的时刻，也只有枝头灼灼的桃花堪比。带着这些美好的祝愿，新娘开始了新的生活。从此以后，她将成为贤妻，成为慈母。

据《礼记·昏义》记载，古代女子出嫁前 3 个月，须在宗室接受妇德、妇言、妇容、妇功教育，之后选择桃花盛开的春季完婚。《桃夭》就是一首为新娘唱响的新婚赞歌。这首诗以鲜艳的桃花、硕大的果实、浓绿成荫的桃叶来比兴美满的婚姻，表达对女子出嫁的纯真美好的祝愿。此诗一唱三叹，每章结构相同，只更换少数字句，反复咏赞，音韵缭绕；优美的乐句与新娘的美貌、爱情的欢乐交融在一起，十分贴切地渲染了新婚的喜庆气氛。

二、王安石的《元日》

《元日》是北宋政治家王安石创作的一首七言绝句，描写的是新年万象更新的动人景象，抒发了作者革新政治的思想感情，充满欢快、积极向上的奋发精神。

爆竹声中一岁除，春风送暖入屠苏。

千门万户曈曈日，总把新桃换旧符。

这首七绝语言简练，文笔轻快，色调明朗，直抒胸臆，给人身临其境的感觉。

每读此诗，青少年会有“一年之计在于春”的感慨，立志刻苦读书，珍惜大好时光，规划人生发展，展望个人和社会未来；年长者老骥伏枥，志在千里，在赞美夕阳无限好的同时，不忘提醒大家“莫道”近黄昏，可见其雄心不老、壮心不已。

新年新征程，新年新气象。全诗把眼前之景与心中之情交融在一起，融情入景，寓意深刻。首句“爆竹声中一岁除”紧扣题目，说的就是在阵阵鞭炮声中送走旧岁，迎来新年，渲染了春节热闹欢乐的气氛。次句“春风送暖入屠苏”，描写人们迎着和煦的春风，开怀畅饮屠苏酒。第三句“千门万户曈曈日”，把旭日的光辉普照千家万户的景象，用“曈曈”二字表现得淋漓尽致。这日出时刻灿烂绚丽之景，象征的是无限光明美好的未来前景。结句“总把新桃换旧符”，既在表面铺陈民间习俗，又简单明了、非常痛快地表达了除旧布新的深刻思想。

这首诗里说的“桃符”，正是和我们本章主题相关联的植物。桃符是绘有神像的桃木板，一般挂在门上避邪。每年元旦取下旧桃符，换上新桃符。“新桃换旧符”与首句“爆竹送旧岁”紧密呼应，形象地表现了万象更新的景象。

三、陶渊明的《桃花源记》和《桃花源诗》

陶渊明是晋代伟大诗人、辞赋家，字元亮，又名潜，世称靖节先生。陶渊明是中国第一位田园诗人，"古今隐逸诗人之宗"，著有《陶渊明集》。他虽远在江湖，但仍关心国家政事，借创作抒写情怀，虚构了一个与污浊黑暗社会相对立的世外桃源，描绘了一幅没有战乱、人人劳动、道德淳朴、宁静和谐的美好图景，寄托了自己的社会理想与美好情趣。这个理想社会与当时的黑暗现实形成鲜明对比，也反映了广大人民追求美好生活的强烈愿望。

《桃花源记》：

晋太元中，武陵人捕鱼为业。缘溪行，忘路之远近。忽逢桃花林，夹岸数百步，中无杂树，芳草鲜美，落英缤纷。渔人甚异之。复前行，欲穷其林。

林尽水源，便得一山，山有小口，仿佛若有光。便舍船，从口入。初极狭，才通人。复行数十步，豁然开朗。土地平旷，屋舍俨然，有良田美池桑竹之属。阡陌交通，鸡犬相闻。其中往来种作，男女衣着，悉如外人。黄发垂髫，并怡然自乐。

见渔人，乃大惊，问所从来，具答之。便要还家，设酒杀鸡作食。村中闻有此人，咸来问讯。自云先世避秦时乱，率妻子邑人来此绝境，不复出焉，遂与外人间隔。问今是何世，乃不知有汉，无论魏晋。此人一一为具言所闻，皆叹惋。余人各复延至其家，皆出酒食。停数日，辞去。此中人语云："不足为外人道也。"

既出，得其船，便扶向路，处处志之。及郡下，诣太守，说如此。太守即遣人随其往，寻向所志，遂迷，不复得路。

南阳刘子骥，高尚士也，闻之，欣然规往。未果，寻病终，后遂无问津者。

《桃花源诗》：

嬴氏乱天纪，贤者避其世。

黄绮之商山，伊人亦云逝。

往迹浸复湮，来径遂芜废。

相命肆农耕，日入从所憩。

桑竹垂馀荫，菽稷随时艺；

春蚕收长丝，秋熟靡王税。

荒路暧交通，鸡犬互鸣吠。

俎豆犹古法，衣裳无新制。

童孺纵行歌，班白欢游诣。

草荣识节和，木衰知风厉。

虽无纪历志，四时自成岁。

怡然有余乐，于何劳智慧？

奇踪隐五百，一朝敞神界。
淳薄既异源，旋复还幽蔽。
借问游方士，焉测尘嚣外。
愿言蹑清风，高举寻吾契。

四、白居易《游大林寺》《大林寺桃花》

白居易的《游大林寺》是这样的：“余与河南元集虚，范阳张允中，南阳张深之，广平宋郁，安定梁必复，范阳张时，东林寺沙门法演、智满、中坚、利辩、道深、道建、神照、云皋、息慈、寂然，凡十七人，自遗爱草堂历东、西二林，抵化城，憩峰顶，登香炉峰，宿大林寺。大林穷远，人迹罕到。环寺多清流苍石，短松瘦竹。寺中惟板屋木器。其僧皆海东人。山高地深，时节绝晚。于时孟夏，如正、二月天。山桃始华，涧草犹短。人物风候，与平地聚落不同。初到恍然，若别造一世界者。因成口号绝句云：‘人间四月芳菲尽，山寺桃花始盛开。长恨春归无觅处，不知转入此中来。’既而周览屋壁，见萧郎中存、魏郎中弘简、李补阙渤三人名姓文句。因与集虚辈叹，且曰：‘此地实匡庐间第一境，由驿路至山门，曾无半日程，自萧、魏、李游，迨今垂二十年，寂寥无继来者。嗟乎！名利之诱人也如此！’时元和十二年四月九日，太原白乐天序。”

《大林寺桃花》是唐代诗人白居易于元和十二年（817 年）初夏创作的一首纪游诗。是年四月，山下芳菲已尽，春天已将归去，而作者在山中却遇上了意想不到的美丽春色。作者在登山游大林寺之前，曾为山下的春意阑珊而惆怅，当山上的一片春景映入眼帘时，却又感到由衷的惊喜与宽慰。我们每个人都曾有过类似的心理变化，表面上是由自然景色变化而发，实际上是曲折地反映出作者悲凉和怨愤的情怀。在这首诗中，因惜春而怨恨春去无情，后来才发现原来是对春天的错怪。其实春并未归去，只不过是转到这山寺里来了。这不仅写出了作者触目所见的真实感受，还张扬了对这一发现的惊喜，构思灵巧，富有情趣。

春天是赏花的好时节。这两首诗用桃花代替抽象的春光，使得春光具体可感，美丽可赏，活灵活现；这两首诗把春光拟人化、立体化，使得春光可以转来躲去，天真顽皮，生动可爱。

白居易这次游览大林寺，信笔题留《游大林寺》诗和序于寺壁，盛赞大林寺及周边独具特色、美不胜收的自然景观和人文景观，大林寺也因此扬名。后人为铭记白居易游踪，表彰其功德，在他赏花吟诗之地附近的石块上镌刻了“花径”二字。

诗人写这首小诗时，是在江州司马的任上。白居易是唐贞元年间的进士，后曾授秘书省校书郎，再官至左拾遗，可谓春风得意。但因其直谏不讳，冒犯了权贵，受到排斥被贬。同期，白居易还在《琵琶行》中面对琵琶女产生“同是天涯沦落人”的感慨。一些学者认为，白居易在江州时期的思想是复杂多变的，既存在归隐思想，又涌动着求仙思想，以至于很多人认为他在江州司马任期的很多诗禅味十足。这种复杂的沧桑愁绪，也许自然地融入这首小诗的意境之中，使《大林寺桃花》这首纪游诗蒙上了逆旅沧桑的隐喻色彩。

第四节 桃的文化寓意

桃在日常生活中无处不在，关于它的文学作品不计其数，诗、书、画最多最早，尤以诗词为盛。文学中的桃花，有时高杳如神话传说，有时平易如井畔乡邻，或简静轻灵，或凄婉贞烈，或艳媚活泼，或宁洁深邃，只是已不仅仅盛开在美丽的春天，而是随着季节轮转，它时而娇艳如初嫁少女，时而闲静如隐士仙人，时而又沧桑如英烈美人。我们每一个人都可以倾尽自己的所思所想，努力去寻找桃花的美丽和妖娆。这样的话，无论何时何地，只要你看到一朵娇艳盛开的桃花，你就能够欣赏到美丽多姿的万千世界。

从前面简要介绍的几篇诗文我们可以看到，在中国传统文化中，桃是一个多义的象征。比如，桃花象征着春天、爱情、青春美丽与理想世界；桃果在仙界神话中，有长寿、健康和生育之意；对桃树的图腾崇拜、生殖崇拜这种原始信仰，有着吉祥如意和辟邪逐鬼的民俗象征意义。桃树的花叶、枝木、桃果，无不闪耀着传统民俗的光芒，照射桃文化的历史车轮滚滚向前。

一、桃在返祖归根方面的图腾象征意义

桃在返祖归根的文化指向，可以从夸父追日的神话传说中得到印证。这个故事说的是在古老的黄帝时期，夸父族认识到了太阳的明亮和温暖，便想着把太阳摘下来，以躲避夜晚的黑暗和冬日的寒冷。于是，大家在夸父的带领下开始了漫长的拉力赛，合力追赶太阳，勇敢地和太阳赛跑。他们一路向西，经过了道道山川河流，口渴时喝干了黄河、渭水。之后，他们又向北走，在去往大泽的路途中，夸父口渴而死。夸父死后，他遗弃的手杖变化成了茂密的桃林。

《山海经·海外北经》记述了这个神奇的古代神话传说故事："夸父与日逐走，入日。渴欲得饮，饮于河渭，河渭不足，北饮大泽。未至，道渴而死。弃其杖，化为邓林。"

这个故事有着深刻的寓意，反映了中国古代先民了解自然、战胜自然的愿望。有人认为夸父逐日实际上反映的是中华民族历史上的一次长距离的部族迁徙，为了部族

的生存和发展，这样的迁徙是大胆的探险。虽然有成功的迁徙先例，但因为对自然规律认识的不足甚至错误，必定也不乏悲壮的失败。

所以，也有人把夸父追日理解为自不量力，这种理解源自《列子》。《列子·汤问》第三部分是这样写的："夸父不量力，欲追日影，逐之于隅谷之际。渴欲得饮，赴饮河、渭。河、渭不足，将走北饮大泽。未至，道渴而死。弃其杖，尸膏肉所浸，生邓林。邓林弥广数千里焉。"

夸父之杖化作的邓林，以及夸父之躯化作的夸父山，究竟是在湖南、湖北，还是河南，说法不一。但不管如何，先民生活的环境大多是在茂密的桃林之中。

桃原产我国，其中华北、华东、东北地区栽植最多。夸父氏族的活动范围，主要位于河南北部、河北南部、山西东南部和陕西东部一带，正好是桃的盛产区。在这一区域，茂密的桃林为古代先民提供了一定的食物资源。同时，原始社会把具有多籽特征的动植物作为氏族的图腾或崇拜物，希望自己的氏族人丁兴旺。而桃开花早、结实早、枝叶繁茂、果实多汁，正好适为图腾。还有的学者按照图腾理论，从桃果的形状归纳出了桃在生殖崇拜方面的结论，为桃描绘了更深的文化色彩。

另外，桃的医药价值也使得生产力极度落后的先民对其充满敬畏。据李时珍《本草纲目》记载，"桃实、桃仁、桃毛、桃枭、桃花、桃叶、桃茎、桃树皮、桃树根、桃胶、桃符、桃橛"均能治疗多种疾病。桃的这些医药功能，在"万物有灵"时代的史前人看来，是冥冥之中的神灵在护佑他们。因此，夸父之杖化作的只能是能为氏族部落带来庇护、食物、药品以及寓意子孙繁衍、部落强盛的桃林。

二、桃在驱鬼辟邪、辞旧迎新方面的文化寓意

桃的驱鬼辟邪、辞旧迎新功能，其实说的是桃符。而桃之所以可以升级为桃符，就是因为先民为桃赋予了驱鬼辟邪、辞旧迎新这种神秘而伟大的力量。

桃能驱鬼辟邪首先是因为桃木能治鬼，这在上古神话和古籍记载中可以看出其来龙去脉。

《淮南子·诠言训》说"羿死于桃棓"。许慎的注释是："棓，大杖，以桃木为之，以击杀羿，由是以来，鬼畏桃也。"羿曾射落九日，被其学生蓬蒙暗害后做了统领万鬼之官。另有传说是后羿死后变成钟馗，专拿恶鬼。后羿之死，引发古人关于桃木辟邪的联想，桃遂成为祛阴驱鬼的法物。后世人们不满足于桃木的自然形态，于是衍生出各种栩栩如生的桃刻神人。早年农村从事长途运输或行走夜路、山路的车夫，手中的鞭子杆多是桃木的，这不仅因为桃木结实耐用，更因其有心理上的辟邪功效。

王安石《元日》提到的桃符或对联，则是指古人在辞旧迎新之际，在桃木板上分别写上"神荼""郁垒"，或者在纸上画上二神的图像，悬挂在门首，意在驱鬼灭祸。

东汉应劭在《风俗通义》中说，上古之时神荼和郁垒是黄帝手下大将，常在度朔

山章桃树下检阅百鬼，对于无理害人的恶鬼，就用草绳把它捆起给白虎吃。黄帝得道成仙后，他们也飞升神界。故此，民间百姓将神荼、郁垒视为捉鬼神差，将他们绘为门神，以保家宅平安。

三、桃在祝福长寿方面的文化寓意

桃是各种植物果实中最有代表性的长寿之物，古人认为吃桃可以延年益寿，在古书典籍中关于桃象征长寿、健康的记载很多。给老人祝寿用得最多的就是寿桃，寿酒也被称为“桃觞”。生活中，常有人在厅堂中挂画有桃的各类图画。例如，民间年画上的老寿星手里总是拿着寿桃，正是借用了桃长寿的寓意。在中国传统民俗中，麻姑献寿，捧的就是一枚“寿桃”。和桃的长寿寓意相关的神话传说很多，我们择要介绍如下：

（一）孙膑送母仙桃

战国时孙膑 18 岁远离家乡，到云梦山拜鬼谷子为师学习兵法。多年后，孙膑突然想到老母已经 80 岁了，自己这么多年一直不能在母亲膝前尽孝，于是向师傅请假，希望回家看望母亲，为母亲祝寿。鬼谷子摘下一个仙桃送给孙膑，说：“你在外学艺未能报效母恩，我送给你一颗桃子带回去，你用这颗桃子给母亲上寿吧。”

孙膑回到家乡，从怀里捧出师傅送的仙桃给母亲。没想到老母亲还没吃完仙桃，容颜就变年轻了，全家人都非常高兴。

人们听说后奔走相告，竞相效仿，在父母过生日的时候送鲜桃祝寿。由于桃有季节性，在没有鲜桃的季节，人们便用面粉做成寿桃馒头给父母祝寿，祈福老人健康幸福。久而久之成为习俗，人们就用桃子来象征长寿了。

（二）蟠桃会

农历三月三日是传说中昆仑山西王母的生日。这天，瑶池大摆蟠桃宴，邀请众仙品尝，众仙也从各地赶来为王母祝寿，这就是神话中的蟠桃会。

蟠桃会是各路神仙云集的盛会，众仙也把能受邀赴宴作为了一种荣耀和身份的象征。《西游记》更是将西王母的蟠桃分为了三等：“前面一千二百株，花微果小，三千年一熟，人吃了成仙了道，体健身轻。中间一千二百株，层花甘实，六千年一熟，人吃了霞举飞升，长生不老。”

（三）东方朔偷桃

传说汉武帝寿辰之日，西王母从上界携仙桃降临凡间为帝祝寿。武帝吃后感觉味道鲜美无比，所以想留下桃核种植。西王母说：“此桃三千年一生实，中原地薄，种之不生。”又指着东方朔道：“他曾三次偷食我的仙桃。”东方朔以长命 18 000 岁被奉为寿星，后世帝王寿辰，常用东方朔偷桃图庆贺，“寿星”也成为中国传统文化的元素符号。

（四）千岁翁安期生与桃花岛

安期生原是一位长寿的药农，因终年跋山涉水采集草药，身体硬朗健壮，人称“千岁翁”。

相传秦始皇听说世上有“千岁翁”、海上仙山产长生不老之药，便派人把安期生请去，“赐以金玺”，命安期生下海采药供自己服用。安期生“坚不肯受”，辞别秦始皇后便出海隐居。

安期生隐居在舟山群岛一带采药济民，安度晚年，有时也饮饮酒，作作诗画。有一次，他把用酒作水磨成的墨水洒于山石之上，山石显现出桃花状的艳丽花纹。从此，人们就把这个岛屿叫作桃花岛。

历代文人对安期生多有吟咏。例如唐代李白在一首诗中说道：“终留赤玉履，东上蓬莱路。秦帝如我求，苍苍但烟雾。”宋代陆游也有诗句说道：“人生不作安期生，醉入东海骑长鲸。”

四、桃在平安吉祥方面的文化寓意

（一）对爱情生活的希望和憧憬

桃之夭夭，灼灼其华。早在3 000多年之前，桃就成为中华文化中的一个重要意象，代表着贤淑贞德的美丽新娘和兴旺和谐的美满家庭。以桃花寓爱情的文学例证，当数唐代诗人崔护的《题都城南庄》；以瓣瓣桃花寓意美女、以桃叶桃果寓意家庭幸福美满的文学例证，当数先秦的《诗经·桃夭》。桃文化中对女性和爱情的隐喻赞美，使得人世间美好缘分和感情之间的关联，赋予了桃花人文的内涵，使其洋溢着阴柔和美丽的气息。红颜易老，爱情永恒，美丽娇艳的桃花和国色天香的女性在春风中两相辉映。

而《桃夭》篇所表达的先秦人美的观念，不仅是艳如桃花，还要“之子于归，宜其室家”，要有使家庭和睦的品德才算完满，强调了“善”与“美”的一致性，实际上赋予了美以强烈的政治、伦理意义。这说明在当时人的思想观念中，艳如桃花只不过是“目观”之美，只有具备了“宜其室家”的品德，做到尽善尽美，才能算得上美丽的少女、合格的新娘。其实不仅《桃夭》，在《诗经》这部诗歌总集中，前六篇都是说的婚姻家庭问题，这也在一定意义上说明当时的社会发展水平。

（二）对美艳女子的火热赞颂

桃花的花朵并不大，但其淡淡的桃色绯红，总是给人一种清新亮丽的感觉。以桃花比拟美人，或将美人比作桃花，在古代诗词作品中俯拾即是。

比如南朝诗人徐悱到外地任职时，思念妻子刘令娴的《对房前桃树咏佳期赠内》：

相思上北阁，徒倚望东家。

忽有当轩树，兼含映日花。

方鲜类红粉，比素若铅华。

更使增心忆，弥令想狭邪。

无如一路阻，脉脉似云霞。

严城不可越，言折代疏麻。

“方鲜类红粉，比素若铅华”，就是作者由眼前鲜艳的桃花联想到妻子脸上的胭脂和香粉，表达出对远方妻子强烈的思念之情。花草树木本是世上无情无识的自然物体，一经融入了作者的主观感情之后，这朵朵鲜花也仿佛显得情意绵绵、增人思恋了，难怪作者紧接着写出了“更使增心意，弥令想狭邪”。

但桃花命薄，所以李渔在《闲情偶寄》中提到了“红颜薄命”。桃花花期较短，却在短短的生命中绽放得灿烂非常，所以历史上往往又借桃花喻义花开花落中的浪漫和伤情。这方面最著名、被描写最多的人物，当属桃花夫人息妫。

谈到息夫人的史书不少，春秋时期的《左传》，战国时期的《吕氏春秋》，西汉时期的《史记》《列女传》等都有简略记载。2013 年，女作家曹雁雁的长篇历史小说《息夫人》，完整再现了这位命运坎坷却能佐邦安民的传奇美人悲壮精彩的一生。

唐代韦庄的《庭前桃》用湘女之泪、息妫无言描摹桃花的姿态：

曾向桃源烂漫游，也同渔父泛仙舟。

皆言洞里千株好，未胜庭前一树幽。

带露似垂湘女泪，无言如伴息妫愁。

五陵公子饶春恨，莫引香风上酒楼。

杜牧的《题桃花夫人庙》借褒扬绿珠坠楼的贞烈，讽刺息夫人面对强权的软弱苟且：

细腰宫里露桃新，脉脉无言几度春。

至竟息亡缘底事？可怜金谷坠楼人。

不过，也有人对贬损息夫人的诗词用意持不同意见。

（三）桃花之运

《现代汉语词典》解释桃花运是男子在爱情方面的运气，暗喻男女之间的情缘，所以成为拥有异性缘的象征。因桃花与女性、与爱情的紧密关系，经过刘阮遇仙的典故传说之后，则进一步成为浪漫爱情的象征。

桃花运的故事最早出现在东晋史学家干宝编写的记录古代民间神奇怪异故事的小说集《搜神记》中，反映了古代人民的思想感情和价值观念。《搜神记》中的天台二女故事，正是刘晨、阮肇的桃花之运故事：“刘晨、阮肇入天台颇远，不得返。经十三日，饥，偶望山上有桃子熟，遂跻险登，啖数枚，饥止体充……遂渡山，出一大溪。溪边有二女子，色甚美……欣然如旧识，曰：‘来何晚？’因即邀还家……俄有群女持桃子，笑曰：‘贺汝婿来。’”

刘晨、阮肇遇仙的传说对后世有相当大的影响，这个故事也曾在《幽明录》《太平广记》《刘晨阮肇误入桃源》等作品中体现出来。后代文学作品也不断加工整理刘晨、阮肇入山遇仙结为夫妇的故事，但其中都没有什么怪异色彩，而是洋溢着浓厚的人情味，特别是仙女们的音容笑貌尤其逼真动人。长期以来，这一故事广为流传，已成为后来文学作品中常用的典故，例如我们常称去而复来的人为“前度刘郎”。

词牌《阮郎归》又名《醉桃源》《醉桃园》《碧桃春》，唐教坊曲有《阮郎迷》，有人认为疑为其初名。这个词名就是借用了刘晨、阮肇的传说故事。

五、桃在兄弟忠义方面的文化寓意

（一）李代桃僵

李代桃僵的典故出自北宋郭茂倩的《乐府诗集》。《乐府诗集》现存 100 卷，完备收集了我国古代乐府歌辞，是汉朝、魏晋、南北朝民歌精华所在。

李代桃僵出现在《鸡鸣》篇中“桃生露井上，李树生桃旁。虫来啮桃根，李树代桃僵。树木身相代，兄弟还相忘”。这里，虽然主动的一方是李，但这种美好的情谊是在共同的生长环境中产生和实现的，所以表现兄弟忠义的情谊少不了桃。关于李代桃僵典故的本义，我们在下一章再做详细叙述。

（二）桃园三结义

桃在兄弟忠义方面的道德象征意义，在汉末刘关张结义的故事中，得到了进一步提升。此后，桃便获得了儒家伦理系统中忠、信、义的文化内涵。而和“桃花潭水深千尺，不及汪伦送我情”“桃花遗古岸，金涧流春水”等等相类似的千古传唱，则把桃花再次引入到文化寓意的象征系统之中。

六、桃在避世归隐方面的文化寓意

历代文人与世无争的思想，注定了他们要寻找诗意的栖息地，寻找心中的乌托邦。中国古代文人一直没有停止寻找这样一种诗意栖居地的脚步，直到陶渊明《桃花源记》的完成，人们才把目光集中于世外桃源这一精神的家园。

但实际上中国古代文人都有从政实践。当他们在从政失败、失意之后，往往通过隐逸生活来摆脱内心的苦闷。从孔子的“道不行，乘桴浮于海”（《论语·公冶长》）到谢灵运的寄情山水、陶渊明的躬耕田园、李白的长期漫游、王维的终南隐居，中国文人走过了一条浪漫的隐逸之路。最终，桃花源成为他们的避世之地、理想之邦，成为他们摆脱世俗羁绊、追求人格自由的精神家园。

在文学意象上，桃花往往和桃源联系在一起，成为文人雅士避世隐居的理想之国。

例如，宋代的陆游曾经胸怀报国大志，然壮心未酬，两鬓先斑。晚年的陆游，对陶渊明笔下的桃花源非常向往。他的“桃源只在镜湖中，影落清波十里红。自别西川海棠后，初将烂醉答春风”（《泛舟观桃花》）和“千载桃源信不通，镜湖西坞擅春风。舟行十里画屏上，身在西山红雨中。俗事挽人常故故，夕阳归棹莫匆匆。豪华无复当年乐，烂醉狂歌亦足雄”（《连日至梅仙坞及花泾观桃花抵暮乃归》）都是词人晚年归隐后生活和心情的生动写照。

再例如，南宋诗人谢枋得在浙赣交界一带抗击元兵失利后躲藏在武夷山区，希望在这里隐居避难。他写的“寻得桃源好避秦，桃红又是一年春。花飞莫遣随流水，怕有渔郎来问津”（《庆全庵桃花》），就是把幽静的小庙比作世外桃源，以此表达从此不再与世人交往的内心世界。

第十七章　又是一年李子红

蝶恋花·李赞

常伴桃花相左右，摇曳风姿，无语谦德厚。
越女西施舒广袖，颗颗香果留痕皱。
四季更添新锦绣，美艳鲜红，紫叶燃白昼。
礼尚往来谁赠受，中华姓氏他成就。

“又是一年啊李子红哎，又见儿时一群好伙伴……啊，家乡的李子园，人在他乡根脉相连。花开花落岁岁年年，梦中我的李子园。”这是一首由胡贵春作词、李红演唱的著名歌曲《李子红了》的部分歌词。一首《李子红了》在2016年火遍大江南北，成为众多广场舞的头首曲子。除了欢快的旋律外，关键是歌词描绘的场景能引起许多人深深的共鸣。

李子是最为普通的水果，李树也是分布最广的果树之一，李子的花香果甜给很多人留下了深刻的印象。

《说文解字》里说，李，果也。从木，子声。可以看到，李是指一种树木的果实。其字形采用“木”作偏旁，又用“子”作为声旁。李，既是果，又是树。

《尔雅》载，“五沃之土，其木宜梅李”，告诉人们，凡是有五沃土的地方都可以种植梅和李。五沃土是指疏松而带有孔窍的土壤，其中土壤生物比较活跃，土质坚实但又不板结，底层还有长期保持湿润的底墒。这样看来，华北和中原地区的褐土多属于五沃土。由此可以证明李子是在中国种植很早且很广的一种果树，也有人据此认为我国是李树主要原产地之一。

李子花美果甜、树姿摇曳，也是非常受人欢迎的水果之一。所以也造就了李子文化在中国的深厚根基。据不完全统计，关于李的成语有38个，关于李的诗词作品有3 373首之多，足见李子对国人的影响是多么巨大。

第一节　美颜如李

一、艳如桃李

《说文解字》虽然是古代最权威的文字解释书，但却不是李字最早出现的地方。李字最早出现在《诗经·召南·何彼秾矣》中："何彼秾矣，华如桃李。"意思是说她怎么是那样的浓艳美丽而绚烂？艳丽的好比桃花和李花。以李比颜，女人美不美还要和李花来比一比才有说服力，可见在古代李就是大众心目中美的标志。因此，后人多以"桃李"形容人的容貌姣美，世代文人也常把华如桃李写作艳如桃李。

宋代词人晁补之曾经养过一个家妓，名叫荣奴。荣奴能歌善舞、貌美如花、善解人意，深受晁补之的喜爱。无奈契约到期，荣奴女大当嫁，不得不离开晁府。荣奴的离开，使晁补之很受打击，于是就写了一首《点绛唇》以解愁绪。"檀口星眸，艳如桃李情柔惠。据我心里。不肯相抛弃。哭怕人猜，笑又无滋味。忡忡地。系人心里。一句临岐誓。"这首词写得清新蕴藉、柔丽绵邈，很直白也很动情，又好像是很无奈，其中"艳如桃李"更是描写出了荣奴绝世美丽的容颜。

《聊斋志异》的侠女篇里也写道："女子得非嫌吾贫乎？为人不言亦不笑，艳如桃李，而冷如霜雪，奇人也！"钱钟书在《围城》里说："苏小姐理想的自己是：'艳如桃李，冷若冰霜'，让方鸿渐卑逊地仰慕而后屈伏地求爱"。从古至今历代文人都使用"艳如桃李"来表示女人的娇美可爱。

其实梨花也很白，为什么用李形容女子美丽，而不用梨花呢？究其原因，一是李花属浅白、柔润，更接近人的皮肤颜色；二是李子树树枝纤细，树形婀娜多姿更显女性妩媚动人之态。

二、西施爪痕

在中国古代四大美女中，人们常把荔枝与杨贵妃放在一起，所谓"一骑红尘妃子笑，无人知是荔枝来"（唐·杜牧《过华清宫·其一》），杨贵妃吃鲜荔枝的故事人人皆知。和高贵的荔枝相比，李子几乎随处可见，就显得普通而平凡。虽然家家户户都可以吃到李子，但李子与古代四大美女之一西施的传奇故事却鲜为人知。

槜李为李中珍品，它是嘉兴著名的特产，古代因作为进贡之"贡果"而闻名遐迩。《春秋》杜预注曰："吴郡嘉兴县西南有槜李城，其地产佳李故名。"时过境迁，古槜李城已无踪影，但槜李仍在不断出产，给人们以绝佳美果。现在的嘉兴桐乡桃园村，有一个规模较大的槜李园，这里的槜李果形硕大、味道鲜美，每颗槜李果顶部有一个小小的印痕，形如指甲印。这枚指甲印有一个与西施相关的美丽传说。

春秋时期，越国有一座城池名槜李。吴越两国经常在此交战，越国接连被吴国打败，越王勾践只好对吴称臣。越王勾践卧薪尝胆，采纳大臣文种所献“美女之计”，向吴王献上聪明漂亮的西施姑娘。

有一次，越国向吴王进贡一批李子。吴王马上命宫女将这些李子送给西施品尝。西施听说这是故国送来的李子，自然会想起当年在故乡漫游李园的情景。待吴王过来，见宫女送来的李子还原封不动放在案几上，就说：“这样好的贡果，为何不赶紧吃啊?”西施答道：“这李子采下来太久了，味已不鲜。”吴王听后，马上说“我命他们立即贡来一些新鲜李子!”西施摇摇手说：“路中耽搁难以保鲜，我想去李园亲自采摘品尝。”听说西施要出游品李，吴王一口应允。吴王选派一批宫女，陪西施前往李园。西施在一群宫女的簇拥下，信步来到李园。那成熟的李子，青里透红，其味诱人。西施随手采下一颗，用指甲在李子顶部轻轻一掐，顿时香气入鼻。放到嘴边一吸，李汁犹如甜酒。西施连吃数颗，竟被醉倒了。后来人们就把这里的李子称为槜李。

说也奇怪，自从西施来过李园以后，这里长出的槜李，果子顶部都有一条形似爪痕的瘢纹。人们都说，这是西施吃槜李时留下的指甲印，称它为“西施爪痕”，由此流传千古，引为美谈。直到清代，朱竹姹太史还在《鸳湖擢歌》中写道：“闻说西施曾一掐，至今颗颗爪痕添。”

第二节　桃李满天下

一、桃李满天下

桃李满天下字面意思是指学生很多、分布很广，也多用来称颂优秀的教师教育学生无数，还用来称赞名校优秀学生很多。在中国古代，桃李满天下有着一个寓意深刻的传说故事。

春秋战国时期，魏国大臣子质学富五车、知识广博，他得势时曾保荐过很多人。但因为得罪了魏文侯，就来到北方投靠一个叫简子的人，并向简子发牢骚，埋怨自己过去培养的人在他危难时不肯帮助他。简子听后笑着对子质说，春天种了桃树和李树，到夏天可在树下纳凉休息，秋天还可吃到可口的果实。可是，如果你春天种的是蒺藜，到夏天就不能利用它的叶子，而秋天它长出来的刺反倒要扎伤人。你过去培养、提拔的人都是些不值得保荐的人。所以君子培养人才，就像种树一样，应先选好对象，然后再培植啊！

这位朋友的家境并不富裕，子质不愿给朋友加重生活负担，便想开个学馆，收一些学生教读，借以糊口。朋友很支持他，就腾出两间空房作为教室，子质所收的学生不分贫富，只要愿学的都可以拜他为师，他都一视同仁。

这个学馆里植有一棵桃树和一棵李子树。凡是来上学的学生都跪在桃李树下认先生。子质指着已结果的两棵树教导学生们说："你们都要刻苦学习，要像这两棵树一样开花结果。只有学问高，才能为国家做出一番大事业。"

为了把学生教育成有用人才，子质认真教学，严格管理。在他的精心培养下，弟子们认真读书、勤奋学习，都学到了不少真本领。后来，这里的许多学生都成了诸侯国的栋梁之材。弟子们为了感念子质先生的教诲，都在自己住处亲手栽种桃树和李子树。

晚年的子质到诸侯国游历时，受到了在各国当官的学生的热情接待，也看到了学生栽的桃树和李树。子质很自豪地说道："我的学生真是桃李满天下啊！"

二、种李得李

佛教传入中国后，许多佛教典籍陆续被饱读诗书的大学者们翻译成汉语。现在我们日常生活中很多朗朗上口的成语来自佛教故事，据不完全统计，由佛经衍生出的成语有 216 个。其中，种李得李是出自《涅槃经》，意思是说只有播种好的品种，才能收获好的果实。和种李得李一起并用的是种瓜得瓜，但有时候我们也经常说"种瓜得瓜，种豆得豆"。

狄仁杰走入仕途较早，先后出任汴州判佐、并州都督府法曹、大理寺丞、侍御史、度支郎中、宁州刺史、冬官侍郎、文昌右丞、豫州刺史、复州刺史、洛州司马等职。狄仁杰于天授二年（691 年）升任宰相。在整个为官生涯中，狄仁杰特别注重发现人才和培养人才。

《资治通鉴》记载，狄仁杰曾向武则天说张柬之学识渊博有定国安邦之才，可以出任丞相，武则天就提拔张柬之为洛州司马。几天后，武则天又问狄仁杰，还有没有发现其他的贤达之才。狄仁杰说："我所荐是当宰相，而不是只当个司马。"张柬之最终被提拔为宰相。狄仁杰随后又举荐夏官侍郎姚元崇、监察御史曲阿桓彦范、太州刺史敬晖等数十人，都成为当世名臣、国家股肱。有人恭维狄仁杰："种瓜得瓜，种李得李；天下桃李，悉在公门矣！"

第三节　桃李不言　下自成蹊

《诗经·王风·丘中有麻》说："丘中有李，彼留之子。彼留之子，贻我佩玖。"描写一位姑娘与情郎在一个小山丘上的李子树下幽会的情形。最后，他们互相赠予佩玉，以玉的坚贞纯洁表示两人爱情的永恒。这就是姑娘在歌唱爱情时寄托的热望。

《诗经·小雅·南山有台》说："南山有杞，北山有李。乐只君子，民之父母。乐只君子，德音不已。"描写一贵族家宴聚会时，友人们对主人公颂德祝寿的场景。南山生枸杞，北山长李树。主人公是国之柱石，像君子一样很快乐，就像是人民好父母。

一、谦谦无言

李树虽然有着芬芳的花朵、甜美的果实，但它生长低调、平实可人，尽管默默无语、随处可见，但仍然吸引无数的人们络绎不绝地到树下赏花尝果，以至树下都走出一条小路。后人常用"桃李不言，下自成蹊"来比喻为人品德高尚，诚实、正直的人用不着自我宣言，就自然受到人们的尊重和景仰。所以，韩育生在其《诗经里的植物》一书中称李子为"不言之果"可谓评价准确，寓意深刻。

"林暗草惊风，将军夜引弓。平明寻白羽，没在石棱中。"大家一看就知道这是唐代诗人卢纶写的名篇《和张仆射塞下曲·其二》，主人公是李广。

李广一生跟匈奴打仗 70 多次，战功显赫，深受官兵和百姓的爱戴。虽然他身居高位，统领千军万马，而且是功勋卓著，但他一点也不居功自傲。他不仅待人谦和，还常和士兵同甘共苦。每次朝廷给他赏赐，他总是把那些赏赐统统分给官兵们；行军打仗时，遇到粮食或水供应不上的情况，他自己也同士兵们一样忍饥挨饿；打起仗来，他身先士卒，英勇顽强，只要他一声令下，将士们个个奋勇杀敌，不怕牺牲。

后来，当李广将军去世的噩耗传到军营时，全军将士无不痛哭流涕，连许多与大将军平时并不熟悉的百姓也以不同的方式表达对他的怀念。在人们心目中，李广将军就是他们崇拜的大英雄。

司马迁为李广作传时说："其身正，不令而行；其身不正，虽令不从。其李将军之谓也？余睹李将军悛悛如鄙人，口不能道辞。及死之日，天下知与不知，皆为尽哀。彼其忠实心诚信于士大夫也！谚曰'桃李不言，下自成蹊'。此言虽小，可以谕大也。"

李广既是姓李，又是成语"桃李不言，下自成蹊"的主人公，恐怕不是巧合，是司马迁有意为之吧！

二、防患避嫌

三国时期大才子曹植才高八斗，能作七步之诗。在其父曹操死后，深为其兄曹丕所忌妒。曹丕担心曹植对其地位的威胁，一直有加害曹植的意图。曹植也深知其兄不会放过自己。所以，曹植做一首《君子行》“君子防未然，不处嫌疑间。瓜田不纳履，李下不正冠。……”以证自己表里如一，不争王位。

“瓜田不纳履，李下不正冠”是大家所熟知的成语，是指从别人家的瓜田旁经过，即使是鞋子脱了脚跟，也不要弯下身子去提它，这是为了避嫌疑，否则有人会疑心你摘瓜，所以说“瓜田不纳履”。同样，在李子树下经过时，即使是帽子被树枝碰歪了，也不要举手去正它，这也是避嫌疑，不要被人误会你偷李子，所以说“李下不正冠”。但《君子行》的前两句“君子防未然，不处嫌疑间”才是曹植要表达的真正意思。

唐文宗时期，著名书法家柳公权生性忠诚耿直，能言善谏，被重任为工部侍郎。当时有个叫郭宁的官员把两个女儿送进宫中，于是皇帝就派郭宁到邮宁（现在的陕西邮县）做官，人们对这件事议论纷纷。皇帝就以这件事来问柳公权：“郭宁是太皇太后的继父，官封大将军，当官以来没有什么过失，现在不过是让他当邮宁这个小小地方的主官，难倒有什么不妥吗？”柳公权说：“议论的人都以为郭宁是因为进献两个女儿入宫，才得到这个官职的。”唐文宗说：“郭宁的两个女儿是进宫陪太后的，并不是献给朕的。”柳公权回答：“瓜田李下的嫌疑，人们哪能都分辨得清呢？”这里柳公权是比喻皇帝的做法很容易让人产生怀疑。

古人强调正人君子要顾及言谈举止、风度礼仪，除此之外，还要主动避嫌，远离一些有争议的人和事。

三、投桃报李

中华民族是世界上著名的礼仪之邦，在 3 000 年前的周朝就提出以礼治国的方略。因此，儒教也常被人称作是礼教。《四书五经》里有《礼记》和《乐记》来教导人们如何守礼，如何规范行为。在《诗经・大雅・抑》里，“投我以桃，报之以李。彼童而角，实虹小子”就是关于礼的最早记载。“投桃报李”中朴实的交往恰恰道出了人之间交往的精髓，“礼尚往来；往而不来，非礼也；来而不往，亦非礼也”《礼记》。

人际交往讲究礼尚往来，国与国之间也是如此。

在俄罗斯与中国旅游年开幕前，两国元首互换国礼。习近平主席赠送的是——国家级非物质文化遗产沈绣精品《普京总统肖像》。这幅肖像让普京赞不绝口：“太传奇了，太美，太不可思议了！”他甚至解开西服，拿出自己的领带，笑着说，“正是我的这条领带。”而此后，普京赠给习近平主席的 YotaPhone2 是俄罗斯自主研发的第一款智能手机，当时这部手机还没有正式上市，因此习近平主席是这部 YotaPhone2 的首批持有者之一。这款手机虽然是俄国本土品牌，但生产制作都在中国进行，送给习主席也可以说 YotaPhone2 是重归故土了。

四、李代桃僵

北宋的郭茂倩编写的《乐府诗集》中，收录《鸡鸣》一篇，“桃在露井上，李树在桃旁，虫来啮桃根，李树代桃僵。树木身相代，兄弟还相忘!”这是李代桃僵的出处。

故事记载了汉武帝时期有兄弟五人，均为好逸恶劳、游手好闲的浪荡公子，偶然他们得到了武帝的赏识，当上了侍中郎。从此他们的生活发生了翻天覆地的变化，家里人穿金戴银，天天歌舞升平，门前车水马龙，拜访的人络绎不绝。

后来，五兄弟有人犯了法，变成阶下之囚，接受各种刑罚。这时他的其他兄弟薄情寡义，毫不惦念手足之情，不但不帮助，甚至为了自己安稳和升官还互相揭发，丑态毕露，笑话百出。

同时，人们也细致地观察到，都城的一口井边的桃树与李树相依为伴。害虫钻蛀桃树，往往李树代桃树受蛀而枯萎僵死。李树尚能够以生命代为提醒，他们兄弟之情谊连李树不如!

为此，百姓间流传着一首歌谣：“兄弟四五人，皆为侍中郎，五日一时来，观者满路旁。黄金络马头，颎颎何煌煌。桃生露井上，李树生桃旁。虫来啮桃僵。树木身相代，兄弟还相忘!”这首歌谣被后人整理在《乐府·鸡鸣》中。由此可见，李树是多么的大仁大义、豪情悲壮啊!

《三十六计》的第十一计是李代桃僵。原文是：“势必有损，损阴以益阳”。意思是说，在敌我对垒中，我敌之情，各有长短。战争之事，很难全胜，而胜负之诀，即在优势与劣势相比较。如果必须要丢弃什么的话。那就要暂时以某些局部或暂时的牺牲，去保全或者争取全局的、整体性的胜利。这是运用我国古代阴阳学说的阴阳相生相克、相互转化的道理而制定的军事谋略。

运用李代桃僵最成功、最著名的故事莫过于赵氏孤儿了。春秋时期，晋国的奸臣屠岸贾官报私仇，鼓动晋景公灭掉对晋国有大功的赵氏家族。屠岸贾率 3 000 人将赵府团团围住，把赵家全家老小，杀得一个不留。幸好赵朔的妻子庄姬公主在事发前已被秘密送进晋国王宫中。屠岸贾闻讯后，意欲赶尽杀绝，要晋景公杀掉公主。晋景公念在姑侄情分上，不肯杀庄姬公主。此时庄姬公主已身怀有孕，屠岸贾见晋景公不杀她，就设下斩草除根之计，准备杀掉婴儿。公主生下一男婴，屠岸贾亲自带人入宫搜查。当时，晋国大臣韩厥让自己的一个心腹假扮医生，入宫给公主看病，用药箱偷偷把婴儿带出宫外躲过了搜查。屠岸贾见公主已产，但在宫中没找到婴儿，知道婴儿已被偷送出去了，他立即封闭城门悬赏缉拿。赵家门客公孙杵臼与程婴商量救孤之计：“如能将一婴儿与赵氏孤儿对换，我带这婴儿逃到首阳山，你便去告密，让屠岸贾搜到那个假的赵氏遗孤，他才会停止搜查，这样赵氏嫡脉才能保全。”程婴的妻子此时正生一男婴，程婴决定用亲子替代赵氏孤儿。他以大义说服妻子忍着悲痛把儿子让公孙杵臼带走。程婴依计，向屠岸贾告密。屠岸贾迅速带兵追到首阳山，在公孙杵臼居住的茅屋，搜出一个用锦被包裹的男婴。于是屠贼摔死了婴儿。他认为已经斩草除根，放松了警惕。程婴听说自己的儿子被屠贼摔死，强忍悲痛，带着孤儿逃往外地。15 年后，孤儿长大成人，知道自己的身世后，在韩厥的帮助下，发兵杀了屠岸贾，得报大仇。程婴见赵氏大仇已报，陈冤已雪，于是他不肯独享富贵，拔剑自刎，死后与公孙杵臼合葬一墓，后人称“二义冢”。程婴与公孙杵臼的美名千古流传。

五、千古冤案

俗话说：“桃养人，杏伤人，李子树下埋死人”，既有科学的一面，也有误人的一面。

“桃养人”，是指桃具有补中益气、养阴生津、润肠通便的功效，尤其适于有气血两亏、面黄肌瘦、心悸气短、便秘、闭经、瘀血肿痛等症状的人多食，而且没有明显的副作用。

“杏伤人”，则是说吃杏的时节不对，或吃得过多，杏会对有些人有一定的伤害。《食经》说：“杏，味酸，大热不可多食，生痈疖，伤筋骨。”《本草衍义》也说道：“杏，小儿尤不可食，多食致疮痈及上膈热。”中原地区有个恶作剧：用手指弹一下或使劲按一下对方的鼻子，对方会瞬间泪流满面，甚至鼻涕也会流出来。人们把这个动作叫“吃酸杏”。可见杏的酸味多么使人“难忘”！杏常使人酸得“倒牙”，严重的好几天牙齿还不舒服。强酸味对牙齿钙质有破坏作用，对小儿骨骼发育有可能造成影响。一次食杏过多，还能引起邪火上炎，使人流鼻血、生眼眵、烂口舌，还可能引起生疮长疖、拉肚子。所以说，杏伤人是事实，不可多吃。

如果说“桃养人，杏伤人”有道理的话，那么，“李子树下埋死人”的说法就值得商榷了。据现代科学研究发现，李子味酸，能促进胃酸和胃消化酶的分泌，还能增强胃肠蠕动，因而有增进食欲、帮助消化的作用，尤其对胃酸缺乏、食后饱胀、大便秘结者有较好的疗效。另外，新鲜李肉中含有大量的丝氨酸、甘氨酸、脯氨酸、谷氨酰胺等氨基酸，有利尿消肿的作用，对肝硬化有辅助治疗作用。李子中抗氧化剂含量高得惊人，有人敬称李子是抗衰老、防疾病的“超级水果”。

看来，“李子树下埋死人”的说法是不靠谱的。但李子是不是任何人都可以随便大量地吃呢？李子是药食同源，药是用其偏性。所以，李子和杏一样也不可多食。孙思邈在《千金方》里说：“李，不可多食，令人虚。”清代王士雄在《随息居饮食谱》也说，“李，多食生痰，助湿发疟疾，脾虚者尤忌之”。概括地说，多食李子能使人表现出虚热、脑涨等不适之感。中国中医研究院研究员陆广莘指出：“李子不沉水则有毒”，若不慎购有发涩、发苦，属于还未成熟的李子，则不可进食。发苦涩味和入水不沉的李子有毒，是不能吃的。李子多食生痰，损坏牙齿，体质虚弱者宜少食。

那么，“李子树下埋死人”的说法是怎么来的呢？原来，据说老子李耳是安徽亳州人，当地人认为吃李子是把老子吃了。所以，他们非常忌讳说吃李子。李子在成熟时外面有一层灰色的霜粉状物，所以，亳州人把李子称为灰子，把吃李子叫作吃灰子。在亳州谁要说吃李子，就是说吃老子了，就要埋死人。所以说“李子树下埋死人”的说法对美味好吃的李子来说是千古冤案。

第四节　李子与李姓

一、李姓的起源

李是中国五大姓氏之一，全国有 9 207.4 万李姓人，占全国人口总数的 7.19%。以华北李姓人居多。

但凡姓氏的起源都比较模糊，李姓的起源更复杂一些。目前比较公认的说法是，李姓的始祖是黄帝的孙子皋陶。皋陶在尧称帝的时候，曾经担任“大理”（相当于后世刑部大理寺）官职，掌管司法工作，并亲自主持制定了五种刑罚，史称“五刑”。皋陶的子孙世袭其职，经历了虞、夏、商三个朝代，并且以官职为自己的姓氏，人称“理”氏。直至商朝末年，皋陶后代理徵被商纣王迫害。就在理徵被杀次日，他的妻子契和氏携儿子理利贞赶紧逃难。母子俩逃难到伊侯之墟，在饥饿难当的时候，忽然看到了一棵果实成熟的李子树。三天没有吃饭的这母子俩，竟被一树李子救了命。以后岁月较为太平，契和氏想起那惊险的往事，不免感激起那棵李子树来，它好像巫术般突然出现，似有灵性，于是改姓为“李”。

二、老子姓李

老子在我国道教中被奉为太上老君和道德天尊，是道家始祖。历史上确有其人，他的真名叫作李耳，字老聃。老子生活在距今两千多年前的春秋战国时代，是著名的哲学家、思想家，道家学派的创始人。那么历史上有名的老子和生活中常见的平民食品李子又有什么关系呢？

《史记》记载，老子“姓李，名耳，字髯”，为《史记》作索引的司马贞说：“生而指李树，因以为姓”。翻译过来是说：老子一出生就用手指着李树，自认李姓。也有人把这个神话故事当作李姓的由来。

三、李白不白李花白

关于李白名字的来历有个小故事。李白周岁抓周时，抓了一本《诗经》。他父亲很高兴，认为儿子长大后可能成为有名的诗人，就想为儿子取一个好名字，以免后人笑自己没有学问。他对儿子起名慎重，越慎重就越想不出来。直到儿子 7 岁，还没想好合适的名字。一年春天，李白的父亲对妻儿说："我想写一首春日绝句，只写两句，你母子一人给我添一句，凑合凑合。一句是'春风送暖百花开'，一句是'迎春绽金它先来'"。李白母亲想了好一阵子说："火烧杏林红霞落"，李白等母亲说罢，不假思索地向院中盛开的李树一指，脱口说道："李花怒放一树白"。父亲一听，拍手叫好，心中暗道："果然儿子有诗才。"他越念心里越喜欢，念着念着，心想这句诗的开头一字不正是自家的姓吗？这最后一个白字用得真好，正说出一树李花圣洁如雪。于是，他就给儿子起名叫李白。

先秦时期，李姓的发展比较缓慢，并没有什么大的影响。到唐代，因为皇帝姓李的缘故，使得李姓得到了极大的发展。不仅皇帝赐姓给一些人，让他们姓李，更有许多人自己改姓，冒充姓李。于是，李姓在这 300 年中得到了飞速发展，从一个影响较小的姓氏，一下子变成了中国的一个大姓。在唐代以前，李姓主要在北方发展，在唐代，有过三次大的南迁，使得李姓开始遍布全中国。

第五节　花果之李

李树在中国种植广泛、历史悠久，早已成为家家户户都能吃到的大众美食。从春秋战国到现代，历朝历代都有人对李子、李花进行研究和观察。

一、沉朱李于寒水

每年的 7 月 22 或 23 日，太阳位于黄经 120 度时，即为大暑，大暑也是二十四节气中的第十二个节气。大暑正值"三伏天"里的"中伏"前后，是一年当中日照最多、气温最高及湿度最大的时候。东汉刘熙的《释名》说："暑是煮，火气在下，骄阳在上，熏蒸其中为湿热，人如在蒸笼之中，气极脏，也就称'龌龊热'（今称桑拿天）。"魏文帝曹丕在一年暑期写下《与朝歌令吴质书》道："浮甘瓜于清泉，沉朱李于寒水。"诗句借李子与西瓜描写了大暑最热时，大家以各种方式乘凉避暑。"浮甘瓜于清泉，沉朱李于寒水"，就是说大家在星斗满天的夜晚，聚在一起开"感凉晚会"，来享受盛夏的乐趣。直到现在还有不少地区在夏季搞消夏晚会，只是把西瓜和李子换成了啤酒和烤串。

二、傅玄与《李赋》

西晋词人傅玄，有感于当时国人对李子的喜爱，作《李赋》一篇。

植中州之名果兮，结修根于芳园，嘉列树之蔚蔚兮，美弱枝之爰爰。既乃长条四布，密叶重阴。夕景回光，傍荫兰林。于是肃肃晨风，飘飘落英。潜实内结，丰彩外盈。翠质朱变，形随运成。清角奏而微酸起，大宫动而和甘生。既变洽熟，五色有章。种别类分，或朱或黄。甘酸得适，美逾蜜房。浮彩点驳，赤者如丹。入口流溅，逸味难原。见之则心悦，含之则神安。乃有河沂黄建，房陵缥青。一树三色，异味殊名。乃上代之所不睹兮，咸升御乎此房。周万国之口实兮，充荐飨于神灵。昔怪古人之感贶，乃答之以宝琼。玩斯味之奇玮兮，然后知报之为轻。

在这篇《李赋》中，傅玄从李树的生长环境、生长时期、果实发育过程、果实种类、稀有品种介绍和象征寓意等方面对李树进行了详细的阐述。此赋犹如古代李树的百科全书，现代人读起来仿佛能感受到千年前的李子园就在自己身旁。

三、更喜叶如花

对李的观赏性，自古就有很多描述。其中关于李树花期的描写，有韩愈《李花赠张十一署》中的“江陵城西二月尾，花不见桃惟见李”，说明李花观赏的时期在农历二月的最后，相当于公历三月底。关于李树花色的描写，有李复《李花》中的“桃花争红色空深，李花浅白开自好”，是说李花以浅白最多。关于李子栽植方式的记述，有杨万里《李花》中的“李花宜远更宜繁，惟远惟繁始足看”，说明李树作为观赏用途的话，群植效果最好。关于李树花香的描写，朱淑真《李花》中的“小小琼英舒嫩白，未饶深紫与轻红。无言路侧谁知味，惟有寻芳碟与蜂”最有意思，是说要想知道李花的味道，人们得去问蜜蜂和蝴蝶。还有“碧空万里花如雪，青松为伴更精神。连天洁白任你取，莹骨冰肌玉色痕”，把李写到了极致！远处万里碧空如洗，近处李花一片如雪；在白花香海之间，宛若人间仙境。

时至今日，李树的变种紫叶李更为园林增添了许多眼趣。紫叶李原产于中亚地区（包括我国新疆地区），生长于低山丘陵以及峡谷河畔等处。1888 年法国开始引种，现广泛应用于各国园林。紫叶李在我国各地均有栽植，以华东地区生长最好。紫叶李的叶片从生到落都保持了紫红色，鲜艳夺目，光彩照人，远处望去像是满树紫红色的花朵。它同样在春季有惹人喜爱的李花，在夏季有醉人的香果。所以，紫叶李深受园林工作者的喜爱。目前，街道绿化、公园装点、单位小区及新农村的美化中，到处可以见到紫叶李的身影。真可谓是：自古多爱李，更喜叶如花。

第十八章　淡极始知花更艳

点绛唇·海棠依旧

夜赏红花，擎烛高照东坡恋。满堂吉愿，奇树华星涣。

色褪花白，更显婀娜颤。春睡懒，海棠慵倦，活色生香艳。

中国古典名著《红楼梦》里，薛宝钗的《咏白海棠》诗中，一句“淡极始知花更艳”，充分写出了白海棠洗尽色彩、淡雅至极反而使人深感其愈加艳丽。“淡极更艳”以植物的独特之美，在为人们提供艺术欣赏、愉悦身心的同时，显示了大自然中无处不在的辩证法，也映衬了海棠花淡雅、清洁、宁静的品性。

第一节　海棠的园林风景

一、名花海棠

海棠花是我国的传统名花之一，因其花色娇艳、婀娜多姿而著称，享有“花贵妃”的美誉。人们一般所说的海棠是苹果属和木瓜属多种植物的统称。明代王象晋在《群芳谱》中记载了“海棠四品”，即贴梗海棠、木瓜海棠、垂丝海棠、西府海棠，这四种海棠分属于蔷薇科两个属：木瓜属和苹果属。其中西府海棠、垂丝海棠属于苹果属，而贴梗海棠、木瓜海棠则属于木瓜属。作为中国著名海棠观赏树种，这四种海棠主要分布于山东、陕西、湖北、江西、安徽、江苏、浙江、广东、广西等地。

海棠在我国栽培历史悠久，常见于各种园林绿化应用中。一般在自然生长状态下的海棠，其树形多呈圆头形、圆锥形、柱状形，观赏效果极佳；海棠的花期较早，是早春赏花树种，大部分花叶同放；花色丰富，多见粉色、白色花，偶见红色、洋红色花。海棠不仅花朵娇艳，其果实更是玲珑可观可食。观则令人赏心悦目，食则口感味美新鲜。极具风韵雅致的海棠花，被唐代宰相贾耽视为“花中神仙”。

盆栽观花海棠——秋海棠是多年生草本植物，属于秋海棠科秋海棠属。据《花镜》记载，“秋海棠一名八月春，为秋色中第一。此花植株矮而叶大，叶背多红丝如胭脂，世俗传是泪血所化，又名‘断肠花’。”秋海棠植株低矮，叶子较大，一般是秋季开花，花色多为红色，常作盆栽观赏花卉。

这样看来，一提到海棠，其实是包括木本的贴梗海棠、木瓜海棠、垂丝海棠、西府海棠以及草本的秋海棠。春赏花艳、夏赏树形、秋食果品的是木本海棠，也是园林绿化、造景常用的海棠。秋季赏花、多栽于盆中的，则是草本秋海棠。

二、盆景与插花

树姿优美的海棠树，因枝条韧性好，容易造型，有花有果，是理想的盆景材料；也可切枝观花，用以瓶插或置于其他花器中，摆放室内作装饰之用。

海棠易加工造型成古老形态的桩景，所以用作盆景极具观赏性。据历史记载，我国早在宋代时期就有海棠盆景造型，南宋范成大的《吴郡志》中最早记载了盆栽的海棠：“莲花海棠，花中之尤也。凡海棠虽艳丽，然皆单叶，独蜀都所产重叶，丰腴如小莲花。成大自蜀东归，以瓦盆漫移数株，置船尾，才高二尺许。至吴皆活，数年遂花，与少城无异。”这就说明了早在宋代的蜀都，已有海棠盆栽和盆景。在现代园林盆景中，多选用海棠做盆景造型，尤其是川派盆景中更是常见。川派盆景中的海棠造型，体现了古朴严谨、虬曲多姿的风格。无论是制作观形、观花或观果盆景，海棠都是极适宜的材料之一。不同类型的海棠盆景，既可放于庭院中，也可置于游园中广场上或摆放在厅堂、花台、廊下角隅等，使环境充满幽雅的氛围。

自古海棠就被用做插花。在明代张谦德撰写的《瓶花谱》中，“评西府海棠为二品八命，即瓶花中的上品。”这说明在明代，海棠花就成为我国插花材料的首选。明代文学家袁宏道在《瓶史》中《花目》一节里写有：“余于诸花取其近而易致者：入春为梅，为海棠；夏为牡丹，为芍药为石榴；秋为木樨、为莲、菊；冬为蜡梅。”在“品第”一节中说“海棠以西府、紫锦为上”，说明海棠是春季瓶插的理想花卉，而插花海棠首选品种就是西府海棠。

三、园林造景

海棠类植物常用于环境绿化、美化。因海棠树姿优美，春有繁花艳如朝霞、夏有美叶红紫纷呈、秋有佳果珠玉辉映、冬有傲骨铮铮傲寒，因此，可周年观赏，花、果、叶都极具观赏价值。作为观赏植物，海棠适宜丛植于草坪中、广场或街道旁及水域岸边，也可孤植于游园、庭院里，对植于门厅的入口处；与其他花木配植景观效果极佳。

（一）在古典园林中应用

在我国古典园林中，海棠被广泛应用。自汉代开始，海棠就是常见的园林观赏树木。据《西京杂记》记载，汉武帝为了修建一座林苑，群臣敬献了多种名贵花卉，其中汉武帝最喜爱的就是四株海棠，种植在林苑之内。西汉著名文学家司马相如在《上林赋》里有"楟、柰、厚朴"的相关记载，据后人研究考证，"柰"就是海棠植物。晋代荆州刺史石崇在洛阳建了一座花园——"金谷园"，园中种有很多海棠。

唐代海棠已被广泛地种植在宫廷园林中，海棠文化也得到了一定程度上的发展。唐代的华清宫种有许多海棠，《杨太真外传》中记载了唐玄宗李隆基就将杨贵妃比作海棠花，说明宫中海棠颇多，已用海棠喻美人。

宋代海棠栽植发展到鼎盛期。除宫苑艮岳外还涌现出一些海棠专类景区，如海棠花溪、海棠川、海棠坞、海棠屏等。宋杨万里《海棠》诗："海棠雨后不胜佳，仔细辨来不是花；西子织成新样锦，清晨灌出满江霞"呈现出"海棠花溪"的美景。

明清时期的海棠依旧盛世不减，皇家、私家、寺院园林中广泛应用。苏州的拙政园内有一处景点叫"海棠春坞"，书卷式造型的"海棠春坞"砖额，镶嵌在独立的小院的南墙上，其两边各植有一株海棠树。春季树上海棠花开，树下庭院用青、红、白三色鹅卵石镶嵌而成海棠花纹铺地，人入其中，犹如置身在永不凋谢的海棠花丛之中；院内茶几装饰图案均为海棠纹样，与海棠花相呼应，可谓处处海棠景点题。

我国古典园林中的植物配植常取植物名称的音义，以达到托物言志的目的。海棠的"棠"字与厅堂的"堂"字音同，故多与其他植物配植形成美好的寓意，前面说的海棠盆景与插花也与此有关。北京故宫的御花园、颐和园中都有玉兰、海棠、牡丹、桂花相配植，寓意"玉棠富贵"。每到春夏之交，西府海棠迎风峭立，花姿明媚动人、楚楚有致，为初夏的皇家御园增添了几分景致。

在我国南方古典园林中，常以粉墙为"纸"，山石、植物为"绘"，构成庭院中随处可见的"水墨画"。宋代郭稹《海棠》诗中"朱栏明媚照黄塘，芳树交加枕短墙"，生动形象地描述了这种"水墨画"意境。

我国古典园林建筑中有很多美观吉祥的图案，其中海棠花图案就比较常见。古典园林中建筑物上的落地长窗、漏窗、门扇、隔扇、门洞等的构图以及园中的铺地花纹，都常用美妙的海棠图案。唐代华清宫中就按海棠花的图案修建温泉汤池。据清代《临潼县志》记载："在莲花汤西，沉埋已久，人无知者，近修筑始出，石砌如海棠花，俗呼为杨妃赐浴汤，岂以海棠睡未足一言而为之乎"。在华清宫内莲花池西边的 4 号池，汤池的平面造型颇似一朵盛开的海棠花，因而称"海棠汤"，是唐玄宗为杨玉环修的"贵妃池"。又如苏州环秀山庄的海棠亭是一个四角四柱攒尖式小亭，整个亭子除了出檐椽子是直线形外，其他部分都由海棠形曲线组成，四处是海棠图案。亭顶是个硕大的海棠花蕾形状；四个斗拱顶端是海棠花，周围饰有海棠花瓣，层层叠叠，外层的花瓣上又刻满了海棠图案，有的雕成整枝状，有的雕成花篮状；亭柱、坐槛墙、吴王靠、石基及藻井皆为海棠花形。通过这些海棠的图案，人们尽情表达着美好的期望。

（二）在现代园林中应用

在现代园林中，海棠的应用更为广泛。很多地区都建有海棠特色景观园，如北京、杭州、成都等植物园中的海棠园，利用不同品种海棠的开花时间不同，错开花期以延长观花时间；不同花色海棠树搭配呈现姹紫嫣红的景色，海棠果实大小、颜色的差异同样有着引人注目的景观效果。

用海棠形成的景观在我们的生活环境中也是无处不在。小乔木、灌木的海棠树姿态各异、花色繁多，常作景观大道的中层观赏树，与高大乔木、低矮灌木相配植，形成层次丰富的立体植物景观。在生活居住区内，海棠可用作小区行道树、中心花园景观，也可孤植或散植，与建筑、山石及水体组合配景，达到良好的绿化、美化小区环境的效果。

草本秋海棠因其花开在秋季，多用来做秋季花坛的花境，或植于草坪边缘；也常栽植于公园、庭院、街道处，以增添自然景色。盆栽秋海棠可用来点缀客厅、橱窗，或装点家庭窗台、阳台、茶几等地方，给人一种十分清新幽雅的感觉。

第二节　海棠的传奇色彩

一、民俗中的海棠

（一）春赏海棠

海棠花开时节因花量较大，繁花一树极为醒目，所以能形成极具冲击力的景观。海棠花又因品种较多，花色丰富，令观者赏心悦目。“一从梅粉褪残妆，涂抹新红上海棠”（宋代王淇《春暮游小园》），道出南京人“看完梅花赏海棠”的习俗。

（二）海棠的音寓

因“棠”“堂”音同，在我国民间把海棠视为富贵吉祥的花卉，许多吉祥图画中都有海棠花的图案。海棠与五个柿子相配，“柿”“世”谐音，音寓“五世同堂”；海棠与牡丹组合，象征着“满堂富贵”之意；海棠与玉兰、牡丹相组配，取意“玉堂富贵”；如若把海棠与连翘、玉兰、牡丹、迎春组合在一起，则称“金玉满堂、富贵迎春”；再有把海棠与菊花、蝴蝶相配，寓意“捷报寿满堂”等等。

（三）海棠花纹的应用

海棠花纹是我国传统的美丽吉祥纹样。在生活中海棠花图案触目皆是：服饰、瓷器、家具、落地长窗、洞窗、塑窗、门洞、铺地砖的构图等。如前面讲到的拙政园“海棠春坞”的地砖、苏州环秀山庄的“海棠亭”、华清宫中的“海棠汤”。

（四）市花海棠

四川是海棠的故乡，四川的海棠古称“天下奇绝”，尤以垂丝海棠更是上品。早在唐宋时期，四川的海棠就已名艳中华。乐山素有“海棠香国”之称，乐山人对海棠花的喜爱至深。唐代薛能在任嘉州（乐山古称嘉州）刺史时，有咏海棠的诗句：“四海应无蜀海棠，一时开处一城香。晴来使府低临槛，雨后人家散出墙。”由此可见唐时的嘉州，海棠花开满城，城中府中花香醉人；游人如织，熙熙攘攘，倾城观花。对于乐山来讲，海棠已是他们的重要标志，为乐山市市花。

陕西宝鸡古有西府一称，海棠因生长于西府而得名西府海棠。西府海棠在宝鸡市不仅栽培历史悠久，而且广为栽植，2009 年 4 月被定为宝鸡市市花。

据史志记载，在明清时期，山东临沂市就栽植沂州海棠。沂州海棠既可观花也可赏果，对气候条件适应性很强，是当地一种较经济的观赏树种之一；同样，沂州海棠也是临沂人民坚韧、自信、积极向上的精神象征。临沂市于 2009 年举办了首届沂州海棠节，并获得“山东海棠生产基地”称号，中国花卉协会授予临沂市“中国海棠之都”荣誉称号。2010 年 1 月，沂州海棠被定为临沂市市花。

二、传说中的海棠

（一）古老的传说——海棠有色无香

传说玉帝的御花园里有个花神叫玉女，和嫦娥是好朋友。有一天，玉女在广寒宫里看见一种她从未见过的奇花，红花黄果，香味浓郁，可爱至极。嫦娥告诉她这花是如来佛送给王母娘娘的寿辰花。玉帝的御花园中花虽繁多却并没有此花，玉女向嫦娥要了一盆此花。手捧奇花的玉女在广寒宫门口遇上王母娘娘，王母娘娘得知此事勃然大怒，用玉兔的石杵，将玉女和那盆花儿一起打入凡间。

从天而降的花盆恰巧落在一个老花农的花园中。老花农看见有一盆花从天而降，忙喊女儿海棠过来帮忙，“海棠”“海棠”地叫着。海棠姑娘见父亲手里捧着一盆花，叫着“海棠”，高兴地问：“这花也叫海棠?”老花农也从未见过这花，也根本不知道这花的名字，听女儿这样说，心想将错就错就叫它“海棠花”吧。

从此以后，被打入凡间的海棠花便香魂已去而芳香全无，只留下美丽的姿容在人间。这就是海棠花原有天香，今却是有色无香的传说。

（二）野三坡百里峡海棠峪——红花秋海棠

百里峡是河北野三坡旅游景区的一绝。在两个千尺高的山崖间，有一条窄长的山缝——百里峡，峡谷里怪石嶙峋，每天日照时间最多半个小时，却是满地的花草。尤其是每年的八、九月间最引人注目的是那成片盛开的海棠花（秋海棠），满沟谷海棠花，把百里峡变成了血红的花海。

相传，在很久很久以前，百里峡里住着一户人家，家中只有年迈的老父亲与心爱的女儿，父女俩以打猎为生。女儿海棠正值花季年华，为人心地善良，经常为上山的人们烧水、作汤喝。一日，正在山中挖野菜的海棠姑娘忽听得山上有人呼喊救命，只见一只老虎正要咬一个老汉。海棠姑娘奋不顾身地去救老人。结果老人得救了而海棠姑娘却倒在血泊中……。乡亲们含着泪把海棠的尸体抬到沟口掩埋了，沿路 30 多里的沟谷里滴淌着海棠姑娘的鲜血。到了第二年夏天，在洒满鲜血的地方长出了一种阔叶草，早秋时节火红的花朵开满山谷。后人都说此草是海棠姑娘的化身，她用鲜血滋养着花草，此草就叫"海棠草"，花即是"海棠花"，这条峡谷就被称为"海棠峪"。

（三）秋海棠寓意传说——"断肠花""相思草"

红花秋海棠俗称"断肠花""相思草"，寓意相思的痛苦。据《采兰杂志》记载："昔有妇人怀人不见，恒洒泪于北墙下，后洒处生草，其花甚媚，名曰断肠花，即今秋海棠也。"是讲在古时候，有一位妇女思念自己的心上人，但是总是不能相见。她经常独自站在一处北墙下哭泣，眼泪滴落到土里。日久天长，在她落泪的地方竟长出一棵小草，那是女子用泪水浇灌出来的，小草秋天开花，花色鲜红如血，花姿妩媚。这种小草就叫"断肠草"，也就是现在的秋海棠。在《本草纲目拾遗》也有记载："相传昔人有以思而喷血阶下，遂生此草，故亦名'相思草'"，同样叙述了秋海棠相思痛苦的故事。

三、名人典故中的海棠

海棠花以其风姿艳质赢得世人的喜爱，古往今来很多的文人志士都与海棠结下了不解之缘。历史上杨玉环、陆游、苏轼、曹雪芹、周恩来、张大千等名人，都有深深的海棠情缘。

（一）海棠春睡

我国历史上的四大美女之一杨玉环貌美羞花，其美貌能与海棠花相媲美。据北宋乐史《杨太真外传》中记载："上皇登沉香亭，召太真妃，于时卯醉未醒，命力士使侍儿扶掖而至，妃子醉颜残妆，鬓乱钗横，不能再拜。上皇笑曰，岂妃子醉，直海棠睡未足耳。""海棠春睡"典故由此而来。后来，在许多文学作品中常以海棠代美女或把美女喻海棠。

（二）故烧高烛照红妆

宋代苏轼对海棠花情有独钟。苏轼在他的《海棠》诗中写道："只恐夜深花睡去，故烧高烛照红妆。"诗人害怕在这深夜时刻海棠花会凋谢，因此他就点着高大的蜡烛欣赏那盛开的海棠花，可见诗人对海棠花的深切喜爱。所以，我们在本章开篇《点绛唇》中第一句就说"夜赏红花，擎烛高照东坡恋"。苏轼爱海棠缘于他母亲的影响，他母亲一生钟爱海棠花，并自取"海棠"作小名。1083 年，苏轼被贬到宜兴，应邀到好友邵民瞻家做客，在邵家花园赏花时，他发现花园中竟没有海棠花。等到第二年，苏轼特地从老家带来了一盆海棠，送与好友种植在邵氏天远堂前。从此以后，苏轼每次写信一定问："海棠无恙乎?"邵氏就回信告知："海棠无恙。"至今，在江苏省宜兴市闸口乡永定村，那颗海棠树仍然枝繁叶茂。1982年，宜兴在原址上重建了海棠园，以此纪念苏轼。

（三）海棠癫

宋代大诗人陆游酷爱海棠，对海棠如痴如醉，人称"海棠癫"。在成都时他以海棠为题材写了《花时遍游诸家园·其二》："为爱名花抵死狂，只愁风日损红芳。绿章夜奏通明殿，乞借春阴护海棠。"诗人喜爱海棠达到非常痴狂的程度，因担心娇美的海棠不堪风吹日晒，便连夜上奏玉帝的通明殿，请求在这春季多借些阴天，好好遮阳护花。又如他在《海棠歌》里吟唱到："风雨春残杜鹃哭，夜夜寒衾梦还蜀。何从乞得不死方，更看千年未为足。"反映了诗人离开四川后，依旧怀念在成都赏海棠的日子，以至寒夜梦里又回到四川。心想如若能找到长生不死药，再看一千年海棠花也看不够。

（四）红楼海棠

古典名著《红楼梦》的作者曹雪芹对海棠充满深厚的情感。在《红楼梦》中写到贾宝玉来到怡红院时："一入门，两边都是游廊相接。院中点衬几块山石，一边种着数本芭蕉；那一边乃是一棵西府海棠，其势若伞，丝垂翠缕，葩吐丹砂。"形象地描写了海棠伞状树形的形态特征，枝条翠绿下垂，树上开着朵朵红花，极富诗情画意。第三十七回，由探春发起"海棠诗社"，诗社成立后的第一次活动是以白海棠为题作七言律诗。曹雪芹借不同性格的人物，从多角度描写了白海棠，充分地表现出了他的海棠情缘。

（五）海棠依旧

周恩来总理生前最喜欢海棠，在北京中南海西花厅他的住所，种有十多株海棠。每当海棠花盛开时节，红色的海棠花宛若红霞，绚丽多姿，气势非凡。总理休息时总喜欢到海棠树下漫步，并常邀请客人前来赏花。

1954年春天，西花厅的海棠花盛开了。正在瑞士参加日内瓦会议的周总理无法欣赏到盛开的海棠花，总理夫人邓颖超将一枝海棠花制成标本，托人带给总理。当总理看到这枝来自祖国蕴含深意的海棠花，非常感动。百忙之中，周总理托人带回一枝芍药回赠给夫人。周总理夫妇远隔千里赠花相问，被广为流传成为佳话。后来，邓颖超把那枝海棠和芍药放进镜框摆放起来，画家郭秀仪听说此事非常感动，为此创作了一幅《芍药海棠画》送与邓颖超。中南海西花厅的海棠树是周总理夫妇爱情的见证。周总理去世后，邓颖超观花怀念总理，写了《西花厅的海棠花又开了》一文，以此纪念她与总理五十多年来深厚的感情。

（六）乞海棠

充满传奇色彩的中国国画大师张大千先生，一生爱画、爱花，无论他住在何地，都要在住处种上自己喜爱的花卉，他对花卉有着深厚的情感。在旅居美国时他就曾向老友侯北人讨要海棠，并作诗《乞海棠》：“君家庭院好风日，才到春来百花开。想得杨妃新睡起，乞分一棵海棠栽。”送给老友。侯北人接到诗后，就从自家园子中挖了四株海棠，垂丝海棠、西府海棠各两棵，送到张大千的住处环荜庵。另有诗句：“典画征衣更减粮，肯教辜负好时光；闻道海棠尚未聘，未春先为办衣裳”，是说张大千先生听说外地种有名贵海棠品种，为了能买几棵海棠树，他宁愿把自己的画作典当了换钱，省吃俭用，足见老先生对海棠的挚爱。1958 年，张大千的一幅《秋海棠》惊艳纽约世界现代美术博览会，成为他“当代世界第一大画家”的成名之作。1982 年底，身居台北的张大千在他生命最后的阶段，把自己的珍贵画作《海棠春睡图》托付女儿赠予四川老友张采芹先生，表达自己对老友和家乡的思念之情。

（七）群芳之首

我国著名文学评论家、散文家梁实秋先生对海棠花情有独钟，他的《雅舍杂文》中《群芳小记》一文，介绍了多种花卉，将海棠排为群芳之首，作为第一种花卉描写：“海棠的风姿艳质，于群芳之中颇为突出。”文中梁先生谈到，第一次看到海棠是 1931 年在青岛第一公园的苗圃，他感叹西府海棠的独特之美：“徘徊片刻，乃转去苗圃，看到一排排西府海棠，高及丈许，而花枝招展，绿鬓朱颜，正在风情万种、春色撩人的阶段，令人有忽逢绝艳之感。”梁先生对西府海棠进行了生动、形象、细腻地描写：“海棠花苞最艳，开放之后花瓣的正面是粉红色，背面仍是深红，俯仰错落，浓淡有致。海棠的叶子也陪衬得好，嫩绿光亮而细致，给人整个的印象是娇小艳丽。我立在那一排排的西府海棠前面，良久不忍离去。”他对西府海棠花的风姿大加赞叹：“最妙处是每一花苞红得向胭脂球，配以细长的花茎，斜欹挺出而微微下垂。”十余年后，梁先生在北平居住处门前种了四株西府海棠，每到春天海棠花盛开时，赏花成为他人生乐事之一。

第三节　海棠的艺术情怀

一、诗情海棠

海棠是文人常用的意象，所以常出现在文人的诗词歌赋之中。唐代海棠栽植达到了盛期，海棠文化也有了很大程度地发展。在唐宋诗词的鼎盛时期，出现了不少咏海棠的作品，而后元、明、清三代，对海棠花也是题咏不绝。文人们对海棠的歌咏有以下几类：

（一）赞海棠的绝色风采、花开胜景

海棠花开艳绝天下，令人赏心悦目。许多文人不惜笔墨描绘海棠花开胜景的绝色风姿。

唐代诗人郑谷在《海棠》诗中说："春风用意匀颜色，销得携觞与赋诗。秾丽最宜新著雨，娇饶全在欲开时。莫愁粉黛临窗懒，梁广丹青点笔迟。朝醉暮吟看不足，羡他蝴蝶宿深枝。"这首诗描写出了海棠的娇美，仿佛春风有意用鲜艳的颜色染红她、装扮她，令诗人为之销魂，情不自禁地提着酒壶赏花赋诗赞美她；刚着雨珠的海棠花蕾独具一番韵味，最艳丽妖娆之处就在她含苞待放之时；惹得莫愁女为了欣赏海棠花竟懒于窗前梳妆，害得画家梁广迟迟不肯动笔点染；诗人饮酒赋诗看不够，真羡慕蝴蝶能在海棠花枝上栖息。美艳的海棠竟让诗人郑谷滞留蜀中，数年不归。

宋代陆游描写海棠的诗词较多，首推的是《海棠歌》："碧鸡海棠天下绝，枝枝似染猩猩血。蜀姬艳妆肯让人，花前顿觉无颜色。"诗人说四川的海棠花艳绝天下，满树的海棠花红得好像用猩猩的血染过。四川姑娘的装扮已是十分漂亮，但在海棠花面前立刻显得逊色了。"扁舟东下八千里，桃李真成仆奴尔。若使海棠根可移，扬州芍药应羞死。"整个江南的桃李繁艳无比，如果与海棠相比，只不过是"仆奴尔"。而名扬天下的扬州芍药，如若见到海棠应"羞死"，夸张地盛赞海棠艳绝天下的姿容。在陆游的诗中"虽艳无俗姿，太皇真富贵"，形容海棠艳美高雅。他在《驿舍见故屏风画海棠有感》诗中写道："猩红鹦绿极天巧，叠萼重跗眩朝日。"形象地反映了海棠花开的艳景，海棠花鲜艳的红色、树叶的翠绿及繁茂的花朵相互映衬，绚丽的色彩可与日月争辉。

宋代吴芾的《和陈子良海棠四首》写道："十年栽种满花园，不似兹花艳丽多。已是谱中推第一，不须还更问如何。"赞美了海棠花的艳丽。十年来种了许多花卉，可满园的花都没有海棠花艳丽，他认为海棠应是百花谱中第一。

宋代刘子翚在《海棠花》中的："幽姿淑态弄春晴，梅借风流柳借轻"，形象地赞美了海棠娴静淑女的形象。优雅地绽放在春天的艳阳里，集寒梅的风韵、弱柳的轻盈于一身，反映了海棠的风姿及生机勃勃的精神风貌。"几经夜雨香犹在，染尽胭脂画不成。"进一步描写了经过了几夜雨后的海棠，飘零殆尽却芳香犹存，即使用尽所有染料都难以描绘它的形态气韵。

（二）抒发伤春、惜春之情

百花争艳，满园春景，繁花飘零送春归。又是一年春归去，花谢花落几多愁。美好的岁月即将逝去，令人感慨万分。

杜甫的《江畔独步寻花·其七》："不是爱花即肯死，只恐花尽老相催。繁枝容易纷纷落，嫩蕊商量细细开。"写出诗人爱花如命，非常担心繁华落尽，也道出了时间催人老，想与娇嫩的花蕾商量商量，慢慢地开放，反映了杜甫对美好时光的眷恋之情。

宋代王淇《春暮游小园》："一从梅粉褪残妆，涂抹新红上海棠。开到荼蘼花事了，

丝丝天棘出莓墙。”此诗写小园暮春景色，借梅、海棠、荼蘼、天棘，从初春写到初夏。把春天比喻成一位佳人，卸去梅花初春妆，又涂抹上了海棠的娇艳鲜红。等到荼蘼花开后，春归夏至，只有酸枣树的新叶布满莓苔的墙上。诗中用花开花落表示对春光已逝、青春不在的哀叹，反映了诗人的惜春情怀。

宋代李弥逊在《虞美人·东山海棠》的上阕中写道：“海棠开后春谁主，日日催花雨。可怜新绿遍残枝。不见香腮和粉、晕燕脂。”海棠花开后春天无论再开什么花，都躲不过风雨的摧残。可怜满地残枝落叶，却不见鲜艳的花朵。词人通过描写春天里风雨过后残花败落的景象，让人感到凄凉，抒发了惜春的伤感情怀。

宋代婉约词派代表李清照在《如梦令》词中的“昨夜雨疏风骤，浓睡不消残酒。试问卷帘人，却道海棠依旧。知否？知否？应是绿肥红瘦”，描写了经历了一夜狂风细雨之后的海棠，应该已是绿叶繁茂，红花凋落满地。“红瘦”表明花瓣枯萎凋零，春天渐逝，而“绿肥”恰说明枝繁叶茂，预示着绿叶成荫的盛夏即将来临。这里外在描写对海棠花飘落的怜惜和感叹，实则是在抒发自己“伤春”的复杂情绪，叹息韶华将尽、青春易逝。

（三）表达离愁别绪之情意

海棠寓意离别相思之愁，象征游子思乡之情。

明代诗人杨慎在《毛园萃芳亭与沈中白丘月渚同赋·其二》中咏海棠而抒发他对故乡的思念之情：“哨声红雀语黄莺，知我名园赏褉英。远客应添今夕梦，海棠红湿锦官城。”

清代著名词人纳兰性德《临江仙》词作：“六月阑干三夜雨，倩谁护取娇慵。可怜寂寞粉墙东。已分裙衩绿，犹裹泪绡红。曾记鬓边斜落下，半床凉月惺忪。旧欢如在梦魂中。自然肠欲断，何必更秋风。”反映了词人远在塞外，心系故乡，怀念故人。当得知家中“粉墙东”那“娇慵”“寂寞”的秋海棠经“三夜雨”后娇艳地开放时，不禁感叹往昔那令人怀念的美好时光，以及此时“肠欲断”的凄楚和难耐的相思之情。

（四）以海棠喻美人

海棠花花姿潇洒、花色艳丽、花气清香，所以常以海棠喻美人，又把美人比海棠。

宋代杨万里的《垂丝海棠盛开》：“垂丝别得一风光，谁道全输蜀海棠。风搅玉皇红世界，日烘青帝紫衣裳。嫩无气力仍春醉，睡起精神欲晓妆。举似老夫新句子，看渠桃杏敢承当。”诗中形容垂丝海棠鲜红的花瓣把蓝天、天界都搅红了，闪烁着紫色的花萼如紫袍，柔软下垂的红色花朵如喝了酒的少妇，玉肌泛红，娇弱乏力，其姿色、妖态更胜桃、李。又如五代王仁裕的《开元天宝遗事》中记载，唐玄宗指着杨玉环对左右说：“争如我解语花”，把杨贵妃比喻成善解人意、会说话的垂丝海棠。

明代苏州画家唐寅根据典故“海棠春睡”展开了丰富的想象，创作了《海棠美人图》，并题诗：“褪尽东风满面妆，可怜蝶粉与蜂狂。自今意思谁能说，一片春心付海棠。”春尽夏至，妆满面的女子站在花园里，可爱的蝴蝶和蜜蜂在花前忙采花粉，美人的心思无处述说，只能将一片春心交于美丽的海棠花。表达了美人、海棠的互怜之情。

（五）借海棠寓品性

花艳枝柔的海棠，有着自己内在的品性：高雅、矜持、高洁。

宋代陈与义在《春寒》诗中写道：“二月巴陵日日风，春寒未了怯园公。海棠不惜胭脂色，独立蒙蒙细雨中。”诗人描写了二月的四川天天刮风，春天的风寒却没令园中的花胆怯。海棠花不怕有损自己美丽的色彩，独自傲立于绵绵春雨中。自然界的风寒也暗指社会的风寒，海棠孤傲的品性也正是诗人流亡时的精神写照。又如，宋代诗人苏轼在《寓居定惠院之东，杂花满山，有海棠一株，土人不知贵也》中的一句“嫣然一笑竹篱间，桃李漫山只粗俗”，就称颂了海棠的自然高雅之品性。

金代元好问在《同儿辈赋未开海棠·其二》诗中写道：“枝间新绿一重重，小蕾深藏数点红。”说的是春天的海棠，当长出层层嫩绿的叶片时，小小的红色花蕾深藏在嫩叶丛中。“爱惜芳心莫轻吐，且教桃李闹春风”，反映了海棠爱惜自己的芳心，不轻易地盛开，就让桃花李花在春风中尽情绽放。将春风中迟开的海棠与争相开放的桃李作对比，用桃李的哗众取宠反衬海棠的矜持、高洁、谦逊、甘于清静的品性。

曹雪芹的《红楼梦》里咏海棠的诗很多，每首诗都真实地反映了大观园里人物的思想品格。

探春的《咏白海棠》诗：“玉是精神难比洁，雪为肌骨易销魂。”说的是如果拿玉与白海棠相比，玉的精神风韵都比不上海棠的洁白无瑕，肌骨如白雪的海棠令人销魂。这也正是探春品性的写照。暗表探春“志向高远，精明能干，俊眼修眉，见之忘俗”的形象。

薛宝钗《咏白海棠》的诗，首句“珍重芳姿昼掩门”一语双关。白海棠因珍惜自己的芳姿而白昼掩门，反映出宝钗矜持的内心和珍重自我的品质，展现了她端庄凝重的形象。“胭脂洗出秋阶影，冰雪招来露砌魂。”反映出薛宝钗平日衣着简朴素雅。这正是她“淡极始知花更艳”的内在美和外在美的写照，反映出她海棠花一样的内心世界及品格。

林黛玉的《咏白海棠》诗：“半卷湘帘半掩门，碾冰为土玉为盆。”写出黛玉任性任情，并不特别珍视贵族小姐的身份，以及她玉洁冰清、目下无尘的性格。“偷来梨蕊三分白，借得梅花一缕魂。”黛玉用海棠自比，有着梨花般的白净、梅花似的神韵。

二、画意海棠

美艳的海棠也是历代画家们眼中的尤物，以海棠为题材的画作层出不穷，也不乏诸多名画精品，譬如五代南唐画家徐熙的《玉堂富贵图》、宋代佚名的《海棠蛱蝶图》、现代大师张大千晚年所作《海棠春睡图》等。

（一）徐熙的《玉堂富贵图》

南唐花鸟画大家徐熙的《玉堂富贵图》是他的传世精作，图中绘有玉兰、海棠、牡丹等，取海棠音“堂”，牡丹花寓意富贵。整幅图画布满了海棠、玉兰、牡丹之花，在花丛中有两只杜鹃鸟，而在图的最下方的湖石边，绘有一只羽毛华丽的飞禽，昂头向上气宇非凡。玉兰花白润如玉、海棠花粉嫩怡人、牡丹国色天香，在石青铺地的映衬下，端庄秀丽之气韵愈发明显。

（二）佚名的《海棠蛱蝶图》

宋代的《海棠蛱蝶图》出处及作者不祥。画面是春光满园的三月天，盛开的海棠花在乍起的春风里，花枝招展舞动的瞬间，一只蛱蝶翩翩起舞于海棠花枝间。画面中瞬间动感的美令人感到生机勃勃、情趣盎然。墨染的海棠花粉白亮丽、妩媚动人，而叶片则透着“清如碧水，洁似凝露”的美感，渲染出海棠娇艳、蛱蝶弄春风的醉人春意。

（三）林椿的《果熟来禽图》

宋代画家林椿的《果熟来禽图》描绘了秋天硕果累累的海棠枝，令人赏心悦目。丰硕的海棠果粉红饱满、娇艳欲滴、秀色可餐，挂着沉甸甸果实的枝条上下颤动，仿佛在空中轻轻舞动。一只小鸟立于枝头怡然自得地鸣唱，昂首挺胸，尾巴上翘，一副欲飞的情态，生动形象。画面动静结合，给人一种美轮美奂的视觉感受。

（四）张大千的《海棠春睡图》

当代画家张大千先生晚年创作了《海棠春睡图》，见图 19-1。描述了一折枝海棠。盛开的海棠花敷色艳丽，姿态娇媚，亭亭玉立于柔美的折枝上，在鲜绿嫩叶的衬托下，风情万种。画上题诗：“锦绣果城忆旧游，昌州香梦接嘉州。卅年家国关忧乐，画里应嗟我白头。”表达了张大千先生对故乡和老友的思念之情。该作品笔法简洁、画面清新、主题突出，睹物思人，犹如梦寐。

图 19-1　张大千的《海棠春睡图》

三、音乐海棠

（一）蒋大为演唱的《啊，秋海棠》

“啊，秋海棠，谁知你啊有多少愁，有多少艰难！有多少艰难，不怕那凌辱，不怕那摧残，在这风风雨雨的炎凉人间，你吐露深情的芬芳，你编织希望的花环，无声地歌唱，无声地祝福，心底里孕育一个温暖的春天。”这首歌形象地描述了秋海棠心中的愁怨、生活的坎坷。然而秋海棠依旧顽强地笑对生活，对生活充满美好的期望。

（二）罗文演唱的《海棠》

“毋负却今夕秋色美，纵是秋雨秋风不欺你，亦有朝粉褪色衰。晚装吐艳秋风里，明辰红艳变阶下絮。醒觉前尘似一梦，谁人亦悔不一生醉。”纵然没有秋日里的风吹雨打，也有花色褪去衰败的时候。绽放在傍晚鲜艳的海棠花，明朝将会是阶下的落絮。歌曲感叹人生如梦，转眼即逝，提醒人们莫负一生好时光。

（三）玄觞的歌曲《海棠》

“旧时的黄昏，一别海棠花叶深。思念尚存，也不过隐忍，还有意封存”，“寻不到的初衷，绿荫处相逢”，“想和离人花下相拥，可世间的大梦将亲密的人分得陌生，何须围一座城。留我一人疯，那之后我在等，等要等的人，等霞帔加身”。唱出往日的恋人离别后不知何日相逢；已找不到初识的情景，一切都变得陌生；留下相思人苦苦相等，等待穿上嫁衣的那一天。海棠花呀断肠花，见花思人，难掩离别的相思愁怨。

（四）贺一航演唱的《海棠花开》

“望着花瓣飘落下来，在我手掌心盛开。怀揣一春天的等待，才与你相遇人海。转眼又见海棠花开，你说明年还会来。怎奈美景它不常在，总太晚才明白”，“我在静静地等待，在等待你回来。对你一往情深深似海，为你默默地等待。希望你明白，别再错过海棠花开”。歌曲述说了在海棠花盛开的季节，茫茫人海中偶遇自己爱的人，怎奈好花不常开、美景不常在，相约来年海棠花开再相见，漫长的等待的故事。诉说出恋人的离愁别绪及相思之苦，期盼海棠花开时再遇相爱之人，相爱到永远。

第十九章　残红倦歇艳　石榴吐芳菲

卜算子·石榴花

枝繁叶茂中，绚丽花盅俏。春意阑珊夏阳暖，朵朵红霞冒。

愈热愈动情，争艳南风闹。待到金秋瓜果熟，咧嘴开怀笑。

石榴又名安石榴、若榴木、涂林、丹若、天浆、金罂、金庞等，为石榴科石榴属植物，原产于伊朗、阿富汗、中亚西亚一带地区，在汉代由中亚传入中国，至今已有两千多年的栽培历史。石榴花果颜色喜庆祥和、形态饱满圆润，迎合了我国人民期盼全家团圆和谐、日子红火繁荣、生活吉祥如意的心理，被我国人民所接受、喜爱，并且传播到国内各地，与中国传统文化相互融合，形成了独具特色、丰富多彩的石榴民俗文化。

第一节　你所不知道的石榴

石榴自传入我国以来，在漫长的栽培历史过程中，不断被培育出新的品种。在改良石榴果实品质、提高食用价值的同时，石榴也更好地装点着人们的生活。

一、石榴的黑与白

石榴在我国分布广泛，栽培历史悠久，品种类型众多。生活中常见的石榴大都是红花、红果、红籽，红红火火。每当成熟季节，石榴或红唇微启，或笑口大开，露出里面的颗颗籽粒，恰似珍珠玛瑙，晶莹透亮，因而也被称为“天下之奇树，塔山之名果”。那么有没有其他颜色的石榴呢？有，而且不止一种。要说与众不同，白石榴可是当仁不让。白石榴有食用的，有药用的。食用的白石榴当首推花、果皮、籽粒三者皆白的“三白石榴”。这个品种不仅颜色与众不同，而且吃起来味道甜美，堪称石榴中的珍品。药用的，只开花不结果。白色花瓣重重叠叠，采花蕾或者花朵入药，具有固肠止泻的功效，可用来止血及治疗痢疾、腹泻等疾病。

除此之外，石榴中还有更让我们意想不到的黑石榴。顾名思义，黑石榴的果实呈紫黑色，连它的植株也是紫黑色的。它是月季石榴的变种，植株矮小，四季均可开花结果，特别适合盆栽，放置在楼顶和阳台，是观赏石榴中的佼佼者。

二、软石榴与无籽石榴

（一）突尼斯软籽石榴

在我们的生活中有一句人尽皆知的绕口令“吃葡萄不吐葡萄皮”，如果套用到石榴上就是“吃石榴要吐石榴籽。”石榴酸甜可口，老少皆宜，但是在食用时，籽粒嚼过之后有很多粗糙的残渣，味道酸涩难以下咽，必须吐掉。这样吃一口籽吐一口渣，不仅麻烦，而且尴尬，与中国人讲究饮食文雅的传统文化相违背，也就成了喜食石榴者的一个心结。而突尼斯软籽石榴改变了人们对石榴的固有印象，它以“籽软可食”的优势结束了吃石榴必须吐籽的历史。

（二）无籽水晶石榴

吃石榴不用吐籽的品种还有一个，叫作无籽水晶石榴。说它无籽，其实并不是人们想象的真没有籽，它同我们常见的无籽西瓜有些相似。因为这种石榴的籽粒不多，所以被称为无籽石榴。这种石榴不仅更加可口，而且全果颜色鲜红，外观也很漂亮。一般的石榴到了成熟季节非常容易裂果，石榴象征笑口常开，也是缘此而来。但无籽水晶石榴表皮较厚，不会裂果，保持了果实的完整性，提高了观赏价值，还延长了贮藏期，运输起来更加方便。

三、四季石榴别样花

石榴之所以深受我国人民喜爱，除了味道甜美、营养丰富，并具有一定的药效以外，还有一个重要的原因，那就是它的植株、果实和花朵以其独特的形态和颜色独树一帜，具有极高的观赏价值。特别是石榴花，不媚春，不争春，“自抱赤衷迎晓日，应惭艳质媚春风”（明·朱之蕃《榴火》），与我国人民崇尚刚强正直，鄙视趋炎附势的传统文化不谋而合。石榴花在农历五月盛开，此时已是春去夏来，很多花耐不住骄阳似火，已是“残红倦歇艳”，纷纷收起了艳丽和娇媚。然而环顾庭前屋后，放眼果园田野，却正值“石榴吐芳菲”。石榴花不畏炎热酷暑，将积攒已久的满腔热情悉数迸发，尽情伸瓣吐蕊，华丽绽放，给大地披上一袭火红的新衣，不仅成为夏天的中心，而且绵延不断，有时直至深秋、初冬，可谓“风骨凝夏心，神韵妆秋魂”。这一特点又契合了中华民族“勤劳乐观，不怕艰难，坚忍不拔，奋斗不止”的大无畏精神，因而深得我国人民的钟爱。石榴花朵形态多姿，单瓣的简约而不失俏丽，重瓣的雍容又颇显华贵，难怪历代文人墨客不惜笔墨留下大量赞美石榴花的佳作。中国人向来崇尚吉祥文化，对红色青睐有加。石榴花开满树火红，象征着自家的日子似石榴花一般红红火火、繁荣昌盛，所以很多中国人都喜欢在自家庭院里种植石榴，以祈求生活红火、家运昌盛。这里介绍几种别具一格的石榴花。

（一）月季石榴

月季石榴为本属植物安石榴的变种，是矮生花石榴的一种，植株高度只有 50～70 厘米，非常适合盆栽。月季石榴的开花特性类似月季花，花期一旦开始，一直绵延不断直至冬季，因此又名月月榴、四季石榴、火石榴等。月季石榴的主要栽培价值是观赏，它的植株虽然不高，却枝繁叶茂，花大果多。花朵有单瓣也有重瓣，每一朵花从含苞待放到果实成熟，始于春、历经夏、直到秋，历经数月常挂枝头不易凋落，并且结果时树上仍然花开不断。如果冬天防寒保护适当，甚至到春节前后仍可持续开花。在举国欢庆、阖家团圆的日子里，如果有这样一盆石榴盆景，将令家中增加多少欢乐祥和的气氛啊！那真是：枝叶碧绿如春装，花朵火红好风光。果实累累丰收现，一树承载恁吉祥！

（二）重瓣大花石榴

重瓣大花石榴属于普通花石榴，是 1986 年山东省枣庄市薛城区园艺所在挖掘果树地方优良品种资源中发现的一个稀有品种。该品种的花冠较大，花朵为重瓣，层层叠叠褶皱颇多，宛如古代女子的裙裾。重瓣大花石榴花期很长，早期的花已经结果，后面的花连绵不断，一树同载交相辉映，具有较高的观赏价值，非常适宜制作盆景，是集观赏、食用价值于一身的园林绿化珍品。

（三）牡丹花石榴

牡丹花石榴的花朵远远大于普通的石榴花，甚至如拳头一般大。花朵形状颇似牡丹，颜色有红、白、粉三种，花朵也有单花、双花及多花之分。牡丹花的雍容华贵和石榴花的热情似火在它身上水乳交融，无论观赏它的色、香、韵，还是品鉴它的精、气、神，都是那么引人入胜。这是一个综合价值极高的石榴品种，既可用于观赏、食用，又可用于药用和保健，同时也是绝佳的园林绿化植物。牡丹花石榴为中国乃至世界园艺增添了一抹神韵，既可供大田广种，体现其食用、药用、保健等实用价值，又可供公园、家庭、宾馆、行道以及旅游胜地栽培，美化环境，充分展现它的观赏价值。

（四）玛瑙石榴

玛瑙石榴普通花石榴的一种，该品种花型硕大丰满，花瓣重重叠叠，花色红似玛瑙，花边泛有白色，整朵花看上去层次非常丰富，因此颇具观赏性。玛瑙石榴还兼具良好的食用性，真正是“中看又中用”，适合盆景、观赏、食用及大面积种植。玛瑙石榴花期自 5 月中下旬一直延续到 10 月上中旬，观花如颗颗玛瑙镶满枝头，赏果似粒粒宝石散落叶间，极具绿化美化效果，不仅在石榴中堪称精品，在绿化美化植物中也当属极品。

第二节　红红火火话石榴

一、我国与石榴有关的典故

石榴自传入我国，千百年来为百姓所喜爱。在漫长的历史进程中，人们借助石榴传情达意，赋予石榴美好寓意，不断丰富石榴文化，期间诞生了诸多与石榴有关的典故趣闻。例如石榴裙的典故，多子多福的象征，拜倒在石榴裙下，等等。

“石榴裙”一词最早见于诗词当中，南北朝时期梁朝何思澄的《南苑逢美人》：“洛浦疑回雪，巫山似旦云。倾城今始见，倾国昔曾闻。媚眼随羞合，丹唇逐笑分。风卷蒲萄带，日照石榴裙。自有狂夫在，空持劳使君。”这首诗开创了以石榴裙代指美女的先河。梁元帝的《乌栖曲・其五》中亦有：“交龙成锦斗凤纹，芙蓉为带石榴裙”之句。此外还有：“新落连珠泪，新点石榴裙”（南梁・鲍泉《奉和湘东王春日》）。可见“石榴裙”一词，早在南北朝时期就已经为人们所熟知了。大文豪苏轼也曾在《会饮有美堂答周开祖湖上见寄》中将石榴裙代指美女：“杜牧端来觅紫云，狂言惊倒石榴裙。岂知野客青筇杖，独卧山僧白簟纹。且向东皋伴王绩，未遑南越吊终军。新诗过与佳人唱，从此应难减一分。”

“多子多福”的象征。据史书《北齐书・魏收传》记载：李祖收之女嫁给文宣帝高洋的侄子安德王高延宗为妃。一日，文宣帝来到李妃的娘家做客，李妃的母亲向皇帝呈献了两个石榴。文宣帝一时颇感疑惑，这时随行的大臣魏收解释道：“石榴房中多子，王新婚，妃母欲子孙众多。”文宣帝听了非常高兴。从此以后，人们开始用石榴来预祝新人多子多孙、金玉满堂。

“拜倒在石榴裙下”的典故产生于唐玄宗时期。当时集“三千宠爱于一身”的杨贵妃除了嗜食荔枝之外，对石榴也是情有独钟，不仅爱吃石榴果，同时爱赏石榴花。据说，唐玄宗特别喜欢看杨贵妃醉酒后的妩媚姿态，所以常常故意把她灌醉。因石榴籽可以“解酒止醉”，所以唐玄宗又亲自剥开石榴喂食给她。大臣们本来就对唐玄宗“春宵苦短日高起，从此君王不早朝”的做法心生不满，见此情形，更觉得杨贵妃是祸国殃民的“红颜祸水”。因此对杨贵妃侧目而视，拒不施礼，贵妃自然心中不悦。一天，唐玄宗大宴群臣，请杨贵妃亲自弹唱以助雅兴。在曲子弹奏到精彩之处，贵妃故意弄断一根琴弦，让曲子戛然而止。玄宗忙问何故，贵妃乘机说大臣们见到她拒不跪拜意为不恭，司曲之神为她鸣不平因而断弦。唐玄宗素知她深谙音律，所以对她的说法深信不疑，立即降旨：自即日起，无论将相大臣，凡见到娘娘不跪拜者，一律就地处决！从此之后，大臣们见到杨贵妃都慌忙跪倒在地，再也不敢怠慢。因为杨贵妃爱穿当时非常盛行的石榴裙，所以那些大臣们私下都以“拜倒在石榴裙下”之言来自我解嘲。久而久之，这句话渐渐流传到民间，并逐渐演变成为男子对风流女性崇拜倾倒的俗语，至今仍然活跃在我们的日常口语当中。

二、中国的石榴民俗文化历史

石榴不仅具有很高的营养价值，而且具有很高的药用和保健价值。石榴独特的枝、干、花、果等形态和颜色特征，又使石榴极具观赏价值，不仅为普通百姓所喜爱，也是历代文人墨客挥毫泼墨、吟咏歌颂的对象，并被赋予诸多象征意义，在漫长的历史进程中演化成为一种文化植物，形成了独具中国特色的石榴民俗文化现象。

中国石榴民俗文化源远流长。石榴赋大兴于西晋，如潘岳《安石榴赋》：“榴者，天下之奇树，塔山之名果。”石榴诗、石榴裙和多子多福的祝福则出现在南北朝，如前面提到的南北朝何思徵《南苑逢美人》、梁元帝的《乌栖曲》及《北齐书·魏收传》记载的北齐南德王妃的母亲以赠石榴来祝愿子孙众多的典故。

唐代，石榴在服饰文化领域大显身手，石榴裙这种服饰款式在当时颇受年轻女子的青睐。此外，“石榴仙子”的神话传说也开始在民间流传，结婚赠石榴的礼仪逐渐在民间流行。因“石榴悬门避黄巢”的传说，石榴可以避邪趋吉的观念也渐次盛行。

石榴对联、谜语盛行于宋代，这一时期也因石榴籽粒繁多而开始流行“石榴生殖崇拜”。石榴成熟时果实裂开，宋人就用里面的种子数量来占卜预测科考上榜的人数，久而久之“榴实登科”就成为“金榜题名”的别称，石榴籽逐渐演化成为吉祥的预兆，石榴也开始成为个人命运成败的一种暗示。

金元时期，“石榴花”曲牌开始流行，如元代关汉卿《单刀会》中有该曲牌唱词。直到今天，许多戏曲剧种、说唱曲种、民歌小调中，“石榴花”这一曲牌仍在流传。金元时期，庭院石榴、盆栽石榴也开始普及。

到了明清时期，插花艺术开始流行。明人插花素有“主客”之论，而石榴花总是被列为花主之一，也称为花盟主。被称为花客卿或花使令的则是紫薇、孩儿菊、栀子、蜀葵、石竹等花卉，甚至把它们称为妾、婢。那个时期的人们对石榴的推崇由此可见一斑。石榴在明清风俗中也占据着重要的地位。因石榴成熟正值中秋时节，“八月十五月儿圆，石榴月饼拜神仙”的习俗也开始盛行。婚嫁习俗中无论男方送彩礼还是女方送陪嫁，也都会带上石榴，其用意显然是祝福新人多子多福。

三、石榴在中国民俗文化中的象征意义

中国的石榴文化博大精深，内涵丰富。石榴独具特色的形态特征和内在品质，与中国传统的祈福、送福文化习俗相结合，成就了富有中国特色的石榴民俗文化。这种文化以“吉祥”为核心，不仅是中国传统“福”文化的代表，也是老百姓心中“喜”文化的典型。具体看来，石榴在我国传统文化习俗中的象征意义大体有以下几个方面：

（一）团圆和谐、繁荣昌盛、吉祥如意

石榴花艳丽多姿，大多颜色火红，开花量大且花期超长，被人们看作是红红火火、吉祥如意、繁荣昌盛的喜庆之兆；石榴树春华而秋实，非常吻合长期以来以农耕文化为主导的中国人祈求丰产丰收的心理愿望；石榴果实的外观红彤圆润，内部千籽同房，籽粒饱满晶莹，契合了我国人民期盼全家团圆和谐、日子红火繁荣、阖家健康平安的心理。基于此，石榴被赋予团圆和谐、红火兴旺、幸福美满、万事如意的象征意义，这其中充满了老百姓对幸福和吉祥的期待。

“八月十五月正南，瓜果石榴列满盘”，这则民谚流传非常广泛。中秋佳节，恰逢石榴成熟。各地习俗中，过中秋节家中有两样东西必不可少，一是月饼，一是石榴。石榴果实形态浑圆饱满，颜色红润诱人。在月圆之时用月饼和石榴等瓜果祭月，借石榴所代表的吉祥之意表达人们祈福的愿望；在家圆之日于欢声笑语中品尝圆圆的石榴、香甜的月饼，又何尝不是阖家团圆、吉祥如意、美满幸福的象征呢？至于民间何时开始用石榴祭月，又是何时开始有中秋吃石榴的习俗，这不是老百姓关注的重点，但是石榴象征团圆、美满、和睦、繁荣却是老百姓喜爱石榴的重要原因。古代民间每到除夕，即使没有新鲜的石榴花，妇女们也要取一朵石榴花戴在头上，期望自己来年的生活也能像石榴花一样红红火火、兴旺发达。

（二）热烈爱情、纯洁友谊、浓浓亲情

石榴花姿丰满，花瓣火红艳丽，花蕊金黄夺目，远观层层叠叠火红满树，近看袅袅娜娜柔美无边，用来喻示女性之美再恰当不过，引得多少爱美之人驻足留恋，正所谓“美木艳树，谁望谁待”（南朝·江淹《石榴颂》），火红的颜色、美丽的外形非常适合用来象征人们对爱情的热烈追求和向往。石榴树上常常会出现并蒂石榴花、石榴果，两个花蕾在枝梢顶端，犹如并蒂而生的红葫芦，喜庆吉祥，引人入胜，直到开花结果依然相依相伴，不分毫厘，被善于联想、富有诗意的中华民族用来象征、比喻二人同心、夫妻恩爱、永不分离、形影相随。而石榴果籽粒众多，紧密排列，是“多子”之果，这在以“多子”即为“多福”的中华文化中，无疑是姻缘美满、家庭幸福的象征。

中华民族是一个非常含蓄的民族，一般不会直接、直白地表达自己的感情，尤其是爱情，但是却非常擅长借用一些有着特殊形状、颜色、功能的物件展开联想，赋予

其特殊的寓意，借此来传情达意，比如荷包、鞋垫、枕头、被褥等等。在古代，荷包是用来盛放一些随身携带的零碎物品的容器，因其小巧玲珑便于随身携带，曾经非常流行。古代女子往往把自己亲手绣成的有着特殊图案或颜色的荷包送给自己心仪的男子，借此来表达自己的爱慕之情以及对未来美好婚姻生活的期待。石榴荷包、石榴鞋垫一般是定过亲的女孩给自己的心上人绣制的，“榴”“留”同音，她们借此表达自己希望把心爱的男子留在身边、常相厮守的感情。对于远行的丈夫来说，则表达了妻子借此期望他不忘糟糠早日还家的心情。

在民间，有新婚夫妇同种“夫妻树”“合欢树”的风俗，也就是把两株石榴树种在一起，寓意“玉种兰田、永结连理”。新婚女儿回门时，母亲在回送的礼物中，必定会有一对并蒂石榴，用以祝福女儿女婿白头偕老、永不分离。广东潮汕地区每逢婚嫁喜事，常于新房内放置并蒂石榴，以示一对新人永结同心。灵宝县（今灵宝市）传说是杨贵妃的家乡，这里的婚嫁习俗是新娘要亲手缝制“石榴莲花”鞋垫，于婚礼时让新郎垫上。“榴”与“留”，“莲”与“恋”均为谐音，象征“留恋、爱恋”。出淤泥而不染的莲花、火红热烈的石榴花同时代表了一对新人对两人爱情真挚纯洁的憧憬和婚姻生活美满和谐的期待。“石榴分叉移栽栽不活，并蒂石榴疏果留下来的也不长”是一句流传在山东峄城的俗语，虽然通俗直白，却与我国“在天愿作比翼鸟，在地愿为连理枝”的著名诗句有着异曲同工之妙。

在我国北方地区，石榴也是亲朋好友之间馈赠的最佳礼品，以“送榴”来“传谊”，石榴也因此代表了亲人之间浓浓的亲情和朋友之间纯真的友谊。

（三）多子多福、金玉满堂

石榴多籽与我国百姓期盼多子多孙的心理愿望相互契合，再加上历史典故的记载、民间百姓的口口相传，形成了我国独特的用石榴来祈求多子多福、期望人丁兴旺的民俗文化，石榴在民间成为多子多福、金玉满堂的象征也就顺理成章。如前面提到的北齐安德王妃的母亲宋氏，用石榴祝愿他们夫妻子孙众多的典故，确立了石榴成为多子多福的象征。在《传统习俗与植物》一章中还说过民间有“枣、栗子”（早立子）等寓意子孙繁衍的习俗。这些习俗长期共存并且互相融合，构成了独具中国特色的生育文化。直到现在，这些习俗在民间还有着旺盛的生命力。比如：一些地区订婚的聘礼当中要有石榴；婚礼时新娘在自己的衣服内藏石榴；新婚夫妇的被褥、枕头上会有石榴的图案；亲朋好友赠送的结婚礼品中也不乏石榴；在婚床上撒上红枣、栗子、石榴；在婚房内悬挂切开果皮露出籽粒的《榴开百子》图，以佛手、桃子和石榴相组合的《福寿三多》图，画着石榴和黄莺的《金衣百子》图，把萱草和石榴并放的《宜男多子》图。所有这些，都是用来祝愿新人早生贵子、多子多福、子孙满堂。凡此种种，均体现了民间对石榴象征多子多福的认可与传承。

（四）辟邪祛凶、辟邪趋吉

我国传统上将农历五月称为“毒月”。因为这个月我国气候无论南北均进入盛夏，天气高温潮湿，极易导致毒虫肆虐、瘴气流行、瘟疫爆发。在自然科学很不发达、医疗条件极度落后的情况下，这个月因为虫咬、感染瘟疫、精神烦躁等导致生病、死亡的人特别多。石榴花在农历五月盛开，“榴花红似火，火红似朱砂”。古人认为，朱砂是镇宅、辟煞、开运、祈福纳财的吉祥物之一，我国传统医学也记载朱砂有安神、定惊、明目、解毒的功效，可外敷也可与其他药材制成丸药内服，可治癫狂、惊悸、心烦、失眠、眩晕、目昏、肿毒、疮疡、疥癣等多种疾病。石榴花因其色酷似朱砂而成为农历五月备受推崇的辟邪趋吉的祥瑞之花。不仅如此，石榴本身也具有很高的药用价值，石榴的叶、皮、花、根均可入药，不仅可以生津润燥、止血止带，还可以杀菌消炎。石榴皮性味酸涩温，有毒，入大肠和肾经，主要功用是涩肠、止血、驱虫，可以治疗久痢、久泻、便血、带下、虫积、疥癣等症；石榴花能止血；石榴叶可治疗眼疾；石榴子性凉、味酸，有行气化瘀、健脾温胃、助消化、增强食欲等功效。石榴的药用价值如此之高，难怪民间有“榴花禳瘟剪五毒”之说。

在我国，每逢端午节来临，南北城乡的老百姓素有在门前悬挂菖蒲、艾蒿的习俗，然而在江西、安徽的部分地区端午节门前悬挂的却是石榴花。这些地区的人们认为石榴花五月盛开，是“天中五端”（指菖蒲、艾草、石榴花、蒜头、龙船花等五种植物）之一，可以辟邪趋吉，因此高悬石榴花在门口，意在“赶鬼除菌”。古时在北方地区，每逢端午时节，女孩都要在发间佩带石榴花，这一风俗的由来也有一个动人的故事：有一位名叫榴花的女子，她所住村子里的人不敬神灵、民风败坏，上天将要降临灾难以示惩罚。而榴花生性善良，遇事经常先为他人着想。神灵受其感动，化作一位老婆婆指点她在端午节这天子时到卯时这段时间，刺破中指用血把石榴花染红，然后戴在额前，可保一家三口性命无忧，并一再嘱咐她不可泄漏天机。榴花不忍心看村里人就此死去，端午节这天子时刚过，她就摘下自家石榴树上的石榴花，用锥子刺破中指，将花朵一一染红，手指的血挤光了，就割开身上的皮肉取血染花。做完以后，她让两个儿子把石榴花一一送到村里人的手中。榴花一心只想着解救村里人，却忘了自家三口。结果卯时一过灾难降临，榴花和两个孩子遭遇不测，命丧黄泉。从此之后，每逢端午，村里人都要在头上戴一朵石榴花，表示不忘榴花的救命之恩，同时祈求生活平安、永远健康。此举原意为辟邪趋吉，后逐渐演变为端午以簪石榴花为美的风俗。

石榴能辟邪趋吉还与民间一个“榴花悬门避黄巢”的传说有关系：唐朝僖宗年间天下大乱，黄巢起义。一年端午节，黄巢在路上偶遇一位妇人带着两个孩子奔走逃难。小点儿的孩子在手上牵着，大点儿的孩子却在背上背着。黄巢感到纳闷，就问起缘由。那位妇人并不认识黄巢，说：“叔叔全家惨遭黄巢之乱，只剩下这个唯一的命脉。如果到了实在无法兼顾的时候，我也只能牺牲自己的骨肉，保全叔叔的根苗”。黄巢听了深受感动，告诉妇人回到家中在门上悬挂石榴花，这样就可以免遭黄巢之祸。黄巢遂命令部队，见到门口悬挂石榴花的人家，一律不得惊扰。“榴花悬门避黄巢”一时广为传播。

石榴花在潮汕地区被称为“红花”，更作为辟邪祛凶之物备受推崇。“红花（石榴花）是皇帝，红花辟邪气”是潮汕广为人知的俗语。在潮汕地区，利用红花（石榴花）辟邪趋吉早已渗透到生活的方方面面。比如，在事前用红花，寓意百邪皆避、一切顺利：新娘上轿前，要向花轿泼洒石榴花水，现在则演变为向婚车泼石榴花水；婚娶吉日当天，新郎家门顶上要插上一对榴枝，新娘出嫁不仅要用红石榴水沐浴，还要在发鬓上插朵石榴花；嫁妆当中则要放进一对石榴枝；新娘三日回门，必须做石榴果（用糯米粉捏成石榴形状）；兴建房屋动工之际，常用石榴枝沾水挥洒，寓意驱避一切邪气，施工平安顺利；寿礼、供品、婚嫁所用器物当中，必有石榴花或石榴枝，表示辟邪趋吉、添福添寿；人们离家远行时，石榴花则要贴身携带，寓意一路顺风、平安吉祥。在事后用石榴花，寓意万邪皆驱、时来运转：小孩受惊吓，在头部及四肢喷洒石榴花水，以驱走邪气；探视病人、悼念亡故等事后，要用浸泡石榴花的水洗脸，避免将晦气带进家门；年轻人如果做错了事，向人家赔礼道歉，也要利用一对石榴来做“彩头门”，方能言归于好等等。正月里迎神、游神的民俗活动中，石榴也扮演着重要角色。一位德高望重的长者走在队伍最前头，一手拿着石榴枝，一手拎着一桶水，用石榴枝蘸水边走边挥洒，意思是开路净道，四方吉祥，全年平安。

四、石榴与宗教文化及神话的联系

（一）石榴与道教

道教是中国的主要宗教之一，也是诞生在我国本土的宗教。道教和石榴也有着千丝万缕的联系。在道教中，石榴是“福”文化的突出代表。民间所说的“福神”就是道教中的“赐福紫微帝君”，又称之为“天官”。在民间广为流传的《天官赐福图》中，就有石榴的身影。同时，道教还认为石榴能够控制人体内的三大恶虫，故称石榴为三尸酒。

尽管石榴在道教中是“福”文化的代表之一，但是在道教的供品中却不能摆放石榴。因为道教所用的供果必须是“时新果实，切宜精洁”。而石榴成熟后往往会裂果，灰尘极易降落其上，所以道教忌用石榴作为供品。

（二）石榴与佛教

佛教和石榴传入我国的时间大体相同，河南白马寺是佛教传入我国后官方营造的第一座寺院，寺内就种有许多石榴树，成为我国古代人民对外友好交流的标志。石榴有花有果，完全与佛家讲究的德行圆满、修成正果相互印证。佛教认为石榴可破除魔障，故称石榴为“吉祥果”。因石榴象征着多子多福多寿，被世人称为佛花寿果。在佛教中，石榴出现时已被神化，常被安排在莲花座上，圣树棕榈叶、圣花莲花的枝叶配在两侧，象征着吉祥如意。佛教中的叶衣观音和鬼子母神手中所持的吉祥果也是石榴。我国佛教圣地西藏布达拉宫的主要殿堂雕梁画栋、金碧辉煌，其中就有石榴的图案和雕塑。

（三）石榴花神

关于石榴花神，民间有很多种说法。一种说法源于张骞。张骞出使西域时，将石榴带回大汉，并逐渐普及到我国大部分地区。还有一种说法，将江淹奉为石榴花神。因为江淹写过著名的《石榴颂》，其中的“美木艳树，谁望谁待?”更是广为传唱，堪称描写石榴树独特风韵的代表之作。第三种说法，石榴花神是唐代著名的舞蹈家公孙大娘。这种说法的由来不得而知，大概是迎风摇曳的石榴树与公孙大娘的曼妙舞姿一样令人神往吧。

还有一种流传最广的说法是关于钟馗。“五月花神丑钟馗，唐王不点状元魁。艾叶如旗征百服，苍蒲似剑斩妖魔。雄黄酒，饮数杯，阵阵轻风拂面吹。”钟馗成为石榴花神的民间传说是这样的：相传唐玄宗曾经怪病缠身，久治不愈，太医们束手无策。一日，昏迷之中的唐玄宗看见有一个独脚小鬼在他胃里上蹿下跳，使他痛苦难忍。忽然间天上跳下一位身穿蓝袍、耳边插一朵石榴花的巨人，虽然头戴破帽，却是威力无边。巨人一把抓住小鬼，将其活活吃掉。唐玄宗顿觉神清气爽、周身轻松，就感激地问：“汝是何人？缘何救我?”巨人说：“我就是那个撞阶而死的钟馗，上天念我正直刚烈，封我为鬼中王，专扫天下害人妖怪。”从此以后，唐玄宗的身体日渐好转，再也没有梦见过小鬼。后来这一消息传出宫廷，百姓家家户户都画了耳边插一朵石榴花的钟馗像贴在门上，以保佑家人平安。古代农历五月瘟疫疾病流行。传说中钟馗疾恶如仇的火样性格和驱邪捉鬼的强大神力，以及人们期望平安健康的心理需求，加之石榴树全身的药用价值及端午时节石榴花倾情盛开火红一片，种种机缘巧合，使得钟馗成为民间五月的石榴花神。

五、石榴与服饰文化

石榴与中国服饰文化的联系，主要体现在古代女性服饰裙子上。古代妇女喜着裙装，尤喜石榴红色。据说，当时用来染红裙的颜料，主要是从石榴花中提取而来，因此人们将红裙称为“石榴裙”，还有人说是因为石榴花像舞女的裙裾的缘故。“石榴裙”一词在诗词中频繁出现，如南北朝诗人何思澄的《南苑逢美人》、梁元帝的《乌栖曲》。在唐代，石榴裙是一种流行服饰，从宫廷高高在上的杨贵妃到民间唐人小说中的李娃、霍小玉，尤其中青年妇女，特别喜欢穿着。唐诗中也有许多关于石榴裙的描写，如“移舟木兰棹，行酒石榴裙”（唐·白居易《官宅》）；“眉欺杨柳叶，裙妒石榴花”（唐·白居易《和春深二十首·其二十》）；“红粉青娥映楚云，桃花马上石榴裙”（杜审言《戏赠赵使君美人》)；“眉黛夺将萱草色，红裙妒杀石榴花”（万楚《五日观妓》)；“不信比来长下泪，开箱验取石榴裙”（武则天《如意娘》）等，唐代女子对石榴裙的钟情由此可见一斑。宋代，石榴裙依然是女子的流行装，如晏几道的词《诉衷情·御纱新制石榴裙》：“御纱新制石榴裙，沉香慢火熏。越罗双带宫样，飞鹭碧波纹。随锦字，叠香痕，寄文君。系来花下，解向尊前，谁伴朝云。”而把石榴花明确比作女子的裙裾的是元代的刘铉，他在《乌夜啼·石榴》中写道：“垂杨影里残红，甚匆匆。只有榴花全不怨东风。暮雨急，晓鸦湿，绿玲珑。比似茜裙初染一般同。”到了明代，石榴裙的说法就固定下来。明代唐寅在《梅妃嗅香》一诗中写的“梅花香满石榴裙”虽是唐朝之事，但也可看出在当时的生活中，石榴裙仍然是年轻女子的最爱。甚至到了清朝，石榴裙仍然很受妇女欢迎。久而久之，“石榴裙”就成了古代年轻女子的代称，流传至今则泛指女性。时至今日，古人所穿的石榴裙虽然已经退出了历史舞台，但是“石榴裙”一词却一直活跃在我们的汉语体系当中。人们形容男子被女子的美丽所征服时，仍然会称其“拜倒在石榴裙下”。

第三节　诗情画意写石榴

两千多年以来，石榴以其独特的色、形、味以及丰富的营养和药用价值受到我国人民的由衷喜爱。石榴的形象深入到人们的心灵深处，不仅成为历代文人墨客吟咏的对象，在民间也以丰富多彩的形式广为传唱，流传至今。

一、咏物文学中的骄子

（一）谜语、儿歌、谚语、传说故事

1. 谜语

在民间，关于石榴的谜语非常多。一般从果实的形态特点和食用价值等方面设置谜面，含义也往往与石榴的象征意义如团圆和谐、繁荣昌盛、吉祥如意等等紧密相连。比如：

金格橱，银格橱，格格橱里放珍珠。（打一水果）

黄瓷瓶，口儿小，打破瓷瓶口，挖出红珠宝。（打一水果）

红屋子尖尖角，装的珍珠真不少，珍珠晶莹不能戴，又酸又甜味道好。（打一水果）

千姊妹，万姊妹，同床睡，各盖被。（打一水果）

胖娃娃，最爱笑，笑红身子笑破嘴，笑得大嘴合不上，露出满嘴红玛瑙。（打一水

果）

2. 儿歌

石榴以其颜色鲜红添喜庆、籽粒晶莹似玛瑙、味道酸甜更可口而备受人们欢迎，尤其是孩子们更是对石榴喜爱有加。由此也催生了面向儿童的石榴儿歌，通俗易懂，朗朗上口，在被人们口口相传的同时，也写入了幼儿教材之中。儿歌中也充分体现了石榴在人们心目中的多子多福、团圆和谐、笑口常开、喜庆吉祥等美好象征。比如：

石榴婆婆：石榴婆婆，宝宝多多，一个一个满屋子坐。

石榴姑娘：石榴姑娘咧嘴笑，笑出一堆小宝宝。宝宝一起大合唱，甜蜜生活多美好。

摘石榴：山妞妞背小篓，走进一个山沟沟，山沟沟里有棵树，树上长满了大石榴。沉甸甸红彤彤，压得树枝低下头，咧开小嘴儿笑呵呵，笑得山妞妞酸溜溜。山妞妞摘石榴，一个一个装进小背篓，山妞妞摘石榴，心里乐悠悠。

石榴娃娃：石榴娃娃脸儿圆，嘴巴笑得弯又弯，露出了粉嘟嘟的小脸蛋，好像珍珠光闪闪。石榴娃娃脸儿圆，嘴巴笑得弯又弯，露出了粉嘟嘟的小脸蛋，送给宝宝尝尝鲜。

3. 歇后语

歇后语是劳动人民在生活实践中创造的一种具有独特艺术结构的语言形式，它由两部分组成，前面是假托语，是比喻，后面是目的语，是说明，是我国民间流传得最广的语言文化形式之一。歇后语大多用来表现生活中的某种情景和人们的某种心理状态，比喻形象，表现力很强，有一些甚至还具有幽默讽刺意味。与石榴有关的歇后语数不胜数。

用来形容人脑子灵活、主意多的有：

石榴脑袋——点子不少

立秋的石榴——点子多

石榴剥了皮——点子多

用来形容生活甜蜜、红火的：

五月的石榴——越开越红火

五月的石榴花——红火一片；一片红火

用来形容人高兴时的神态的：

熟透了的石榴——合不拢嘴（咧开了嘴）

八月的石榴——笑咧了嘴

八月的石榴——合不上口（笑口常开）

用来形容生活苦尽甘来的：

囫囵吞石榴——先苦后甜

用来形容人说话一语中的的：

鼓槌打石榴——到点子上了

此外还有：

石榴花开——老来红

八月的石榴——龇牙咧嘴

具有讽刺意味的：

秋后的石榴——皮开肉绽等等

歪嘴吃石榴——尽出歪点子

不炸嘴的石榴——满肚子花花点子

这些歇后语，贴近生活，形象鲜明生动，风格幽默诙谐，颇受广大人民的喜爱，有一些可能很少出现在文字记载中，但在民间流传甚广。

4. 谚语

谚语是广泛流传于民间的成熟短语，它言简意赅，多数都是反映劳动人民的生活实践经验，而且一般都是经过口头传下来的，所以通俗易懂是谚语的最突出的特点。与石榴有关的谚语大多都是反映石榴栽培繁殖的农时以及石榴生长开花结果的规律等方面的农谚。

反映石榴繁殖育苗特点的农谚："清明插石榴""六月六，压石榴"。清明前后（3月底4月初）为树液流动和树体萌芽期，是栽植石榴和育苗的最佳时期。六月六，一般在阳历7月上旬，此时北方正值雨季，榴农随手把细嫩的石榴枝条压倒，埋进周围的土壤里，利用雨季湿润土壤和空气，促进其生根生长，到秋季落叶就能长成一棵新的幼苗。这是古人充分利用自然繁育石榴种苗的一个传统做法，直到现在，一些地方尤其是平常百姓家里仍然采用压条办法来培育石榴幼苗。

反映石榴栽培管理农时的农谚："春季石榴口""秋季石榴口"等。春季到来，榴农既要栽种石榴树，也要扦插繁殖苗木，石榴管理上又需要进行浇水施肥、病虫防治、修剪整枝等工作，是石榴栽培管理最繁忙的关口，因而像三夏期间俗称为"麦口"一样，被榴农称为"春季石榴口"。而到了秋季，石榴成熟，人们又要忙着采摘、上市，又是一个繁忙的时节，所以又有"秋季石榴口"的谚语。

反映石榴开花花期的谚语："小满石榴黄喷喷""夏至石榴花开照眼明""石榴花开端午"。小满、夏至、端午时节，正值春夏之交，是北方石榴的盛花期。"石榴花开小麦黄"反映了石榴花期和小麦成熟期的一致的客观规律。"石榴花开不害羞，接二连三开到秋""石榴花开红三红"两则农谚说的是石榴花期长、多次开花、花果相伴的现象。

反映石榴果实成熟期和采摘期的谚语："七月七，龙眼黑石榴裂""处暑石榴口正开"反映了石榴果实容易裂果这一特点。"七月半，石榴当饭""寒露三朝采石榴""九月九，卸石榴”“九月九，摘石榴”“九月九，剪石榴”“秋季石榴口”等等。七月半，一般在阳历8月。此时江浙一带和四川会理的石榴进入成熟期，北方地区的部分早熟品种，如峄城红皮甜、峄城三白甜等虽然没有完全成熟，但是也已经可以食用。“七月半，石榴当饭”的农谚，非常直观、精炼、形象，形容此时石榴熟了、可以供人采摘食用。此后，到中秋节、至寒露（10月8日或9日）、九月九等（阳历10月），北方石榴的中熟、晚熟品种相继成熟上市。因为大量果实成熟上市，又是一个榴农最忙碌的季节，因此百姓又称这一时节为“秋季石榴口”。

5. 传说故事

石榴传入我国两千多年以来，从宫廷到民间，受到越来越多人的喜爱。期间衍生出很多动人的传说和美丽的故事，充分体现了中华民族的智慧和非凡的想象力。流行较为广泛的《石榴仙子追汉吏》传奇式地描述了石榴仙子为报答张骞出使西域时在大旱之年的悉心浇灌，历尽艰辛一路追随张骞回到汉朝的过程，给石榴传入我国增添了一层神话色彩；《榴花仙子被贬记》则记述了石榴仙子不肯屈服于武则天的淫威，拒不在寒冬开花而被贬到山东峄城的经过；《石榴做媒》记载了石榴树为了报答一对青年男女的救命之恩，将自己树上的石榴变为金元宝，促成了二人的婚事的故事。还有前面提到的榴花为了解救全村人用自己的鲜血染红石榴花，自己和两个儿却不幸错过时辰死于灾难的传说。类似这样把石榴作为主人公的传说还有很多很多，都采用了拟人的手法，歌颂了石榴知恩图报、舍己为人、不畏权贵、刚正不阿、成人之美、助人为乐的传统美德。

此外还有记载石榴独特的药用价值的故事：相传贞观年间，唐太宗将文成公主嫁给吐蕃（西藏）王松赞干布。吐蕃王特地从拉萨到青海迎亲，不料因为舟车劳顿，腿部红肿生疮，疼痛难忍不能行走。公主见此情景非常担忧，连忙查阅从大唐带来的医书。见到书上记载石榴花有活血止血、祛瘀止痛的功效，急忙在路边寻得石榴花，命御医捣烂外敷，结果吐蕃王的腿很快就消肿痊愈了。

另有故事记载，我国元代名医朱丹溪的一位朋友腹泻不止，请朱丹溪开了三服药，用后都不见效。他的朋友又到朱丹溪的学生戴思恭处求助。戴思恭望、闻、问、切诊断过后说：“先生的遣方用药无可挑剔，晚生认为欲止泻泄，可加上石榴皮三钱，不妨一试。”这位书友照方抓药服用，三服过后果然效果喜人，很快痊愈。一天，这位朋友又去拜望朱丹溪，朱丹溪见他满面红光，精神焕发，病态全无。朱丹溪忙问其中缘故，书友说：“是思恭在您的方中加了一味石榴皮。”丹溪看罢处方似有所悟道：“这味石榴皮添得好，真是青出于蓝而胜于蓝啊!”

（二）诗中骄子

中国是一个诗的国度，在历代文人墨客的眼中，世间万物皆能入诗。因为有着诸多美好象征意义而颇受人们宠爱的石榴，更是备受诗人的青睐。“天下之奇树，塔山之名果”（晋朝潘岳《石榴赋》）是古人对石榴的盛赞；“奇崛而不枯瘠，清新而不柔媚”（郭沫若《石榴》），是今人对石榴的讴歌。自古至今，对石榴的吟诵从未停止，石榴因此成为诗词中的骄子，历代名家留下了很多吟诵石榴的上品佳句。这里撷取其中的零光片羽，以作欣赏。

石 榴 颂

（南朝）江淹

美木艳树，谁望谁待？
缥叶翠萼，红花绛采。
照烈泉石，芬披山海。
奇丽不移，霜雪空改。

首句“美木艳树，谁望谁待?”历来被后人称颂，江淹也因这首诗而被尊为石榴花神。

古风五月石榴

（唐）陆龟蒙

杨槐撑华盖，桃李结青子；
残红倦歇艳，石榴吐芳菲。
奇崛梅枝干，清新柳叶眉；
单瓣足陆离，双瓣更华炜。
热情染腮晕，柔媚点娇蕊；
醉入玛瑙瓶，红酒溢金罍。
风骨凝夏心，神韵妆秋魂；
朱唇启皓齿，灵秀瑶台妃。

这首诗不仅写出了石榴枝干、叶、花、果颜色形态的美丽，更写出了石榴花期长、不与诸花争春、清新脱俗的特质。

石 榴 歌

（唐）皮日休

蝉噪秋枝槐叶黄，石榴香老愁寒霜。
流霞包染紫鹦粟，黄蜡纸裹红瓠房。
玉刻冰壶含露湿，斓斑似带湘娥泣。
萧娘初嫁嗜甘酸，嚼破水精千万粒。

这首诗运用比喻的手法，形象地写出石榴成熟季节、果实颜色形态，籽粒晶莹以及味道酸甜适口的特点，读后不禁令人口舌生津。

千叶石榴花

（唐）子兰

一朵花开千叶红，开时又不借春风。

若教移在香闺畔，定与佳人艳态同。

将石榴花与佳人并列，与古人将石榴裙作为年轻女子的代称，有着异曲同工之妙。

赵中丞折枝石榴

（元）马祖常

乘槎使者海西来，移得珊瑚汉苑栽；

只待绿荫芳树合，蕊珠如火一时开。

这首诗不仅道出了石榴的来源，也交代了石榴开花季节在“绿荫芳树合”的初夏，描写出石榴花开“蕊珠如火”的优美。

榴　　花

（金）元格

山茶赤黄桃绛白，戎葵米囊不入格。

庭中忽见安石榴，叹息花中有真色。

生红一撮掌中看，模写虽工更觉难。

诗到黄州隔千里，画家辛苦费铅丹。

这首诗妙在不去正面描写石榴花的美丽，却运用了侧面衬托的手法，说石榴美到让人叹息、难于模写、诗人描写不准、画家枉费铅丹，留给人们充足的空间，去恣意想象心目中石榴花的美丽风姿。

庭　　榴

移来西域种多奇，槛外绯花掩映时。

不为深秋能结果，肯于夏半烂生姿。

翻嫌桃李开何早，独秉灵根放故迟。

朵朵如霞明照眼，晚凉相对更相宜。

关于这首诗的作者，有的说是黄峨，也有的说是杨升庵。这二人本是夫妻，都是明代著名的博学之人，二人婚后的住所因栽植很多石榴而得名榴园。究竟是谁写下这首诗这里不作考证，重要的是二人借助石榴表达他们伉俪情深，这与石榴在我国象征热烈爱情、夫妻和睦、婚姻美满的寓意不谋而合。

此外，明代蒋一葵运用夸张的手法描写石榴花的色泽艳丽、花开如火，以及人们对石榴花的热爱与追捧，也是颇为出色，堪称上品：

燕京五月歌

石榴花发街亦焚，

蟠枝屈朵皆崩云。

前门万户买不尽，

剩将女儿染红裙。

二、美哉，石榴

（一）门神、年画、国画、剪纸等

我国民间素有在大门上悬挂门神的传统，它寄托着老百姓避凶趋吉、祈求平安的美好愿望。至于门神是由谁来担任，随着历史演变，各地的风俗也不尽相同，有的是秦琼和尉迟恭分列左右，也有的是耳边插着一朵石榴花鬼王钟馗，这大概也与老百姓尊钟馗为石榴花神、“石榴悬门避黄巢（战乱、祸事）”等风俗和传说有关吧。

由古代的“门神画”而衍生出的年画，是中国特有的民间艺术之一，也是常见的民间工艺品，更是中国农村老百姓喜闻乐见的艺术形式。每逢农历新年，大多百姓都要买上一些年画张贴在屋内祝福新年，寄托自己希望来年生活顺利、日子红火的美好期望。而石榴作为有着诸多美好象征意义的植物，在老百姓的心目中早已演变成为一种吉祥符号，自然成为年画当中不可或缺的主体。

石榴作为一种深受中国人民喜爱、被赋予很多美好象征意义的吉祥植物，几乎渗透在老百姓生活的各个方面，我国人民也将这种石榴文化发展到了极致。除了门神、年画以外，石榴也是剪纸当中的常客。中国的剪纸艺术有着悠久的历史和广泛的群众基础，常常用来装点生活或配合其他民俗活动。剪纸当中的石榴形态逼真圆润、籽粒清晰可见，美不胜收，充分体现了我国劳动人民富于想象、心灵手巧、善于创造的优秀品质。

在我国的石榴文化中，石榴花、果寓意着红火、繁荣，和谐、圆满和团结，石榴的形象和寓意也早已植入老百姓的内心深处。在日常生活中，我国各地的人们常常有意无意地把各种食物制作成石榴的形状，以寄托自己对未来生活美满、和谐、红红火火的无限期望。比如，北方人们经常食用的包子、烧卖，节日时的花馍，鲁菜当中的鲜虾百财包等等，都有石榴的倩影。

（二）画家的宠儿

石榴作为绘画表现题材，历来被许多中国画画家所青睐。这不仅因为它植株形态苍劲有力，花朵色泽火红艳丽，果实圆润籽粒饱满，有着非常适合于表现的形式感，还与它具备诸多美好的象征意义有着密切关系。现藏于故宫博物院的宋代名画《榴枝黄鸟图》、明代画家徐渭的《榴实图》都是前人留下的宝贵的文化遗产。清代画家“八大山人”、黄慎等也都曾为石榴作画，现代国画大师张大千先生、齐白石先生的作品中也不乏石榴。我国著名的画家吴昌硕、李苦禅、潘天寿也都钟情画石榴。潘天寿在石榴画上还留有《题石榴》诗：“仙人囊中五色露，得种昔与蒲桃俱。猩猩染花开五月，已觉秋实悬庭除。张园酸齿炊裂君，像雨像珠蜜不如。竹马儿童厌梨栗，绿囊联为剥红珠。”当代画家黄成泰、宋益初、宋浩、李清河、周一竹、高希瞬、张毅敏等，在石榴画作上也都颇有造诣。

（三）工艺品盆景、玉器、雕塑、瓷器、发器、砖雕等

石榴的形象不仅在国画当中多有展现，在盆景、玉器、雕塑、瓷器、砖雕等诸多方面也都有它的身影，可见我国人民对石榴的情有独钟。石榴不仅花期长，而且花果并存，同载一树，加上品种繁多，枝干奇特，春夏秋冬皆宜观赏，风姿韵味各有不同，非常适宜制作盆景。中国的盆景艺术历史悠久，唐代时期就曾作为礼品赠送外宾。清代的盆景作品中把盆景植物进行了分类，石榴属于十八学士之一。当代石榴盆景艺术大师杨大维先生的作品《苍龙卧海》、张孝军先生的作品《老当益壮》都曾在国际上获奖，标志着我国的石榴盆景艺术已经跨出国门、走向世界。

此外，雕塑、瓷器、砖雕、玉器等领域，也都留有石榴的身影。如：河南安阳袁世凯墓柱窗上的雕刻以吉祥图案为主，其中就有石榴。虽然载体有所不同，但是一刀一笔无不饱含了我国人民发自内心对石榴的欣赏和钟爱。他们对石榴的刻画或是力求表现形似，或是钟情突出精神，历经时代变迁流传至今，其中不乏精美的艺术品。这使得石榴在我国早已不单单是一种植物、一种水果，而是演变成了一种符号、一种象征、一种文化，也是前辈留给我们的宝贵的物质和精神财富。

三、石榴之歌

我国的石榴文化不仅体现在它的象征意义和各地的风俗习惯上，体现在诗歌、国画、盆景、雕塑等这些静态的、无声的艺术形式上，在有声艺术形式方面也是毫不逊色，比如电影、电视剧、歌曲等等。

说起与石榴有关的影视作品，最为人们所熟悉的恐怕就是 20 世纪 80 年代上映的《石榴花》，此片由上海电影制片厂拍摄，龚雪和戴兆安主演。此外还有《石榴的滋味》《石榴树上结樱桃》《石榴坡的复仇》等等。电视剧则有《石榴花开》《石榴红了》等。

与石榴有关的歌曲就更多了。如：新疆民歌《石榴花》，百慕三石作词作曲的《石榴花》，郑龙男作词作曲的《石榴花》，民乐笛子曲《石榴花开》等等。影响最大的当属曾在南宁国际民歌节中获得金奖的安徽五河民歌代表作《摘石榴》，歌曲描写了一对青年男女不满父母包办婚姻，追求自由恋爱、追求美好生活的故事。2010 年 3 月 30 日，青年歌唱家祖海在维也纳金色大厅音乐会上，与维也纳男子合唱团合唱了这首《摘石榴》，深受在场观众的喜爱，一度把音乐会推向高潮。

综上所述，石榴本身所具有的物质价值和它所承载的精神价值，都与福、禄、寿、喜、财等中国的“福”文化、“喜”文化相互契合，也都与我国人民祈福、迎福、祝福、送福等活动紧密相关。石榴文化已经渗透到了人们生活中的方方面面，从中所折射出的是我们整个中华民族崇尚“人丁兴旺，多子多福”“平安是福”“家和万事兴”的生活观和济世利人、善恶分明、自强不息、勇于奉献、团结互助等传统价值观。在我国人民看来，石榴树是坚贞不屈的树，石榴花是象征吉祥的花，石榴果是寓意幸福

的果。对于石榴文化，我们不仅要传承，也要结合新的时代不断发展。我们各民族更要“像石榴籽那样紧紧抱在一起”（习近平），和睦团结，踏实进取，不畏强权，坚忍不拔，为实现中华民族的伟大复兴而努力奋斗！

第二十章　丁香花的艺术世界

如梦令・丁香结开花茂

柔美纤枝缠绕，点点紫白增妙。
春雨洗芳香，娇媚更添清耀。
欢闹，欢闹，从此结开花茂。

关于丁香的描述，莫过于杜甫的《江头四咏・丁香》，“丁香体柔弱，乱结枝犹垫。细叶带浮毛，疏花披素艳。深栽小斋后，庶近幽人占。晚堕兰麝中，休怀粉身念。”诗中既形象地描写了丁香纤细柔弱的具体形态特征，又反映了百结的花儿是枝上不能承受的生命之轻的独有特质。这种婉约的美丽植物枝条柔美、纤弱，细枝纠结缠绕，结子又多，细叶上带有浮毛，花色素雅，花朵细小繁茂、轻盈颤动、高洁冷艳。把丁香种在房屋后面，是为了让有思想、有品位的人来欣赏它。然而，丁香自己呢？它从早到晚像兰麝一样散发着芳香，却从未考虑过自己会粉身凋落。

第一节　印象丁香

一、花木丁香

人们在文学作品中，描写丁香花花瓣纤细、花蕊玲珑、花色淡雅、花香清新，展示了一种优雅、宁静，孤高、忧愁的美，天生有一种随风自然颤动的风韵，是女性柔美而坚强的象征。北方的游园中多种植丁香树。丁香属于木樨科丁香属，是落叶灌木或小乔木，其名称源自明朝。据高濂撰写的《草花谱》中记载：丁香花细小如丁，香而瓣柔，色紫，花系小如丁且香，故名“丁香”。丁香树高 2～8 米，初春之际长出嫩绿新叶的丁香树，与春花争靓；而花开于百花斗妍的仲春，在嫩叶丛中闪烁着一串串晶莹的白花、紫花；近观，那簇拥的花穗是由一朵朵精致的小花组成，小花一朵紧挨着一朵，犹如众多身穿白裙、紫裙的小姑娘们紧紧地拥抱在一起，一团团、一簇簇，在绿叶的陪衬下显得格外靓丽。微风轻拂而过，仿佛到了梦境的香海，那淡淡的幽香弥漫着仙境，沁人心脾，令人心旷神怡。这正应了王冕的那句诗："不要人夸好颜色，只留清气满乾坤"。花香中带着绿叶的气味，弥漫着游园，使人感觉到春意盎然。

丁香是我国常见的观赏花木之一，栽培技术简单。丁香喜欢光照，比较耐寒、耐瘠薄，病虫害较少，抗逆性较强，因此在园林中被广泛栽植应用。丁香的种类较多，在我国就有23种，常见的品种及变种有紫丁香、白丁香、小叶丁香、花叶丁香、北京丁香、云南丁香、四川丁香、关东丁香等，主要分布在我国的东北、华北、西南和西北地区。生活中人们作调味剂及药用的丁香，则与观赏花木丁香是两种完全不同的植物。药食兼用的丁香是桃金娘科的植物，气味芳香，性温味辛，是一种暖胃的良药，主治反胃、呕吐、疝气、癖症、痢疾。

二、丁香花的民间印象

（一）民间传说

1. "联姻对"的故事

古时候，有位年轻英俊的书生进京赶考，途中投宿在一家小店。店主是一位老先生，膝下有一小女。父女二人对书生照顾得热情周到，让书生十分感激，便在店里多住了些时日。书生知书达理、人品端正、温文尔雅，姑娘容貌秀丽、聪明能干、温柔贤惠，两人互相产生了爱意，便两心相许，月下盟誓，拜了天地。拜完天地后，姑娘提出要与书生对对子。书生答应了，书生先出的上联是："冰冷酒，一点，二点，三点。"姑娘正要开口对下联，店主突然到来，得知两人私订终身，非常气愤，责骂女儿伤风败俗、不知廉耻。姑娘哭着央求老父亲成全他们，店主却执意不答应。性情刚烈的姑娘当即气绝身亡。事后店主追悔莫及，与书生将女儿安葬在后山山坡之上。悲痛欲绝的书生再也无心进京赶考求取功名，就留在店里陪伴老人。

后来，在姑娘的坟头上长出了茂密的丁香树，花开似锦，芬芳四溢。书生惊讶不已，天天去后山看丁香花，就像见到了心爱的姑娘一样。有一天，书生又来到后山，恰有一位白发老翁经过，书生就与老翁讲述了他和姑娘的爱情故事，最后说到姑娘临死前还没有对出他的对联。老翁转身看了看那坟上盛开的丁香花微微一笑，对书生说："姑娘的对联已经答出来了呀。"书生忙问："老伯，姑娘的下联在哪儿?"书生满脸疑惑地望着老翁，老翁接着说："你看那坟上的丁香花，就是姑娘对出的下联呀。你的上联是'冰冷酒，一点，两点，三点'，三个字的偏旁依次是一点水、两点水、三点水；姑娘的下联是'丁香花，百头，千头，万头'，三个字的字首依次是百字头、千字头、万字头。对子前后对应工整、严谨。”老翁接着又说：“姑娘的心愿现已化作这美丽的丁香花，难得姑娘对你的一片痴情。你要好生相待，让它永远繁花似锦，香飘万里。”说完此话，老翁就不见了。从此以后，丁香花在书生的细心呵护下开得更加茂盛、美丽了。

后来，人们为了纪念这位痴情善良的姑娘，颂扬她对爱情的坚贞不屈，便把“丁香花”称为“爱情之花”，这副对联也被称作“联姻对”或“生死对”。

2.“五瓣丁香花”的传说

丁香树的花都是四个花瓣，可是，在这个美丽的传说中，有一株丁香树的花瓣却是五瓣的。能够找到五瓣丁香花的人，就能实现一个美好的愿望。

这个传说说的是从前有个大户人家的女儿名兰，长相秀美，年满18岁时公开招婿，由兰姑娘出题。兰姑娘出的第一题要求种出一棵能开五个花瓣的丁香树；第二题是答出下面的三个问题：(1) 为什么要娶兰？(2) 你心里谁最重要？(3) 什么是幸福？一年之后交答案。接到题目的男子都回去了，只有一位穷书生张秀才一直待在原地没走。姑娘便装扮成丫鬟，上前问他为什么还不回去。张秀才说：“我已经种出了能开五个花瓣的丁香树，那三道题也已答出来了。”书生将有三道题答案的扇子递给姑娘，姑娘接过扇子打开一看，只见扇面上写着：两朵五瓣丁香花，一朵是兰、一朵是吾。每朵花中一瓣是父母双亲，孝心报答养育之恩；二瓣是夫妻情爱，贵在相知相爱；三瓣是幸福双手创造，夫妻一生恩爱到白头。最后一句话是“扇子送给有缘人”。兰姑娘看完在扇子上写道：一年后，在丁香花树下再与有缘人相见，结为连理，百年好合。

一年后，兰姑娘没能等到秀才，原来秀才在返乡途中遇上洪水而丧命。不知道真相的兰姑娘每天都在丁香树下等自己的心上人。日复一日，年复一年，姑娘一直等到青丝变成白发。兰姑娘死后，就葬在那棵丁香花树下。翌年，那棵丁香树长出了两朵五个花瓣的丁香花。因此，人们都相信只有真心相爱的人，才能在同一棵丁香树上找到两朵“五瓣丁香花”，两花相依相伴永在一起。

(二) 荣为“市花”

象征着吉祥富贵的丁香花是青海省著名的观赏花卉，被誉为“高原花魁”，1985年被评为西宁市花。目前，西宁市栽植的丁香树品种之多、数量之大，已达到全市花卉灌木栽植总量的70%左右。西宁市近年来增添了许多丁香景观大道、滨河游园及丁香专类园，丁香给西宁市这座西北城市增添了几分宁静、柔美。

丁香花抗逆性较强，具有极强的生命力，有着北方人的大气、豪爽、质朴而真诚的特点。丁香树不仅适合在呼和浩特市生长，而且丁香花以朴实、清香、淡雅的特性成为塞外名城的象征，凝聚了塞北人独特的精神风貌。她聚小而成就大气，抗艰难而力争向上，坚韧而顽强中透着生机勃勃，颇得呼和浩特人民的深爱。1986年4月，呼和浩特市把丁香花定为市花。初春时节的呼市，在春寒中俏丽地绽放的丁香花小如丁，一簇簇、一片片，远远望去，花如云霞，白中透粉，紫中露白，花香四溢。“五月丁香开满城，芬芳流荡紫云藤”，这美景给寒冬里走过来的塞北城市带来了满满的春意，也给豪放的北方人们以张力、热情和想象。

1988年，哈尔滨市定丁香花为市花，也是源于丁香花顽强的生命力，能在北纬45度线上绽放。外表柔美的丁香，它的根却能深深地扎入土壤。纤细的枝干，强健地支撑起一簇簇硕大的花冠，抵御着北方的严寒。“忽如一夜春风来，千树万树丁香开。”当春风还没完全驱走哈尔滨的寒冷，丁香花就像春天的使者，送来一片春色。绽放枝头的丁香花如霞如烟，把这座北国冰城装点得分外妖娆。哈尔滨的春天来得迟、去得快，春季时间短暂，而丁香花恰恰在这个时节绽放，犹如春天里的一个梦，给哈尔滨的春天带来了一年的希冀，填补了哈尔滨短暂春光的遗憾，为春天增添了靓丽的色彩。深秋时节，丁香那浓绿的叶子为了延长秋季的风景落得也迟，就是到了冰雪严冬，它那无叶的枝条何尝不是在孕育着一个春天的花潮。丁香，是北国历史的见证，是哈尔滨人精神意志的写照。

第二节　声像丁香

一、声乐丁香花

（一）网红歌曲《丁香花》

唐磊的一曲凄美哀绝的网络歌曲《丁香花》，忧伤清澈，婉转动人，感人至深，获得2004年度经典网络原创歌曲奖。歌词“你说你最爱丁香花，因为你的名字就是它”，写了一个名叫丁香的女孩；“多么忧郁的花，多愁善感的人啊”，说这是一个结着幽怨的女孩；“多么娇嫩的花，却躲不过风吹雨打”，说女孩坎坷的命运正像这开在仲春的丁香花，经受着风吹雨打；“那坟前开满鲜花是你多么渴望的美啊”“我在这里陪着她，一生一世保护她”，丁香花清香淡雅的美是女孩渴望的美，飘落凋零的丁香花永远绽放在人们的心里。

在这首歌的背后，有着比丁香花还要凄美的故事。

1. 你在天堂能听见吗

一个孤独忧郁、多愁善感、美丽娇嫩女孩，她有一个美丽的名字——丁香花。大学时期，在丁香花开的时节她与一个男孩相识了；又是一年丁香花开，他们相爱了，那漫山遍野的丁香花是他们爱的见证。男孩发誓爱她一生一世，让女孩成为世界上最美丽幸福的新娘。因为女孩喜欢丁香花，男孩每天都送一束丁香花给她，丁香花是他们爱的信物。丁香花的娇嫩和忧郁也是女孩内在的特质。虽然女孩很爱男孩，但是对男孩总是不冷不热，终于有一天，女孩提出与男孩分手，却拒绝说出理由，男孩为此伤心欲绝。

在一个丁香花凋零、枯萎的时刻，男孩和女孩永别了。大学毕业后，男孩又有了另一段爱情，就在男孩准备第二天订婚的时候，他从好友那得知女孩在医院去世的消息，而且女孩给男孩留了一封信。男孩看着信，悲痛万分，泪如雨下。信上说她很爱他，爱他送的丁香花，爱他的一切；离开他是因她身患绝症，她走了让男孩不要伤心难过。男孩旧情难忘，最终没能与现在的女孩订婚。

后来，男孩把女孩葬在了一个开满丁香花的地方，说要守护女孩一生。每次来看女孩时，男孩都带来一束丁香花，诉说着他对女孩的思念，并且唱着《丁香花》，他坚信终有一天歌声会唤醒那沉睡的女孩。在他最后一次唱歌的时候，朦胧中看到丁香花丛里有一个女孩在笑着向他招手；他万分惊喜，跑过去抱住了女孩。男孩，现在应该说已是一位老人，对女孩喃喃地述说着他的爱意、他的思念、他的一切的一切……在不知不觉中男孩睡着了，和女孩再也不分开了，永远陪着他的"丁香花"。

2. 多么娇嫩的花，却躲不过风吹雨打

浙江省有个女孩出生时父亲就不在了，而她自幼就得了严重肺炎并发脓肿，母亲无奈地把她送到她的伯父家。到了12岁时，她的右肺全部被切除，身体非常虚弱，每天只能上半天课，但她的成绩却很优秀，只是为了给伯父伯母争口气。但她等不到考大学的那天，也明白上大学已是她今生难圆的一个梦。18岁时，女孩已经到了生命的最后时光。女孩为了忘掉病痛和死神，她成了一个网民。她第一次上网时，无意间打开了碧海银沙语音网页，来到"美文之声"朗读间。在这里，女孩与唐磊聊天相识，之后，他们便成了无话不谈的好朋友。

在一次网聊时，女孩说她最喜欢丁香花；丁香花是一种紫色的小花，清香素雅、纤细柔美，非常漂亮，是爱情的象征。唐磊感觉到女孩性如丁香花，就建议她把网名改叫"丁香"。从此以后，在网络世界里就出现了一朵结着愁怨的美"丁香"。但是令唐磊万万想不到的是，"丁香"是一个病入膏肓的绝症患者，一朵聆听着自己生命倒计时即将凋零的花朵。

很长一段时间"丁香"在网上消失了，而她的QQ和UC却依旧在线，唐磊很是疑惑。突然有一天，"丁香"在网上露面了，她给唐磊发来了一个问候，唐磊在聊天中得知她因重病住院。唐磊见到病危的"丁香"，心里感到非常难受。在聊到唐磊出新歌专辑难定名字之事，女孩给唐磊讲了丁香花的传说故事。"丁香"流着眼泪建议唐磊歌曲专辑的主打歌叫《丁香花》。唐磊接受了女孩的建议，自创了一曲凄美哀绝的《丁香花》歌曲。当这首歌红及网络之时，女孩却永远地闭上了眼睛。

（二）经典歌曲《丁香啊丁香》

《丁香啊丁香》又叫《战士爱故乡》，是一曲抒情、优美且回味无穷的经典歌曲。著名歌唱家李双江的深情演唱，把歌曲的主题思想淋漓尽致地表达了出来。歌词中写道："丁香啊丁香，在巡逻归来的路上，我采来一束丁香"，"它是多么鲜艳芬芳！使我想起我的家乡"，"当我离开家乡的时候，妈妈向我挥动着丁香，亲人给我深情期望"，"为了祖国也为了人民，握紧我那手中钢枪！为了未来、也为了家乡，我驻守在万里边疆！"这首歌反映了战士们在边防巡逻时看见路边的丁香树想念家乡、思念母亲的浓浓思乡情。柔弱、素雅的丁香常常不为人们所注目，然而它也有刚强的性格，正像我们的边防战士是最可爱的人一样。在那人烟稀少、条件恶劣的艰苦环境中，他们用青春坚守着自己的使命，守卫着祖国的边防。战士们从不贪求他人的赞美，也从来不奢望被他人爱恋，他们的价值在平凡中彰显伟大；为了宁静的世界、幸福的生活、美好的明天，他们将自己微小的身躯无私地奉献给祖国的边防事业。

（三）流行歌曲《丁香》与《丁香树》

许巍演唱的流行歌曲《丁香》，旋律一响，就引起人们幽幽的回忆："我是那雨后最初的丁香，在你不经意时开放，守候着每个黎明和夜晚，只为她经过瞬间。"歌曲唱出了羞怯的爱情萌发而生，却有着"丁香结"一样的愁思不解的情怀。"她在一个雨后的清晨里走近你身旁，她那并不经意的目光那么悲伤，她可知你转身的时候你就会凋落，她可知你常常的等待只是为它瞬间开放，曾苦苦地为它等待在每个夜里，就在今夜你将凋零随风飘逝"。多么"多愁善感、忧郁"的人，满怀"暗结同心的希望"，漫长的等待换来的却是错过，而且就在转身的那一瞬间，让人伤感万分！

程琳演唱的校园歌曲《丁香树》是一首怀旧老歌。"丁香树，芳香洒满树下的小路，清晨我在树下读书，黄昏我在路旁散步，闻一闻丁香沁醉了心，生活啊生活是多么幸福"，"花瓣洒满树下的小路，它沐浴着灿烂阳光，它滋润着晶莹雨露，生活啊展现了五彩图。"春天的校园，丁香树花开满枝，芳菲满目，清香远溢。晨读在校园秀美的丁香树下，沐浴着春光，对生活充满着美好的憧憬和希冀。

二、影像丁香花

（一）电影《丁香》与《丁香花》

1.《丁香》

冯新民执导的《丁香》2011年在内地上映，反映了解放战争时期，为了建设新中国涌现出的许许多多像"丁香"一样的巾帼英烈。她们不怕牺牲，为了祖国的解放事业奉献出了自己年轻、柔弱的生命。

故事发生在1932年，国民党对中央苏区进行第四次反"围剿"。中共地下党员将绝密情报送给了教会学校的音乐老师丁香，再由丁香送给党组织。可是由于叛徒的出卖，丁香在教会学校不幸被捕入狱。丁香在严刑拷打下宁死不屈。丁香的丈夫段宏升是金陵大学的教授，此前对丁香所做的事业毫不知情，不知妻子是一名共产党员。党组织想尽办法营救丁香，在营救过程中丁香告诉丈夫情报放在教会学校的钢琴里，最终营救计划失败。年仅 22 岁的丁香当时已怀有 3 个月的身孕，却被国民党枪杀在雨花台。

2.《丁香花》

张书耀导演的电影《丁香花》讲述的是处于青春叛逆期的男孩陈晨暗恋上了自己的语文女老师丁香，每天放学后，他都与丁香老师一路相伴回家。羞涩的、朦胧的初恋让当时的男孩深感幸福无比。然而，年少时不懂爱的男孩根本禁不住爱情的挫折。当陈晨意外得知丁香竟然和一位老残疾男人在一起后心中无比气愤，强烈的欺骗感驱使他在丁香的课堂上异常偏执地恶语羞辱丁香老师。经历生活坎坷的丁香伤口再次被撒盐，伤心欲绝，晕倒在课堂上，从此就消失了。

原来是身患白血病的丁香得到一位残疾老人的资助，丁香为报恩而照顾这位老人。“多么娇美的花，却躲不过风吹雨打。”善良、柔美的丁香最终也没能战胜病魔，临死前把眼角膜献给双目失明的弟弟，留光明在人间。当陈晨得知真相后懊悔万分，创作了歌曲《丁香花》，以此纪念这位美丽的姑娘——他的初恋。

（二）电视剧《丁香花开》

1. 台湾版电视剧《丁香花开》

这是一个感人至深的爱情故事。27 岁的男主人公是个才华横溢的优秀摄影师，性格却似丁香花一般。他性情谦和，沉稳内向，寡言少语，自幼生活多磨难。小时候母亲因救自己而死于车祸，长大后风华貌美的初恋女友又因病而逝，如今含辛茹苦养大自己的父亲，却得病卧床不起。想想自己身边爱自己和自己所爱的人，都因他而变得很不幸。在他再也无法也不敢再爱之时，爱情却宿命般地出现了：一个丁香一样高洁、忧郁的女孩打开了他的心扉，最终在历经爱的风暴之后，“丁香结”打开，丁香花花开并蒂。

2. 内地电视剧《丁香花开》

此剧是一部喜剧。故事讲述了一个富姐回国后遇到了一个小老板，“丁香品性”的富姐低调、谦和，装扮成一位打工妹，个性张扬的小老板却扮成一个富商，两人日久产生了爱情。当得知彼此的身份后，丁香花品性的“打工妹”最终还是选择了真情，得到了爱情、事业双丰收，丁香花如愿绽放。

第三节 意象丁香

在中国古典诗歌的传统意象中，因丁香花的素雅、秀美，文人墨客都把丁香作为美丽、高洁的象征；又因为丁香花的花冠裂片在花蕾时呈镊合状排列，并且花筒细长形状像钉子，好似花蕾打着结状，人们又形象地称它“百结”而成为诗词中相思、忧愁的一种意象。另外，丁香一般在仲春时节开花，就意味着春将尽，夏即至，见到盛开的丁香花时，令人感叹的美好时光转眼即逝，所以也把丁香视为愁品。总的看来，我国古典诗歌中丁香的传统意象分五类。

一、高洁情趣的象征，独立人格的载体

唐代诗人杜甫的诗作中，一句“深栽小斋后，庶近幽人占。晚堕兰麝中，休怀粉身念”淋漓尽致地反映出丁香外柔内刚、内质高雅、品质高贵、个性坚强的品性，宁可粉身碎骨也不与世同流合污。杜甫晚年空怀壮志，借柔软的丁香咏志，暗喻自己的家国情怀。

宋代词人王质在《凤时春（见残梅）》中写道：“标格风流前辈。才瞥见春风，萧然无对。只有月娥心不退。依旧断桥，横在流水。我亦共、月娥同意。肯将情移在，粗红俗翠。除丁香蔷薇酴醾外。便作花王，不是此辈。”诗人用丁香花来体现其独特的人格魅力，赞扬丁香花般的高尚情怀。

宋代王十朋的《点绛唇·素香丁香》词中写道：“素香柔树，雅称幽人趣。”丁香花散发出淡淡的香气，树枝纤细柔弱，却有着高雅的志趣，可与文人志士兴趣相投，都有着一种高雅淡泊的志趣。

晋代时代陶渊明清高超逸的人格已成为中国文人志士的精神典范和学习楷模，他笔下的菊花清高、脱俗、质性自然，是高雅出尘特质的象征。明代吴宽的《丁香》诗“初栽只一干，肥壤枿争荫。分移故园内，不知枯与荣。终当问来使，亦欲如渊明。”说的是故居中种有丁香树，如今不知道长势如何，只有问家里来的人。同时认为丁香品行当与陶渊明笔下的菊花等同，诗人把丁香视作与菊花具有共同的品质。

二、借以抒发忧愁、幽怨之情

（一）述闺怨之情，借以恋人离别之相思苦

“多情自古伤离别”（柳永《雨霖铃》）反映了天下有情人怕离别的共同心情。于是，在百花争艳的春光里，闺房佳人对于丈夫或情人的思念愈加强烈。

用丁香作为意象抒发闺怨之情，最具代表性的当属李商隐《代赠二首》中“芭蕉不展丁香结，同向春风各自愁”用未展的芭蕉喻男子，以纠结的丁香结喻女子自己，写出了闺中女子因为不能与情人相会而愁思万分。相恋的二人虽然不能在一起却心心相通，彼此思念对方，暗结同心。

唐代毛文锡的《更漏子·春叶阑》是一首春宵怀人的词，下阕写道：“偏怨别，是芳节，庭下丁香千千结”相思让人怨。诗中的相思女怨别离、怨春天，再用“庭下丁香千千结”寓意思妇心中愁思凝结、愁肠百结，进一步展现了思妇那浓得化不开的离别怨情和春思春愁。

“青鸟不传云外信，丁香空结雨中愁”是五代南唐中主李璟《摊破浣溪沙·手卷真珠上玉钩》的诗句，形象地描写了他身在远方举目望天空，却不见那传送书信的飞鸟，难以得知远方相思人的一点音讯。只有那含苞待放的丁香花蕾，在这绵绵春雨中体会得到这份美丽的愁怨。虽然思念的人远在天边，但那点点滴滴的细雨如同细盐撒在心上，痛彻心扉的感觉就像这雨中的丁香结，真实地反映在眼前。

宋代柳永的《西施（三之三）》写出了夫妻离别之后，家中的娇妻对丈夫的思念忧愁。词中最后一句是这样写的：“要识愁肠，但看丁香树，渐结尽春梢。”用“丁香结”做意象，抒写思妇忧思郁结的心情。若想知道妻子对丈夫的思念有多少，断肠愁绪几何，那就请看看院中的丁香树，在这春末时节已是结满了丁香花结，内心充满难以疏开的“情结”。

宋代李吕在《鹧鸪天·寄情》中说“一从恨满丁香结，几度春深豆蔻梢”写出女子心中的怨恨，如同窗前那满树的丁香花蕾，团团簇生在一起，几年来一直没能云开雾散。美好的青春年华、良辰美景，却如豆蔻花开花谢一样，付之东流。诗人连用了“一从”“几度”“恨满”“春深”四个词组，巧妙地将今宵与往昔在时间上联系在一起，把无形的愁怨、岁月化为有形，形象地描绘了女主人“满”是“丁香结”般的愁思怨恨，幽怨绵长之“深”可见一斑。

宋代程垓词《满江红·忆别》中“愁绪多於花絮乱，柔肠过似丁香结”写出了别离之后女子相思之愁苦怨恨，用“丁香结”表达自己理还乱的愁肠郁结，反映生活中的离愁别绪，情意凄婉。在石孝友的《念奴娇·闷红颦翠》中“满眼凄凉无限事，付与丁香愁结”，还有高观国《兰陵王（为十年故人作）》中的“甚望断青禽，难倩红叶。春愁欲解丁香结”都用了“丁香结”寓意幽幽闺怨之情、离别相思之苦。

（二）叙男子思恋人之怀，借以爱却分离之悲情

在古诗词中“丁香结”同样被用于男子思念佳人。晚唐诗人李珣的《河传·去去》中“愁肠岂异丁香结，因离别，故国音书绝。想佳人花下，对明月春风，恨应同。”由于远离家乡，与佳人分离，书信全无，离别的愁情、郁结无异于那成结的丁香花蕾，纠结不开而愁肠欲断。想想自己的心上人在这美好的春光、花前、月下，也应是与自己心心相印，彼此思念着对方，愁绪无限。可叹男子对故乡的拳拳之情，对心上佳人的相思之情，都浓浓地融进“丁香结”里。

“竹叶岂能消积恨，丁香空解结同心”是唐代韦庄《悼亡姬》的一句诗，是用“丁香空结同心”来形容自己已失去爱姬，竹叶怎么能够消除他内心长期以来的伤痕，以此来反衬对亡姬的悲伤悼念之情。

再如宋代王雱《眼儿媚》中写道：“相思只在：丁香枝上，豆蔻梢头。”王雱从小体弱多病渴望真挚的爱情，希望能与自己心爱的人共结连理，像早春枝头上含苞待放的豆蔻花，两花同蕊永结同心。诗人心中无尽的爱思愁绪恰似朵朵“丁香结”空留枝头。

近代王国维为纪念前妻莫夫人，在悼亡词《点绛唇》中最后一句写道：“西窗白，纷纷凉月，一院丁香雪。”描写了春季月光下满院丁香花开的冷寂情景。西窗外皎洁的月光，冷冷地洒在院中，把小院照得一片洁白，满院的丁香花也被月光映得一片雪白。词人借月下丁香花来抒发自己相思孤寂的惆怅之情。

三、借以烘托恋情

丁香在古典诗词中也常用来烘托恋情，把丁香视为忠贞爱情的见证。

如唐代韩襄客在《江南妓》中所云：“连理枝前同设誓，丁香树下共论心。”相恋的人在连理枝下共同许下爱的誓言，在丁香树下永结同心。诗中把丁香树作为恋人互相盟誓的见证。唐代毛文锡的《中兴乐》诗中有“豆蔻花繁烟艳深，丁香软结同心”之句，同样是借“丁香花结”来象征忠贞爱情的相结同心，让丁香见证不渝的挚爱。

明代许邦才的《丁香花》诗歌曰：“苏小西陵踏月回，香车白马引郎来。当年剩绾同心结，此日春风为剪开。”诗人描述了南齐时期钱塘名妓在西陵桥畔月光下乘车而归，白马香车后面总有许多风流倜傥的少年跟随。与有缘人结识相爱，情郎早已离去，而同心结还在。美丽的容颜随无情的岁月逝去，但与时光同在的正是那流传千载感人的挚爱。诗人借“丁香结”见证相传千年的刻骨爱情常新不衰。

四、以丁香衬美人，以美人写丁香

中国古代文人常有用花喻美人、赞美人。如白居易《长恨歌》中写的“芙蓉如面柳如眉”，“梨花一枝春带雨”，刻画了雍容华贵的杨贵妃的美丽形象。以丁香作为美人的意象，在诗词中衬美人、咏美人的佳句也很多。

清代陈至言的《咏白丁香花》：“几树瑶花小院东，分明素女傍帘栊。冷垂串串玲珑雪，香送幽幽露簌风。稳称轻奁匀粉后，细添簿鬓洗妆中。最怜千结朝来拆，十二阑干玉一丛。”描写了小院东边有几株丁香树，丁香花开时就像淡雅的女子站在窗前，亭亭玉立，晶莹如雪，清香如风，高洁如玉，就如同略施脂粉的素雅美女一样，情意绵绵，令人陶醉，美不可言。

清代高层云在《瑶华·雨中咏白丁香》中写道："新妆淡抹，婉约冰资，似飞琼青绝。轻烟丝雨。扶不起，缓觯翠钿珠缬。含颦微睇。见铅水，荧荧双颊。"词中描写了雨中的白丁香宛若新上淡妆后的少女，皮肤如玉似冰般地细腻温润。细雨如烟轻轻滴落在丁香花瓣上，花瓣下垂不起的样子就像女子头上的翠玉头饰在风中摇曳。雨水滴滑过花瓣不留任何痕迹，就像少女细腻光滑的面颊，形象地展现了一位少女犹如雨后的丁香花般风情万种、清新靓丽的形象。

在现代诗歌中，描写丁香的诗歌以戴望舒的《雨巷》最具代表性，其中"我希望逢着一个丁香一样的结着愁怨的姑娘。她有丁香一样的颜色，丁香一样的芬芳，丁香一样的忧愁"，描写了一位美丽、高洁、愁怨的姑娘，她纤弱、淡雅、楚楚动人、令人怜爱。

五、借以抒发人生感慨

花繁叶茂的春天是一年四季中最令人充满希望的季节。然而，随着花开花落，美好的时光也一同流逝。面对美好景物的逝去，诗人们有感而发，借此抒发对人生的感慨。唐代诗人张泌《经旧游》诗云："暂到高唐晓又还，丁香结梦水潺潺。不知云雨归何处，历历空留十二山。"诗歌写到暂时来到高唐还需归还，见到"丁香结"想起"高唐梦"的典故，岁月匆匆流逝，而山水永在天地之间。历史经历了风风雨雨，而山河依旧。通过对历史的追述，抒发国家兴亡之感慨。唐代诗人陆龟蒙的《丁香》说："殷勤解却丁香结，纵放繁枝散诞春。"形容春风殷勤地催开了丁香结，绽放的丁香花开满枝头成就一片春色，以此来抒发诗人内心那种渴望被赏识、被重用的心志。

宋代陈三聘的《秦楼月·忆秦娥》"伤春未解丁香结。丁香结，鳞鸿何处，路遥江阔"以及陈匀平的《摸鱼儿》"丁香共结相思恨，空托绣罗金缕，春已暮。纵燕约莺盟，无计留春住。伤春倦旅。趁暗绿稀红，扁舟短棹，载酒送春去"都描写了在暮春时节，苦于无计把春留住，只好强颜送春归。把心中难解的相思情怨与美好时光的流逝视为无可奈何的结局，让人留恋、怀念。

宋代蔡伸的词《念奴娇·当年豪放》中"邂逅萍梗相逢，十年往事，忍尊前重说。茂绿成阴春又晚，谁解丁香千结"说的是十年后邂逅的情人不堪回首往事，绿树成荫春意将去，无人能解千千"丁香结"。他的另一首《柳梢青》说："数声鶗鴂。可怜又是，春归时节。满院东风，海棠铺绣，梨花飘雪。丁香露泣残枝，算未比，愁肠寸结。"鶗鴂声声哀叫催人归，可叹又是一年春归时。东风吹得海棠、梨花落满院，当归时不能归。心酸的泪儿像丁香花落在残枝上，愁思无比，痛苦难耐。词人借丁香来表达自己对故乡的思念和人生的感慨。

第四节　大美丁香

一、自然美

人类对丁香的欣赏，源于它美丽的姿态、优雅迷人的色彩和清新淡雅的香气。

大自然中多姿多彩的丁香，呈现出一道道靓丽的风景。每逢仲春，丁香树枝条繁茂，老枝新条长出碧绿的新叶，很快又长满一串串弯弯曲曲的花蕾，好像根根火柴棍。待到花蕾绽放时，满树朵朵的小花好似繁星闪烁，成双的花瓣就像一对小翅膀，向空中伸展，有白色、紫色、紫红色或蓝色等，在绿叶的簇拥下显得俏丽淡雅，犹如初夏身着素雅装的纤纤少女，妩媚多姿，微风吹过，频频向人们招手问候。丁香花开时节，空气中散发着幽香的气味，令人陶醉不已，正应了王冕的诗句："不要人夸好颜色，只留清气满天地"。在微风轻拂中，丁香树的枝条摇曳飘舞，发出飒飒之声，使人感到丁香的声乐之美，独具韵味。不同季节和气候条件下的丁香，呈现给世人不同的姿容情态，展现出其独特的自然美。

二、环境美

在章回小说《镜花缘》中，丁香被誉为花卉十二友之一。作为观赏花木，丁香常被用来绿化、美化环境。清雅的丁香树极易与周围的环境融为一体，形成惬意幽雅的景观环境。丁香树不仅可以孤植于庭院、园圃，也可丛植于城市路边、草坪边缘，还可将各种丁香配植成丁香专类园。

丁香花色素雅、气味清新。作为盆栽适宜摆放在书房、厅堂、廊下，或作为切花插瓶，配以大型木质青花陶瓷花瓶，置于温暖而古典的木质家具的环境中，从而彰显出一种高雅从容的气质，效果非凡。

丁香花除能美化环境外，还具有较强的杀菌能力，能净化空气。室内摆放丁香花，能一定程度上预防疾病。另外，丁香花花香袭人，可使人精神放松，提高工作效率，改善睡眠质量，是很好的减压排忧植物。

由于丁香有"苦丁香"之称，有些人因为"苦"字，便认为丁香花与苦难相连，在庭院中栽种时把丁香花栽在屋后，忌讳栽在屋前。屋前丁香被认为生活之苦在前面还有；屋后丁香则被视为苦尽甘将至。

丁香花有勤奋、谦逊的寓意，在校园中多加种植不仅可以营造良好的校园环境，更是象征着学校良好的校风。

素装淡裹的丁香花每年开在仲春，她不像牡丹雍容华贵，不像玉兰亭亭玉立，不像迎春灿烂夺目，但她在人们的心中永远是那么美丽、高洁、谦逊、纯真、无邪。

三、丁香结开花茂

一直以来，人们常以丁香花的含苞未放比喻愁思郁结难以排解，它承载着幽怨、苦难和愁思，是文人刻意寻找的寄托。但是，我们要有赏花的情调，更要有解结的心志。春雨纷飞之时，文人笔下的丁香带着几分凄婉、几分悲苦，但这个时间极其短暂。阳光总在风雨后。人生问题也如丁香结一般，能解则解，不能解则顺其自然。它迟早会凋谢，那就任由它化为花泥，去滋养心灵，成为人生中的一种经历。

就像我们在编写这篇文稿之时，时间已是夏初，丁香花早已谢了一样。

不过，在今年丁香盛开的时候，久旱的北方迎来了贵如油的春雨，淅淅沥沥下个不停。绵绵的雨幕把天空笼罩得严严实实、密密匝匝，似烟似雾，似幻似梦。

如果身处江南，我们可以想象眼前是一幅淡淡的水墨画：青瓦白墙的秦淮人家，青石小桥的路面湿湿滑滑，桥下的乌篷船响起吱呀吱呀的摇橹声，拐角处一位撑着油纸伞结着愁怨的姑娘款款走来，绵绵细雨中飘来淡淡的清香。

丁香花是美的，雨中的丁香花更美。在春雨的清冷中，透着一种柔和，透着一种高洁，透着一种娇艳。

丁香花是缠绵的，雨中的丁香花更缠绵。淅沥春雨把她清洗得更加清丽雅致，贞静贤淑。透过雨丝，你可以看到她的温婉典雅和绰约风姿是多么娇媚动人。

越过树梢，我们看到房檐上的雨一开始还像珍珠一般一颗颗洒落，现在已然成串，滴滴答答落在青石板上。就在这滴滴答答的美妙雨声中，一种更为清脆悦耳的声音传来。这种声音刚刚听到时还辨不清方向，但一旦响起来就异常清晰，那是丁香姑娘的高跟鞋与雨巷中的石头地面的磕碰声，很有节奏，温柔中透着力量。绵绵的春雨疏散了路人，让周边的嘈杂归于寂静，使丁香姑娘在雨巷中走来的声音更为响亮。

这声音韵律十足。它不怕春寒，在小巷中坚定地传播。这声音越过围墙，穿堂入室，跨越河道，向远山的方向弥漫开来。这声音驱散了阴云，迎来了日出，也解开了丁香结，催发了丁香花的盛开。这不，空气中的香气更加浓厚了，雨后的丁香花更艳了。

正是在这种意境中，我们写下了开篇的《如梦令・丁香结开花茂》：柔美纤枝缠绕，点点紫白增妙。春雨洗芳香，娇媚更添清耀。欢闹，欢闹，从此结开花茂。

从此，丁香结开花茂；从此，没有忧伤缠绕。

当来年春天，你或许还会遇见戴望舒一样的诗人，还会成为他笔下丁香般的姑娘。只是这次，已经没有那么多的愁怨。

虽然你依然独自走在悠长而又寂寥的雨巷，依然有着丁香一样的颜色、丁香一样的芬芳，但你走来的声音，却吸引了欣赏的目光。

从此，雨中没有了彷徨，明确了前进的方向，洗涤了旧日的灰尘，靓丽了春天的时光，迎接我们的是明天的朝阳。

第二十一章　话说莲花君子范

西江月·荷叶

幼嫩如梭竖卷，何时斜展尖梢？蜻蜓飞落赛凌霄，水上亭亭欢笑。

叶展田田擎伞，风姿曼妙夭夭。或浮水面绰约摇，粒粒珍珠闪耀。

西江月·荷花

俊美含苞娇艳，粉红鲜嫩如霞。藕塘深处露芳华，玉立亭亭优雅。

人美品高心静，佛求宝座莲花。出尘离染圣无瑕，并蒂更传佳话。

西江月·莲藕

身处污泥心坦，净身不问谁知。同根同道贵通直，可药可食天赐。

孔洞或七或九，顽强演化滋殖。不挠众枉满香池，公正清廉名史。

西江月·莲蓬

原本海绵质地，蜂窝孔洞分生。受精膨胀渐成型，鲜嫩甘甜享用。

莲子莲芯莲房，可食可药无穷。满堂寓意乐融融，多子多孙更盛。

第一节　莲与人们的生活息息相关

一、莲的历史比人类更悠久

早在1亿3 500万年以前，陆地上被水所覆盖的区域就出现了一种植物，并且开始了漫长的进化过程，这就是莲。莲是冰期以前的古老植物，它和水杉、银杏、鹅掌楸、北美红杉等有“植物活化石”之称。古植物学家研究表明，莲在地球上生长的时间，与人类大约二三百万年的发展历史相比，要悠久得多。我们人类的祖先一来到这个蓝色的星球上，就开始接触莲，并且世世代代与莲打交道。莲进化到今天，已经广泛地分布在世界各地，成为一种常见的植物。

二、人们生活在莲的世界里

农耕文明的生产方式和生活方式决定了人类必须临水而居，逐草而徙。在这个过程中，人们逐渐掌握了造屋御寒、串叶蔽体、采拾掘种、琢舟渡水、引水灌溉等技能。在经常接触、驯化和利用莲的过程中，人们种莲采藕、取籽撷叶，渐渐地在莲的自然形态、生长习性等植物学特征等方面积累了丰富的感性认识，有了更加深刻的理性认识。（图 21-1：《先民与莲生活图》）中国是莲在全世界的分布中心和栽培中心，西到天山北麓，东至台湾花莲，北至黑龙江抚远，南达海南三亚，都有莲的分布和栽培，范围十分广泛。根据栽培的目的，莲又有藕莲、籽莲和花莲之分。藕莲和籽莲是人们食用的莲，花莲常常成为人们寄情言志的意象之一。人们种植莲、利用莲、欣赏莲、赞美莲、珍爱莲，在文学上假物喻理、借音寓意来托物抒情，形成了内涵丰富的莲文化。

图 21-1　先民与莲生活图

三、人们喜爱莲的原因

莲有莲花、荷花、藕花，芙蕖、菡萏、玉芝、玉环、溪客等俗称和雅称。莲花也常常指代莲这种植物的整体。从植物分类学上讲，莲属睡莲科莲属，为多年生挺水草本植物。莲根、莲茎生长在水中泥土里，莲叶、莲花挺水直立生长。无论远观近赏，莲都是亭亭玉立，与周围的自然环境形成一道靓丽的风景，这也成为人们喜爱莲的原因之一。

（一）莲是中国传统美食

莲很早就进入了中国，成为生活中重要的食材。人们喜爱某种事物，很多时候都是与餐桌紧密联系在一起的，毕竟“民以食为天”“衣食足”才会“知礼仪”。大约在9 000多年以前，原始人类为了生存，他们采摘野果充饥的时候，就发现了莲的根茎与莲子能吃。有证据显示，中国的先民们率先在世界上将莲从野生状态驯化栽培，并且开始食用。据《周书》最早记载：“薮泽已竭，既莲掘藕”。可见，莲作为一种常见食材，在2 000年前就已经走上了普通人的餐桌，成为人们喜爱的一道美食。

直到现在，每年立秋刚过，各地鲜藕陆续上市，满足着“舌尖上的中国”口味。莲藕以其清爽甜脆的口感、洁白细腻的品相、若隐若现的清香，成为人们宴席上的菜品；鲜藕、莲子、藕粉营养丰富，口味独特，老少皆宜，深受人们喜爱；甚至莲叶包裹的食物加工后带有的独特清香，也为人们所钟爱。唐朝诗人白居易在《种白莲》一诗中的“脍长抽锦缕，藕脆削琼英”，赵嘏在《秋日吴中观贡藕》一诗中的“捧玉出泥中”，“御洁玲珑膳”，韩愈在《古风》中的“冷比雪霜甘比蜜，一片入口沉疴痊”，都说出了自己食用鲜藕的所见和感受。

另外，中国人认为药食同源，莲不仅是绝佳美食，而且还有很好的药用价值。莲作中药材，也已有上千年的历史了。

（二）莲寓意吉祥美好

从古至今，莲花一直被当作真、善、美的化身，是吉祥、美好、顺利的预兆。莲花在佛教中被视为神圣净洁的名物之一。在中国传统的字画、玉石、雕刻和各种摆件中，都有许多与莲花有关的美丽传说和美好寓意。

1. 一品清廉

汉字中青莲与“清廉”同音。一枝傲立的青莲象征着人“一品清廉”的形象和品行，寓意着公正和廉洁，人们常常用莲花来借喻或者告诫人们要廉洁自律。

2. 纯洁美好

莲的形象寓意美好的亲情、友情和忠贞的爱情以及美好的事物，也有着人寿年丰、和谐美好等方面的吉祥预兆，中国传统名画“连年有余”正是这种寓意的代表作。莲与“连”谐音，与“年”近音，用莲花的形象与其他吉祥事物组合，可以表达出很多的寓意。比如：莲与喜鹊相随，表示喜事连连；莲与鱼搭配，寓意连年有余；与梅花在一起，表示和和美美；与桂花在一起，表示连生贵子；以鹭鸶、芦苇的组合，寓意一路连科；莲花、莲叶与鱼、儿童在一起象征着人丁兴旺、吉庆有余。

3. 和合共生

莲花亦称荷花。荷与“和”“合”同音，“和”表示不同事物、不同观点的相互补充，“合”是共同的意思。“和合”语出《国语·管子》，是“相异相补，相反相成，包容协调，和谐共进”的意思。“和合共生”是充满哲理的发展思想，深刻表达了不同事物之间能相融相合、协调一致、共同发展的观念。

4. 一尘不染

莲作为佛教中的圣物，源于莲出“有”入“无”的超凡脱俗品性。莲花座代表着佛界的一尘不染，与佛教宣扬的“净土之地”吻合，被看成洗涤灵魂、静心修为的境地。莲的生长过程象征着一个人去除私心杂念，从此岸到彼岸修行成佛的历程。莲花的品性与佛教徒希望自己不受尘世污染的愿望是一致的，只有远离尘垢、得法眼净才能顺利进入净土世界。

（三）莲让人们享受文学艺术之美

在中国的文学作品中，描写莲的诗词歌赋、小说散文不计其数。莲也是画家常用的创作题材。莲很容易与创作者的心灵产生契合，让人们从自然和生活中发现美、感受美、挖掘美、描述美，从而在体验生活中热爱生活、敬畏生命。人们在精神上产生的艺术享受，往往高于物质上的享受，人们从这些精妙的文字和精美的绘画中，能够捕获其中蕴含着的人生意义和哲理。

读古今万卷书，品人间万种情。在中国浩瀚的描写莲的文字中，绘尽了莲在春夏秋冬的不凡风姿：春天来了，虽然荷花还没盛开，但“小荷才露尖尖角，早有蜻蜓立上头”（杨万里《小荷》），似乎是在等待着盛开的希望；到了夏天，“四面垂杨十里荷。问云何处最花多”（苏轼《浣溪沙·荷花》），人们观赏着“千顷芙蕖放棹嬉，花深迷路晚忘归”（范成大《夏日田园杂兴》）的盛景，“误入藕花深处。争渡，争渡，惊起一滩鸥鹭”（李清照《如梦令》），即便到了秋冬，也是“秋阴不散霜飞晚，留得枯荷听雨声。”（李商隐《宿骆氏亭寄怀崔雍崔衮》）

也有描写莲塘景象的：“乱入池中看不见，闻歌始觉有人来”（王昌龄《采莲曲》）。而民主战士朱自清先生目睹时局现状触景生情，忧国忧民，“心里颇不宁静”。他“忽然想起日日走过的荷塘，在这满月的光里，总该另有一番样子吧。”他看到“月光如流水一般，静静地泻在这一片叶子和花上。薄薄的青雾浮起在荷塘里”，就像“光与影有着和谐的旋律，如梵婀铃上奏着的名曲”，“只不见一些流水的影子，是不行的。这令我到底惦着江南了。”

还有描写采莲情景的：“秋江岸边莲子多，采莲女儿凭船歌”，“试牵绿茎下寻藕，断处丝多刺伤手。”（张籍《采莲曲》），“采芙蓉，赏芙蓉，小小红船西复东。相思无路通”（袁正真《长相思》）。

更多的是用莲花的形象来比喻人的品行，如苏辙《菡萏轩》诗云：“开花浊水中，抱性一何洁。朱槛月明中，清香为谁发。”抒发了对荷花品性的敬重情怀。北宋黄庭坚在《次韵中玉水仙花二首》诗云：“淤泥解作白莲藕，粪壤能开黄玉花。可惜国香天不管，随缘流落小民家”，表达了作者对同类之士的同情之心、感伤之情；晚唐诗人李商隐在《赠荷花》里说：“世间花叶不相伦，花入金盆叶作尘。惟有绿荷红菡萏，卷舒开合任天真。此花此叶长相映，翠减红衰愁杀人”，这几句诗表达了诗人感叹叶和花有着共同合作的情景却有不同的命运。唐代温庭筠更是把莲描述成洛神来仪，“应为洛神波上袜，至今莲蕊有香尘。”诗人爱恋佳人的梦幻情怀，生活中丝丝甜甜的意味，骤然跃于字里行间。

中国传统写意画很讲究题材本身是否具有拟人的品行和内涵，莲花纯洁、高雅、独立的品行，满足了画家们的要求。古今许多画家不仅能画，还能把诗、书、画、印配合得宜、融为一体，展示了中国绘画艺术独有的风尚。他们以莲入画，或自拟或誉人，留下了许多宝贵的精神财富。用莲花做建筑物上装饰纹理，大约在西周时期开始出现，到了春秋中晚期，莲花纹在青铜器上经常看到。东汉末期，佛教传入中国并且广泛扩散，莲花更成了画家们常用的作画题材之一。到了隋唐，莲花在诗画中有了君子花、凌波仙子、水宫仙子、玉环等美称。五代十国以后，莲花开始大量出现在画家的画中。到了宋元时期，一些画莲花的大家为世人认知，并且有传世经典名画为人敬仰。明清时期及以后，莲花入画达到一个高峰，无论在艺术成就上，还是在精神内涵层面，都达到了前所未有的高度，对日后莲花艺术画的发展影响深远。明代著名书画家徐渭以独特的笔触，开创新的画风，将传统的文人画作提高到了一个新境界，其画作《荷》题有“拂拂红香满镜湖，采莲人静月明孤。空余一支徐熙手，收拾风光在画图”的高雅诗句，契合了文人雅士的气质。中国近现代著名艺术家吴昌硕，作画莲花笔蘸墨浓、饱含深情、一气呵成，画、字、印相得益彰，以画表形、以字传神、以印明义，形神义兼备，使人赏之难忘。他的《晚荷》画作题有“避炎曾坐芰荷香，竹缚湖楼水绕墙。荷叶今朝摊纸画，纵难生藕定生凉”的诗句，表达了作者的志向和情怀。著名近现代画家齐白石对荷花也颇有研究，认为画荷必不能拘于窠臼，要画其天然之势，得其精神之妙。他的红花墨荷画作，一改传统文人雅士的画风，用平民的视角、浓烈火热的色彩，表现普通百姓的生活状态和理想；他的《欲语秋荷》，从独特的时间角度，表现出作者对喜爱的莲和依依之情。齐白石画莲花一任莲花的天性，画风大方随意、运笔雄浑滋润、色彩浓艳明快，诗情画意凸显画中，充满了生活情趣和对生活的热爱。

在博大精深的中国文学作品中，涉及莲的数量之多、内容之广、层次之丰富，给人们带来的精神享受，非其他植物题材所能比拟。与莲有关的诗词颂文，只有中国文字才能产生独具特色的情感体验。莲花入景入画，托景抒怀，人们往往能从平面静止的写意画中，读出立体的灵动与深邃的人生内涵。人们从文学艺术的层面真切地感受到了荷花的“碧、挺、直、立、香；雅、洁、真、尊、强”品质。这种艺术表现力、视觉冲击力，给人的心灵震撼，数汉字民族为最。

（四）莲的形象清雅高洁，象征人格高尚

“出淤泥而不染，濯清涟而不妖，中通外直，不蔓不枝，香远益清，亭亭净植，可远观而不可亵玩焉。”北宋周敦颐对莲花最著名也最为形象的描述，使一代代中国人都能从中解读出不同的人生意义和象征寓意。莲花的形象历来为仁人志士所爱戴，战国时期楚国著名诗人、政治家屈原在《离骚》里有：“制芰荷以为衣兮，集芙蓉以为裳。”诗人借用莲清雅高洁的形象，用浪漫主义手法表达了自己的爱国情怀；唐朝文学家陆龟蒙的《白莲》一诗中“素花多蒙别艳欺，此花端合在瑶池。无情有恨何人觉？月晓风清欲堕时”，描写了莲花喻义做人的高洁，表达了自己忧国忧民的思想；唐代著名诗人李白在《经乱离后天恩流夜郎忆旧游书怀赠江夏韦太守良宰》长诗中云：“清水出芙蓉，天然去雕饰”，意思是做人要像那刚出清水的芙蓉花，质朴明媚，毫无雕琢装饰。不同朝代的仁人志士不约而同地将莲花美丽的外表从多重视角进行描述，或感或伤，或思或忧，表达高洁情怀和高远志向。

人们有欣赏美的需要，所以莲花还常常被喻作亭亭玉立的仙女含笑伫立，如仙子凌波娇羞欲语，含情脉脉，形象优美，浪漫如霞。美好的形象寓意是相通的，莲花被喻作花中君子，象征着仪态端庄、行为高尚、光明磊落、洁身自好、人格高尚的人。具有莲花品质、莲花精神的人，被尊称为人之君子，如古代的屈原、李白，现代的鲁迅、周恩来等。大约因此，“莲”字自古以来就是人们起名字、号常用字之一。直到现在，对于莲字的解释都是赞美颂扬之意，极少用作贬义之称。

第二节　莲对人们有话要说

莲花虽然不像牡丹那样雍容华贵，不像兰花那样小巧清秀，也不像梅花那样傲然枝头，但她却默默地为酷暑中的人们散发着缕缕清香，抚慰着人们焦灼的内心，启迪着人们深度思考。莲花不择天成、不羡繁华，坚守内心和信仰，任尔繁华遍地，依然坚守如初。这并不是说莲因循守旧，相反，莲花精神充满了开拓与创新，莲花形象给人积极向上的力量。

莲花寄托人们脱俗入雅的心愿和崇高的追求。莲花蕴含着独特的内涵，有着思想深刻的植物花语要对人说。

一、根的话

莲的根有主根和不定根之分。主根不发达，不定根成束环状生长在地下茎四周。不定根不断更新，幼根呈白色，老根深褐色，在鲜藕刚刚出泥时清晰可辨，等到鲜藕成熟上市、估价出售时枯萎脱落。不定根深埋于泥土之中吸收水分、养料，还起到固定支撑整个植株的作用。在莲的整个生长过程中，不定根一直发挥着重要作用。

“秋至皆零落，凌波独吐红。托根方得所，未肯即随风”（唐·郭恭《秋池一株莲》）。人们在观赏莲花美丽的外表，食用莲藕、莲子做成的鲜嫩可口的美食之时，谁也不会注意到深埋在污泥中的莲根。即便是人们在挑拣鲜藕时，也会把那些毫不起眼的根须当成无用的碍事之物随意剥落丢弃。莲根坚守着初心而毫无怨言。莲根的植物花语就是坚守、坚定和坚持，体现了任劳任怨、不求名利、奉献自己的高尚精神。

二、茎的语

莲的茎为地下茎，即人们熟知的藕。地下茎埋在淤泥中横向生长。莲茎有节，节间膨大称藕，节部缢缩有须状不定根。莲藕中有细丝和孔道，细丝是藕专门负责输送水分的管道，很坚韧，不容易断。在显微镜下观察，就会发现它不是单根柱状的丝，而是由许多条更细的丝并列组成的，每一条藕丝都不是直的，而是螺旋状的，像弹簧一样。当我们把藕折断时，会看到有些藕丝并没有断，只是被拉得很长，一有机会，被拉长的藕丝还会自动缩短，这就是藕断了丝还连接的原因。藕丝不仅仅存在于茎中，在莲梗、莲蓬中都有，只是更细、更容易折断不容易被人发现。藕丝与藕丝彼此是相通的，组成莲花整株植物完整的养分运输通道。莲藕中孔道与叶柄、莲鞭等中的孔道相通，具有气体交换的功能，维系着莲水中植株部分生命活动。莲藕是莲的精华之一，人们把它当成精美的食物。莲藕的生长过程不能被人们感知，却让人充满希望而愿意为之守望。只有在收获的时候，莲藕被挖掘出淤泥，才能给人们带来连连惊喜和丰收的喜悦。

细密缠绵的藕丝，很早就引起文人们的注意。唐代诗人孟郊在《去妇》中写有：“妾心藕中丝，虽断犹牵连”；唐代诗人李商隐在《无题》诗中写道：“金蟾啮锁烧香入，玉虎牵丝汲井回”；隋代殷英童在《采莲曲》中写道：“藕丝牵作缕，莲叶捧成杯”；宋代张耒在《江南曲》中写道：“郎指莲房妾折丝，莲不到头丝不止”，“断肠默默两无语，寄情流水传相思”。这些优美且意境缠绵的诗句，都使后来人们经常使用的“藕断丝连”这一成语所比喻的当断还连的关系或感情更为含义深刻、意义丰富。

三、叶的义

汉乐府古辞《江南》中有“江南可采莲，莲叶何田田”，以及“灼灼荷花端，亭亭出水中。一茎孤引绿，双影共分红。色夺歌人脸，香乱舞衣风。名莲自可念，况复两心同。”（隋·杜公瞻《咏同心芙蓉》）等诗句，都是描述莲叶的观赏形态。莲叶为盾形或者圆形，顶生单叶，成熟的叶片很大，直径一般为 30～90 厘米，小的像一把蒲扇，大的有一张桌面那么大。叶子正面为绿色或蓝绿色，上有白色蜡粉，密生细毛，不沾水滴，不染泥土，自我净化能力强。叶脉呈放射状分布，叶片中央汇集，叶柄有气孔与地下的茎孔相通。莲叶是莲进行光合作用十分重要的器官，莲整株的生命活动所需要的能量，全靠叶子转化。春天到了，莲叶便不顾春寒料峭，刺破水面，尽情舒展，迎接阳光；秋天来了，残荷凄凄，折断下垂，终成指叶，指引着挖藕人的劳作方向。

莲叶的植物花语是独立和正义。唐代李商隐曾在《暮秋独游曲江》中写道：“荷叶生时春恨生，荷叶枯时秋恨成。深知身在情常在，怅望江头江水声”描写了作者看到莲叶从初生到衰败的表象，从莲叶的傲然独立生长的一生中联想到自己一生独自钟情于某种事物而产生的凛然情感。莲叶总是洁净如洗、不染微尘，“濯清涟而不妖”指的就是莲叶这种形象；莲叶一生都在奉献，春夏碧绿迎日光，为谁辛苦为谁忙？冬日脱落入泥土，化作花肥更护花。莲叶深明大义的奉献和牺牲精神、卓然独立的正义形象，常常引起人们的深思和类比。

四、花的喻

莲的花是这种植物的精粹，是人们观赏莲、喜爱莲、诗颂莲的最重要的对象。莲的花也称为莲花、藕花、荷花等，花形单生在花梗顶端，直径一般在 10～20 厘米，花朵硕大。莲花花瓣多数为白色、粉色和红色，朵与朵之间离生，花朵内包裹着海绵质花托。莲花开放的方式不同于梅花、兰花和牡丹等花集中连片地开放，而是一朵一朵陆续开放。单朵莲花的花期非常短，只有 3 天左右，但在荷花开放的季节我们总感到花期很长，这是荷花开放方式给我们的错觉。荷花开放的生物学特性，弥补了单朵花期短的不足。

莲花被人们类比做人的清雅高洁。莲花出尘离染，清洁无暇，只“可远观而不可亵玩焉”，人们从莲花寓意中比拟做人要清白、自立和自信。莲花有极少量是花朵并生，被人们称为“并蒂莲”。莲花并蒂是花中珍品，生长率十万分之一。并蒂莲形象优美，引人入胜，是忠贞、善良和美丽的伴侣化身。“青荷盖绿水，芙蓉披红鲜。下有并根藕，上有并蒂莲”（晋乐府《青阳渡》）的名句广为传颂。明代诗人冯小青也曾在诗中写道：“愿将一滴杨枝水，撒做人间并蒂莲。”表达了对并蒂莲的无限憧憬与祝福。

五、籽的强

花开凋谢，花瓣散落，留下倒圆锥形的大花托叫作莲蓬。莲蓬是莲的果实，被称为“聚合果”。莲蓬内成蜂窝状，一般有小孔15～30个，每个小孔有一枚坚果，叫作莲子。莲子味道清甜、营养丰富，去壳后由子叶中间夹生的绿色胚芽，就是莲心，它味苦，是一味清热解毒的良药，故有“莲子心中苦”之说。莲子坚果卵形或者近似球状，坚果成熟后外壳变坚硬，水分和空气不易透入，能长期保存，故有“千年莲子能发芽”之说。中国古植物学家研究表明，上千年的古莲子发芽率可高达90%以上，一般植物的种子在常温下的有效生命期为两三年，而莲的种子的生命力却如此之长，实在令人叹为观止！这是因为其本身的组织结构以及内在的生命力。在我国仰韶文化遗迹中，人们曾经发现了两枚古莲子，有超过3 000年的历史，经检测仍然有生命力。由于过于珍贵，被珍藏起来未进行栽培实验。1923年，日本的一名学者在辽宁省新金县进行地质考察时，发现了泥炭层的古莲子，培养发芽并栽培成功。随后在我国及世界各地又陆续发现了为数众多的古莲子。莲子是莲孕育而成的下一代，继承了莲的全部基因，一旦时机到来必将在自己的生命里绽放新的光彩。

莲子的植物花语是强，坚强、顽强之意！莲子成熟后，与其他植物的种子一样，脱离于植株，失去植株的保护，被抛撒在恶劣的环境中，只有莲子能抵御千年的不良环境、不利条件，当生命被唤醒的时刻，便能初心依旧，诞生神奇。莲子能记载千年的历史，古莲子能孕育千年的生命，这种“强”是多么的伟大！

万花皆有语与人，唯有莲花最丰富、最深刻！莲以其独有的成长方式和独具特色的形态特征，令其跃然于万花之上，成为人们寄托情怀、感悟生命、思考人生价值的不可替代的意象植物。莲在开花时果实已经完整孕育而成，蕴藏在莲蓬中；莲叶在刺水而出时根已为其备足营养；种藕在播种时已萌发出叶芽和花芽，这种独特的生物性以及其紧密连接的关系，为我们揭示了一条寓意深刻的人生哲理：凡结果皆有起因，有规则才会壮丽。莲花逸群出淤、洁身自好，身处污淖、体濯清水却永远不忘初心。莲花在生命的逆境中，每每坚守着内心的孤独、笃定内心的信仰，孜孜以求，不断追寻真理。每当烈日炎炎、酷暑难挨之时，正是莲花盛开的季节。莲花甘于忍受孤独，静于酷烈。在湖畔塘边、绿水秀映处，清风徐来，碧波荡漾。莲花粉红淡紫相间，莲香香远益清，令人赏心悦目，美好就此定格。莲花，带给人们寓意深长的无限思考。

第三节　君子如莲内外兼修

“君子”一词最先见于《易经》一书，是治理之人的意思。到了春秋战国时期，著名的思想家、教育家孔子为其赋予了道德层面的意义，自此“君子”一词便有了德行之意，常常比作品德兼修、人格高尚的人。“君子文化”是中国优秀传统文化中不可或缺的一部分。“君子”是儒家论述的中心和重点，为了辨清“君子”形象，常与“小人”比较而论，从道德修养、人格理想、义利观和行为观等方面区分。“君子”的对立面就是“小人”，通过反复描述对立面，间接树立正面形象，这是采取了一种极为高明的理论技巧。“小人”在古代并非完全是贬义词，而是指一些社会地位低微的人。用对比的方法阐释，使得君子这一人格思想更加鲜明了。

2014 年 6 月 13 日光明日报头版发表了《君子文化与社会主义核心价值观》一文后，在社会各界引起强烈的反响。文中说：“君子”是中国优秀传统文化的重要范畴，是数千年中国优秀传统文化塑造和推崇的人格范式，是中华民族理想而现实、尊贵而亲切、高尚而平凡的人格形象。文中呼吁要在全社会“开垦君子文化沃土，收获精神文明硕果”。余秋雨在其专著《君子之道》说，世界上其他一些民族，在集体人格上有自己的文化标识，比如绅士人格、骑士人格、浪人人格、牛仔人格和圣徒人格等，而中华民族集体人格的文化标识却是模糊不清的。集体人格之间很难全然借鉴与融合，这一方面是由传统文化的归宿性决定的，另一方面也说明传统文化具有地域性和民族集体追求的差异性。集体人格的文化标识应当有一个容易使人理解和记住的符号，只有这样，集体人格的文化标识才能有持久的生命力。

一、莲花遗世因独立，君子处世当自强

雨中一枝莲，“遗世而独立”。千年古莲子能发芽，不仅是生命的奇迹，更是莲内心具有对生命渴望的持续绵长的生存动力。具有君子范的人首先应该意志坚定、思想独立、自尊自爱、自强不已。《易经》曰：“天行健，君子以自强不息；地势坤，君子以厚德载物。”君子处世，犹如苍天一样，刚毅坚韧，发愤图强，永不停息；君子为人，应如大地一般，厚实和顺，容载万物；君子修为，应像莲花一样光彩照人，磊磊光明，站则直、行则持、守则久、思则长。君子，德才兼备，有勇有谋，有所为有所不为，穷则独善其身，达则兼善天下，这是两千多年来中国人不断追求的理想人格。

古今中外，具有莲花品质自强不息的君子之人许多。越王勾践卧薪尝胆，三千越甲可吞吴，成为春秋时期一位霸主。勾践已成为不惧怕失败与耻辱，敢于拼搏，自强

不息的形象；张海迪身残志坚，自学成才，著书翻译，堪称时代楷模；德国的贝多芬，少年不幸，青年疾病，两耳失聪，仍自强不息，创作《欢乐颂》，不向《命运》低头，《奏鸣》了生命的强音；1898 年，清政府屠杀了变法维新的谭嗣同等六人，谭嗣同在英勇就义前，留下了“我自横刀向天笑，去留肝胆两昆仑”的悲壮豪言，这种为了正义视死如归的精神，正是自强不息的典型。

二、莲花只待香满池，君子舍利取正义

“身处污泥未染泥，白茎埋地无人知。生机红绿清澄里，不待风来香满池”（陈志岁《咏荷》）。藕的根深浸埋在泥土中，不管所处的环境如何恶劣，总按照自己的规划生长，一生深耕，从不为显赫，只为花和叶能够“中通外直，亭亭净植”，为的是整株能够健康生长、不断进化。藕的根茎膨如孕繁之累，只为义重愿为基，这是明天理、知大义的表现。“君子喻于义，小人喻于利”（《论语·里仁》），这句话表明君子与小人价值取向不同，君子晓以大义，小人动以益利。君子遇事必辨其是非，小人则算计其利害。君子判断的标准是道德、道义和良心；小人则以自身利益为判断标准，近我者利，远我者失。汉代杨雄言：“君子于仁也柔，于义也刚”，一柔一刚，合成道德，然后合成君子。

从大处讲，喻于义首先要有正确的世界观、人生观和价值观，能从整体上考虑，站位高，目光远。君子能从民族大义出发，热爱祖国、热爱人民，懂得历史、热爱文化，能够自觉践行社会主义核心价值观。从小处说，生活中能遵守社会公德，遵纪守法，尊老爱幼等。

三、君子坦荡如风过荷塘

“接天莲叶无穷碧，映日荷花别样红。”（宋·杨万里《晓出净慈寺送林子方》）、“暑天胜似凉天好，叶气过於花气清”（宋·释文珦《东湖荷花》），内心通达、行为正直的莲花形象光彩照人，精神风貌奋发向上。荷叶田田照有影，风吹阵阵有回声，莲花从不隐匿纳垢，坦荡有形，风过有声，光澈有影。“君子坦荡荡，小人长戚戚”（《论语·述而》）是我们常常听到的一句名言，君子胸怀坦荡，光明磊落，不忧不惧，行为像春风吹拂，清爽和畅，像秋月挥洒，皎洁光华，与人常为善，与人为真善，坦荡无私。小人长戚戚，天天计算自己得失，受各种利欲驱使，经常陷入忧虑之中，对自己有利的事斤斤计较，对别人有利的事态度模糊支应、模棱两可、言不由衷。

“君子掩人之过以长善，小人毁人之善以为功”（《群书治要·体论》）。君子为人厚道和善良，不到处宣扬别人的缺点不足，小人常常打听小道消息，传播不实之词而津津乐道。我们在生活中也经常遇到这两类人，一类人行为大方，公而忘私，关心别人，关照别人，共同发展；另一类人为人小气，斤斤计较，睚眦必报，事事争强，稍

不如意，轻者背后议论，刁难使绊，重者污蔑陷害。

四、莲花无垢身自洁，君子三省吾自身

“天机雪锦织鲛绡，艳朵亭亭倚画桥。无垢自全君子洁，有姿谁想六郎娇。”（宋·董嗣杲《荷花》）莲花从种植到采收，病虫害少，很少需要施肥、打药，栽培管理上也很容易。莲的适应性强，对环境要求不高，这与莲的生物特性和自身免疫力有关系。莲的自我洁净能力非常强。在中国传统教育中，具有君子范的人也应该像莲花一样时常检讨自己，修身养性，修炼自觉，“不用扬鞭自奋蹄”。“人非圣贤，孰能无过?”，唐太宗《诫太子诸王》：“君子、小人本无常，行善事则为君子，行恶事即为小人”。君子和小人之分，与人的年龄、性别、身份、地位、金钱和财富等无关，与个人的修为、人格、道德和良心有关。君子小人之间的界限不是恒定不变、泾渭分明，不是终身制，所以常“省吾身”，是每日的必修课程，也是终身课程。“君子耻不修，不耻见污；耻不信，不耻不见信；耻不能，不耻不见用”（《荀子》），君子“闻过则喜”（秦孟轲《孟子·公孙丑上》），这是中国古代的君子自我检讨修行的基本要求。

亭亭玉立的莲，像一个形象伟岸的君子，对待自己的不足和缺点，从不掩过饰非，也不妄自菲薄，不与世俗同流合污。“静坐常思己过，闲谈莫论人非”（清·金缨《格言联璧》），君子有了过错时总是先从自身找原因，实事求是，敢于承担责任。小人在过错面前常常是推卸责任，不承担责任，强词夺理，巧舌如簧，埋怨别人，归因于客观与别人，不正视自己的过错行为。

五、君子独处如莲荷，守正不挠自巍峨

莲的“直”与“立”的形象，最能映照“君子独处，守正不挠”的君子形象。莲花不蔓不枝寓意人的品行，不攀附权贵，守正不挠。“守正不挠”这一成语出自于东汉时期班固所著的《汉书·刘向传》，原话是：“君子独处守正，不挠众枉”。形容做事坚守正道，不屈从权势、亲情、友情等各种关系。这里的正道指的是法律、法规和各种规则，更是深藏于内心的长期修为，符合人们所要求的道德规范。

君子守正，坚持正义，言行一致，从不在人前一套人后一套；小人则见风使舵，言行不一，当面一套，背后一套，见人人言，见鬼鬼话。具有莲花品行的人，可称为诤友，行君子之事，不管身处顺境与逆境，总能坚守，自成巍峨。

六、荷荷相立融而不冗，君子之交淡如水清

青荷许水，如淡淡私语，水莲相融，似轻轻手握；荷荷相立、叶叶相连，有莲心之相连，无敷衍之苟合。水润荷，滋润而不争，水位卑，为善而不弃。“君子之交淡如水，小人之交甘若醴”（《庄子·山木》）。君子之交，相互宽容理解，互不苛求，不强

迫、不嫉妒，就像清水一样清澈透明，就像海洋一样容纳百川，这是一种真正的友谊，平淡从容，持久绵长。小人之间的交往靠的是阿谀奉承，追求物质享受，在一起花天酒地，就像蜜酒一样甜美，实际上却是腐烂的，容易让人堕落，容易分崩离析。

朋友之间的交往要有一定的距离，朋友之间的友情应是一幅漂亮的油画，远观美丽，近看则是杂乱无章的色彩。距离产生美，过近则伤，过远则生隙，适当的距离也是考验友情的试金石。这种“淡如水”的君子风范，即使放到现在的政治、经济、生活中来看，也具有重要的现实意义。

七、不畏久居樊笼困，应如莲子有精神

不畏惧百年千年之久困，一旦生命萌发将永不停歇。莲的生长从不畏困难，春寒料峭初，即盘旋生长，直至成功。“君子固穷，小人穷斯滥矣”，这句话出自《论语·卫灵公》：“固”是安守之意；“斯”为即、就之意；“滥”是为人处世没有操守，胡作非为的意思。君子在贫困中能坚守自己内心，规范自身行为，独善其身。小人到穷困时就会胡作非为，丧失道德，礼崩乐坏，行为乖张，不计后果，不讲道德，不讲规则。

怀才不遇之感伤，皆缺莲子之信仰。人生悠悠几十年，也许人在最穷困潦倒的时候，谁说不是“天将降大任”的考验呢？在当今商品社会，各种思潮泥沙俱下，各种现象层出不穷，一个人如果没有固守的道德底线，不仅很难耐受贫寒，也很难享受富贵。发达繁荣的商品社会，必须有严格的商业道德和规范作为保障，否则，在面对各种诱惑的时候，小人的思想和行为常常使人偏离人生正确的航道，做出缺德甚至违法犯罪的事情。

八、同根同茎同一孔，互不相染道却同

远观翠成景，芳华各不同。青叶相依恋，花蓬心相通。元代的丁鹤年在《竹枝词》中描写到：“水上摘莲青的的，泥中采藕白纤纤。却笑同根不同味，莲心清苦藕芽甜。”君子规范所说的“和而不同”是追求内在的和谐统一，而不是表象上的相同一致，“和”的精神是以承认事物的差异性、多样性为前提的，不同事物之间并存与交融，相成相济，互动互补，但每个个体又保持着鲜明的独立性，能牺牲自身的部分利益维护着整体的统一从而生生不息。“同而不和”则是排斥异己，消灭差别，为了自身的局部利益相互利用，这种单一性倾向一旦涉及自身重要利益，势必各自盘算，相互算计，最终必然导致事物发展停滞直至消亡。

“君子和而不同，小人同而不和。”（《论语·子路》）君子相交，应有容人的雅量与坚持己见的操守，互相取长补短，不趋炎附势，不画地为牢，不同流合污。小人滥交，画定圈子，必为谋利，依附强权，表面上强求一致，其实各怀损他利己之鬼胎。

九、精彩莲花担责任，君子困中责自身

绿叶光合转化能量，横茎负责输运繁忙，莲花孕育下代成长，莲根团结汲取营养。亿万年来，地球上灭绝的生物不计其数，莲却顽强生存演化，此间环境变化、形势严峻可想而知。莲一定不像其他生物一样归因于外在因素，而是从自身找原因，主动突变进化，适应外界环境的复杂变化。在面对困难时，也由于莲各个部分有机配合，承担功能，分担责任，不推卸、不羁绊，才成就了莲生命的精彩。

"君子求诸己，小人求诸人"（《论语·卫灵公》），意思是说君子要求自己在遇到矛盾或身处逆境时，先归因于自身，再分析客观环境因素，慎重推及别人；小人却总是先从别人身上或者外界找原因，对自身原因和错误不分析、不克服、不改正。孔子认为君子能够通过反省提高德行，通过修为完善自我品格，小人有错总要推诸他人，或文过饰非，不能正视自己的缺失，与事与己毫无裨益。

十、莲花塑形在于信，君子养心善于诚

无信则不连，无诚则不和，人之交往，诚信是基础。莲根不诚无以立茎，茎之不实无以成花叶，莲子不守无以莲生命，花叶不信无以至根茎。正因为"诚实守信"才成就了莲的奇迹。莲的诚信品德正是君子修养的恒久目标。"君子养心，莫善于诚"这句话最早出自《荀子·修身》一书，意思是修为个人的品德，最主要的内容是诚信。左丘明在《左传·昭公八年》中说："君子之言，信而有征；小人之信，僭而无征"；周敦颐认为："诚，无常之本，百行之源也"；黄宗羲在《孟子师说》更直接说道："诚则人，伪禽兽"；孟子道："诚者，天之道也，思诚者，人之道也"。

民无信则不立，为人处世，应该恪守诺言、言行一致、表里如一、中通外直。如果要别人诚信，首先自己要诚信。莎士比亚说"隐瞒真实，就是骗自己"。我们中国人追求的是：君子一言，驷马难追；一言九鼎，一诺千金；言而有信，金口玉言等诚信品格。韩非子在《外储说左上》一书记载了《曾子杀猪》的诚信故事，说明了古代哲人重视诚信的培养，并且身体力行。

在中华文明历史进程中，集体人格的标识曾经出现过很多，但是，直到今天还没有一种为世人所普遍认可，也没有一个集体人格识别的符号。君子人格应当成为中华民族集体人格的文化标识，莲花能够成为集体人格文化标识的识别符号。"君子谦谦"的形象应该成为中国人集体人格的外在表现，君子人格的内涵应当是莲花一样的内在品质。

但这并不等于说君子人格就自然而然地担负起使命了。从古至今，君子只用来形容少数"正人君子""仁人志士"等那些在常人看来高不可攀的大人物，与普通人关系不大。君子的意义被历代儒家大师释义和填充，越来越像天上的明星一样，让大众可

望而不可即。所以，现代社会必须对君子人格的内涵进行革新、创造和丰富，使之去精英化、去神圣化，成为人人皆可修身养性的标准。还要有一种人人可以看到、触摸到的具体事物，能生动而形象地展示在人们面前。莲显然就是最适合、最恰当、最好的选择，因为其具有与君子人格倡导的内容一致的内涵。

莲花悠久的历史渊源象征着中华民族历史的长度；莲花优秀的内涵品质象征着中华文化积淀的深度；莲花崇高的进化标尺象征着君子人格修为的高度。弘扬中国优秀传统文化，凝聚中华民族精神，提升民族伟大的创造力，关键在于充分挖掘“莲花形、君子范”内含的精神价值，发挥其正向引导作用。我们倡导君子文化，就是要充分挖掘中国传统文化中的优秀基因，表达出屹立于世界民族之林的集体人格优势，让具备君子之风范的莲，成为我们中华民族闪亮的集体名片。

第二十二章　牡丹传奇

卜算子·牡丹

洛水育雍容，富贵群芳首。祥瑞飞花香满堂，摇曳霓裳抖。
黄紫不媚俗，碧粉柔情有。国色天姿动京城，美艳衡长久。

有一朵花，同中华民族有着割舍不断的联系，纵然跨越时空，她的每一次绽放，都给我们带来不小的震动；她的每一次演进，都给我们带来欢欣和希望。她穿透时光与信仰，跨越物质与精神，与我们民族生命交织，轮回不息。这是怎样的一朵花，让我们每个中国人如此执着、长久地钟爱，并把她尊奉为“国花”呢？

第一节　梦里花落知多少

牡丹花朵硕大饱满，色彩艳丽夺目，寓意雍容华贵，为中国人所喜爱，是公认的“花中之王”。可你知道她从哪里来，为什么叫牡丹吗？牡丹的原始栽培品种都是白色的花瓣，历经怎样的机缘让她从“素颜朝天”到“五彩斑斓”，从默默无闻到轰动京城呢？牡丹栽培从中医药用到大众观赏，又走过了怎样的漫长征程，它们之间的联系与区别是什么？最后人们把牡丹的花语定格为什么？这许多问题，我们一一为你解读。

一、牡丹溯源

牡丹遍及全国各地，原为野生，后由爱花人移为家养。在植物进化历史中，芍药属的牡丹全部原产于中国，主要分布于中国的东部、青藏高原的东南部和秦巴山地，距今几千万年或更长的时间。我国对牡丹人工栽培历史的文字记载，在 1 600 多年前就有了。

南宋历史学家郑樵在其著作《通志》中说："牡丹初无名，依芍药得名，故其初曰木芍药。"从这个文献记载中可知，秦以前仅有芍药记载而无牡丹之说。我们的祖先用智慧的双眼认识牡丹，是从她的药用价值开始的。汉代医书《神农本草经》中就有对牡丹的记载："牡丹味辛寒，一名鹿韭，一名鼠姑，生山谷。"这也是"牡丹"这个名字第一次被使用，以后的文献记载就屡见不鲜了。牡丹名称的由来，大体上是说牡丹虽结籽而根上生苗，用现代的话说就是无性繁殖，所以称作"牡"字，"丹"字来源一说是牡丹根的红色，又说是牡丹花瓣红色为丹。

中国是世界牡丹王国，目前世界范围内栽培的牡丹，一般认为都是用中国原产牡丹，以及野生的黄牡丹、紫牡丹三个品系为亲本选育出来的。牡丹原始群落在中华古老大地上繁衍生息、自然进化，最后逐步形成了今天的四大牡丹种群，即黄河中、下游地区的中原品种群；兰州、临夏、临洮等地的西北牡丹品种群；长江中下游的江南牡丹品种群和四川彭州的西南牡丹品种群。我国牡丹园艺品种体系，从历史发展上看是由中原品种群一条主线和西北品种群、江南品种群和西南品种三条副线发展演化而成的。

牡丹在漫长的进化过程中，总共形成了九个原始品种，即：矮牡丹、杨山牡丹、紫斑牡丹、卵叶牡丹、四川牡丹、狭叶牡丹、黄牡丹、大花黄牡丹、紫牡丹。其中的紫斑牡丹和矮牡丹的野生分布区主要在黄河流域或黄土高原地区，而杨山牡丹则主要分布在江南。我们今天所能看到的五彩斑斓的牡丹，就是由这样三种素面朝天的牡丹通过杂交演进而来。其他牡丹原始品种的基因参与度非常之低，或者干脆没有，这也给我们今天利用现代技术，打破基因界限，培育新品种留下了契机。

纯黄色的牡丹比较金贵。含有黄色基因的品种是黄牡丹和大花黄牡丹，其中大花黄牡丹是唯一有蜜腺的品种，仅产于米林、林芝地区的雅鲁藏布江河谷和山坡林缘地带，野外存活 6 000 株左右，是极珍贵的观赏牡丹和杂交育种材料。法国的牡丹育种专家利用从中国引进的野生黄牡丹与中国栽培牡丹杂交，培育出了享誉世界的金帝、金阳、金阁、金晃等一系列黄色牡丹品种。另外，大花黄牡丹的根是一种罕见的药材，因此一些人疯狂采挖，使该品种面临毁灭性的危险，所以保护工作日趋严峻。

二、观赏牡丹

观赏牡丹品种形成可追溯至隋代，《隋炀帝海山记》记载，隋炀帝"辟地周二百里为西苑……易州进二十箱牡丹。"因此，洛阳西苑就成了史上最早有记载的牡丹园，也是中国牡丹的第一个栽培中心，对于后来中国牡丹的发展有着巨大而深远的影响。

唐代，国力昌盛，人民富裕，花事也无比繁荣，中国牡丹的栽培亦兴旺发达。各地牡丹进献长安，在宫廷御苑栽植，给牡丹天然杂交带来可能。而最吸引人的那一抹红色，则是来自紫斑牡丹中斑点内所含的微量红色素，杂交扩散至全花瓣而来。这是多么美妙的机缘，成就了牡丹由“素颜朝天”到“五彩斑斓”的蜕变。唐代皇家钟爱艳丽的色彩，在他们的追捧下，红牡丹开始引领牡丹风尚，获得“朱紫尽公侯”的尊贵地位。其后几十年的时间，牡丹逐步演绎成了“比艳美人憎，价数千金贵”，“一丛深色花，十户中人赋”的花中贵族，唐都长安此时成为中国牡丹的栽培中心。著名诗人刘禹锡在《赏牡丹》诗中所写的“唯有牡丹真国色，花开时节动京城”，白居易在《牡丹芳》中的“花开花落二十日，一城之人皆若狂”，都是对长安牡丹兴起及都人赏花的空前盛况的生动描述。及至大周，武则天定洛阳为神都，对牡丹更加重视。据史料考证，著名的“洛阳红”牡丹品种，就是武则天从其山西老家引至洛阳的。天宝年间还出现了牡丹的培育和发展史上第一个专家宋单父，培育出了许多不同花色的稀奇品种，被唐玄宗赏识，称为一代“花师”。

到了宋代，牡丹栽培开始溢出宫苑，逐渐进入寻常百姓家。北宋时期的洛阳人特别推崇牡丹，他们开始运用嫁接技术繁殖苗木，一时间养花、赏花成为当时潮流。中国牡丹新贵品种，如“姚黄”“魏紫”“洛阳红”“玉千叶”等不断涌现，成就了“洛阳牡丹名冠天下”的美誉。欧阳修当年曾惊呼：“四十年间花百变！”并在《洛阳牡丹记》中写到“天下真花独牡丹”。北宋末年，陈州（今淮阳）取代洛阳成为中国牡丹的又一个栽培中心，并影响和带动相距不远的安徽亳州和山东曹州（今菏泽）的牡丹种植。南宋时期，政治中心南移，天彭（今四川省彭州市）很快成为四川乃至中国的牡丹栽培中心，无论种植面积还是赏牡丹的热潮都不亚于长安和洛阳。天彭牡丹品种优良，如彭州紫、丹景红、五重楼等，都具有株大、瓣多、花硕的特点，堪称天下之珍品。金、元时代中国各主要牡丹产区种植面积锐减，品种退化，牡丹发展进入低潮。

明代，安徽亳州、山东曹州两地相继成为中国牡丹栽培中心，这个时期还实现了牡丹的“催花栽培”。在“曹南牡丹甲于海内”的引领下，牡丹的商业气息明显浓了些。明末清初，曹州牡丹发展达到了高峰：“曹州园户种花，如种黍粟，动以顷计。东郭二十里，盖连畦接畛也”（清·余鹏年《曹州牡丹谱》）。清代蒲松龄在《聊斋志异》中也称“曹州牡丹甲齐鲁”。清朝时，北京牡丹栽培极盛，也是中国牡丹发展达到顶点而又衰落的见证阶段。后来到民国时期，整个中国的牡丹种植几乎丧失殆尽，中国牡丹衰落至底。

中华人民共和国成立以后，牡丹种植有了长足的发展。从规模上看，洛阳成为中国牡丹观赏旅游中心，菏泽则是中国牡丹种植繁育中心，亳州因其气候适宜而成为药用牡丹种植中心。牡丹的现代化育种、栽培技术的应用，使其成为世界花卉交易中最抢手的品种。牡丹文化也被人们重视起来，出现了大批牡丹研究专家和工作者，涉及教育、医药、哲学、民俗、文学、艺术等诸多文化领域。

三、牡丹花语

牡丹与中国传统文化密不可分。传说身为大周天子的武则天冬日饮酒，为彰显权利，令百花开放，结果它花尽开，唯牡丹抗旨未发，随被贬洛阳并施以火刑。牡丹根枝虽被烧焦，但脉息尚存，第二年春浴火重生，花开绝代，这便是“焦骨牡丹”的传说。由此，牡丹不惧淫威、不畏权贵、坚贞不屈的品格被传诵至今，正与中华民族气节相吻合，洛阳牡丹“天下第一”的美称从此而定。

今天的牡丹花型宽厚、颜色鲜艳，寓意着圆满、浓情、雍华富贵；早发晚开的生长特性，象征着生命的期待和爱心的付出。张抗抗所作《牡丹的拒绝》一文，描写牡丹花开花落情景，着力赞美牡丹的拒绝精神。文中的牡丹不慕虚华，对生命执着追求，被推崇为“国色天香”。牡丹在民间一直被视为富贵、吉祥、幸福、繁荣的象征，周恩来曾说过：“牡丹是我国的国花，它雍容华贵，富丽堂皇，是我们中华民族兴旺发达、美好幸福的象征”。

牡丹统领群芳，地位尊贵，也象征着高贵大度、典雅气质的人。牡丹花开因其颜色不同、季节有变，所以花语也有新意：红牡丹代表富贵圆满，紫牡丹代表难为情，白牡丹代表了高洁、端庄、秀雅、守信的人，绿牡丹象征着生命、期待、淡淡的爱和用心付出，黑牡丹则是死了都要爱的符号，粉牡丹雍容华贵，黄牡丹亮丽华贵而富有。

第二节　唯有牡丹真国色

作为中国传统的文化元素，牡丹历经沧桑巨变，早已融入中国人的生命之中。无论是生活的衣食住行方面，还是生老病死的轮回中，乃至精神世界的殿堂上，都或多或少地与牡丹有邂逅和交集，只是熟知程度不同罢了。当历史的画卷再次呈现在我们面前时，那布满牡丹花开的生活片段，那花香四溢中继承的传统文化，让我们心潮澎湃。

一、花开济世

药用牡丹栽培品种比较单调，是由杨山牡丹种群培育而来的，花多为白色，以根皮入药，称“丹皮”。《本草纲目》载：“滋阴降火，解斑毒，利咽喉，通小便血滞。”丹皮是著名国药同仁堂六味地黄丸的主要成分。现代研究表明，牡丹皮还具有抗菌、抗炎、抗过敏、抗肿瘤、提高机体特异性免疫功能。丹皮以安徽、四川产量大；而安徽铜陵凤凰山所产丹皮品质最佳，人称“凤丹”，是丹皮药材的地道产区。

牡丹可食用，用以加工菜肴，不仅味美清爽，而且食疗作用明显。宋代的人们开始食用牡丹，明代的《遵生八笺》有“牡丹新落瓣也可煎食”的记载，《二如亭群芳谱》则说：“牡丹花煎法与玉兰同，可食，可蜜浸”，“花瓣择洗净拖面，麻油煎食至美”。清代《养小录》记载“牡丹花瓣，汤焯可，蜜浸可，肉汁烩亦可。”现代的菜谱中，广为赞美的当属牡丹花银耳汤、牡丹花溜鱼片、牡丹花里脊丝等。

牡丹籽油不仅营养丰富还含有较多的生物活性物质 α-亚麻酸，具有活血化瘀、消炎杀菌、促进细胞再生、激活末梢神经、降血压、降血脂、减肥等作用。每天直接服用 6～10 毫升牡丹籽油，对增强自身免疫、预防糖尿病、防治癌症、防脑中风和心肌梗死、提神健脑、增强注意力和记忆力、预防与治疗便秘、腹泻和胃肠综合征等大有裨益。外用还对治疗口腔溃疡、鼻炎、关节炎、皮肤病有奇效。近年来，油用牡丹的开发和推广成为我国农业中的热门产业。

牡丹花具有保健功能，可制成牡丹茶、牡丹花露酒、牡丹饼、牡丹面膜、化妆品等等。牡丹花茶一般由黑、红、白三色牡丹花瓣加工而成，制作工艺烦琐考究，且成本高，所以目前市场还没大面积推开。含苞待放的牡丹花单泡清香怡人，搭配其他饮品更能体现谦和包容，如牡丹花 2 克、益母草 2 克、红茶 3 克，开水冲泡饮用；或牡丹花 3 克、茶叶 2 克、白糖适量，用沸水冲泡，兼具养血和肝、散郁祛瘀、美容养颜之功效，长此以往，便可气血充沛、容颜红润、精神饱满，青春永驻。

二、满园春色

每到春天，全国各地的牡丹相继绽放，人们在倾慕它秀韵多姿、雍容华贵的同时，亦被它娇艳绚丽、惊世骇俗的美深深吸引，不约而同地坐上飞机、火车、轮船，从天南海北，揣着焦渴与翘盼的心，跋山涉水，义无反顾地涌入牡丹园，赴一场品味、情怀俱佳的约会。人们的观赏热情也激发着从业人员的积极性，在牡丹栽培和育种方面不断取得新的突破，让牡丹更好地适应了时代的需求，着实令人欣慰。

现在各地牡丹品种繁多，单从花色来分，就有红、紫、黄等花系，其中尤以黄、绿花为贵。我们鉴赏牡丹，有流传于民间的《牡丹之歌》为依据：“姚黄是花王，魏紫是花后；赵粉为贵妃，豆绿为公主；最白是夜光，最高为凤丹；最奇是二乔，最黑是冠世墨玉；最早是藏枝红，最晚是假葛巾；最大朱砂垒，最小罗汉红；红是火炼丹，蓝是蓝田玉；最香是香玉，最艳是霓虹焕彩。”

安徽巢湖市银屏山有株据传已有千年历史的野生白牡丹。据专家考证，这株银屏牡丹纯野生，国内十分罕见，可以说是中国现存最古老的野生牡丹。这株白牡丹 2006 年一共开了 14 朵花，为此，巢湖市专门举办了为期 11 天的牡丹节。有关这株牡丹花的传说很多：一是北宋欧阳修就曾以诗句记载过此花，推算其年龄已越千年之久；二是千年以来它不长高、不枯萎，株型不变，容貌依旧；三是江淮地域内古老野生牡丹只此一株，实属罕见；关键是第四奇，即此牡丹花开显“灵性”，据传花开、花谢可预兆当年年景好坏，真是神奇。

山西古县三合村有称作“天下第一牡丹”的古牡丹，相传是唐代栽植，距今约1 300年，可谓古老。该牡丹丛围15米，株高2米多，冠幅达5米，花开400余朵，皆属全国之最。每年谷雨节后，花开当时，其姿绰约娇艳，色泽斑白如玉，花蕊含金，香气四溢。有观者状其形：“向者如迎，背者如诀，坼者如语，含者如咽，俯者如愁，仰者如悦”（唐·舒元舆《牡丹赋》）。此正是“若教解语应倾国，任是无情亦动人”（唐·罗隐《牡丹花》）。

另外，枯枝牡丹是最古老的牡丹品种之一，生长于江苏盐城，由宋代栽种至今。枯枝牡丹的特征是秋冬开花，不长叶，像牡丹花生长在枯枝上一样。寒牡丹品种“时雨云”与其最像，一般冬季开花，花型似荷，花瓣微褶，有白边或锦边，边缘多锯齿，房衣乳白色。江苏便仓产出的枯枝牡丹上品，以奇、特、怪、灵著称于世，与琼花、并蒂莲一道被誉为“江苏三绝”，每一绝都是花中奇葩。

三、栽培选育

牡丹属温带植物，在我国栽培历史悠久，具有广泛的生态适应性。牡丹性喜凉恶热，具有发达的肉质深根，除重盐碱地及低洼地外，一般土质都适合牡丹生长，尤以土壤深厚、富含腐殖质的沙质壤土最好。俗语有“春分栽牡丹，到老不开花”的说法，繁殖栽培时期都以秋季为最佳。给牡丹浇水一定要遵循“不干不浇、浇则浇透”的原则，看天气情况和植株生长状况酌情浇水，不可过湿，更不能积水。中国牡丹施肥有“清牡丹，浊芍药”之说。《花镜》一书记载“清”是指“十二月地冻，止可用猪粪壅之。春分后便不可浇肥，直至花放后略用干肥。六月尤忌浇，浇则损根，来春无花”。新栽植的牡丹不宜施浓肥，尤忌浇浓粪。

在许多牡丹观赏园，牡丹和芍药同栽培，且两者同属芍药属，其区别要看花茎、叶子、花型和花期。首先看花茎，芍药是草本，落叶后地面部分枯萎，亦称为“没骨花”，而牡丹却是木本花茎，落叶后地面部分不枯萎；第二看叶子，牡丹的叶片宽，叶表面绿中带黄、无毛，下表面有白粉，芍药叶片狭窄，叶子上下浓绿；第三看花型，牡丹花朵都是顶生，芍药花则是数朵并蒂而生；第四看花期，牡丹暮春三月开花，芍药较晚，多在夏初开花，有“春牡丹，夏芍药”之说。

在牡丹栽培事业中，河南洛阳崔月奇老人是个十足的牡丹迷，他30年前从白龙山挖回牡丹，把牡丹当成了自己的生命细心培养，30年才开花。如今每到冬天，他用煮好的牛骨汤来浇牡丹，精心呵护这株56岁的牡丹（相当于人有200岁），牡丹因着老人的心愿，盛开350余朵花，成就了“崔家牡丹王”的美誉。

牡丹新品种对于牡丹产业来说，是灵魂，是发动机。在这个国际竞争激烈的时代，我国建立了全球最大的洛阳伏牛山牡丹保护育种区，王连英科技团队开展了细胞学和分子生物学方面的研究，通过牡丹、芍药远缘杂交，已经培育出新的品种 15 个。近年来，在国际牡丹园高级工程师张淑玲带领下，经过 20 年的时间，从上万棵苗、几十斤种子中培育出 500 瓣的“老君紫”，把失传的宋代牡丹品种“魏紫”重现世间。

中国传统品种培育过程中出现了许多动人事迹。甘肃榆中陈德忠老人，听说国外纯黄色牡丹品种好于中国，这深深地刺痛了这位 70 岁老人的自尊心。年近七旬的他历经生死磨难，先后 4 次赴藏，最终培育出世界上第一株紫斑大花黄牡丹，取名为“炎黄金梦”。40 多年来，陈德忠成功驯化栽培了上百种野生牡丹，并通过引种、杂交，先后培育出 1 000 多个紫斑牡丹新品种，其中有 530 个品种获得国家专利，并在国际 PCT（专利合作协定）、美国专利认证中，创个人培育牡丹品种数量世界第一，着实令国内外牡丹界震惊！

四、民俗文化

牡丹是我国古典园林栽植的传统名花，与楼台亭阁、轩馆斋榭错落搭配，相得益彰，互映成晖，体现了“天人合一”的民族文化。在现代园林中，将时代植物文化内涵和城市绿地景观属性同时赋予牡丹，两者有机地结合，可以最大限度地发挥其形态与文化的双重美，充分展现地区景观文化特色。此外，牡丹还以盆栽和鲜切花形式登堂入室，给人们送来富贵吉祥和美意无限的祝福。

中国吉祥图案恪守传统、承载文化，是表现民族历史的艺术形式。中华先民正是通过这些直观可感的展现形式，表达他们对美满、富裕生活的渴望。长命锁用牡丹花纹样装饰外表，再錾刻“长命百岁”的祝福语，表现了人们给孩子辟灾去邪、“锁”住生命、“长命百岁”的理想情怀。传统的中式牡丹花卉图案布料做成的喜庆床单，被称为“新娘床单”“国民床单”，几十年前曾风靡全国。中国银行自 1992 年 6 月 1 日起发行 1 元硬币，其背面图案为牡丹花，是我国首次将花卉图案搬上流通硬币，再次验证了牡丹在中国自古至今受尊重的地位。1989 年 10 月，中国工商银行发行首张牡丹卡，它以烫金的牡丹花来表达工行人志在夺冠的勇气和信心；1994 年 10 月 14 日，工行将“牡丹”注册为牡丹卡商标，这是我国第一个牡丹卡注册商标。

牡丹是瓷器制作的重要题材，牡丹瓷是将悠久的牡丹文化与中国古老的陶瓷工艺有机融合后诞生的。宋代的“牡丹梅花瓶”、明代的“牡丹双鹤盘”以及清代的“雄鸡牡丹瓶”，再加上近代瓷都景德镇生产的“牡丹孔雀凤凰盘”“青龙牡丹唐草盘”“剔红牡丹孔雀盘”等，都是牡丹瓷中杰出的代表。这些牡丹瓷器有着典雅端庄的造型、极妍尽美的装饰、瑰丽绚烂的色彩，被誉为“永不凋谢的牡丹花”。在中国陶瓷传统“五大官窑”之后，洛阳牡丹瓷独具特色，引领着新派艺术，延续了中国陶瓷发展的历史，开创了中国陶瓷新纪元。同时，洛阳牡丹瓷不仅丰富了牡丹文化内涵，而且也成为创新牡丹文化的重要载体。国瓷国花永恒绽放，走出国门，香飘世界。

牡丹纹饰是古典建筑中不可或缺的部分，它赋予建筑生动的形象，又蕴含吉祥企盼。如甘肃临夏的“砖雕”、福建惠安的“石雕”、云南大理的“木雕”等，无不闪耀着牡丹的光彩，飘溢着牡丹的芳香。在客家文化中，常用牡丹、白头翁组成图案，雕刻在古建筑群的厅房上，寓意“富贵白头”，借以寄托人们的美好愿望。拱北是中国伊斯兰教先贤陵墓建筑，多是六角形重檐塔楼，其底层墙壁为砖雕牡丹图案，镌刻有《古兰经》经文和植物花卉，寓意深远。

牡丹花会起于隋唐，盛于宋朝，是中国古老的传统民俗活动。中国牡丹适逢盛世，每年 4 月是牡丹盛开的时节，中国洛阳、菏泽、彭州等地都通过举办盛大的牡丹花会来弘扬牡丹文化。牡丹花会期间，花城万人空巷，盛况空前。看花的人摩肩接踵，如痴如醉。在笑语欢歌里，人与万紫千红的花光汇成欢乐的海洋。“国运昌时花运昌”，历史又一次证明牡丹是当之无愧的“国民之花”。

第三节　诗情画意赞牡丹

牡丹端庄富丽的仪态，显得雍容华贵，引发人们无限的遐想。自古以来，文人墨客和民间艺人为之倾倒，创作出大量的诗词歌赋、民歌民谣、小说戏剧、绘画雕塑、电影电视等文艺作品，来歌颂牡丹的华美，赞扬牡丹的品格；同时，牡丹以其完美的艺术形象，陶冶着人们的高尚情操，滋养着人们的精神家园，进而形成了我国特有的、淳厚隽永的“牡丹文化”。

一、花开动京城

牡丹诗词内容广泛、思想深刻，在一定程度上反映了社会的文化时尚，是汇成我国史诗海洋的一支闪闪发光的支流。诗人或赞美或抒情，都表达对牡丹花的喜爱和依恋之情。据统计，专写牡丹的古诗词就有 240 余首，其中以唐代最多，宋代次之，近代和当代文人也写了不少牡丹诗文。

盛赞牡丹风格高尚、外表美丽的诗句很多，唐代刘禹锡《赏牡丹》诗云：“庭前芍药妖无格，池上芙蕖净少情。惟有牡丹真国色，花开时节动京城。”用芍药、芙蕖对比写牡丹花的艳美多情，更能突出牡丹令人喜爱之情。唐代皮日休作诗《牡丹》说“落尽残红始吐芳，佳名唤作百花王。竞夸天下无双艳，独立人间第一香”，明确了牡丹“花王”的地位和“人间第一香”的美誉。李正封的《牡丹诗》记述“国色朝酣酒，天香夜染衣”，把国色、天香均包括其中，自此“国色天香”便成为赞美牡丹花的专有名词。周敦颐的《爱莲说》中写有“牡丹，花之富贵者也”，“富贵花”因此而得名。清代刘灏作“何人不爱牡丹花，占断城中好物华。疑是洛川神女作，千娇万态破朝霞”的诗句，用神女和朝霞映衬着牡丹的美丽。北宋诗人李孝先的《牡丹》诗，颇能表达人们对牡丹的热情赞美：“富贵风流拔等伦，百花低首拜芳尘。画栏绣幄围红玉，云锦霞裳涓翠茵。天是有各能盖世，国中无色可为邻。名花也自难培植，合费天工万斛春。”

借牡丹作诗针砭时弊，揭露统治阶级腐朽的诗句也层出不穷。唐代诗人卢纶《裴给事宅白牡丹》诗中“长安豪贵惜春残，争赏街西紫牡丹”描写了豪贵们赏花作乐、不分昼夜、如醉如狂的情景。深知民众疾苦的大诗人白居易则大声疾呼“减却牡丹艳色，少回卿士爱花心”，借助于造化的力量为民请命。唐代诗人张蠙在《观江南牡丹》诗中，辛辣地讽刺道：“近年明主思王道，不许新栽满六宫。”白居易在其著名的牡丹诗《买花》中也说：“一丛深色花，十户中人赋！”更是一针见血地指出王公贵族的奢靡和堕落，并给以无情地揭露和鞭挞。

借花评述心志、寻找精神寄托的佳作不断。唐代诗人孟郊《登科后》说：“昔日龌龊不足夸，今朝放荡思无涯。春风得意马蹄疾，一日看尽长安花。”把诗人神采飞扬的得意之态描绘得活灵活现，并使其心花怒放的得意之情表现得更加酣畅淋漓。白居易在《白牡丹》诗中说：“白花冷澹无人爱，亦占芳名道牡丹。应似东宫白赞善，被人还唤作朝官。”还在《秋题牡丹丛》中写出“红艳久已歇”的不幸遭遇，和“幽人坐相对，心事共萧条”的凄楚心境。徐夤在《郡庭惜牡丹》中，抒发了对青春不驻的挽留和人生苦短的感叹：“断肠东风落牡丹，为祥为瑞久留难。青春不驻堪垂泪，红艳已空犹倚栏。”

写诗记述诗人种花、爱花、惜花的情景，真实心情再现的也有。白居易在《惜牡丹花二首·其一》中写到“惆怅阶前红牡丹，晚来唯有两枝残。明朝风起应吹尽，夜惜衰红把火看。”欧阳修在《洛阳牡丹图》中也写了洛人爱花的情况“客言近岁花特异，往往变出呈新枝”。陆游留给我们的“良辰乐事真当勉，莫道匆匆一片飞”诗句，反映了他栽牡丹、剪牡丹、赏牡丹的生活乐趣，并提出积极上进的主张。李商隐一首牡丹诗是写“醉花阴”的情景，十分生动、形象：“寻芳不觉醉流霞，倚树沉眠日已斜。客散酒醒深夜后，更持红烛赏残花。”

二、富贵牡丹

牡丹国色天香，美艳绝伦，是国画经常描绘的题材。历代画家饱含深情，倾注心血留下了大量画作，其意义不仅在于表现牡丹美丽的外表，还寄托了画家对美好生活的向往之情。

牡丹高贵的气质，或与花鸟结合，或与山石组景，都有着不同寓意。比如牡丹花与月季画在一起，有“富贵长春”的寓意；牡丹和海棠画在一起，寓意“满堂富贵”；牡丹与梅花、菊花、荷花、水仙等画在一起，意为“四季富贵”；牡丹与水仙画在一起，称为“神仙富贵”，寓意“神佑富贵、吉祥幸福”等。

画牡丹最早的记载是南北朝时的杨子华。此后，唐代边鸾画牡丹、五代徐熙画《玉堂富贵图》、北宋的《传宋苏汉臣五瑞图》、元代钱选《牡丹图》等，都是杰出的牡丹绘画珍品。明代的徐渭擅长用泼墨法画牡丹，艺术造诣登峰造极，堪称中国艺术宝库的奇葩，有人赞美道：“那几株白色的牡丹，不愧为牡丹王的称谓。看那伸向高天的钢枝铁骨，给你的是苍劲的骨感震撼。她高雅的身姿、舒展的傲骨、无暇的面孔，让你感到自己的卑微，感到她的霸气，感到她的高雅，让你不敢直视，失去了侵犯的勇气。”

近代，著名画家王雪涛画有大量的牡丹作品，其画作幅幅生机勃勃、神态各异，堪称经典；绘画大师齐白石画的牡丹画，用笔简练，常是寥寥数笔，却能生机盎然，催人奋进；大画家关山月画牡丹，主张要对它的组织结构、生长规律等属性有认知，即懂“画理”后再画，效果最好。现代画牡丹的大师还有号称“南国牡丹王”的李万、“中原牡丹王”的王宝钦、“牡丹王”的王少非等。

河南洛阳孟津县平乐村有着“中国牡丹画第一村”的称号，画牡丹深入人心，每年 10 万幅年画的销量，让牡丹成为画牡丹人的幸福之源。

三、牡丹之歌

中国牡丹文化底蕴厚重、种类繁多、源远流长，能为曲艺创作提供丰富的题材和肥沃的土壤。曲艺创作者要在熟谙牡丹艺术特点基础上搞创作，同时要冲破头脑禁忌，打破固化认知，大胆想象；更要善用现代意识去把握大众文化趋势，融合娱乐性元素，让作品充满创新和进取的精神，使中国的曲艺艺术获得崭新的生命力。

“中国曲艺牡丹奖”是曲艺界的最高奖。由中国文联和中国曲艺家协会共同评选，从获奖的全国性曲艺作品来看，绝大多数是以中青年演员为主，反映现实生活并深受广大观众的喜爱的节目。中国曲艺牡丹奖的设立，对树立曲艺工作者精品意识，提高曲艺创作和曲艺表演水平，促进曲艺艺术的全面发展，都有着显著的推动作用。

《牡丹亭》全名《牡丹亭还魂记》，是中国戏曲最著名的剧目之一。它与《紫钗记》《邯郸记》和《南柯记》合称“玉茗堂四梦”，其作者是与莎士比亚齐名的明代作曲家汤显祖。剧中主要景物是牡丹花，剧情歌颂了青年男女反对封建礼教、大胆追求爱情自由的精神。2014 年岁末，七大昆剧院团演出八个版本的《牡丹亭》，让这部艺术名作更加真切而广泛地呈现在现代生活中，真可谓是“开谈不说《牡丹亭》，读尽诗书也枉然”。江苏常熟尚湖风景区的牡丹亭里上演昆曲《牡丹亭》，能让游客真切体验到“原来姹紫嫣红开遍”“不到园林怎知春色如许”的文化意境。另有同名电影、电视剧以及歌曲等衍生作品，也颇受大众喜爱。

《牡丹之歌》创作于1980年，是故事片《红牡丹》中的一首主题插曲，词作者是乔羽。歌曲赋予了牡丹更多的人文精神，以花喻人，暗喻在改革开放中为祖国做出巨大贡献的领导和人民永不放弃、自立自强的精神，每一句歌词都让人们更深刻地体会到人生的坎坷与祖国的繁荣昌盛。2014年，洛阳牡丹花会时，王听智在他乡闯荡不能回乡赏牡丹，思念和喜爱之情交织一起，突发灵感，写下《洛阳欢迎你》《牡丹情歌》两首歌曲来迎接洛阳第33届牡丹花会。当然还有许多作品表达了中华民族对牡丹的喜爱和赞美之情，如王丽达演唱的《花开中国》，姚贝娜、王浩演唱的《牡丹花谱》，宋祖英演唱的《牡丹盛开的故乡》，曹芙嘉演唱的《你的名字叫牡丹》，祖海演唱的《牡丹颂》，田华演唱的《洛阳牡丹》等等。

第四节 国色天香好前程

牡丹是中国传统名花，不仅生长在中国广袤的大地上，也牢牢地扎根于中国人民的心灵深处，其跌宕的历史命运也映射着朝代的兴衰。今天，中国的牡丹沐浴春晖，极尽繁华，与大国崛起的情怀相通，与民族复兴的命运相连，正成为整个中华民族蓬勃向上、豪迈进取的精神象征。

一、花开世界美

牡丹花开中国，同样誉满世界。达尔文所著的《物种起源》一书，就曾以中国牡丹的人工栽培创造新品种为例，对“自然选择与人工选择学说”加以论证。世界各国人民都非常珍爱牡丹，并通过引种、杂交，让其在自己的国度繁育、传播。中国牡丹唐代传入日本，1330年传入法国，1656年传入荷兰，1820年进入美国，至今已有20多个国家栽培中国牡丹。

近年来，我国每年出口牡丹种苗200万株左右，远销欧洲、美国、加拿大、韩国、日本等国家和地区，单是“2016中国菏泽（春季）投资贸易洽谈会”签约总额就达216亿元。每年4、6月份，牡丹鲜切花上市，一周内就被来自世界各地的采购商抢购一空，后来者只能以芍药花代替，牡丹在世界上受欢迎的程度由此可见一斑。

值得一提的是，牡丹输入美国虽然较晚，但在牡丹育种和普及上走得较快。以桑德斯为代表的一批育种家们成功地把原产中国的黄牡丹和紫牡丹与日本牡丹品种杂交，获得了深红色、猩红色、杏黄色、琥珀色、金黄色和柠檬黄色等70多个新品种，桑德斯被誉为“现代牡丹芍药杂交育种之父”。

二、产业好前景

牡丹在我国各地栽培面积持续增加，种植范围逐渐扩大，人们也越来越重视牡丹的政治、经济、社会、文化影响。尤其在今天，随着美丽乡村建设的深入和精准扶贫力度的加大，牡丹的文化服务、医疗保健等功能得到很大的开发，给牡丹产业化带来新的发展契机，全国各地兴起一股发展牡丹产业的热潮。

牡丹产业化的概念是1996年提出的。为更好地发展牡丹产业，中国在兰州举行了牡丹芍药年会；为推动牡丹全产业链的发展，经研究决定把牡丹新品种选育、种苗繁育技术、盆花、切花、反季节催花技术、观赏园建设以及牡丹产品贸易等，一并纳入牡丹产业范围；特别是牡丹花的食用、药用与精油的加工利用，将是未来牡丹综合利用的重要发展方向。近年来，油牡丹（凤丹、紫斑）的培育推广也为牡丹产业化发展注入了新的活力。

现在，牡丹产业已由过去的单一种植观赏迈上了深层次、多领域、全方位开发的综合利用之路。洛阳把观赏牡丹作为核心产业发展，采取了一系列引导、扶持措施，在牡丹科研、种植、生产、加工、销售等环节取得了很大的突破。2014年，洛阳市牡丹产业从业人员4.5万人，年产值13亿元；菏泽充分发挥牡丹资源优势，以牡丹新品种培育为产业核心，以繁荣发展牡丹文化旅游业为动力，全面推进综合开发利用的牡丹加工业快速发展，2014年牡丹年产值近20亿元；安徽铜陵以药用牡丹为产业发展核心，在铜陵市牡丹产业联合会的带动下，建立了中国牡丹皮药材、中国南方牡丹观赏、中国商品牡丹盆栽三大基地。目前，铜陵市牡丹产区铜陵县顺安镇和钟鸣镇有2万余人从事丹皮的种植和加工，年产丹皮约800吨，产值过亿元。

“阅尽大千春世界，牡丹终古是花王”（清·王国维《题御笔牡丹·其二》）。中国牡丹历经生长饱含能量，栽培中心随着政治中心的位移而变迁，发展随着国家的兴衰而荣枯。牡丹特性与土地的命运相契合，延植华夏数千春秋，最终成为民族文化精神的象征。今天，牡丹广泛应用于生活的各个方面，是中华民族全息文化完整有机体的细胞。透过它，我们可以洞察中华民族与国民之花的不舍情缘。

“春来谁作韶华主，总领群芳是牡丹。”（明·冯琦《牡丹》）我们坚信，中国牡丹将作为中华民族兴旺发达、繁荣富强、美好幸福的象征载入千秋史册，载入全人类崭新文明的光辉史册。

第二十三章　月季无日不春风

点绛唇·只为增明绚

月月花红，芳香浓郁真情现。贫瘠不厌，冬冽风难撼。

更有黄白，奇彩多姿艳。纵变幻，亦忠初愿，只为增明绚。

月季花容秀美、姿色多样、香气袭人、分布广泛，深受人们的喜爱。在世界园林中，月季是使用最多的花卉之一。

目前，月季花是美国、卢森堡、伊拉克等国的国花，是中国北京、天津、石家庄、邯郸、廊坊、邢台、郑州、南阳等城市的市花，是名副其实的世界花，被花界尊称为“花中皇后”。1985年5月，在“中国传统十大名花评选”活动中，月季被评为中国十大名花中的第五名。

第一节　自然物语

一、认识月季

月季是蔷薇科蔷薇属的常绿、半常绿低矮灌木。月季四季开花，在古时候被称作“月月红”，常见的为红色或粉色，偶有白色和黄色。一般品种在正常年份都可结出果实。

月季耐寒、耐旱，对环境的适应能力较强，栽培容易，地栽、盆栽均可。月季常用于美化庭院、装点园林、布置花坛、配植花篱、花架等，也可做切花，用于做花束和各种花篮。月季花朵可以提取香精并可入药，有较好的抗真菌及协同抗耐药真菌活性。

月季不仅能净化空气、美化环境，还是吸收有害气体的能手，能吸收硫化氢、氟化氢、苯、苯酚等有害气体，同时对二氧化硫、二氧化氮等有较强的抵抗能力。因此月季花也是保护人类生活环境的良好花木。

红色的月季鲜切花更是世界著名的爱情花，是情人间、情人节必送的礼物之一，经常成为歌咏爱情诗词的主题。月季鲜切花名列世界四大鲜切花（月季、菊花、香石竹、唐菖蒲合称四大切花）之首，不过也有人说菊花位列切花之首。

二、月季的前世今生

据古代花卉专家舒迎澜先生研究，在古代文献中还没有发现野生月季花的记载；当代植物学家考察，也没有发现月季的原种。

那么，这些优雅的生命究竟来自于何处？贾倩倩在《蕴藏在诗画里的中国古老月季》中指出，我国园艺学家利用当代细胞学研究及植物考古学成果，给出了合理的答案：中国古人在栽培蔷薇的过程中，部分植株经突变而出现长期开花、重瓣、常不结实的变异，这种变异并不利于物种的繁殖，却极大地提高了蔷薇的观赏价值。于是，人们通过人工选择，利用扦插、嫁接等无性繁殖技术将这些变异保存下来，并且通过摘除幼果等措施，使长期开花的性状得到强化，最终创造出月季这一具有高度观赏价值的物种。现代研究表明，当今月季与蔷薇，其细胞染色体基数X均等于7，植株同为二倍体，且种间杂交容易成功，也直接印证这一观点。所以，古代文献中的蔷薇有一部分指的是月季。

（一）中国的月季

辽宁抚顺出土的始新纪蔷薇叶化石，距今已有4 000万年之久，与北美发现的五小叶羽蔷薇化石齐名。山东省临朐县发现的山旺蔷薇叶化石，距今有2 000万年的历史。这些考古发现无可争议地表明，华夏大地是月季的起源地之一。

著名考古学家苏秉琦在《姜寨遗址发掘的意义》中指出，姜寨遗址发掘的陶器上的花纹为月季花。因此，他认为月季花是黄河中上游仰韶文化的图腾。仰韶文化大约指传说中的黄帝时代。为此，有专家推测“华夏”的华就是指月季花。

中国有记载的栽培蔷薇属观赏植物的历史，可以追溯到距今2 000多年前的西汉。至晚唐已培育出花朵重瓣、花香浓郁的直立型蔷薇，成为华夏园林中一道独特的风景。

据武汉植物园介绍，在2 000多年前，汉武帝的上林苑里已遍栽了来自四川、广东等地多种不同的蔷薇。到了唐朝，宰相李德裕在其私家园林中引进了70余种奇花异木，其中就有会稽的百叶蔷薇。

北宋文学家宋祁在《益部方物略记》中，首次明确记载了一年中可多次开花的月季：“花亘四时，月一披秀，寒暑不改，似故常守。右月季花，此花即东方所谓四季花者。翠蔓红花。蜀少霜雪，此花得终岁。”四季开花品种的出现，开创了我国古代月季栽培的新篇章，从此每年只能开花一次的蔷薇逐渐隐退，“一年长占四时春”的月季成为园林栽培育种的主角。

北宋周师厚的《洛阳花木记》中，“刺花”一条记有密枝月季、千叶月桂、黄月季、川四季、深红月季、长春花、日月季、四季长春、宝相等，均可认定是月季的品种。其中“千叶月桂”即重瓣月季，“黄月季”则为当时刚刚出现的黄色花新种，“宝相”至今在南方民间仍有种植。

宋代司马温编著的《月季新谱》，是我国第一部月季花栽培专著。其中除了记载一批月季名品外，还详细论述了月季栽培中“培壅”“浇灌”“养胎”“修剪”“避寒”“扦插”“下子”“去虫”等七大环节。《月季新谱》也由此成为我国传统名花中最早的栽培专谱之一。

宋代吴自牧在《梦粱录》中写到苏州、杭州一带已遍植月季花。与他同时代的迂叟则著有《月季新谱》，所列月季名品 41 个，其中极品 4 个。明代王象晋的《群芳谱》把蔷薇属植物分成蔷薇、玫瑰、刺蘼、木香、月季等 20 多个品种。到了清代，已有月季专著现世。如评花馆主在《月季花谱》中写道：“吴下月季栽培之盛，超越古今，种数之多，色相之富，足与菊花并驾齐驱。”而在疑为清代王宗淦所著《月季谱》中，列举月季品种 52 个，并对多数品种的性状作了描述。

清代《月季花谱》中写道：“近得变种之法（就是现在的杂交育种技术），愈变愈多，愈出愈妙，始于清淮，延及大江南北，高人雅士为之品题。花则尽态，名亦日新。而吴下月季之盛，始超越古今矣。种类之多，几与菊花方驾，而今之好月季者，更甚于菊。”

时至同治年间，淮阴人刘传绰所著《月季群芳谱》记载，月季品种有 100 多个，蓝田碧玉、西园蜜波、蓝海天竺、月下飞琼、春水绿波和映日荷花这 6 个为最佳。

看来，月季是凝结中国古人智慧与勤劳的杰出创造之物。

目前，全世界蔷薇属植物约有 200 余种，其中原产于中国的就有 82 种；近 200 年来，国际月季育种中最重要的 15 个蔷薇原种中，有 10 种原产于中国。在近 2 000 年的历史长河中，中国的月季栽培始终代表着世界月季栽培育种的最高水平，以至 1976 年英国出版的《月季种植大全》中写道：“中国的园丁以无懈可击的技艺和细心所培育出来的植株，使得欧洲的育种学家能在很高的水平上开始工作。”

（二）世界的月季

月季、玫瑰和蔷薇，西方国家多用 Rose 统称，常被译为“玫瑰”。早在罗马帝国时代，月季就被广泛种植于中东各国，常用于节日庆典、医药和香水制作等。贵族还在罗马南部建有大型的月季公园。罗马帝国没落之后，月季种植业便随同园林事业的衰败而萎缩。

中国月季于公元 794 年传入东瀛，取名“庚申月季”，意即隔月开花的月季。

15 世纪，玫瑰一度成为英格兰国内部族斗争的标志物，白玫瑰代表约克族，红玫瑰代表兰开斯特族，后世史学家把他们之间的战争称作“玫瑰战争”。

17 世纪，月季广受民众欢迎，甚至官方因其高品质的玫瑰花和玫瑰香水而将其引入贵族皇室的法定货币，用于货物交易。

18 世纪末（约 1789 年），中国的香水月季、玫瑰、光叶蔷薇、“月月红”“月月粉”“彩晕香水月季”“黄色香水月季”等诸多优秀月季品种大量传入欧洲。1804 年拿破仑的妻子约瑟芬，在巴黎郊区建立玛尔梅森花园，收集了欧洲与中东几乎所有的玫瑰品种，但都是一年开一次花的品种。同时，该玫瑰园还收集了 22 种色彩丰富、四季开花的中国月季。1837 年法国园艺人把中国月季与欧洲、中东玫瑰进行了杂交育种，1867 年培育出耐性强和花期长的现代月季品种。其中第一个杂交品种叫“香水月季‘法兰西’”，由此标志着世界月季产业进入现代月季品种时代。

此后，英国人威尔逊在 1906～1919 年期间，通过东印度公司将中国月季的许多品种再次带到了欧洲。

所以，月季有着悠久而多彩的历史，是爱情与美丽、战争与政治的象征。

现在，人们普遍认为在现代月季的生命里，流着中国月季的一半血液，中国月季堪称“世界月季之母”。中国月季对西方月季培育的重要作用，一是一年多次开花，二是为西方玫瑰增添了红色、黄色与芳香。

（三）月季三姐妹

现今普遍栽培的月季，是蔷薇属多种植物经多次杂交选育后的杂交种，被称为现代月季。现代月季可以分为杂种茶香月季、丰花月季、壮花月季、藤本月季和微型月季。

月季与蔷薇、玫瑰同属蔷薇科蔷薇属，亲缘关系比较近，近代园林人通过它们之间的杂交培育出了上万个品种。在我国，月季原指中国本地的传统花卉月季，品种繁多，大花常单生，多种颜色，小叶 3～5 枚，叶面相对光亮。今天花店卖的那些玫瑰，其实也是月季。而玫瑰原指中国本地的香料植物玫瑰，大花常单生，紫红色至白色，小叶 5～9 枚，叶面褶皱，在观赏领域不如月季受欢迎，常用于制作玫瑰糖等。蔷薇一般泛指中国本地月季和玫瑰之外的蔷薇科蔷薇属植物，尤指那些小花簇生、小叶较多的攀缘种类。植物学界和园艺界通常用蔷薇泛指一切蔷薇属的植物。所以，科学界定三者不是件容易的事，但在栽培应用和观赏上，它们之间还是有区别的。我们可以简要记住以下几点：

一是月季一般是四季开花，蔷薇、玫瑰一年只开一次花。

二是月季茎枝粗壮直立，羽状小叶多为 5 枚，叶片平展有光泽；蔷薇茎枝细软、蔓生，可依附他物攀缘生长，羽状小叶常为 7 枚，叶面光滑；玫瑰茎枝直立，羽状小叶常为 9 枚，叶面多皱纹，叶缘有钝锯齿。

三是月季、蔷薇的茎刺较大，且生长较稀疏，而玫瑰的茎刺则细小、密集。

第二节　传统寓意

月季是世界性花卉，但东西方文化中对月季文化的理解不同，寓意也更加丰富。在西方，由于受希腊神话和宗教神学的影响，月季象征圣母玛利亚、爱与美，是和平使者。在中国传统文化中，月季是长春花，意味着长春和顽强。

一、圣洁之花

在天主教中，玫瑰代表着圣母玛利亚。在科隆画派画家斯特凡·洛赫纳的作品《玫瑰亭中的圣母玛利亚》和马丁·舍恩高尔的作品《玫瑰篱笆内的圣母玛利亚》中，都绘有红白两种玫瑰。白色玫瑰代表她的谦逊，红色玫瑰代表她的仁爱。所以圣母玛利亚又被称为“玫瑰圣母”，意味着圣洁、高贵和美好。天主教徒用来敬礼圣母玛利亚的祷文《圣母圣咏》，也被称为《玫瑰经圣母》。

在天主教堂中，有哥特式的玫瑰窗、玫瑰浮雕和花纹等建筑装饰品，其中最著名的当属巴黎圣母院中的玫瑰窗。玫瑰窗是一种仿照玫瑰花的形状的圆形窗户。

二、爱情之花

在希腊神话中，一位代表“爱与美”的女神阿佛洛狄忒爱上了主宰自然界之神美少年阿多尼斯，两人愉快地生活着。可是有一天，阿多尼斯出外打猎时，不幸被野猪咬死了。他身上的血流经的地上都长满了一种白色、美丽、并且长满了刺的鲜花。女神阿佛洛狄忒预料到阿多尼斯遇难之后，四处疯狂地寻找他。当她看见化成鲜花的阿多尼斯之后，就开始在花丛中奔跑，用手、用脸、用四肢去感受花朵的温度与细腻，想用爱去唤醒爱人阿多尼斯。但这一切都是徒劳。花茎的刺无情地划破了她的手，刺破了她的腿，鲜血滴在纯白的花瓣上，顿时所有的纯白色的鲜花都变成了血红血红的了。后来，在女神鲜血滴落的地方，也长出了一丛丛鲜红欲滴的美丽的红花。人们把这些花移植到了花园里，取了一个美丽的名字——玫瑰（Rose），用来纪念他们之间的爱情。此后数千年来，玫瑰在西方一直是爱情与美的象征。

在古罗马时期，每年的2月14日，罗马当地都要敬拜天后朱诺。因为她是婚姻幸福的保护神。每到这一天，相互爱慕的青年男女都要送给自己的心上人红色的玫瑰花，表达浓浓的爱意。

是希腊影响了古罗马，还是古罗马影响了希腊，我们不得而知。但情人节或情人间送玫瑰的传统一直延续至今。

随着时代的发展，人们对于不同颜色、不同朵数的玫瑰分别赋予不同的爱情含义。如红色代表爱情，粉色代表初恋；11 朵代表“一心一意”，99 朵代表“天长地久”等。

所以，玫瑰也被世人冠以“爱情之花”的称号。

三、和平之花

在世界的每一个月季品种园里，都会有一种月季宁静祥和地盛开着，它淡色的红晕包裹着黄色的花朵，显得高贵典雅。而这个号称 20 世纪最伟大的月季品种就是有着和平使者之称的“和平”。

“和平”月季是第二次世界大战期间法国人弗兰西斯·梅朗利用中西方月季资源精心培育的品种。为了保护这个新生的品种不致遭受纳粹的蹂躏，弗兰西斯·梅朗把它分送到几个国家栽培。1945 年，美国月季协会将其命名为“和平”，以表达世界人民对于和平的期盼。巧合的是，就在“和平”月季命名的这一天，苏联军队攻克柏林。同年，联合国成立并召开第一次会议时，每个与会代表房间的花瓶里都插有一束美国月季协会赠送的“和平”月季，上面写着：“我们希望‘和平’月季能够影响人们的思想，给全世界以持久和平。”

因此，“和平”月季被公认为是 20 世纪最伟大的月季品种，先后获得全美月季优选 AARS 奖、英国 RNRS 奖、世界月季联合会 WFRS 奖。“和平”月季备受育种家的青睐，后来，由它育出了一系列优秀月季品种，如“黄和平”“蓝和平”“芝加哥和平”“北京和平”等等。

1973 年，美国友人欣斯德尔夫人和女儿一道，带着欣斯德尔先生生前留下的对中国人民的深情，将“和平”月季，送给毛泽东主席和周恩来总理。从此，这个有中国“血统”的花朵作为和平的使者，回到了它的故乡中国。

四、长春之花

月季在中国又被称为“月月红”“长春花”“斗雪红”“胜春”“人间不老春”等，因其具有四季长春、连续开花的特性，历来被文人骚客咏颂赞扬。

宋代诗人杨万里在《腊前月季》一诗中这样描述：“只道花无十日红，此花无日不春风”，以此来形容月季四季开花不断，有着似春常在的美好。这短短的 14 个字也成为咏叹月季的绝世佳句，广为传颂。此外，描写月季四时常开的诗句还有苏轼《月季》中的“花落花开无间断，春来春去不相关……唯有此花开不厌，一年长占四时春”。韩琦《月季》的“何似此花荣艳足，四时长放浅深红”，不仅描写了月季的四时常开，还道出了月季的颜色。宋代月季花图纨扇本题诗：“花备四时气，香从雁北来，庭梅休笑我，雪后亦能开”。宋代徐积在《长春花》一诗中以似嗔似怨的语气赞美月季：“曾陪桃李开时雨，仍伴梧桐落后风。费尽主人歌与酒，不教闲却买花翁。”这首诗赞美月季叶片碧绿得像天上仙境之物，花朵的红色就像夕阳的一角那么艳丽；在每年早春桃李花开的时候它就开了，但到梧桐叶落了，它还有花开；它的花天天开啊，让赏花的人天天跳舞喝酒，让卖花的一年到头也休息不成。此诗从大处落笔，俗雅相间，绘声绘色，使读者诵读后赏心悦目。

古往今来描述月季的诗文不胜枚举。勤劳勇敢、热爱生活的人们从月季在冷暖四季依然繁花盛开的现象中悟出了一些人生哲理。要做像月季一样的人，无论在何时何地、何种条件下都要保持自己的本色，持之以恒、一如既往地完成使命。

五、顽强之花

千百年来月季深受中国人民的喜爱，不只是因为它花姿优美、花香馥郁、四时常开，更重要的是它适应性强，栽培地域广，有着顽强生长的精神，象征着国人的自强不息、不屈不挠和坚韧不拔。正如苏辙在《所寓堂后月季再生与远同赋》一诗中描写的：“何人纵寻斧，害意肯留卉。偶乘秋雨滋，冒土见微茁。猗猗抽条颖，颇欲傲寒冽。”诗中介绍有人恶意破坏月季，用刀斧劈砍，但月季在秋雨的滋润下，又顽强地抽出了新枝。

月季顽强的生命力表现在两个方面。一是月季的繁殖能力极强。剪个枝条扦插在土里，就能生根发芽开花。地上部分受到破坏，只要根在，来年春天依然繁花似锦。二是月季抗逆性强，可以在极其恶劣的环境中生长。北京故宫博物院收藏的清代画家居廉的国画作品《花卉昆虫图之月季》，描绘了一株生长在岩石缝中的月季，不论土地多么贫瘠、虫子如何啃咬，依旧枝繁叶茂、花开朵朵。

第三节　文人情怀

在中国 2 000 多年的栽培历史中，人们欣赏的是月季的形态之美，花大色艳、四时开花、茎干直立。人们将其栽植于庭院之中，闲时摘花题诗、酌酒泼墨，用诗与画传承着千年月季文化，托物言志，颂扬国人顽强奋斗和生生不息的精神。

从古到今，有许多赞美月季的诗句。在日常生活中，好花长开，好事常来，好人长在，是人们美好的期盼。以月季为题材的文学艺术作品层出不穷，月季已经深入到我们的精神文化生活之中。

唐宋诗词蓬勃发展时期，月季自然也是歌咏的主题之一。据不完全统计，在古诗中含“月月红”“月季”“蔷薇”“芳菲”“长春花”和“胜春”的诗篇达百篇之多。

唐代诗人贾岛的《题兴化园亭》“破却千家作一池，不栽桃李种蔷薇”，道破了当时种蔷薇风之盛；徐寅的《司直巡官无诸移到玫瑰花》“芳菲移自越王台，最似蔷薇好并栽。浓艳尽怜胜彩绘，嘉名谁赠作玫瑰”，说明早在唐代已能区分蔷薇、玫瑰和芳菲了。

南北朝时期文学家柳恽、刘遵、鲍泉等人也都有专咏蔷薇花的诗词，其中，柳恽《咏蔷薇》中“不摇香已乱，无风花自飞”最有意境，花瓣群舞让人晕，香飘十里惹人醉；刘遵《看美人摘蔷薇》中“鲜红同映水，轻香共逐吹”的诗句表明当时已引种花香馥郁、花色胭红的蔷薇品种，并初步形成蔷薇花“枝条轻软”“花香清逸”“花势繁盛”的三大观赏特征。

唐代诗人陆龟蒙的《蔷薇》诗，生动地描绘了百姓当时种植蔷薇的盛景：“倚墙当户自横陈，致得贫家不似贫。外布芳菲虽笑日，中含芒刺欲伤人。清香往往生遥吹，狂蔓看看及四邻。遇有客来堪玩处，一端晴绮照烟新。”说明月季是我国劳动人民栽培最普遍的“大众花卉”。

白居易一生写下多篇专咏蔷薇的诗词，其中《戏题新栽蔷薇》：“移根易地莫憔悴，野外庭前一种春。少府无妻春寂寞，花开将尔当夫人。”将窈窕柔美的蔷薇比作美丽的女子、当作自己的情人，把古人欣赏蔷薇的意境提升到新的水平。此外，杜牧、刘禹锡、皮日休、诸光羲、孟郊、韩偓等著名诗人均有吟咏蔷薇的诗篇存世。

历代赞美月季的诗篇，从一个侧面反映了月季在我国悠久的栽培历史及其蕴含的深厚文化。

第四节　古韵月季

一、包公收下月月红

包公是北宋时期办事公正、赏罚严明的清官，深受人们爱戴。他 60 岁时，皇上要为他做寿，他不敢违抗，就对儿子说，凡送礼的一概不收。一天，来了一个人手里捧了一盆月月红。包公儿子问他叫什么名字，那人说叫“赵钱孙李”，并解释其名说：“我本姓赵，我左邻姓钱，右邻姓孙，我对面人家姓李，包公 60 寿辰，大家推我送这盆月月红花来祝寿。”包公的儿子要他说出送月月红的道理，那人拿出早已写好的四句诗：“花开花落无间断，春来春去不相关。但愿相爷尚健生，勤为百姓除贪官。”包公儿子把这盆花连同那人的四句诗送给包公看。包公看了以后也说了四句诗：“赵钱孙李张王陈，好花一盆黎民情。一日三餐抚心问，丹心要学月月红。”说完，包公随即收下了这盆月季花。其实，这盆月季花饱含了老百姓对包公一心为民的深深感激和永远期盼；包公理解百姓的心愿，收下月季花是为让百姓放心，寓意深刻。

二、买笑花

据东汉郭宪所撰《洞冥记》记载，汉武帝有宫人叫丽娟，她面容姣好、楚楚动人，深受武帝宠幸。《贾氏说林》记载，汉武帝与丽娟看花时，蔷薇始开，态若含笑。帝曰："此花绝。胜佳人笑也。"丽娟曰："笑可买乎？"帝曰："可。"丽娟遂取黄金百斤，作买笑钱，奉帝为一日之欢。蔷薇名买笑，自丽娟始。这个故事说的是：有一次，汉武帝忙里偷闲与爱妃丽娟一起在宫中赏花。当时蔷薇刚开，那半开半闭的样子就好像是在微微含笑。汉武帝顿时来了雅兴，看着旁边的美人丽娟说："此花比美人的笑容可爱多了。"丽娟见汉武帝兴致如此之好，就笑着对汉武帝说："笑可以用钱买吗？"汉武帝笑答："当然可以。"于是，丽娟便让侍从取来黄金一百斤，用作买笑钱，以此来博得皇帝的欢心。从此，"买笑花"就成了蔷薇的别称。

王侯多土豪，百金买一笑。这与烽火戏诸侯可谓如出一辙。有位网友看完这个故事感叹到："多少荒唐事，都从帝王出。钱财如粪土，百姓无遮躯。"

三、花中皇后

传说古鄢国的小太子在御花园中看见一朵特别大的花，白色花瓣镶着红边，叶片墨绿墨绿地放着光，还发出一股浓郁的香味，令人分外喜爱。然而，就在这朵美丽的花朵上，却爬着一只硕大的红蜘蛛，正在那儿肆意地撕咬花瓣。小太子顺手解下自己的绿腰带扬手一打，把红蜘蛛打得滚下地来。小太子整理了被蜘蛛咬破的花瓣，并对花儿说道："我走了，明天再来看你。这绿腰带就留给你吧，以后你可要自己保护自己。"说完就把绿腰带挂在花枝上了。

几年后，小太子继承王位并开始挑选皇妃，只见一位姑娘白衣绿裙，也没涂脂施粉，站在众多美女当中，透出一派清纯灵秀之气，别有一番素雅秀美的风采。小国君一见钟情，随即选定了她当王妃。成婚之日，举国大庆，连京城宝国寺的住持老和尚也前来贺喜。然而老和尚一见过新王妃，顿感心惊肉跳，吓得差点昏过去。

原来，这美丽的王妃就是当年小太子救助过的那株花变的，宝国寺住持是当年小太子打下的那红蜘蛛变的。老和尚本来就对小太子记恨在心，如今见这两个仇人结为夫妻，气愤地想着办法要暗害他们。

新王妃既已修炼成仙，当然也能慧眼识别妖孽。她在成婚的那天，一眼就认出了那老和尚便是当年残害自己的仇人，而且也看见老和尚那不怀好意的眼光。她不动声色，在适当时机向小国君讲述了当年小太子相赠的绿腰带如何变成了身上的绿裙、变成了花茎上的刺，那锋利而坚韧的刺是为了捍卫花的纯洁、美丽，是为了对付红蜘蛛等敌人的自卫武器。后来，两人合力赶跑了老和尚。

第二年，在小太子救花的地方又长出一株花来。这花花形优美，花姿亭亭直立，初开时纯白，盛开时变成粉色，最后变成大红色、深红色，以至紫红色，叶子墨绿泛光，香味浓郁。而且这花不分时令，月月开花，香飘四季，因此人们便叫它“月月红”，尊称为“花中皇后”。又因王妃姓虢，虽美丽却不俗艳，还独有一种恬静典雅的端正大方风姿，故人们又称它为“虢国淡妆”。

四、帝君袍

中国古代有一种绿色月季叫绿萼。绿萼的花瓣极像花萼，又因花的颜色像三国时期关羽所穿的绿色袍服，而被称为“帝君袍”，此外还有绿绣球等别名。清代赵翼在《王楼村先生十三本梅花书屋图》中写道：“绿萼六株红七株，屋后屋前各分界。”

绿萼是月季的一个变异品种，株高 1 米多，植株呈扩张形生长，叶片长卵形，叶色暗绿，稍泛蓝光。花型小，直径 2.5～4 厘米，花瓣绿色，细长而尖，呈萼状，瓣边有锯齿，心瓣稍带黄褐色，雌蕊、雄蕊均退化，无香味。绿萼的“花瓣”其实是层层叠叠的萼片的变异，因此花色和叶片一样是纯绿色。远远望去很难分清哪是叶、哪是花。绿萼四季开花，单朵花期长达 6～7 周。

绿萼被认为是现存中国古代月季中十分珍稀的一个变种，它的栽培早在北宋就有记载。过去由于绿萼花型奇特、花色稀少，繁殖、栽培都不大容易，不少月季品种园或园林单位都将其作为珍贵品种保存，列为镇园之宝。在历届中国月季展览中，绿萼都获过大奖。

第五节 花为媒

一、奥运花

2008 年，中国月季组合“红红火火”用作北京奥运会和残奥会颁奖花束，每束颁奖花束由 9 支“中国红”月季组成。中国传统中的数字 9 被誉为至尊，代表着凝聚力与生生不息，同时数字 9 还有长长久久的含义。

为什么选择月季组合“红红火火”作为北京奥运会和残奥会颁奖花束呢？第一，月季是著名的世界花，在全世界有很高的知名度和喜爱认可度。第二，“中国红”月季具有鲜明的中国特色，是北京市的市花。第三，红色特别是大红色，是世界上许多国家人民喜爱的庄重颜色，全世界有 155 个国家的国旗上都有红色。第四，中国是月季的原产地之一，对世界现代月季的培育做出过突出的贡献。

当然，还有更重要的一点，月季文化的内涵符合奥运精神。月季代表的文化充满着生机活力、吉祥如意、幸福快乐的意味，象征着团结、拼搏和向上。

二、世界月季洲际大会

北京市大兴区于 2016 年 5 月举办了世界月季洲际大会。世界月季洲际大会是由世界月季联合会主办、各成员国承办的全球月季界的高级别盛会，参会人员涉及世界月季联合会 41 个成员国以及各国月季相关企业和月季爱好者。大会主要组织各成员国交流月季栽培、造景、育种、文化等方面的研究进展及成果，展示新品种、新技术、新应用，为举办国和举办城市推介地区品牌，为开展国际合作提供平台。北京世界月季洲际大会期间，中国第 14 届世界古老月季大会、第 7 届中国月季展、第 8 届北京月季文化节同时举行。这一场场月季的盛会、千千万万朵形态各异的花朵碰撞出月季的饕餮盛宴。

世界月季洲际大会每隔 3 年举办一次，不仅是月季研究者和爱好者的盛会，也是著名的月季花经济大会，每次大会都会产生巨大的经济效益。

鉴于我国近年来在月季生产上取得的丰硕成果，世界月季联合会决定 2019 年世界月季洲际大会将由河南省南阳市承办。

三、月季集邮文化

2016 年，国家邮政公司发行了《月季集邮文化专刊》，汇集了中外近千枚月季邮票，其中系列发行的 700 多枚个性化邮票是月季邮票图稿绘画比赛获奖作品，集中展示了邮票上的月季百科全书。个性邮票是以国家邮政局发行的带有附票的个性专用邮票为载体，根据用户的正当需要和有关部门规定，在附票上印制大众个人肖像等个性的内容，赋予附票个性特征。月季个性邮票的设计、印制、发行，极具欣赏价值和收藏价值，也有很好的科普意义。

月季集邮文化热的背后是集邮者们对月季的喜爱，是对月季文化的认可。

四、中国月季之乡

中国是月季的原产地之一，在近 30 年的发展中，形成了几个著名的月季花产地，包括河南南阳、江苏沭阳、山东莱州等，其中南阳月季以规模大、品种全、品质好著称。这些新的月季生产地，主要以发展出口业务为主。南阳市为中国最大的月季苗木繁育基地。2000 年，南阳市石桥镇被国家林业局、中国花卉协会命名为“中国月季之乡”。每年“五一”前后，我国都在南阳举办高水平的月季花会。目前，石桥镇月季种植面积有 6 000 多亩，年出圃苗木 1.2 亿株，2014 年月季交易额达 3.4 亿元。石桥镇的月季苗木供应量占国内市场的80%，并出口到荷兰、巴西、日本等国，占我国月季出口总量的60%。

江苏沭阳月季生产规模也比较大，但以盆栽观赏型为主，年产观赏盆栽月季2 000万盆；山东莱州的月季则以国外出口市场为主，兼顾国内盆栽推广。

五、月季创新果——陶与瓷的完美结合

陈于化为北京月季花协会的副理事长，创建了北方月季花公司，出版了《月季花事》等月季花相关著作。他独创了一种兼具国画与油画特长的绘画方法，将月季花表现得千姿百态、艳丽撩人，被张岱年称为“融中西艺坛之奇葩”。

2008年，他为寻找野生蔷薇经过高坪镇，见长期生产酱菜坛罐的工厂生意惨淡、面临倒闭，便突发奇想，用现成的高坪陶土捏制和塑造月季花，使月季艺术由平面变为立体。完成了他一生为之陶醉的月季花艺术的重大转型。

有了这样的技艺，他随即开始收集宜兴紫砂、福建红泥、广西白泥以及各种釉料等材料。他惊喜地发现，通过不同材料间的组合，可以使月季花艺术在色彩、质地、外观展现出无尽的创意。有的绵软如泥，有的脆硬如瓷，有的上了釉而呈现神秘光晕，个个透着一股灵气，活脱脱玉色生香。千姿百态的月季陶罐，仿佛一幅幅立体的油画。由陶泥制成的月季花，或清新淡雅，或浓艳绮丽，绝无雷同。陶罐的粗犷古朴与瓷花的精致细腻浑然一体，相映成趣。

陈老先生用陶泥做着月季花朵，就像捏饺子似的得心应手。每朵花、每片叶，都烙下了他的指纹和指温。老人兴致所起，还吟两句打油诗：“昨天用你腌咸菜，有滋有味；今日用你插玫瑰，令人陶醉。”

2015年，陈于化获邀出席了在巴黎举行的世界月季花大会，他的绘画与陶瓷作品，被陈列在美国月季花协会纽约曼哈顿的总部。

月季花色鲜美、花形诱人、花香悠远，彰显着楚楚的丽人气质；月季不昧肥土、不嫌贫壤、遍插坑谷，在四季中开放的是坚韧不屈之精神。我们相信月季在美化我们生活的同时，也将继续走进文学艺术之中，用它独特的花格影响着我们的精神世界。

跋

不知从何时起，那些儿时记忆的美好植物、花红柳绿悄悄移出了人们的视线，渐行渐远，快节奏的生活也使得文化的气息越来越淡。因为缺少发现美、欣赏美的眼睛，很多身边的美好被我们忽视。城市生活越来越单纯、势利、低级、庸俗，人文素养退化，浮躁心态上升，功利思想盛行，看不惯的东西越来越多，诸如急功近利、偷奸耍滑、好逸恶劳、爱慕虚荣、狂妄自大，一切以自我为中心。人们不由得感叹，在我们这个历史上本来是诗的国度的国家，古圣先贤曾为美而吟唱、为民族而高歌，而现在，为什么我们的生活没有了诗意？是诗弃我们而去，还是我们放弃了诗？

循着这个问题的思路，回望人类发展的历史，我们看到了千姿百态的植物，看到了会说话、有表情、有寓意、有精神寄托的植物，看到了植物背后多彩的、厚重的文化。在社会节奏越来越快的今天，一切资源都有可能枯竭耗尽，唯有文化生生不息。植物作为我们视觉中的对象物体，它既属于自然层面，又极具文化内涵。史前文明中，植物是人类最主要的食物；也正是植物，让人类学会了使用工具，并让人类最终从普通动物走到了食物链的顶端，成为“高等动物”。后来，农业文明让人类定居生活，开始驯化栽培植物。进入工业社会后，工业文明在推进科学技术突飞猛进的同时，对利润最大化的过度追求，导致滥伐森林、物种丧失、环境污染、自然灾害频发。现在，人类社会逐渐进入后工业时代，生态文明发展和生态文化建设引领我们尊重自然、与自然和谐相处。在这回归大自然、回归经典的穿越之旅中，我们仿佛在植物与文化之间科学畅游，体会到了从来未有，但却又非常亲切、非常熟悉的文化获得感。这里，每一枚叶片、每一朵花朵、每一条枝干、每一棵植株，都有那么多的诗词歌赋、美丽故事和神话传说。在挖掘植物背后隐含的独特的中华智慧过程中，我们树立了民族文化自觉，厚植了民族文化自信。这种震撼人心的穿越之旅，使我们更加敬畏自然、热爱植物，也再一次感受到了中华文化的博大精深！

一座城市，如果没有了诗，那就是一些砖头石块和钢筋水泥；一株植物，如果没有了诗，那就是单纯的碳水化合物；一个人，如果没有了厚重的文化积淀和高尚的理想追求，那就无异于行尸走肉。让我们放慢匆忙的脚步，平静烦乱的心情，去亲近绚丽的花草树木，关注植物背后的灿烂文化，在生态文明与生态文化建设中，为生活寻找诗意的栖息地吧！

参考文献

[1] 鲁晨海. 论中国古代建筑装饰题材及其文化意义 [J]. 同济大学学报，2012，2.
[2] 殷海光. 中国文化的展望 [M]. 北京：中华书局，2016.
[3] 皇甫晓涛. 文化科学概论 [M]. 北京：光明日报出版社，2016.
[4] 张德成等. 森林文化与林区民俗 [M]. 北京：中国建材工业出版社，2016.
[5] 楼庆西. 雕梁画栋 [M]. 北京：清华大学出版社，2011.
[6] 刘建平. 园林植物的空间分类 [J]. 江西建材，2003，1.
[7] 王其亨. 风水理论研究 [M]. 天津：天津大学出版社，1992.
[8] 李德雄. 植物与风水 [M]. 广州：广东旅游出版社，2007.
[9] 王韧. 用风水学理论来探讨园林植物在造景中的应用 [J]. 现代农业科学，2009，4.
[10] 关越，周子琪. 风水对园林植物选择及植物配置的导向作用 [J]. 中国园艺文摘，2013，10.
[11] 史箴. 风水典故考略 [M]. 天津：天津大学出版社，1995.
[12] 刘世彪. 植物文化概论 [M]. 北京：民族出版社，2016.
[13] 街顺宝. 绿色象征——文化的植物志 [M]. 昆明：云南教育出版社，2000.
[14] 邹永一，李伟. 植物配置中的文化性原则 [J]. 现代园艺，2016，2.
[15] 张兰. 山水画与中国古典园林植物配置关系之探讨 [D]. 浙江大学，2004.
[16] 张媛媛. 园林植物配置中文化性的体现 [J]. 生态建设，2008. 3.
[17] 俞孔坚. 景观、文化、生态与感知 [M]. 北京：科学出版社，1998.
[18] 罗兴林等. 农业生态与环境保护 [M]. 北京：中国广播电视出版社，1992.
[19] 于硕，阙萍，林洁，董建文. 浅论植物纹样装饰中上杭文庙建筑中的运用 [C]. 中国风景园林学会 2013 年论文集.
[20] 袁宣萍. 论我国装饰艺术中植物纹样的发展 [J]. 浙江工业大学学报，2005，6.
[21] 赵新周，田强. 中国传统纹样在建筑装饰中的运用 [J]. 山西建筑，2009，1.
[22] 梁漱溟. 中国文化要义 [M]. 上海：上海人民出版社，2011.
[23] 余秋雨. 君子之道 [M]. 北京：北京联合出版社，2014.

[24] 吴澎等. 茶文化概论 [M]. 北京：化学工业出版社，2015.
[25] 费孝通. 中国文化的重建 [M]. 上海：华东师范大学出版社，2014.
[26] 王振鹏等. 河北省职业教育发展研究报告 [M]. 保定：河北大学出版社，2017.
[27] 白忠才. 中华文化史纲 [M]. 北京：九州出版社，2016.
[28] 洛阳地方志编委会. 洛阳市志·牡丹志 [M]. 郑州：中州古籍出版社，1998.
[29] 彭镇华，江守和. 中国兰花——中华民族浩然正气与优秀品德的象征 [J]. 中国花卉园艺，2001，23.
[30] 杨卓群. 名冠天下的大理兰花 [J]. 大理文化，2008，2.
[31] 罗毅波. 国兰产业化发展中的几个问题 [J]. 中国西部科技，2006，15.
[32] 张亚萍. 中国传统文化中的兰花 [J]. 南方农业，2007，10.
[33] 李世东，颜容. 中国竹文化若干基本问题研究 [J]. 北京林业大学学报（社会科学版），2007，1.
[34] 曹菊枝. 中国古典园林植物景观配置的文化意蕴探讨 [D]. 华中师范大学，2001.
[35] 鲍振兴. 中国竹文化及园林应用 [D]. 福建农林大学，2011.
[36] 李高峰. 洛阳牡丹花期调控技术研究 [D]. 南京林业大学，2005.
[37] 杨林坤等. 梅兰竹菊谱 [M]. 北京：中华书局，2015.
[38] 王静. 梅兰竹菊 [M]. 合肥：黄山书社，2015.
[39] 卜白. 问花寻草——花诗堂草木笔记 [M]. 北京：东方出版中心，2016.
[40] 张佐双. 中国月季 [M]. 北京：中国林业出版社，2016.
[41] 韩育生. 诗经里的植物 [M]. 北京：清华大学出版社，2014.
[42] 梁归智. 红楼赏诗 [M]. 太原：山西古籍出版社，2005.
[43] 周武忠. 花与中国文化 [M]. 北京：中国农业出版社，1999.
[44] [明] 文震亨. 长物志 [M]. 北京：中华书局，2012.
[45] 舒迎澜. 古代花卉 [M]. 北京：中国农业出版社，1993.
[46] 公木，赵雨. 诗经新解 [M]. 长春：长春出版社，2006.
[47] 李树华. 中国盆景文化史 [M]. 北京：中国林业出版社，2005.
[48] 陈植，张公驰. 中国历代名园记选注 [M]. 合肥：安徽科学技术出版社，1983.
[49] 张岱年等. 中国文化概论 [M]. 北京：北京师范大学出版社，1994.
[50] 余秋雨. 何谓文化 [M]. 武汉：长江文艺出版社，2012.